U0238687

"十二五"国家重点图书出版规划项目

中国工程院重大咨询项目
淮河流域环境与发展问题研究

淮河流域气候与可持续发展

主　编　李泽椿
副主编　许红梅　王月冬

中国水利水电出版社
www.waterpub.com.cn
·北京·

内 容 提 要

"淮河流域环境与发展问题研究"是中国工程院重大咨询项目,本书是在该项目的"淮河流域自然环境及人为影响"课题成果基础上完成的。全书围绕淮河流域气候与可持续发展问题进行深入探讨,分为综合报告、专题报告和专题论述三部分。综合报告和专题报告分别叙述了淮河流域及其相关省份的气候特征、气象灾害特点、气候变化事实和未来气候变化预估,以及风能、太阳能资源评估;专题论述则针对淮河流域天气与气候,以及可持续发展中的关键科学和技术问题进行了论述。

本书可供相关部委、流域管理机构及地方政府决策参考,也可作为气象、气候、资源、环境、社会经济等领域的科研人员及相关专业大专院校师生的参考用书。

图书在版编目(CIP)数据

淮河流域气候与可持续发展 : 中国工程院重大咨询项目 淮河流域环境与发展问题研究 / 李泽椿主编. --北京 : 中国水利水电出版社,2017.4
ISBN 978-7-5170-5281-4

Ⅰ. ①淮… Ⅱ. ①李… Ⅲ. ①淮河流域—气候变化—可持续性发展—研究 Ⅳ. ①P468.25

中国版本图书馆CIP数据核字(2017)第068455号

审图号:GS(2016)2431号

书 名	中国工程院重大咨询项目 淮河流域环境与发展问题研究 **淮河流域气候与可持续发展** HUAI HE LIUYU QIHOU YU KECHIXU FAZHAN
作 者	主编 李泽椿 副主编 许红梅 王月冬
出版发行	中国水利水电出版社 (北京市海淀区玉渊潭南路1号D座 100038) 网址:www.waterpub.com.cn E-mail:sales@waterpub.com.cn 电话:(010)68367658(营销中心)
经 售	北京科水图书销售中心(零售) 电话:(010)88383994、63202643、68545874 全国各地新华书店和相关出版物销售网点
排 版	中国水利水电出版社微机排版中心
印 刷	北京博图彩色印刷有限公司
规 格	184mm×260mm 16开本 26.75印张 495千字
版 次	2017年4月第1版 2017年4月第1次印刷
印 数	0001—1000册
定 价	**145.00元**

本 书 编 委 会

主　任　李泽椿

副主任　许红梅　王月冬

委　员　黄大鹏　顾万龙　田　红　陈艳春　许遐祯
　　　　陈　兵　朱　蓉　谌　芸　李　莹　石　英
　　　　张建忠　徐枝芳　路　玮　顾伟宗　项　瑛
　　　　王　胜　姬兴杰　王冠岚

各篇章作者名单

GEPIANZHANGZUOZHEMINGDAN

篇 章		作 者
综合报告	概述	许红梅
	一	李 莹 石 英 许红梅
	二	黄大鹏 李 莹
	三	朱 蓉
	四	许红梅 顾万龙
专题报告	专题一	顾万龙 姬兴杰
	专题二	田 红 王 胜
	专题三	许遐祯 陈 兵 项 瑛
	专题四	陈艳春 顾伟宗
专题论述		详见各专论署名

前言

气候作为一种自然资源，对人类生产和生活有着重要的作用，同时，气象灾害也对人类的生命财产和经济建设等造成了直接或间接的损害。我国位于东亚季风区，季风在带给我们多种优越丰富的气候资源的同时，也带来了许多气象灾害。气候是影响自然环境、人类活动和社会经济可持续发展的重要因素，是社会经济与生态环境协调可持续发展的重要支撑。自 1750 年人类社会工业化以来，大量使用化石燃料排放的 CO_2 等温室气体和其他污染物质，导致全球气候变暖，20 世纪中叶以来气候变暖及极端天气气候事件进一步加剧，成为制约人类社会可持续发展的重大问题。党的十八大提出了"把生态文明建设放在突出地位，融入经济建设、政治建设、文化建设、社会建设各方面和全过程，努力建设美丽中国，实现中华民族永续发展。"党的十八届三中全会进一步提出要加快生态文明建设，为保护环境、节约资源和应对气候变化的工作指明了今后努力的方向。

我国幅员辽阔，气候类型多样，气候资源丰富，气象灾害多发。在全球变暖和经济高速发展的背景下，我国也面临着众多气候和可持续发展问题，其中最突出的是极端天气气候事件发生规律更为复杂，干旱、洪涝、高温热浪、冰冻雪灾等气象灾害给人民生命财产、社会经济和生态环境带来严重影响。此外，全球变暖也将在一定程度上影响我国气候资源的时空分布特征，从而给农业气候资源、水资源、风能、太阳能等的开发利用带来挑战。

淮河流域地处我国东部季风区，介于长江和黄河流域之间，流域面积约 27 万 km²。淮河流域天气气候复杂多变，具有"无降水旱，有降水涝，强降水洪"的典型区域旱涝特征。进入 21 世纪以来，淮河流域极端天气气候事件发生规律更为复杂。流域地跨湖北、河南、安徽、山东和江苏五省，人口密集、资源丰富、水土光热资源匹配条件相对优越，是我国重要的粮食生产基地和能源原材料供应基地；同时，也是长三角和环渤海两大区域间重要的生态过渡与缓冲地带。然而，由于受自然环境、区位条件与发展基础等方面的制约，淮河流域经济发展水平较低，环境污染严重，是国内环境与发展矛盾比较突出的区域。为了厘清淮河流域生态环境与经济社会发展的依存制约关系，探索流域可持续发展之路，由中国工程科技发展战略研究院立项，组织 20 余名院士及数百位相关领域专家，针对淮河流域的环境与发展问题从 8 个方面开展研究。本书针对淮河流域气候与可持续发展问题，在分析流域近 50 年来气候变化事实、主要影响和未来气候变化情景，近 10 多年来气象灾害特点，以及风能、太阳能资源的基础上，提出了增强淮河流域防灾减灾体系和应对气候变化能力建设的对策建议。

　　本书是在中国工程院重大咨询项目"淮河流域环境与发展问题研究"的支持下，由院士牵头、中青年科技骨干参加，国家气候中心、国家气象中心、河南省气候中心、安徽省气候中心、江苏省气候中心、山东省气候中心等单位的 20 余位科研业务人员历经两年多的时间完成的。

　　由于本书内容涉及面广，为体现百花齐放、百家争鸣的良好学术氛围，专题论述中保留了不同学术观点与探讨。书中尚有许多不足之处，恳请广大读者批评指正。

作者

2015 年 10 月

目录

MULU

前言

综 合 报 告

专　题　报　告

专 题 论 述

综合报告

ZONGHEBAOGAO

概述

淮河流域地处我国东部南北典型气候过渡带，受到低纬和中高纬等天气系统的共同影响，天气气候复杂多变，形成"无降水旱，有降水涝，强降水洪"的典型区域旱涝特征。进入 21 世纪以来淮河流域极端天气气候事件发生规律更为复杂。本书旨在分析淮河流域近 50 年来（1961—2010 年）的气候变化事实，近 10 多年来（2001—2011 年）气象灾害特征，以及未来气候变化情景（2011—2020 年、2010—2050 年）的基础上，提出增强淮河流域气象和地质防灾减灾体系建设的对策建议。

过去 50 年气候变化事实揭示出，淮河流域的年平均气温为 14.5℃，年平均气温呈明显增高的趋势，增长速率约为 0.23℃/10a，从空间分布来看，流域年平均气温升高趋势东部沿海大于西部山区。其中，年平均最低气温增温趋势明显，增温速率为 0.33℃/10a，而年平均最高气温增温幅度为 0.13℃/10a，趋势不明显。流域地处中纬度副热带典型季风气候区，降水较为丰沛，但降水量年际变率较大且季节性变化显著。淮河流域年平均降水量为 873mm，降水年内分配不均，年际变化较大，但并无明显的变化趋势。进入 21 世纪后，季风雨带常在淮河流域停滞，淮河流域洪水灾害呈现不断加剧的趋势。淮河流域年降水日数平均为 123d，近 50 年波动中下降趋势显著，气候倾向率为 −5.0d/10a。20 世纪 90 年代以来，年降水日数减少更为明显。基于全球模式以及区域模式对未来气候变化预估结果揭示出，未来淮河流域气候变暖趋势将可能持续，夏季热浪天气更多而冬季极端低温呈减少趋势；流域降水量呈较为一致的增加，但增加幅度不大。

气候变暖改善了淮河流域农业生产的热量条件，作物生育期缩短，复种指数提高，作物冻害概率减少；但气候变暖导致春季霜冻危害和作物病虫害加剧，农业生态环境恶化。旱涝灾害频次增多，造成农业产量波动加大，农业生产的气候不稳定性增加。气候变化对农业的影响总体上是弊大于利。气候变化改变了淮河流域水资源状况，近 50 年淮河干流径流量有下降趋势，同时出现极端流量的频率有所增加。气候变暖及"南涝北旱"的降水分布格局，导致淮河水资源系统更加脆弱。气候变化影响淮河流域的森林生态系统结构和物种组成；春季物候提前，绿叶期延长。湿地生态脆弱性方面，湖泊水域面积减少，湿地萎缩；破坏湿地生物多样性。

淮河流域是我国旱涝灾害最为频繁的区域之一，旱涝灾害的特征表现为时空分布不均，且组合复杂，常常是年内交替出现，流域面上共存，特别是进入 21 世纪以来旱涝灾害趋于频繁，特别是 2003 年和 2007 年发生的全流域大洪水造成严重灾害；从旱涝格局来看，北旱南涝更加突出。此外，近10 年来淮河流域春霜冻害有所增加；高温热害发生频繁；连阴雨危害南增北减；干热风危害总体减轻；日照时数在不断减少，尤其是夏季减少幅度最大。

根据 2011 年风能资源图谱和 1979—2008 年全国风能资源参数历史信息库，流域四省都有较好的风能资源，从空间分布来看，江苏省主要在沿海地区，山东省在沿海和山地，河南省和安徽省在丘陵山地。从风能资源的技术开发量来看，山东省的风能资源最为丰富。

党的十八大提出"确保到 2020 年实现全面建设小康社会宏伟目标"，要求：推进城乡发展一体化，着力在城乡规划、基础设施、公共服务等方面推进一体化；大力推进生态文明建设，加强防灾减灾体系建设，提高气象、地质、地震灾害防御能力，强化水、大气、土壤等污染防治，积极应对气候变化。结合党的十八大提出的"大力推进生态文明建设"和"加强防灾减灾体系建设"，针对把淮河流域建设成为国家生态文明综合示范区的战略定位，建议增强淮河流域气象和地质防灾减灾体系建设，通过加强极端天气气候事件和地质灾害的监测、预报、预警和应对指挥能力，推进政府主导的气象和地质灾害防御和风险管理；增强农业和农村抵御气象和地质灾害的能力，加强交通气象和地质灾害的检测和服务，强化城镇化布局中气象和地质灾害风险评估和防灾减灾体系。

一、淮河流域近 50 年气候特征及气候变化影响分析

（一）近 50 年淮河流域气候特征

淮河流域的气候特点是四季分明。在气候区划中，以淮河和苏北灌溉总渠为界，北部属暖温带半湿润区，南部属亚热带湿润区。影响淮河流域的天气系统众多，既有北方的西风槽和冷涡，又有热带的台风和东风波，还有本地产生的江淮切变线和气旋波，因此流域天气多变。东亚季风是影响流域天气的主要因素。春季（3—4 月），东北季风减弱，西南季风开始盛行，流域降水逐渐增多；夏季（5—8 月），盛行的西南气流携带大量的暖湿空气，为淮河的雨季提供水汽，这是一年中降水最多的季节；秋季（9—10 月），西南季风开始南退，降水迅速减少；冬季（11 月至次年 2 月），流域盛行干冷的偏北风。季风的进退形成了流域四季的差异，支配着流域四季降水的多寡。

1. 年平均气温

淮河流域的多年平均气温为 14.5℃。近 50 年（1961—2010 年），淮河流域的年平均气温呈明显增高的趋势，增长速率约为 0.23℃/10a，20 世纪 90 年代中期以来，淮河流域处于偏暖时期（图 1）。从空间分布看，淮河流域的年平均气温在 12～16℃，呈现南高北低准纬向的分布特征［图 2（a）］。流域内各站点的年平均气温呈一致显著升高趋势，但存在一定的地区差异，总体来说，流域年平均气温升高趋势表现为东部沿海大于西部山区［图 2（b）］。

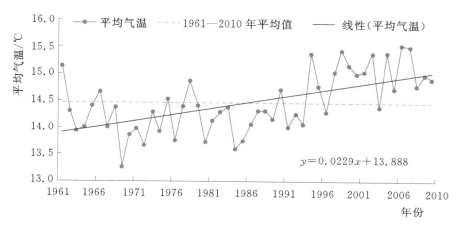

图 1　1961—2010 年淮河流域年平均气温历年变化

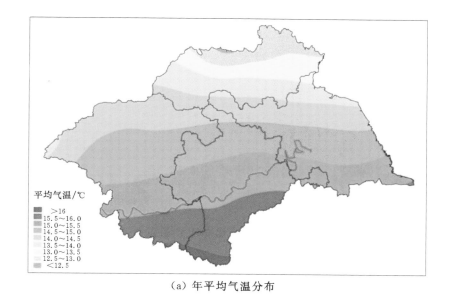

（a）年平均气温分布

图 2（一）　1961—2010 年淮河流域年平均气温
分布及年平均气温气候倾向率

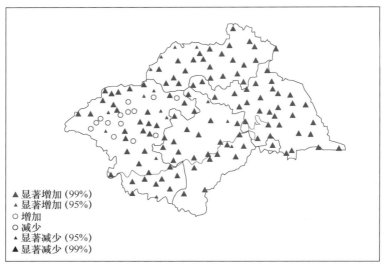

（b）年平均气温气候倾向率

图 2（二）　1961—2010 年淮河流域年平均气温
分布及年平均气温气候倾向率

2. 年平均最低气温

1961—2010 年，淮河流域年平均最低气温多年平均值为 10.1℃。最近 50
年，呈显著上升趋势，增温幅度为 0.33℃/10a。1994 年以来，连续 17 年年平
均最低气温较多年气候均值（1961—2010 年平均值）偏高（图 3）。

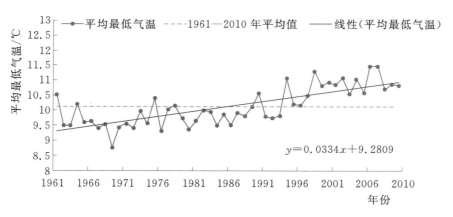

图 3　1961—2010 年淮河流域年平均最低气温历年变化

3. 年平均最高气温

1961—2010 年，淮河流域年平均最高气温多年平均值为 19.7℃。最近 50
年，与年平均最低气温的变化趋势不同，增温幅度为 0.13℃/10a，趋势不明
显（图 4）。

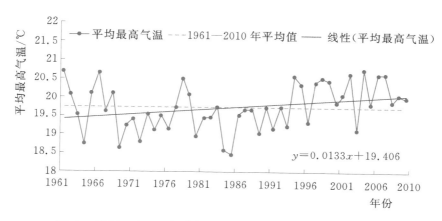

$$y=0.0133x+19.406$$

图 4　1961—2010 年淮河流域年平均最高气温历年变化

4. 降水特征

淮河流域地处中纬度副热带典型季风气候区,降水较为丰沛,但降水量年际变率较大且季节性变化显著。流域内降水的年内分配不均,降水主要发生在夏季,夏季降水量占全年总降水量的一半以上,春、秋两季降水量相当,冬季降水量最少。所以,淮河流域的旱涝异常主要由夏季降水决定。淮河流域降水的年内变化有明显的季风降水雨带"北推南撤"的特征,1—4 月降水的增幅不甚明显,4—5 月,随着东亚夏季风的爆发,季风雨带的不断北抬,淮河流域降水逐渐增多。一般地,自 6 月下旬开始,季风雨带移至江淮地区,出现梅雨天气,雨带在江淮流域停滞后,会使淮河流域降水在 7 月达到高值。8 月,季风雨带逐渐北移至华北地区,此时淮河流域降水逐渐减少。在 9—12 月,随着雨带的快速南撤,淮河流域内的降水迅速减少。淮河流域的降水主要集中在主汛期,主汛期降水呈南部多于北部、山区多于平原、近海多于内陆的特点。由于历史上黄河长期夺淮使得淮河入海无路、入江不畅,特殊的下垫面加之受到低纬和中高纬各种天气系统的共同影响,气候条件复杂多变,淮河流域易涝易旱,常常洪涝并存,被人们总结为有"大雨大灾、小雨小灾、无雨旱灾"的特点。

5. 年降水量

从流域平均的年降水量年际变化(图 5)看,1961—2010 年淮河流域年平均降水量为 873mm,年际变化较大,但并无明显的变化趋势。但进入 21 世纪后,季风雨带常在淮河流域停滞,淮河流域洪水灾害呈现不断加剧的趋势,2003—2008 年的 6 年中出现了 5 次范围较大的洪水。从空间分布〔图 6(a)〕看,淮河流域的年平均降水量分布呈现南部多于北部,山区多于平原的特点,流域内各站点的年降水量趋势存在一定的地区差异,除流域东北部以降水量减少为主外,其他区域均以降水量增加为主〔图 6(b)〕。

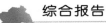

图 5　1961—2010 年淮河流域年降水量历年变化

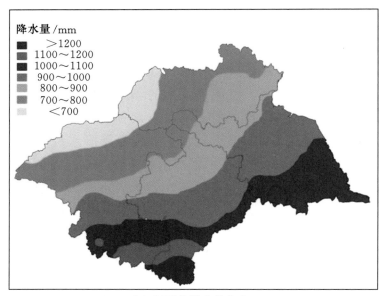

（a）年平均降水量分布

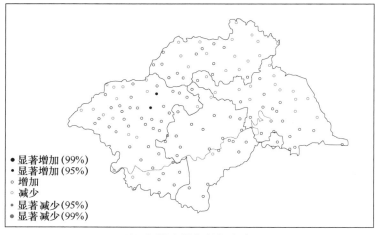

（b）年降水量气候倾向率

图 6　1961—2010 年淮河流域年平均降水量分布及年降水量气候倾向率

6. 年降水日数

从流域平均的年降水日数年际变化看（图 7），1961—2010 年淮河流域年降水日数平均为 123d，近 50 年波动中下降趋势显著，气候倾向率为－5.0d/10a。20世纪 90 年代以来，年降水日数减少更为明显。除流域东部局部外，流域多数区域年降水日数减少趋势较为显著（图 8）。

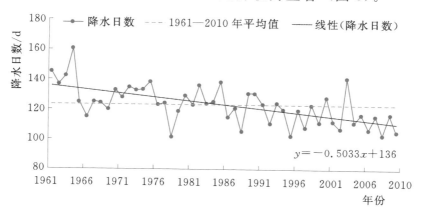

图 7　1961—2010 年淮河流域年降水日数历年变化

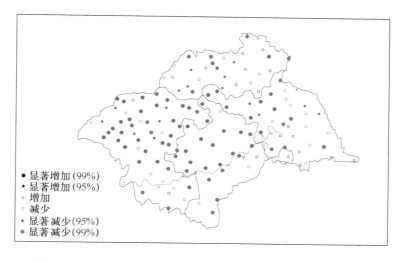

图 8　1961—2010 年淮河流域年降水日数气候倾向率
通过信度检验分布图

（二）已观测到的气候变化对淮河流域的影响

1. 气候变化对农业的影响

已观测到的农业气候资源变化有：热量资源显著增加，尤其是冬温增加显著，各界限温度和无霜期总体呈增加趋势（图 9）；水分资源变化存在地区差异，降水量、土壤湿度变化均呈北减南增趋势，最大可能蒸散微弱减少，农作物生长发育存在全生育期或季节性水分亏缺，水分资源变化趋势导致北旱南涝更加突出；光照资源减少显著。

图 9　淮河流域稳定通过 10℃ 积温趋势显著性分布图（1961—2007 年）

已观测到的气候变化对农业的影响有：冬季冻害减轻，农作物生长季延长，复种指数提高，水稻、玉米中晚熟品种面积增加，有利于作物产量提高、设施农业和经济果蔬发展；但是气象灾害和病虫害趋重发生，作物发育期缩短，粮食产量和气候生产潜力年际变异率大，稳产性降低，作物品质受影响较大。

2. 气候变化对水资源的影响

1950—2007 年，淮河干流蚌埠站径流量有下降趋势（图 10）；同时，出现极端流量的频率有所增加，汛期发生洪涝以及枯水期发生干旱的频率可能加大，极端水文事件发生的频次和强度增加，如 2003 年淮河大水等。

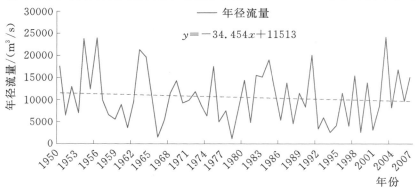

图 10　淮河干流蚌埠站年径流量

气候变暖背景下，引起水资源在时空上重新分配和水资源总量的改变。淮河流域中西部地区及部分东部地区为洪水灾害危险性等级高值区，干旱和洪涝引发水资源安全问题。自1980年以来，淮河干流及涡河、沙颍河、洪汝河等主要支流，沂沭河等骨干河道均出现多次断流，洪泽湖和南四湖经常运行在死水位以下，并且由于水污染十分严重，流域生态危机越来越突出。气候变暖及"南涝北旱"的降水分布格局，导致淮河是我国水资源系统最脆弱的地区之一。

3. 气候变化对自然生态系统的影响

气候变化影响淮河流域的森林生态系统结构和物种组成；热带雨林将可能侵入到目前的亚热带或温带地区，温带森林面积将减少；森林生产力增加；春季物候提前，果实期提前，落叶期推迟，绿叶期延长。气候变化背景下自然灾害频发将加剧湿地生态系统的脆弱，导致湿地水资源紧缺，河道断流、湖泊干涸，湿地水体污染严重，湿地生态系统面临退化威胁；此外，气候变化影响淮河流域湿地水文情势，湖泊水域面积减少，湿地萎缩；破坏湿地生物多样性；使湿地由 CO_2 的"汇"变成"源"。

4. 气候变化对其他领域的影响

气候变化对淮河流域的能源、人体健康等均产生了一定程度的影响：气候变暖导致冬季采暖能耗下降，但夏季制冷能耗增加程度更大，因此综合来看，气候变化加剧了能源需求的紧张局面（图11）。

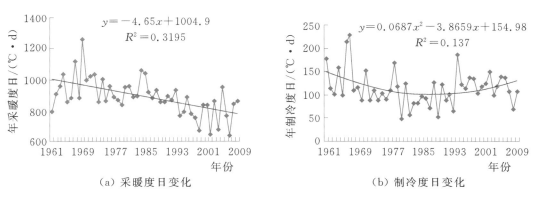

（a）采暖度日变化　　　　（b）制冷度日变化

图11　1961—2009年淮河流域年采暖度日和制冷度日的变化

（三）淮河流域未来气候变化的可能趋势

1. 基于全球模式和 SRES 排放情景的气候预估

利用多个全球气候系统模式的模拟结果，在不同排放情景下，2001—2050年淮河流域年平均气温都将不同程度上升，其中在 SRES-A1B 排放情景下年平均气温气候倾向率达到 0.38℃/10a（图 12），夏季将可能出现更多的热浪天气，而极端气候冷害事件呈减少趋势。

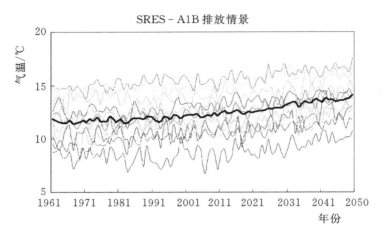

图 12　1961—2050 年淮河流域多模式模拟年平均
气温变化（黑色粗线条为多模式均值）

2001—2050 年，全流域降水均呈显著增加趋势，气候倾向率达到10mm/10a（图 13），其中春季和夏季降水增加显著（图略）。未来极端强降水事件整体呈减少和减缓的趋势，尤其是流域的西部和东部，但中部地区稍有增加。

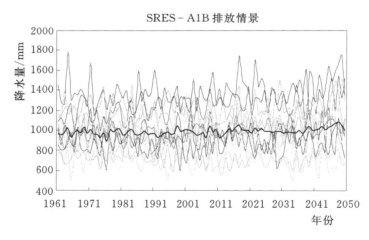

图 13　1961—2050 年淮河流域多模式模拟年降水量
变化（黑色粗线条为多模式均值）

2. 基于区域气候模式和 RCPs 排放情景的气候预估

利用区域气候模式 RegCM4.0 对 RCP4.5 情景和 RCP8.5 情景两种新排放情景下 21 世纪初期（2010—2020 年）、中期（2010—2050 年）淮河流域的变化进行了预估。

RCP4.5情景下，2010—2020年流域年平均气温增加，升温值在流域西南部较高，为0.2℃以上，流域中部升温值相对较低，数值在0～0.1℃之间，其他大部分地区升温值在0.1～0.2℃之间。RCP8.5情景下，流域也呈现出增温的趋势，且增幅幅度较RCP4.5情景下明显增大（图14）。2010—2050年，流域表现为较为一致性的增温，在RCP4.5情景下，流域增温幅度在0.8～1.0℃之间，而在RCP8.5情景下，增温幅度更高，大部分地区升温值在1℃以上（图15）。

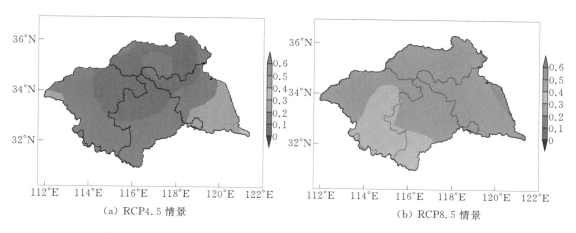

（a）RCP4.5情景　　　　　　（b）RCP8.5情景

图14　2010—2020年淮河流域平均气温的变化（单位：℃）

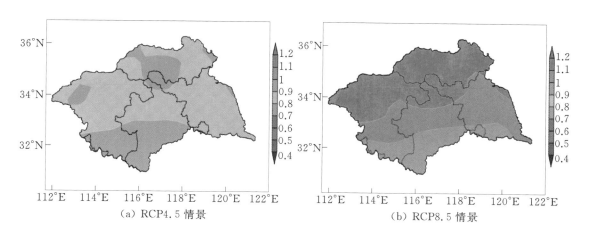

（a）RCP4.5情景　　　　　　（b）RCP8.5情景

图15　2010—2050年淮河流域平均气温的变化（单位：℃）

从2010—2020年期间的降水量预估来看，在RCP4.5情景下，2010—2020年年平均降水量的变化在整个流域上大都是增加的，增加幅度基本在10％～25％之间，而在RCP8.5情景下，年平均降水量在整个流域上以增加或变化不大为主，其中增加值在 5％～25％ 之间（图 16）。2010—2050 年期间，在 RCP4.5 情景下，年平均降水量的变化在整个流域上表现为增加或变化不大，在 RCP8.5 情景下，年平均降水量在整个流域上则以变化不大为主，数值大都在 ±5％ 之间（图 17）。

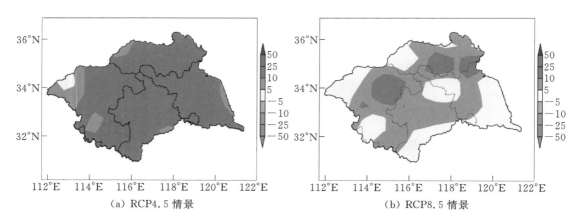

（a）RCP4.5 情景　　　　　　　　　（b）RCP8.5 情景

图 16　2010—2020 年淮河流域年平均降水量的变化（％）

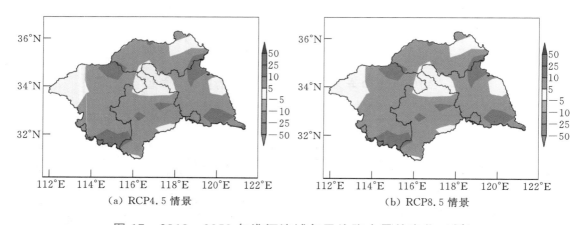

（a）RCP4.5 情景　　　　　　　　　（b）RCP8.5 情景

图 17　2010—2050 年淮河流域年平均降水量的变化（％）

二、淮河流域近 10 年气象灾害特征

（一）淮河流域旱涝变化特征

1. 与长江流域、黄河流域降水的比较

淮河流域地处我国南北气候过渡带，与长江流域、黄河流域相比，淮河流域降水变率最大（表 1），表明过渡带气候的不稳定性，容易出现旱涝。

旱年差不多为 2.5 年一遇，涝年则将近 3 年一遇。进入 21 世纪以来，淮河流域夏季频繁出现洪涝，成为越来越严重的气候脆弱区。

表1　　淮河流域、长江流域、黄河流域降水量及其变率的比较

全年/汛期	淮河流域	长江流域	黄河流域
平均降水量/mm	905/492	1355/511	441/257
降水相对变率/%	16/22	11/20	13/17

2. 历史旱涝灾害

淮河流域旱涝灾害时空分布不均，且组合复杂，常常是年内交替出现，流域面上共存。在 2000 多年的历史里，共发生流域性的水旱灾害 336 次，平均 6.7 年一次，水灾平均 10 年一次。1194 年黄河南决夺淮后，水灾更加频繁。16—20 世纪是淮河流域旱涝灾害最为频繁的时期（图 18）。

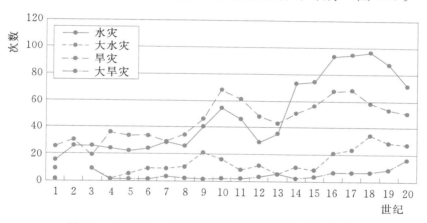

图 18　公元 1—20 世纪淮河流域旱涝次数变化

3. 现代旱涝灾害特征及典型事件

淮河流域旱涝灾害时空分布不均，且组合复杂，常常是年内交替出现，流域面上共存，夏涝秋旱和流域东北部旱、西南洪涝为最常见的组合形式。淮河流域旱涝灾害的另一个特点是春末夏初易出现旱涝急转。特别是进入 21 世纪以来旱涝灾害趋于频繁。2003 年、2005 年、2007 年淮河流域先后发生大洪水，2001 年、2004 年、2008—2009 年、2010—2011 年发生秋冬春三季连旱。从旱涝发生频率来看，流域干旱年发生频率高于湿润年发生频率，中等旱年发生频率最高；从旱涝格局来看，北旱南涝更加突出。

（1）2003 年流域性洪涝灾害分析。

2003 年夏季，我国主要多雨区位于黄河与长江之间。6 月下旬至 7 月中旬，雨带在淮河流域徘徊，降水过程频繁。由于雨区和降雨过程集中、雨量

大，导致淮河干、支流水位一度全面上涨，超过警戒水位，发生了流域性特大洪水。淮河流域主汛期为6月21日至7月22日，期间共出现了6次集中降雨过程，过程总降水量达400～600mm，安徽霍山、宿县及江苏高邮、河南固始等地超过600mm；降水量与常年同期相比普遍偏多1～2倍。6月21日至7月22日淮河流域平均降水量与历年同期相比为近50多年来的第二位，仅次于1954年，淮河上游及沿淮淮北地区降雨量接近或超过了1991年，除伏牛山区和淮北各支流上游外，淮河水系30d降雨量都超过400mm，暴雨中心安徽金寨前畈（饭）站降雨量达946mm。受强降雨影响，淮河流域出现3次洪水，为新中国成立以来仅次于1954年和2007年的第三位流域性大洪水。

主汛期间以6月30日至7月7日及7月9—14日两次降水过程持续时间较长，雨量较大。6月30日至7月7日，淮河流域出现了主汛期最强的一次降水过程，河南东部、安徽中部和北部、江苏大部出现大范围的持续性暴雨和大暴雨，8d总降雨量沿淮地区一般有150～300mm，部分地区超过了300mm。7月9—14日，淮河流域再次普降大到暴雨，局地出现大暴雨，淮河北部地区过程降水量有100～150mm，以南地区有100～200mm。为缓解洪水紧张局势，王家坝分别于7月3日和11日两次开闸泄洪，这是1991年淮河大水以后，淮河流域地区首次开闸泄洪。

据安徽、江苏、河南3省不完全统计，受灾人口达5800多万人，紧急转移200多万人；受灾农作物面积520多万 hm^2，成灾面积340万 hm^2，绝收面积120万 hm^2；倒塌房屋39万间；直接经济损失350多亿元。

（2）2007年流域性洪涝灾害分析。

2007年汛期，淮河流域出现仅次于1954年的特大暴雨洪涝灾害。6月29日至7月26日，淮河流域出现持续性强降水天气，总降水量一般有200～400mm，其中河南南部、安徽中北部、江苏中西部有400～600mm；降水量普遍比常年同期偏多5成至2倍，河南信阳偏多达3倍。淮河流域平均降水量465.6mm，超过2003年和1991年同期，仅少于1954年，为历史同期第二多。由于降水强度大，持续时间长，淮河发生了新中国成立后仅次于1954年的全流域性大洪水，先后启用王家坝等10个行蓄（滞）洪区分洪。受暴雨洪水影响，安徽、江苏、河南等省共有2600多万人受灾，死亡30多人，紧急转移安置110多万人；农作物受灾面积200多万 hm^2，其中绝收面积60多万 hm^2；直接经济损失170多亿元。

（3）干旱事件。

2000年2—5月，淮河流域大部地区降水量仅有50～100mm，比常年同期偏少3成以上，其中河南、山东大部、安徽合肥以北地区、苏北西部、湖北西北部等地偏少 5~8 成。此次春夏旱持续时间长、受旱面积大，对农业生产的危害严重。河南省出现了新中国成立以来罕见的严重春旱，5 月上旬，全省受旱农田面积达 357.1 万 hm²，严重受旱面积 186.3 万 hm²，干枯死亡面积 15.7 万 hm²，重旱区主要分布在豫北、豫西和豫中。湖北省内鄂北地区旱情最重，夏收作物大幅减产，春耕春播严重受阻，截至 5 月 24 日，全省农作物受旱面积达 278.7 万 hm²，成灾面积 151.9 万 hm²，各类农业经济损失达 66 亿多元。由于春季旱情严重，淮河水位降至 50 年来同期最低点，蚌埠闸等区域先后出现船只严重阻塞情况。

（4）旱涝急转。

旱涝急转是指某一个地区或者某一个流域发生较长时间干旱时，突然遭遇集中强降水，引起河水陡涨的现象。淮河流域由于地处气候带的过渡区域，季风偏弱时雨带就会长久地滞留在南方从而造成严重洪涝，而季风偏强雨带又会很快地移过淮河流域造成干旱。由于每年夏季风强弱和雨带从南向北推进的速度不一致，在淮河流域就会常常反映出"旱涝急转"特征。

1961—2007 年，淮河流域共有 13 年出现了"旱涝急转"事件，分别是 1962 年、1965 年、1968 年、1972 年、1975 年、1979 年、1981 年、1989 年、1996 年、2000 年、2005 年、2006 年、2007 年。从长期来看，2000 年以来频次明显增多。在"旱涝急转"发生年，干旱以全流域发生为主，而洪涝有南部型和全流域型两种。"旱涝急转"主要出现在 6 月中下旬（1989 年、1996 年和 2000 年为 6 月上旬除外），与江淮入梅时间基本同时或略偏晚。春夏之交是淮河流域小麦、油菜生长的关键期。若降水偏少、土壤缺墒，则引发籽粒退化，导致严重减产；此外，干旱还会影响秋收农作物的适时播种和出苗。夏季，春播旱作物处于旺盛生长期，夏涝易引起作物叶片发黄、根部腐烂、苗情差，同时涝渍也导致棉花蕾铃脱落，影响产量。涝灾严重时可能会造成农作物的绝收，易对农业生产造成极为严重的不利影响。

（二）其他气象灾害特征

1. 台风灾害影响频繁

（1）影响淮河流域的台风。

影响淮河流域的台风主要有登陆型和沿海转向型两种。登陆型台风在广东、福建、浙江沿海等地登陆，并逐渐减弱消亡。这类台风对淮河流域的影响最大，如 2005 年 0509 号台风"麦莎"。沿海转向型台风先向西北方向移动，当接近中国东部沿海地区时，不登陆而转向东北，这类台风的外围有时可以影响淮河流域东部地区，如 2002 年第 5 号热带风暴"威马逊"。2001—2012 年的 12 年间,除 2001 年、2003 年和 2010 年外,淮河流域都遭受了台风灾害,具体情况见表 2。

表 2　　　　　　　　　2001—2012 年间影响淮河流域的台风

年份	台 风 编 号	影响淮河流域的台风名称
2001	—	—
2002	0205	热带风暴"威马逊"
2003	—	—
2004	0407	台风"蒲公英"
	0414	台风"云娜"
2005	0505	台风"海棠"
	0509	台风"麦莎"
	0513	台风"泰利"
	0515	台风"卡努"
2006	0605	台风"格美"
2007	0713	台风"韦帕"
	0716	台风"罗莎"
2008	0808	台风"凤凰"
2009	0908	台风"莫拉克"
2010	—	—
2011	1109	台风"梅花"
2012	1210	台风"达维"
	1211	台风"海葵"

注　"—"表示无台风。

（2）典型案例及其影响。

1）0509 号台风"麦莎"。2005 年 7 月 30 日,0509 号台风"麦莎"于西北太平洋洋面生成。8 月 6 日 3 时 40 分,台风在浙江省玉环县登陆,登陆时中心风力达 12 级,最大风速达 45m/s,中心最低气压仅 950hPa。台风登陆后穿越浙江省,8 月 7 日 15 时经安徽省东南部进入江苏省南京市江浦区,穿越江苏省,于 8 日 7 时经连云港市、赣榆区移向山东省。受其影响,淮北地区过程雨量有 16.4～110.4mm。自 8 月 5 日 5 时到 9 日 5 时,江苏省 55 个市(县)降水量超过 50mm,其中有 27 个市(县)降水量超过 100mm,最大降水量在太仓,为 193.8mm。另据加密自动站监测,这 4d 降雨量最大的常熟市支塘镇为 218.4mm。同时,江苏省各地出现了大范围的强风天气,4d 内先后有 55 个市（县）出现了 7 级以上大风，部分地区达到 11 级。根据加密自动站观测，最大风速出现在启东市圆陀角地区，达 34m/s（12 级），这是启东市受热带气旋影响产生的极端极大风速。台风"麦莎"给江苏省带来严重影响，全省受灾人口 795.56 万人，死亡 8 人，受伤 202 人；倒断树木、电杆 641324 棵（根）；农作物受灾面积 478030hm²，成灾面积 215108hm²，绝收面积 12101hm²；损坏房屋 26476 间，倒塌房屋 10698 间；农业经济损失近 9.97 亿元，直接经济损失近 17.99 亿元。

2）0515 号台风"卡努"。2005 年 9 月 5 日，0515 号台风"卡努"于西北太平洋洋面生成。9 月 11 日 14 时 50 分，台风"卡努"登陆浙江省台州市，登陆时中心最大风力达 12 级，最大风速达 50m/s，中心最低气压仅 945hPa。台风登陆后穿过浙江省北部，12 日 4 时 30 分经太湖以西进入江苏省，12 日 22 时 30 分从江苏省连云港市的燕尾港入海，在江苏省境内历时 18h。受其影响，11 日夜里至 13 日江苏省大部分地区出现降水和大风天气。除 11 日 5 时至 12 日 5 时，江苏省东南部地区有 15 个市（县）出现了暴雨—大暴雨外，12 日 5 时至 13 日 5 时，苏北地区又有 19 个市（县）出现了暴雨—大暴雨，其中射阳县达 112.7mm。大风主要出现在 12 日，江苏省大部地区出现了 8～11 级大风，其中西连岛极大风速达 31.3m/s（11 级）。江苏省此次因台风"卡努"灾害死亡 3 人，受伤 16 人；受灾人口 417.2 万人；农作物受灾面积 48.6 万 hm²，成灾面积 11.5 万 hm²，绝收面积 223hm²；倒塌房屋 2816 间，损坏房屋 6906 间；直接经济损失约 15 亿元，农业经济损失 6.8 亿元。另外，该台风还造成部分市县供电线路短路，不少树木被刮倒，或树枝被刮断，以及鱼塘漫溢、桥涵闸泵站毁损，还对水陆交通造成了一定的影响，数万人被转移。

3）0605 号台风"格美"。2006 年，淮河流域受 0605 号台风"格美"影响。台风"格美"于 24 日 23 时 45 分在我国台湾省台东县沿海登陆，25 日 15 时 50 分在福建省晋江沿海再次登陆，26 日早晨在该省减弱为热带低气压，27 日下午在江西省境内减弱消失。7 月 25 日 8 时至 28 日 14 时安徽省大部地区出现降水，其中淮北中部、大别山区降雨量 50～260mm，26 日大别山区有 5 个乡镇降雨量超过 200mm，最大霍山县太阳镇为 242mm。由于佛子岭、磨子潭、龙河口水库库区降特大暴雨，造成水库水位明显上涨，7 月 26 日 8 时至 27 日 1 时，佛子岭水库最高水位达 121.81m，磨子潭水库水位达 181.59m。台风"格美"引发的强降雨造成大别山等局部地区发生严重山洪及泥石流灾害，水利基础设施损毁严重。全省受灾人口 56.5 万人，转移安置 4.2 万人，死亡 8 人；倒塌房屋 6000 间，损坏房屋 9000 间；农作物受灾面积 3.82 万 hm²，绝收面积 0.17 万 hm²；直接经济损失 5.0 亿元。

2. 春季低温冻害有所增加

低温冻害是影响农作物生长发育的主要气象灾害之一，随着气候变暖，淮河流域低温冻害有所减少，2001—2011 年淮河流域平均年霜冻日数为 61.6d，较常年偏少约 6.9d。由于气候变暖，农作物发育加快，拔节期提前，但早春冷空气活动仍很频繁，霜冻害发生仍较频繁，特别是近 10 年，春季霜冻日数呈增加趋势（图 19）。

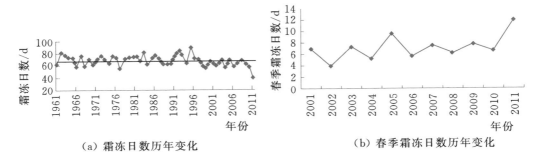

（a）霜冻日数历年变化　　　　（b）春季霜冻日数历年变化

图 19　1961—2011 年淮河流域霜冻日数和 2001—2011 年春季霜冻日数历年变化

3. 高温热害发生频繁

最近 50 年，淮河流域高温日数（日最高气温不小于 35.0℃的天数）具有明显的年代际变化特征（图 20），20 世纪 60—70 年代为高温日数偏多时期，20 世纪 80—90 年代为高温日数偏少时期，但进入 21 世纪以来，高温日数有回升趋势，2001—2011 年淮河流域平均年高温日数为 9.3d，较常年偏多约 1.4d。

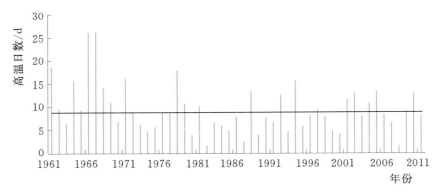

图 20　1961—2011 年淮河流域高温日数历年变化

4. 雾日减少，霾显激增，雾霾天气增加

淮河流域平均年雾日数总体呈减少趋势，并伴有明显的年代际波动：20世纪 60 年代，年雾日数较常年值略偏少，70—80 年代，年雾日数偏多，90 年

代之后，年雾日数明显偏少并呈现显著减少趋势（图21）。2001—2011年淮河流域平均年雾日数为24.4d，比常年偏少3.7d。1961—2011年，淮河流域平均年霾日数呈增加趋势，特别是21世纪以来，霾日数增加十分显著，2001—2011年平均年霾日数为24.1d，比常年偏多11.2d（图22）。

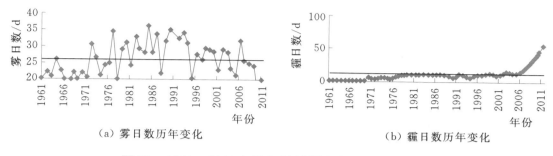

（a）雾日数历年变化　　　　　　　（b）霾日数历年变化

图21　1961—2011年淮河流域雾和霾日数历年变化

总体来说，淮河流域雾霾天气呈增加趋势，其中2001—2011年平均年雾霾日数为46.1d，较常年同期偏多6.7d，特别是2006年以来雾霾日数持续增长（图22）。

淮河流域冬春秋三季是雾霾天气高发季节，雾霾天气常引起城市空气质量下降，造成公路航运受阻，并引发多起交通事故。以安徽省为例，最

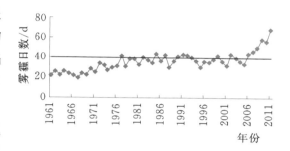

图22　1961—2011年淮河流域雾霾
日数历年变化

近几年安徽省年雾霾天气诱发的交通事故超过了100起，占不利天气条件事故总数的10%～15%。

2008年1月8日，江北大部出现大雾，部分高速路段能见度不足10m；9日扩展到沿江地区，大部地区最低能见度不足50m；10日江淮之间部分地区大雾持续。1月8日，合徐高速因大雾先后发生36起事故，有82辆车追尾发生碰撞，共造成7人死亡，12人受伤；1月9日0时起，芜湖市境内四大交通枢纽相继封闭，有近4000辆车被滞留，400余艘各类船舶一度因雾停航。

2009年1月21—22日，沿淮和江淮部分地区出现大雾，寿县和蚌埠市最低能见度不足50m。受大雾影响，21日8时左右，京台高速合徐南段103km处发生连环追尾事故，造成9人死亡、30余人受伤；同日，在相邻的蚌埠禹会服务区地段也发生一起交通事故，造成1人死亡。

2010年1月18日早晨，沿淮及淮河以南大部出现大雾，其中沿江西部能

见度不足 100m。受浓雾影响，京台高速公路下行线安庆至合肥段多处地点发生连环相撞事故，先后造成 6 人死亡、13 人受伤。

2011 年 1 月 21—24 日早晨，安徽省北部连续出现雾霾天气，其中 22 日早晨有 32 个市县出现大雾，有 7 个县最低能见度不足 100m，怀远县仅 20m。雾霾诱发南洛高速怀远县境内车辆连环追尾，造成 3 死 24 人伤。

2011 年 11 月 28 日，沿淮至沿江地区 33 个市县出现雾霾；29 日淮河以南有 31 个市县出现雾霾。28 日雾霾天气诱发多起交通事故，数人伤亡，其中合宁高速 2 死 8 伤，合六叶段高速 1 死 5 伤，宁洛高速 2 死 5 伤。此外，淮河蚌埠段因雾停航。

2012 年 1 月 9—10 日，安徽省北部出现雾霾天气，9 日早晨沿淮淮北及江南东部 24 个市县出现大雾。9 日 11 时南洛高速界首段大雾诱发 6 车连环追尾事故，造成 2 死 20 伤。

2012 年 11 月 24 日沿淮西部以及 26—27 日安徽省大部再次出现雾霾天气。24 日，沪陕高速新桥服务区段浓雾引发 21 车连环相撞事故，造成 1 死 3 伤；26—27 日，安徽省境内多条高速因大雾临时封闭，合肥机场部分航班延误。

三、淮河流域风能资源评估及分散式风电开发

能源短缺、环境污染、气候变化、灾害频繁，这是当今世界面临的难题。为了保护人类赖以生存的地球环境，应对气候变化，必须节约能源，发展低碳经济，减少温室气体对大气的排放。然而，生产要发展，人民的生活水平也在不断提高，如何进一步开发利用可再生能源，就成了社会发展中的一个瓶颈问题。风力发电是目前可再生能源利用中技术最成熟的、最具商业化发展前景的利用方式，是 21 世纪最具大规模开发前景的清洁新能源之一。

《IPCC 可再生能源与减缓气候变化特别报告》研究表明，全球风能资源能够满足电力消耗对风电开发的需求，风能资源不是风电发展的障碍，但全球的风能资源分布非常不均匀。随着风能资源评估技术的进步，人类对风能资源储量和分布的认识越来越准确；随着风电开发技术的进步，越来越多的风能资源可以得到开发利用。

2001—2012 年，我国风电装机容量由 38 万 kW 增加到 7532 万 kW（不包括我国台湾地区），累计安装风电机组 53764 台，居全球风电累计装机容量第一位。内蒙古自治区 2012 年累计风电装机容量 1862 万 kW，占全国累计总装机容量的 25%，遥遥领先于其他省份，内蒙古、河北、甘肃、辽宁省（自治

区）的累计装机容量占全国的52%，我国的风电开发大部分分布在"三北"地区。2010年，我国首个千万千瓦级风电基地一期建设项目在甘肃酒泉竣工，装机容量536万kW。后续还将建立内蒙古东部、内蒙古西部、河北坝上、新疆哈密、吉林西部、江苏和山东7个千万千瓦级风电基地。同样是2010年，我国首个海上风电场——上海东海大桥10万kW海上风电项目正式建成投运；100万kW海上风电特许权项目完成招标，标志着我国海上风电建设正式启动。

与此同时，我国风电并网和消纳正逐步成为制约风电开发的最主要因素。由于风电开发高度集中于"三北"地区、风电和电网建设不同步、当地负荷水平低、灵活调节电源少、跨省跨区市场不成熟等原因，"三北"地区的风电并网瓶颈和市场消纳问题已开始凸现，弃风现象比较突出。分散式风电开发可以减少电力输送，提高风电并网能力。我国内陆地区具有满足发展分散式风电的资源潜力，有必要开展小尺度局地风能资源评估，为地方分散式风电发展规划提供科学依据。2011年，国家能源局发布了关于分散式接入风电开发的通知，提出在已运行的配电系统设施就近布置、接入风电机组，不为接入风电而新建变电站（所），不考虑升压输送风电；要求电网企业对分散式多点接入系统的风电发电量认真计量、全额收购。国家能源局这一举措有利于促进中国内陆地区低速风电场的发展，有效缓解风电并网遭遇的困境。在当前和今后一段时期内，中国风电开发以陆上集中风电场为主，积极推进海上风电场示范项目建设，并探讨开展分散式并网风电项目。

（一）淮河流域四省风能资源

1. 全国风能资源分布

中国气象局在2007—2011年期间，组建了遍布31个省（自治区、直辖市）、拥有400座测风塔的全国风能资源专业观测网，并在此基础上根据历史气象观测资料，采用数值模拟和GIS空间分析技术对中国风能资源进行了新一轮的详查。最新成果表明，中国陆地风能资源丰富区主要分布在东北、内蒙古、华北北部、甘肃酒泉和新疆北部；青藏高原、云贵高原、东南沿海风能资源较丰富；风能资源匮乏区主要分布在青藏高原东侧的四川盆地、新疆塔里木盆地和准噶尔盆地、西藏林芝南部、云南西南部和福建内陆地区（图23）。全国陆地50m、70m、100m高度层的风能资源技术开发量（年平均风功率密度不小于$300W/m^2$）分别为20亿kW、26亿kW和34亿kW。以70m高度为例，内蒙古风能资源技术开发量最大，约为15亿kW；其次是新疆和甘肃，分别为4亿kW和2.4亿kW；黑龙江、吉林、辽宁、河北等省陆地以及河北、山东、江苏、福建等省沿海区域风能技术开发量也比较大，适宜建设大型风电基地；而内陆其他各省的可开发风能资源主要分布在山脊或台地上，适宜分散开发。

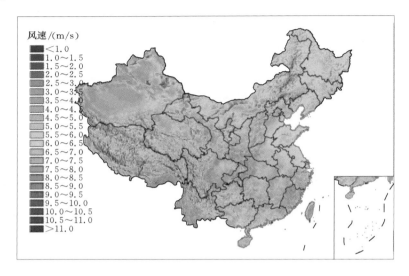

（a）年平均风速

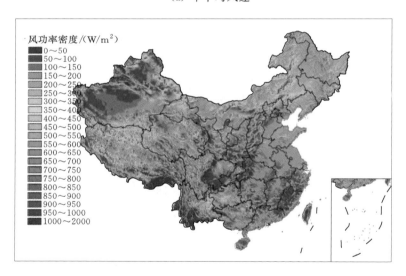

（b）年平均风功率密度

图 23　全国水平分辨率 1km×1km、70m 高度层年平均
风速和年平均风功率密度分布图

近海风能资源数值模拟结果表明，我国台湾海峡风能资源最丰富，其次是广东东部、浙江近海和渤海湾中北部，相对来说近海风能资源较少的区域分布在北部湾、海南岛西北、南部和东南的近海海域。虽然我国台湾海峡近海风能资源最为丰富，但 5～50m 水深面积小，风能开发难度大。此外，江苏

省近海 5～50m 水深面积较大，其风能资源较其他省份近海要小，但也能达到风电开发标准。中国 5～50m 水深范围内，风资源技术开发量约为 5.12 亿 kW（表 3）。

表 3　　　　　中国陆地和近海风能资源总量和技术开发量　　　单位：亿 kW

地　区	资源总量	技术开发量
中国陆地（不包括青藏高原，70m 高度）	59	26
中国近海（水深 5～50m，100m 高度）	25	5

虽然我国风能资源丰富区集中在"三北"和沿海地区，但每个省（自治区、直辖市）都有可开发的风能资源，内陆山区零散分布着丰富的风能资源。2050 年我国风电发展目标为 10 亿 kW，其中分散式风电 7000 万 kW，占全部发电量的 18%。

2. 淮河流域风能资源开发潜力

根据中国气象局 2011 年公布的第四次全国风能资源详查结果，淮河流域四省除山东省和江苏省沿海地区属于风能资源丰富区以外，大部分内陆地区都不是风能资源丰富区（图 24）。但是，淮河流域 4 个省都有可开发的风能资源，2～2.5 级风能资源比较丰富（表 4）。淮河流域四省 50m、70m 和 100m 高度 200W/m² 及以上风能资源技术开发量分别为 4427 万 kW、7951 万 kW 和 10134 万 kW，其中 200～250W/m² 风能资源技术开发量分别占 14%、21% 和 12%；250～300W/m² 风能资源技术开发量分别占 47%、30% 和 12%。可见，

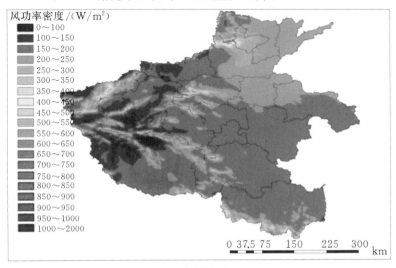

（a）河南省

图 24 （一）　淮河流域四省 70m 高度年平均风功率密度分布图（1979—2008 年）

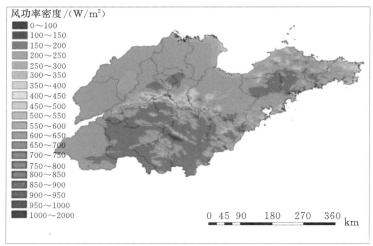

（b）山东省

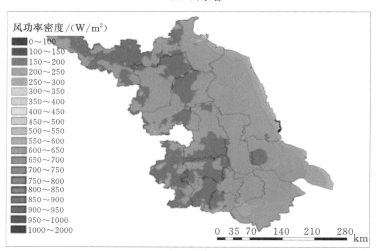

（c）江苏省

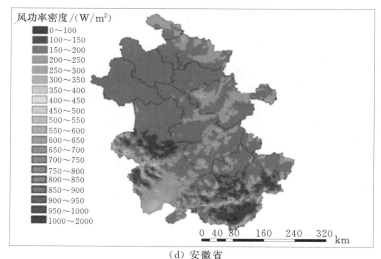

（d）安徽省

图 24（二）　淮河流域四省 70m 高度年平均风功率密度分布图（1979—2008 年）

在目前主流风机轮毂 70m 轮毂高度上，200～250W/m² 风能资源技术开发量占 51%，达到 1.4 亿 kW，技术开发面积 6.2 万 km²。因此，淮河流域四省的内陆地区适宜建设低风速风场，开展分散式风电开发。

表 4　　　　　　　　　淮河流域四省风能技术开发量和开发面积

高度/m	≥400W/m²		≥300W/m²		≥250W/m²		≥200W/m²	
	技术开发量/万 kW	技术开发面积/km²	技术开发量/万 kW	技术开发面积/km²	技术开发量/万 kW	技术开发面积/km²	技术开发量/万 kW	技术开发面积/km²
50	425	1264	1725	5122	3808	10734	4427	12082
70	317	941	3854	10761	6257	15561	7951	21159
100	1189	2206	7753	24542	8956	25198	10134	26915

根据第四次全国风能资源普查结果，河南省建议风能资源优先发展的地区有：中西部秦岭余脉的高海拔地区、南部沿线和东北部局部地区。安徽省建议优先开发风能资源的地区有：皖东定远与凤阳交界地带、来安北部、明光东南部、滁州市区、全椒北部和天长；沿江地区，包括望江、宿松、怀宁、枞阳、繁昌、当涂等地；皖北宿州、淮北局部山丘区域；皖南池州市的东至、石台，宣城市的泾县、绩溪，黄山市与歙县、黟县的交界地带；大别山区的岳西和霍山交界一带、金寨南部。山东省建议在重点发展北部和沿海一带大型风电场的同时，根据全省风能资源潜在开发量分布区域和装机密度系数分布特点，在内陆初步探明的范围相对较小、分散式的风能资源较丰富区，择优选择风电场址并开发建设。江苏省除沿海处于风能资源丰富区以外，太湖、洪泽湖等大型水体周围风能资源相对较丰富，具有适度开发的潜力，内陆湖区建议装机容量为 20 万 kW。

（二）分散式风电发展规划与开发现状

为突破并网瓶颈，国家在"十二五"期间，改"建设大基地、融入大电网"的模式为"集中＋分散"的方式，发展低风速风场，并鼓励分散接入电网。发展低风速风电场、倡导分散式开发已被纳入"十二五"风电发展规划。"十二五"国家能源局核准的淮河流域四省低风速风电建设项目共 109 个（图 25，表 5～表 8），其中安徽省 28 个项目，总装机容量约 141 万 kW；河南省 39 个项目，总装机容量 180 万 kW；山东省 31 个项目，总装机容量约 162 万 kW；江苏省 14 个项目，总装机容量 68 万 kW。

低风速风电项目是指风速在 6～8m/s 之间，年利用小时数在 2000h 以下的风电开发项目。分散式接入风电项目是指位于负荷中心附近，不以大规模远距离输送电力为目的，所产生的电力就近接入当地电网进行消纳的风电项目。
分散式接入风电项目应具备以下条件。

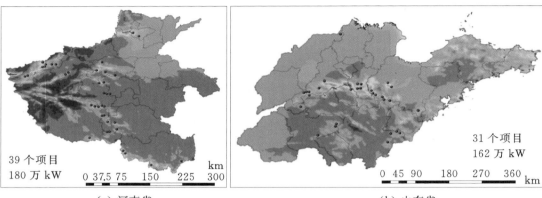

（a）河南省 39 个项目 180 万 kW

（b）山东省 31 个项目 162 万 kW

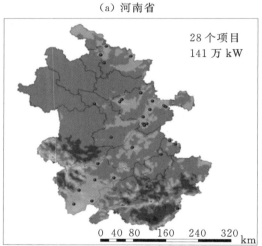

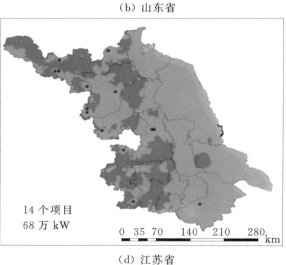

（c）安徽省 28 个项目 141 万 kW

（d）江苏省 14 个项目 68 万 kW

图 25　淮河流域四省"十二五"拟核准的低风速风电项目分布图

表 5　　　　安徽省"十二五"拟核准低风速风电项目计划表

项 目 名 称	规模/万 kW	建 设 单 位	项目地址
龙源明光大港、嘉山风电项目	10	龙源明光风力发电有限公司	滁州明光市
龙源滁州市凤阳曹甸风电项目	5	安徽龙源风力发电有限公司	滁州市凤阳县
国电安庆宿松西湖圩风电项目	5	国家安徽电力有限公司	安庆市宿松县
大唐新能源滁州来安龙山风电场项目	4.8	大唐来安新能源有限公司	滁州市来安县长山林场
协合宿州萧县官山风电场项目	4.8	中国风电集团有限公司	宿州市萧县
国电龙源滁州定远大金山风电项目	4.95	龙源定远风力发电有限公司	滁州市定远县
大唐新能源滁州南谯区沙河风电项目	4.95	大唐滁州新能源有限公司	滁州市南谯区
国电龙源滁州全椒大山风电项目	4.95	安徽龙源风力发电有限公司	滁州市全椒县
国电龙源滁州明光鲁山风电项目	4.95	龙源明光风力发电有限公司	滁州市明光市

项 目 名 称	规模/万 kW	建 设 单 位	项 目 地 址
中国风电肥西莲花山风电场项目	4.8	中国风电集团有限公司	合肥市肥西县
协合宿州埇桥符离风电场项目	4.8	中国风电集团有限公司	宿州市埇桥区
国电龙源滁州全椒龙王尖风电项目	4.95	安徽龙源风力发电有限公司	滁州市全椒县
国电安庆太湖县徐桥风电场项目	4.5	国电安徽新能源投资有限公司	安庆市太湖县徐桥镇山区
国电安徽寿县团山风电场项目	3.75	国电安徽新能源投资有限公司	寿县八公山乡团山区域
华润安徽歙县金川风电场项目	4.95	华润新能源投资有限公司	歙县金川乡
远见风能巢湖观湖风电场项目	4.95	远见风能（江阴）有限公司	巢湖市
龙源滁州定远能仁寺风电场项目	4.95	龙源定远风力发电有限公司	滁州市定远县
华能国际安庆怀宁石镜风电场项目	4.95	华能国际电力股份有限公司	安庆市怀宁县
协合淮北烈山龙脊山风电场项目	4.8	淮北协合龙脊山风力发电有限公司	淮北市烈山区
三峡安庆桐城黄甲风电场项目	4.95	中国三峡新能源公司	安庆市桐城市
中电投滁州南谯章广风电场项目	4.95	吉林中电投新能源有限公司	滁州市南谯区
中广核滁州全椒西王风电场项目	4.95	中广核风力发电有限公司	滁州市全椒县
华电芜湖无为严桥风电场项目	4.8	华电福新能源股份有限公司	芜湖市无为县
天润安庆枞阳白云岩风电场项目	4.95	北京天润新能投资有限公司	安庆市枞阳县
凯迪安庆望江陈岭风电场项目	4.95	望江凯迪新能源开发有限公司	安庆市望江县
龙源马鞍山含山梅山风电场项目	4.95	安徽龙源风力发电有限公司	马鞍山市含山县
远景能源宿州灵璧朝阳风电场项目	4.95	远景能源（江苏）有限公司	宿州市灵璧县
龙源马鞍山含山仙踪风电场项目	4.83	安徽龙源风力发电有限公司	马鞍山市含山县
合计 28 个项目	141.08		

表 6　　　河南省"十二五"拟核准低风速风电项目计划表

项 目 名 称	规模/万 kW	建 设 单 位	项 目 地 址
大唐豫西平顶山叶县燕山风电场	5	中国大唐河南分公司	豫西平顶山叶县
中电投南阳方城风电场三期工程	5	中电投南阳方城风力发电有限公司	南阳市方城县
信阳大别山卡房风电场	4	信阳大别山风力发电有限公司	信阳市新县
郑州登封电厂集团郑州登封嵩山风电场	5	登封电厂集团有限公司	郑州市登封市
华润新能源驻马店泌阳风电场	5	华润新能源控股有限公司	驻马店市泌阳县
大唐平顶山风电项目	5	中国大唐河南分公司	平顶山市
中电投三门峡陕县宫前乡风电场	5	中电投河南电力有限公司	三门峡市陕县

项 目 名 称	规模 /万 kW	建 设 单 位	项目地址
中电投陕县盘陀山风电场项目	4.95	中电投河南电力有限公司	三门峡市陕县
中电投陕县雷震山风电场项目	4.2	中电投河南电力有限公司	三门峡市陕县
大唐渑池上渠风电场项目	4.8	中国大唐河南分公司	三门峡市渑池县
大唐陕县元宝山风电场项目	4	中国大唐河南分公司	三门峡市陕县
大唐平顶山卫东马棚山风电场项目	3	中国大唐河南分公司	平顶山市卫东区
大唐郏县大刘山风电场项目	3.8	中国大唐河南分公司	平顶山市郏县
国电叶县将军山风电场项目	4.8	国电河南中投盈科新能源有限公司	平顶山市叶县
河南蓝天风电泌阳郭集风电场项目	3.2	河南蓝天风电有限公司	驻马店市泌阳县
国合社旗下洼乡风电场一期项目	4.8	国电联合动力技术有限公司	南阳市社旗县
国电方城七顶山风电场一期项目	4.8	国电河南中投盈科新能源有限公司	南阳市方城县
华润信阳浉河玉皇顶风电场项目	4.95	华润新能源投资有限公司	信阳市浉河区
国电浉河区李家寨风电场项目	4.8	国电河南电力有限公司	信阳市浉河区
中融淇县凤泉山风电场项目	4.8	鹤壁市中融东方新能源公司	鹤壁市淇县
中国风电浚县火龙岗风电场项目	4.95	中国风电鹤壁协合浚龙发电有限公司	鹤壁市浚县
许继紫云山风电场项目	4.8	北京许继新能源科技有限公司	许昌市襄城县
国电济源大岭风电场项目	4.95	国电豫源发电有限责任公司	济源市下冶镇、大岭乡
国电方城青山风电场项目	4.6	国电河南中投盈科新能源有限公司	南阳市方城县
华润驻马店确山竹沟风电场项目	4.95	华润新能源投资有限公司	驻马店市确山县
华润驻马店泌阳黄山口风电场项目	3.3	华润新能源投资有限公司	驻马店市泌阳县
国电电力郑州新郑风电场项目	4.95	国电电力河南分公司	郑州市新郑区
国电电力许昌禹州鸠山风电场项目	4.95	国电电力河南分公司	许昌市禹州市
大唐洛阳宜阳木兰沟风电场项目	4.95	大唐河南发电有限公司	洛阳市宜阳县
协合洛阳宜阳樊村风电场项目	4.8	协合风电投资有限公司	洛阳市宜阳县
天润南阳唐河龙山风电场项目	4	北京天润新能投资有限公司	南阳市唐河县
国合南阳社旗下洼乡风电场二期项目	4.8	社旗国合风力发电有限公司	南阳市社旗县
大唐三门峡灵宝青山风电场项目	4	大唐陕县风力发电公司	三门峡市灵宝市
中国风电三门峡灵宝杨家湾风电场项目	4.8	协合风电投资有限公司	三门峡市灵宝市
祥风新能源三门峡渑池石泉风电场项目	4.8	渑池祥风新能源有限公司	三门峡市渑池县
新天郑州荥阳飞龙顶风电场项目	4.95	新天绿色能源股份有限公司	郑州市荥阳市

续表

项 目 名 称	规模 /万 kW	建 设 单 位	项 目 地 址
洁源郑州新密牛坡岭风电场项目	4.95	河南洁源风能发电有限公司	郑州市新密市
中水顾问驻马店遂平尖山风电场项目	4.8	水电顾问集团中南勘测设计研究院	驻马店市遂平县
中国风电信阳商城郭窑风电场项目	4.8	商城县协合风力发电有限公司	信阳市商城县
合计 39 个项目	180		

表 7　　　　山东省"十二五"拟核准低风速风电项目计划表

项 目 名 称	规模 /万 kW	建 设 单 位	项 目 地 址
大唐新能源潍坊昌乐风电场	15	中国大唐集团新能源股份有限公司	潍坊市昌乐县
中广核潍坊安丘月山风电场	4.95	中广核风力发电有限公司	潍坊市安丘市
大唐平四风电场二期	4	大唐山东发电有限公司	济南市平阴县
大唐奉安东平风电场	4.95	大唐山东发电有限公司	泰安市东平县
中海油济南平风电场	4.95	中海油新能源有限公司	济南市平阴县
国电济南长清风电场一期项目	4.95	国电山东电力有限公司	济南市长清区五峰山、 张夏、马山等镇
中广核淄川薛家峪风电场项目	4.95	中广核风力发电有限公司 山东分公司	淄博市淄川区西河镇
国电莒南涝坡风电场项目	4.95	国电山东电力有限公司	临沂市莒南县涝坡镇
中广核沂水唐王山风电场二期项目	4.95	中广核沂水风力发电有限公司	临沂市沂水县圈里乡
国电泗水圣水峪风电场项目	4.95	国电山东电力有限公司	济宁市泗水县圣水峪镇
国电临朐九山风电场一期项目	4.8	国电山东电力有限公司	潍坊市临朐县九山镇
中电（山东）有限公司莱芜 风电场一期	4.95	中电中国风力发电 （山东）有限公司	莱芜市和庄乡
大唐邹城风电场一期项目	4.95	大唐山东清洁能源开发有限公司	济宁市邹城市城前镇
中广核临朐龙岗风电场项目	4.8	中广核风力发电有限公司 山东分公司	潍坊市临朐县龙岗镇
华电淄川昆仑风电场项目	4.8	华电国际电力股份有限公司	淄博市淄川区昆仑镇
华润邹城风电场一期项目	4.98	华润电力（风能）开发有限公司	济宁市邹城市郭里镇
国电临港朱芦风电场项目	4.95	国电山东电力有限公司	临沂临港经济开发区 朱芦镇
中广核德州庆云安务风电场	4.97	中广核风电有限公司	德州市庆云县
歌美飒淄博博山石马风电场项目	4.8	歌美飒阿法诺能源公司	淄博市博山区
天融潍坊诸城风电场项目	4.8	山东天融新能源发展有限公司	潍坊市诸城市

项 目 名 称	规模/万 kW	建 设 单 位	项目地址
国华潍坊临朐淌水崖风电场项目	4.95	国华能源投资有限公司山东分公司	潍坊市临朐县
国电济宁泗水泗张风电场项目	4.95	国电山东电力有限公司	济宁市泗水县
龙源临沂临沭玉山风电场项目	4.95	龙源山东风电项目筹建处	临沂市临沭县
歌美飒济南市中卧虎山风电场项目	4.93	济南卧虎山风力发电有限公司	济南市市中区
大唐济南平阴风电场三期项目	4.95	大唐山东发电有限公司	济南市平阴县
山东天融潍坊临朐沂山风电场项目	4.8	山东天融新能源发展有限公司	潍坊市临朐县
新天临沂莒南望海风电场项目	4.8	新天绿色能源股份有限公司	临沂市莒南县
北京天润淄博淄川摘星山风电场项目	4.95	北京天润新能投资有限公司	淄博市淄川区
华润新能源临沂沂水风电场项目	4.98	华润电力（风能）开发有限公司	临沂市沂水县
UPC泰安肥城刘台49.5MW风电场项目	4.95	泰安优能新能源有限公司	泰安市肥城市
华电国际潍坊昌邑胶莱河风电场项目	4.95	华电国际电力股份有限公司	潍坊市昌邑市
合计 31 个项目	161.56		

表8　　　　江苏省"十二五"拟核准低风速风电项目计划表

项 目 名 称	规模/万 kW	建 设 单 位	项目地址
国电徐州新沂河口风力发电场	4	国电连云港风力发电有限公司（筹）	徐州市新沂市
龙源盱眙低风速风电场项目	5	龙源电力集团公司	淮安市盱眙县
协合泗洪低风速风电示范项目	4.9	协合风电投资有限公司	宿迁市泗洪县
协合高邮低风速风电示范项目	4.9	协合风电投资有限公司	扬州市高邮市
康盛苏州低风速风电示范项目	4.9	苏州康盛风电有限公司	苏州市相城区
南京高传机电宿迁泗洪天岗湖乡风电场项目	4.95	南京高传机电自动控制设备	宿迁市泗洪县
南京高传机电宿迁泗阳高渡卢集风电场项目	4.95	南京高传机电自动控制设备	宿迁市泗阳县
天润南京高淳风电场项目	4.95	北京天润新能投资有限公司	南京市高淳区
华能南京六合风电场项目	4.95	华能江苏风电分公司	南京市六合区
国华徐州睢宁风电场项目	4.95	国华能源投资有限公司	徐州市睢宁区
协合徐州铜山风电场项目	4.95	协合风电投资有限公司	徐州市铜山区
华能徐州铜山风电场项目	4.95	华能江苏风电分公司	徐州市铜山区
协合徐州贾汪风电场项目	4.95	协合风电投资有限公司	徐州市贾汪区
新誉扬州高邮风电场项目	4.95	新誉集团有限公司	扬州市高邮市
合计 14 个项目	68.25		

1）利用电网现有的变电站和送出线路，不新建送出线路和输变电设施。

2）接入当地电力系统 110kV 或 66kV 以下降压变压器。

3）项目单元装机容量原则上不大于所接入电网现有变电站的最小负荷，鼓励多点接入。

4）项目总装机容量低于 5 万 kW。

安徽滁州来安风电场是中国首座大型低风速风电场，2011 年并网发电，132 台 1.5MW 超长叶片风电机组，装机容量 20 万 kW，年发电 3.9 亿 kW·h。来安风电项目对促进内陆低风速风电开发起到示范引领作用。淮河流域已建的低风速风电场还有：河南信阳黄柏山风电场，24 台 850kW 风电机组，装机容量 2.04 万 kW；江苏盱眙风电场，33 台 1.5MW 风电机组，装机容量 5 万 kW；济南平阴风电场，33 台 1.5MW 风电机组，装机容量 5 万 kW。

（三）分散式风电开发的风能资源精细化评估技术

2007—2011 年国家气候中心在科技部"863"计划支持下，开发了中国气象局风能资源数值模拟评估系统（WERAS/CMA）。在此基础上，中国气象局完成了全国 31 个省（自治区、直辖市）水平分辨率 1km×1km、垂直方向 150m 以下分辨率 10m 的风能资源图谱，并建立了 1979—2008 年全国风能资源参数历史信息库。WERAS/CMA 采用中尺度气象模式与复杂地形动力诊断模式相结合的高分辨率风能资源模拟方法，水平分辨率可达 100m×100m，可以为分散式风电开发的风能资源评估提供可行的技术支持。下面以河南省三门峡市为例，介绍分散式风电开发的高分辨率风能资源数值模拟方法。

1. 中国气象局风能资源数值模拟评估系统（WERAS/CMA）

风能资源数值模拟的关键是如何通过对有限个例或短期的数值模拟得到长年代（20 年或 30 年）风能资源的气候平均分布。如果沿用基于观测资料进行风能资源评估的方法，即根据 MCP（Measure-Correlate-Predict）从短期测风数据与参证气象站的相关关系得到反映风场长期平均水平的代表年数据，则需要进行一个完整年的数值模拟，之后逐一对每个格点确定参证气象站并通过 MCP 建立代表年数据序列，这种方法巨大的运算量是难以承受的。为此丹麦 Risoe 实验室首先建立了风型分类法，随后被加拿大风能资源数值模拟系统（WEST）采用。WEST 的风型分类法根据 20~30 年的历史气象资料按照地转风的风向、风速和垂直切变划分成 448 类，统计历史上每种类型出现的频率，之后只要进行 448 个数值模拟并按各类出现频率进行加权平均就可获得风能资源的长期平均分布。美国 NREL 则是采用随机抽取的方法，从一定的历史时段中按照季节随机抽取出 365d 的个例，然后逐一进行数值模拟并逐小时输出。

因此，对于计算区内每一个格点，美国 NREL 的模拟方法可获得 8760 个风速模拟值，由此可以统计计算出风速、风向和风能频率分布等参数。但是加拿大 WEST 最多只能得到 448 个风速模拟值，无法进行风能参数的统计计算。丹麦 Risoe 实验室虽然也只有 300～400 个风型分类，但是通过插值的方法可以把风速模拟输出值个数扩大 4 倍，问题是采用不足 2000 个风速模拟值进行风能参数的统计分析，其结果的可靠性还有待考证。

中国气象局风能资源数值模拟评估系统（WERAS/CMA）的基本技术方法是，在大气边界层动力学和热力学基础上，考虑到近地层风速分布是天气系统与局地地形作用的结果，风速分布的变化是由天气系统运动与变化引起的，大气边界层存在着明显的日变化，日最大混合层厚度与天气系统的性质有关。因此，依据不受局地地形摩擦影响高度上（850hPa 或 700hPa）的风向、风速和每日最大混合层高度，将评估区历史上出现过的天气进行分类，然后从各天气类型中随机抽取 5% 的样本作为风能资源数值模拟的典型日，之后分别对每个典型日进行数值模拟，并逐时输出，最后根据各类天气型出现的频率，统计分析得到风能资源的气候平均分布，再应用 GIS 技术剔除风能资源不可开发区，计算风能资源储量。图 26 是 WERAS/CMA 的流程图，采用历史气象观

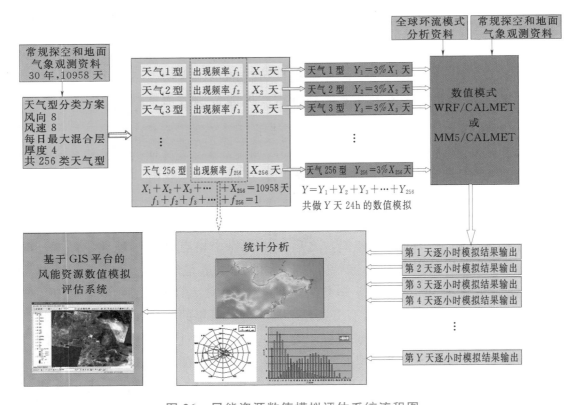

图 26　风能资源数值模拟评估系统流程图

测资料进行天气型分类并筛选典型日，避免了全球环流模式分析资料（NCEP）误差的影响；对典型日的数值模拟可以采用真实的初始气象资料启动模式，模拟结果会更接近实况；模拟每个典型日都会输出 24h 的风速模拟值，能够为统计风能参数提供足够的统计样本。

（1）天气型分类与典型日筛选法。

根据每日 8 时探空得到的 850hPa 或 700hPa 风向和风速以及每日最大混合层高度进行分类，850hPa 或 700hPa 的风速代表了不受下垫面影响的天气背景风速，每日最大混合层厚度体现了大尺度天气在局地地形条件下动力与热力综合作用的结果。将风向平均地分为 8 个方向；风速按大小分为 8 档，0～2m/s、2～5m/s、5～10m/s、10～15m/s、15～20m/s、20～25m/s、25～30m/s、大于 30m/s；每日最大混合层高度分为 4 档，0～150m、150～500m、500～800m、大于 800m。因此，最大可能的分类数为 256 类。然后在每个天气类型中按季节抽取 5% 的天数作为典型日，试验表明在中国大陆地区对近 30 年天气分类后得到的典型日一般在 500d 左右。

（2）数值模式系统。

中、小尺度数值模式系统建立在大气质量守恒、动量守恒、热量守恒和水汽守恒的理论基础上，通过解析求解大气动力学和热力学方程组，描述大气近地层风速分布随时间变化的过程。基本方程组为

$$p = \rho_a R T_v$$

$$\frac{\partial \rho}{\partial t} = -(\nabla \cdot \rho \vec{V})$$

$$\frac{\partial \vec{V}}{\partial t} = -\vec{V} \cdot \nabla \vec{V} - \frac{1}{\rho}\nabla p - g\vec{k} - 2\vec{\Omega}\vec{V}$$

$$\frac{\partial \theta}{\partial t} = -\vec{V} \cdot \nabla \theta + S_\theta$$

$$\frac{\partial q_n}{\partial t} = -\vec{V} \cdot \nabla q_n + S_{q_n}$$

式中：p 为气压；ρ_a 为干空气密度；ρ 为湿空气密度；R 为干空气比气体常数；T_v 为虚温；$\vec{V}$ 为风矢量；g 为重力加速度；$\vec{\Omega}$ 为地球地转角速度；θ 为位温；S_θ 为热量的源和汇；q_n 为比湿；S_{q_n} 为水物质的源和汇。

WRF（Weather Research Forecast）模式系统是由许多美国研究部门及大学的科学家共同参与进行开发研究的新一代中尺度预报模式和同化系统。该模式是一个完全可压非静力模式，控制方程组都写为通量形式，网格形式为 Arakawa C 格点。WRF 模式中的物理过程包括辐射过程、边界层参数化过

程、对流参数化过程、次网格湍流扩散过程以及微物理过程等。

CALMET 模式是美国环境保护署（EPA）推荐的一个网格化的复杂地形风场动力诊断模式。它利用质量守恒原理对风场进行动力诊断，主要考虑了地形对近地层大气的动力效应、斜坡气流产生和障碍物阻挡效应，并采用三维无辐散处理消除插值产生的虚假波动。主要原理是，假设地形作用产生的垂直气流 w 与气流辐合辐散的关系为

$$w = (V \cdot \nabla h_t) \exp(-kz)$$

式中：V 为模式网格平均风速；h_t 为地形高度；z 为距地面的高度；k 为与稳定度相关的衰减系数。

k 的表达式为

$$k = \frac{N}{|V|}$$

式中：N 为布伦特-维赛拉频率。

斜坡气流的速度采用经验的方法：

$$S = S_e [1 - \exp(-x/L_e)]^{1/2}$$

式中：S_e 为斜坡气流的平衡风速；L_e 为平衡尺度。

障碍物阻挡的热力和动力效应用局地弗劳德数来衡量，局地弗劳德数表示为

$$Fr = \frac{V}{N \Delta h_t}$$

$$\Delta h_t = (h_{\max})_{ij} - (z)_{ijk}$$

式中：Δh_t 为障碍物的有效高度。

如果局地弗劳德数不大于临界弗劳德数且网格点风速有上坡的分量，则风向就调整为与地形的切线一致，风速不变；如果局地弗劳德数大于临界弗劳德数，就不进行调整。

（3）风能资源技术开发量评估方法。

风能资源的开发利用受自然地理、土地资源、交通、电网以及国家或地方发展规划等诸多因素的制约，因此计算风能资源潜在开发量必须综合考虑各种制约因素。在 WERAS/CMA 中应用 ArcGIS 软件系统，结合地形、土地利用等各种地理信息数据，在数值模拟给出的风能资源分布图上，划定不能开发和限制开发风能资源的区域，最终得到风能资源可开发区域的位置、面积和潜在开发量，技术开发量覆盖区域面积的总和为技术开发面积。

根据我国风能资源开发规划的需求，参考国际通用的风能资源储量评估参数，采用风能资源技术开发量和技术开发面积来描述区域风能资源的储量。在

风功率密度达到一定级别（如 $200W/m^2$、$300W/m^2$ 等）的风能资源覆盖区域内，考虑自然地理和国家基本政策对风电开发的制约因素后，计算出装机容量系数。所有装机容量系数超过 $1.5MW/km^2$ 的风能资源量的总和为技术开发量。

1）限制开发风能资源区域的划定。对于广大的植被覆盖丰富区和牧场等地区，风能资源的开发利用会对环境产生不同程度的影响，在这些区域一般是采用限制开发风电的策略。在美国 NREL 的方法中规定，不同土地利用区域风能资源开发可占用面积分别为：草地80%、森林50%、灌木丛65%。但是考虑到我国风能资源丰富的地区主要分布在"三北"和沿海地区，这些区域的森林资源非常宝贵，根据《中华人民共和国森林法》中建设项目应不占或少占林地的基本原则，将森林地区风能资源可开发率调整到20%。

2）风能资源潜在开发量的计算方法。实践证明，用装机容量衡量风能资源的潜在开发量是可行的。单位面积上的装机容量主要受地形、地貌影响，平缓、简单地形上的装机容量远大于起伏、复杂地形的装机容量。本书通过调查国内各类地形风电场的装机容量情况，参考美国 NREL 在我国河北省张北地区开展风能资源评估工作时的方法，建立了 GIS 坡度 α 与装机容量系数 p 的关系（表9）。

表9 装机容量系数对应的地形参数

地形资料水平分辨率	GIS 坡度/%	装机容量系数/(MW/km²)
100m×100m	0～3	5.0
	3～6	2.5
	6～30	1.5

2. 三门峡市高分辨率风能资源数值模拟评估

三门峡市位于河南省西部，坐落在黄河南岸阶地上，三面临水，形似半岛。三门峡市地貌以山地、丘陵和黄土塬为主，市域总面积 $10496km^2$，其中山地占54.8%，丘陵占36%，平原占9.2%，大部分地区海拔在 $300\sim1500m$ 之间，位于灵宝市的小秦岭老鸦岔是河南省最高峰，海拔 2413.8m。三门峡市地处中纬度内陆区，大部分地区属暖温带大陆性季风气候。历年平均气温 13.8℃，年平均日照时数为 2261.7h，无霜期为 216d，年平均降水量为 $580\sim680mm$。由于地貌特征复杂，形成了具有暖温带、温带和寒温带的多元气候。

图27 为采用 WERAS/CMA 数值模拟得到的三门峡市 1979—2008 年 70m 高度（水平分辨率 200m×200m）的年平均风功率密度分布，可以看出，三门

峡市70m高度、风能资源达到3级的风能资源主要分布在灵宝市东部、陕县和渑池县中部及南部。在陕县东北部和渑池县西北部有9座测风塔，实际测风数据的检验结果表明，70m高度年平均风速相对误差为0～6.6%（表10）。考虑影响风电开发的自然地理因素和政策因素，如地形坡度、居民区、植被保护等，可以得到三门峡市风能可装机密度分布〔图28（a）〕。三门峡市风能资源的开发受地形影响比较大，年平均风功率密度达到3级、可装机密度达3MW/km²，且覆盖范围较大的风能资源主要分布在陕县西张村镇北部、渑池县英豪镇南部以及卢氏县社关镇北部等地区。图28（b）为三门峡市所有变电站向外辐射5km范围的示意图与风能可装机密度图的叠加，可以看出，从风能资源和自然地理条件的角度，最适宜开展分散式风电开发的地区在陕县西张村镇北部，其次是陕县东北部与渑池县西北部的交界地区以及卢氏县社关镇北部地区。

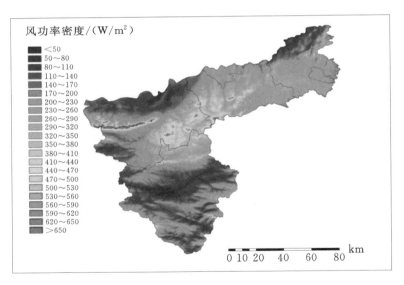

图27　1979—2008年三门峡市70m高度（水平分辨率200m×200m）年平均风功率密度分布图

表10　　　　　　　　　实际测风数据与数值模拟的误差检验

站名	高度/m	海拔/m	平均风速/(m/s)	模拟风速/(m/s)	相对误差/%
1	70	601	5.1	4.94	−3.17
2	70	622	4.6	4.90	6.57
3	70	622	6.8	6.70	−1.41
4	70	876	7.6	7.24	−4.68
5	70	799	6.6	6.47	−1.92

站名	高度/m	海拔/m	平均风速 /(m/s)	模拟风速 /(m/s)	相对误差 /%
6	70	651	6	6.11	1.91
7	70	865	6.9	6.54	−5.24
8	70	876	6.5	6.64	2.10
9	70	703	6.9	6.90	−0.02

（a）可装机密度分布

（b）可接入变电站的风能资源分布

图 28　三门峡市风能可装机密度分布和可接入变电站的风能资源分布图

（四）风力提水技术在淮河流域的应用前景

我国是世界上最早采用风力提水方式利用风能资源的国家之一，早在公元前就有利用风能提水进行灌溉、磨面和舂米的记载。我国沿海地区用风车提水灌溉或制盐的做法，一直延续到了 20 世纪 50 年代。现代风力提水机根据用途可以分为两类：一类是高扬程小流量的风力提水机，它与活塞相配提取深井地下水，主要用于草原、牧区，为人畜提供饮用水；另一类是低扬程大流量的风力提水机，它与螺旋泵相配，提取河水、湖水或海水，主要用于农田灌溉、水产养殖。

山东省日照水库岸堤的大型风力提水灌溉项目拥有 140 台提水风车，600m³ 蓄水池，是目前规模最大的农业风力提水项目，它将日照水库的水提到高位蓄水池，经由水管直达田间地头，可灌溉周边 4150 亩农田。此外，山东省蒙阴县已建立了 100 多个风力提水站，每年为农民节约开支近千万元。安徽省首个风力提水站在马鞍山市当涂县江心乡蔬菜生产基地投入使用，第二个风力提水站建在滁州市来安县小李庄，主要用于蔬菜基地灌溉以及为村里的自来水塔抽水。

建立风力提水站要求风速不小于 3.5m/s、年有效风速时数在 3000h 以上，与风能并网发电相比，风力提水投资小，有风时即可取水，不要求风力稳定，比较灵活，在淮河流域容易出现干旱的地区应用价值较大。除了灌溉外，风力提水还可以通过修建水塔的方式，改善农村饮用水的质量；在冬季用于抽取深层地下水和深层库水，迂回循环，作为一种热源，供花房、苗圃、大棚蔬菜以及鱼苗场使用。总之，风力提水技术可促进农村新能源建设，促进社会主义新农村建设。

四、淮河流域气候与可持续发展咨询建议

党的十八大提出"确保到 2020 年实现全面建设小康社会宏伟目标"，要求：推进城乡发展一体化，着力在城乡规划、基础设施、公共服务等方面推进一体化；大力推进生态文明建设，加强防灾减灾体系建设，提高气象、地质、地震灾害防御能力，强化水、大气、土壤等污染防治，积极应对气候变化。

淮河流域天气气候复杂多变，气象灾害种类多，发生频繁，影响大，特别是旱涝灾害严重。进入 21 世纪以来淮河流域极端天气气候事件发生规律更为复杂。结合党的十八大"大力推进生态文明建设"，特别是"加强防灾减灾体系建设"，结合淮河流域生态文明试验区的建设，建议增强淮河流域气象和地质防灾减灾体系建设，通过加强极端天气气候事件和地质灾害的监测、预报、预警和应对指挥能力，推进政府主导的气象和地质灾害防御和风险管理；增强农业和农村抵御气象和地质灾害的能力，加强交通气象和地质灾害的检测和服务，强化城镇化布局中气象和地质灾害风险评估和防灾减灾体系。

（一）增强极端天气气候事件的监测、预报、预警和应对指挥能力

在全球气候变暖背景下，极端天气气候事件的时空格局发生变化，淮河流域应重点加强极端强降水、强对流天气的监测、预报、预警能力。建设内容包括：优化和完善淮河流域雷达（新一代天气雷达、风廓线雷达）监测网，实现强天气的无缝监测；加强淮河流域气象灾害变化和天气规律研究，提高预报能力和水平；建立气象灾害应急预警信息发布系统，充分利用各种资源，实现气象灾害预警信息城乡广覆盖；重视农村、山区的气象灾害预警和防灾应急体系建设。

（二）推进政府主导的气象灾害防御和风险管理

推进气象灾害防御工作由过去重视灾害将要发生时的减灾应对，向灾前、

灾中和灾后的综合风险管理转变，减轻气象灾害风险、减少危害的发生。建设内容包括：建立"政府主导、部门联动、全社会参与""政府、企业（单位）和社区三位一体"的综合风险管理模式；进一步完善法律法规，用法律法规形式明确政府、政府相关部门、企事业单位，各类社会机构、组织，尤其是气象灾害敏感行业、单位，在气象灾害风险管理方面的责任和义务；应高度重视灾前的风险管理，建立区域发展、城乡建设规划和重大工程建设项目的气象灾害风险评估制度，确保在城乡规划编制和工程立项中充分考虑气象灾害的风险性，避免和减少气象灾害的影响。

（三）增强抵御农业气象灾害的能力

淮河流域处于南北气候过渡带，气象灾害种类多，发生频繁，农业受气象条件的制约很大。建议国家重视淮河流域粮食核心区气象灾害的防御和农业适应气候变化工作。主要建设内容包括：加大农田水利基础设施建设的国家投入；加快建立适应现代农业发展和粮食核心区建设的现代农业气象服务体系，增加中央财政的投入；对农业气象灾害保险给予更多支持性政策，扩大农业保险的覆盖面，将主要粮食作物气象灾害保险保费投入纳入粮食生产补贴中，由国家财政按比例投入；加快推进在河南省建设国家中部（含豫、鲁、苏、皖）人工影响天气跨区联合作业指挥中心和基地。

（四）建立交通气象监测和服务系统

淮河流域公路交通发达，集中了多条国家骨干高速公路，大雾、冰雪气象灾害经常影响高速公路正常运行，气象灾害引发的重大交通事故越来越多。但该区域尚未建立交通气象监测网，不能满足现代交通运行管理的要求。公路作为公共交通设施，其防灾的运行保障应纳入政府职责。建议：以国家投入为主，在国家级干线高速公路沿线建设气象监测网；交通管理和气象部门合作，建设交通气象监测信息共享和应急预警服务系统。

（五）积极应对气候变化，重视可再生能源的开发利用

淮河流域四省除了沿海大规模风能资源外，都有较为分散的山区丘陵可开发风电资源，总量1500万kW左右，现有电网能完全不受影响地接纳这些资源的风电，国家应支持加快这些风电开发，不应设立开发项目数量审批限制，只要具备开发建设条件都应批准。

淮河流域作为主要农业区，农作物秸秆资源丰富，但目前其有效利用较少，每年农作物收获季节，这一区域因秸秆焚烧导致霾天气明显增多，导致空

气污染，甚至引发交通事故。国家应鼓励这一区域多样化利用生物质能源，加大政策、技术和资金扶持力度。有关部门应该把秸秆发电列入节能减排的指标统计。

淮河流域中北部太阳能资源较好，可以发展以产业集聚区厂房、学校等集中建筑群为应用主体的光伏建筑应用，在北部资源好的丘陵山地，试点发展地面光伏电站；大力推进光热利用，应将光热利用纳入城镇化发展和新农村建设的整体规划中，在政策上引导和支持。

（六）通过环境和气象专业合作，改善大气环境

环境尤其是大气环境与天气气候密切相关，大气环境（如温室气体、气溶胶）变化可以导致气候变化，天气气候变化也在不同程度、时间和范围上影响环境质量，加强环境和气象专业合作，可以在环境保护和大气环境改善方面发挥更好作用。建设内容包括以下几个方面。

（1）完善大气环境气象监测网络。针对环境保护、生活环境改善和人体健康保障的服务需求，气象与环保部门应合作开展灰霾、大气气溶胶、酸雨等大气环境各要素的观测，共享观测信息，合作开展气象条件对大气环境质量影响和评估方法的研究。

（2）开展大气污染潜势和污染指数预报。发展不同气象条件下的城市逐日环境污染潜势和污染指数的预报，服务于城市的排放控制和空气质量管理。探索利用有利气象条件，指导农民分区域分时段焚烧秸秆，既做到还秆于田，又不至于形成大范围污染。

（3）重视城市功能区规划。研究表明，气候变化和城市规模扩大，使得城市的大气自洁能力降低。应重视城市规划方案的气候论证，科学布局城市功能区，减少规划和建筑布局不合理对城市大气扩散能力的影响。

专题报告

ZHUANTIBAOGAO

河南省气候与可持续发展

概述

河南省位于黄河中下游和淮河上游，介于北纬 31°23′～36°22′，东经 110°21′～116°39′之间，地跨淮河、长江、黄河、海河四大流域。全省总面积 16.7 万 km²，地势西高东低，北、西、南三面由太行山、伏牛山、桐柏山、大别山沿省界呈半环形分布；中、东部为黄淮海冲积平原；西南部为南阳盆地。平原和盆地、山地、丘陵分别占总面积的 55.7%、26.6%、17.7%。

淮河在河南省境内流域面积 8.83 万 km²（图 1），占全省面积的 53%，位

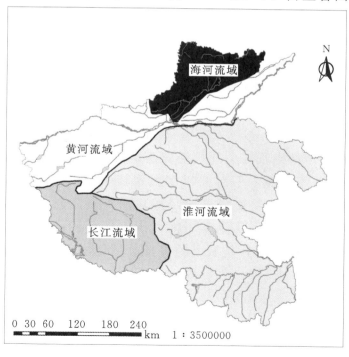

图 1　河南省河流流域分布图

于河南省中南部。淮河发源于河南省，三大源地分别是桐柏山、大别山和伏牛山，干流发源于桐柏山，大别山水系汇入淮河上游，伏牛山水系汇入淮河中游。河南省境内干流长 340km。

河南省南部为北亚热带气候，中北部为暖温带气候，气候过渡带大致在伏牛山以南至省内淮河流域的南北中线区，省内淮河流域以北亚热带气候和过渡带气候为主要特征。整体上，河南省具有气候四季分明、雨热同期、复杂多样、气象灾害频繁的基本特点。

河南省年平均气温为 12～15.5℃，年平均降水量为 500～1300mm，气温和降水均呈现自南向北递减，南北差异大；随着一年内春、夏、秋、冬季节的更替，四季气候明显各异，以夏季气温最高、降水最多，各地年内气温和降水的季节性变化趋势一致，呈现出雨热同期。河南省地形复杂多样，境内山地、丘陵、平原、盆地等多种地貌类型俱全，受地理和地形因素影响，河南省气候复杂多样，一般可分为 7 个自然气候区。河南省气象灾害类型多、危害严重，干旱、暴雨洪涝、大风、冰雹、霜冻、大雾、霾、道路结冰等气象灾害以及山洪等气象次生灾害均有发生，其中尤以干旱和洪涝灾害的危害最为严重，是全国气象灾害严重的省份之一。

近 50 年，河南省气温增温显著，年平均气温（1957—2010 年）的增加速率为 0.141℃/10a；全省年降水量没有趋势性变化，但区域变化特点不同，淮河流域年降水量为增加趋势；年降水日数减少，年大雨、暴雨日数有所增加；年日照时数（1961—2010 年）明显减少，减少速率为 100.0h/10a。过去 50 多年的气候变化，改变了河南省的季节分配，对农业的影响有利有弊，加剧了水资源分布不均，对林业和自然生态、能源和电力、交通运输、旅游业和人体健康也有一定影响。此外，极端天气气候事件增加，部分气象灾害影响加重。

21 世纪前 10 年，河南省气象灾害频繁、危害加重。10 年中，有 5 年出现较明显干旱；有 8 年都出现较明显雨涝灾害，其中有 5 年的雨涝主要在淮河流域；冰雹日数近 10 年最少，但有 8 年都出现较明显的风雹灾害；有 7 年出现冰雪灾害，其中有 4 年出现较明显雨（雾）凇天气灾害，冰雪危害加重；除 2007 年寒潮大风不明显外，其他 9 年都出现不同范围的危害；大雾日数有减少趋势，但霾日数增加，尤其是城市的霾日数呈现出明显线性增多趋势，郑州市霾日数增加 60 多天。

根据气候模式预估，2011—2050 年河南省年平均温度均呈明显升高趋势，四季的平均气温均呈上升趋势；年降水量呈波动性变化，不同排放情景下，各季节降水变化具有差异，在 RCP8.5 情景下，冬季降水量为增加趋势。

针对河南省气候特点和经济、社会发展需要，以及面临的环境问题，河南省应该进一步加强公共气象服务，建立城乡一体化的公共气象服务体系，增强农业和农村抵御气象灾害能力，建立交通气象监测和服务系统。要高度重视应对气候变化和生态文明建设服务，加强环境和生态建设的气象服务，大力发展风能、太阳能资源利用。加强气象灾害监测预警和风险管理，减轻气象灾害风险和损失。

一、气候特征

河南省地处我国中东部的中纬度内陆地区，受东亚季风环流、太阳辐射、地理条件等因素的综合影响，气候为北亚热带向暖温带气候过渡的大陆性季风气候，具有四季分明、雨热同期、复杂多样、气象灾害频繁的基本特点。

河南省四季分明是大陆性气候的最主要特色，随着一年内春、夏、秋、冬季节的更替，四季气候明显各异，具有冬季寒冷少雨雪，春季干旱多风沙，夏季炎热降水多，秋季晴朗日照长的特点。河南省气候的另一基本特点是各地年内气温和降水的季节性变化趋势一致，即冬季气温最低，降水最少；夏季气温最高，降水最多，高温期与多雨期同步出现。这种雨热同期的气候特点对农业生产较为有利，提高了水热资源的利用率。但雨热一致的气候特点也有不利于农业生产的一面。由于气温的年际变化较降水的年际变化小，尤其是降水在夏季强度大，分配极为不均，年际间的差异明显，有时会造成农作物需水关键期无雨，影响农作物的正常生长发育。河南省地形复杂多样，境内山地、丘陵、平原、盆地等多种地貌类型俱全，河南省气候类型的复杂多样性主要表现在气候过渡性和特殊的气候自然类型区。河南省气候过渡性主要表现在两个方面：一是南北方向上，由南向北从北亚热带气候过渡到暖温带气候；二是东西方向上，自东向西由平原区气候过渡到丘陵和山区气候。河南省地处黄淮海平原腹地，气象灾害类型多、频率高、范围广、危害严重，是全国气象灾害严重的省份之一，干旱、暴雨洪涝、冰雹、大风、低温冻害和冰雪等都是河南省经常出现的气象灾害，其中尤以干旱和洪涝灾害的危害最为严重。

（一）气候概况

1. 气温

全省年平均气温为 12～15.5℃，其分布趋势由南向北递减。受地形影响，豫北大部和豫西大部年平均气温在 14℃以下，其中豫西深山区的栾川只有 12.1℃，为全省最低值；淮河流域年平均气温在 14℃以上，南阳盆地西南部、驻马店局部和淮河以南地区在 15℃以上，其中淅川最高，为 15.7℃；其他地区为14～15℃（图2）。

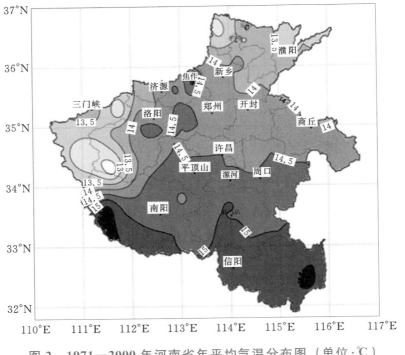

图 2　1971—2000 年河南省年平均气温分布图（单位：℃）

全省极端最高气温，南阳盆地的局部和新乡以南、西平以北、偃师以东、兰考以西的绝大部分地区在 42℃ 以上，平顶山的郏县最高，为 43.7℃；豫西深山区的栾川和淮河以南的大部分地区在 40℃ 以下，其中栾川最低，为 37.8℃；其余地区均在 40℃ 以上。全省极端最低气温，豫北北部和中东部的局部地区在 −20℃ 以下，其中林州最低，为 −23.6℃；豫西和豫南的局部地区在 −15℃ 以上，其中巩义最高，为 −11.1℃；其余地区为 −15～−20℃。

2. 降水

河南省年平均降水量有自南向北递减，山区多于平原和丘陵的特点。各地年平均降水量为 500～1300mm，豫北地区和沿黄河地区年平均降水量在 600mm 左右，豫东北的台前县年平均降水量仅为 532mm；700mm 等雨量线大致位于卢氏、栾川、郏县、许昌、睢县、虞城一线，该线以北地区年平均降水量在 700mm 以下，以南地区年平均降水量在 700mm 以上，其中淮河以南大部地区在 1000mm 以上，大别山区多达 1200～1300mm（图3）。

河南省的降水主要集中在夏季，春、秋季次之，冬季最少。冬季全省平均降水量在 40mm 左右，仅占年降水量的 5%；春季全省平均降水量为 150mm，

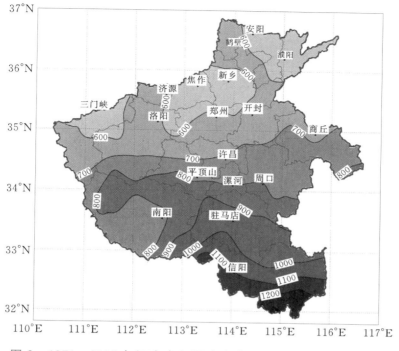

图 3　1971—2000 年河南省年平均降水量分布图（单位：mm）

占年降水量的 20％；夏季全省平均降水量为 390mm，占年降水量的 54％；秋季全省平均降水量为 155mm，占年降水量的 21％。

3. 日照

河南省年平均日照时数的地理分布具有东北多西南少，平原多、山区少的特点。河南省年平均日照时数在 1900～2400h，2100h 等值线大致从河南省中部经郸城、宝丰、卢氏一线至省界，此线以北的大部分地区年平均日照时数在 2100h 以上，其中豫北东北部的内黄、南乐、台前及太行山南侧的孟州、温县、武陟在 2300h 以上，台前最多，为 2489h；此线以南的大部分地区年平均日照时数在 2100h 以下，其中南阳盆地大部及豫南大别山区的新县、商城不足 1900h，是全省日照最少的地方（图 4）。

4. 气候分区

根据气候要素分布和地形等因素，一般河南省境内可分为淮南气候区、南阳盆地气候区、淮北平原气候区、豫东北气候区、太行山气候区、豫西丘陵气候区、豫西山地气候区 7 个自然气候区（图 5）。淮河流域主要包括淮南气候区、淮北平原气候区、豫东北气候区的黄河以南部分、豫西丘陵气候区的东南部。

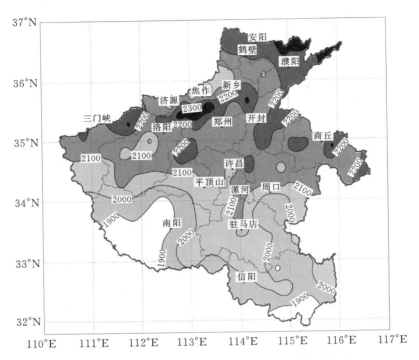

图 4　1971—2000 年河南省年平均日照时数（单位：h）

图 5　河南省自然气候区

（二）气象灾害特点

河南省是全国气象灾害严重的省份之一，干旱、暴雨洪涝、冰雹、大风、冰雪灾害、雾霾天气等都是河南省经常出现的气象灾害，其中尤以干旱和洪涝灾害的危害最为严重。据资料统计，1978—2010 年全省每年因气象灾害造成的农作物受灾面积为 $4.812 \times 10^6 \, hm^2$，其中旱涝受灾面积为 $3.409 \times 10^6 \, hm^2$，约占总受灾面积的 71%。1993 年以来，全省平均每年因气象灾害造成的直接经济损失为 126 亿元，1997 年、1999 年和 2001 年全省因干旱造成的经济损失都超过了 100 亿元，2000 年夏季全省暴雨洪涝所造成的各种经济损失高达 185 亿元。

1. 干旱

干旱是河南省最主要的气象灾害，其发生极其频繁，在历史上就有"十年九旱"之说。大范围的干旱常造成农作物严重减产甚至绝收，对工农业生产和人民生活危害严重。历史上河南省大旱年 6～8 年一遇，中小旱年 4 年左右一遇，有明显干旱年约 3 年 2 遇。1986—2010 年，全省平均每年干旱受灾面积为 $2.382 \times 10^6 \, hm^2$，占全省农作物受灾总面积的 46%。

河南省干旱具有明显的季节性、区域性和年际变化特点。春旱频率北部高于南部，黄河以北地区春旱频率在 30% 以上；初夏旱频率为 30%～50%，以淮河流域的豫东平原区初夏旱最为严重，出现频率高达 35% 以上；伏旱频率在 25% 左右，以豫西丘陵区和南阳盆地伏旱最为严重，出现频率达 30% 以上；秋旱频率为 20%～35%，以豫北、豫西丘陵出现频率较高。从对农业生产的影响而言，以伏旱最为严重，其次是初夏旱，在北部地区春旱重于秋旱，南部地区秋旱重于春旱，此外还常常出现季节连旱。

采用《气象干旱等级》（GB/T 20481—2006）中推荐使用的综合气象干旱指数，统计中旱以上的年平均干旱日数分布（图 6），河南省干旱日数呈现自北向南递减的分布趋势，淮河流域年平均中旱以上干旱日数一般在 40～60d，淮河以南南部在 40d 以下。

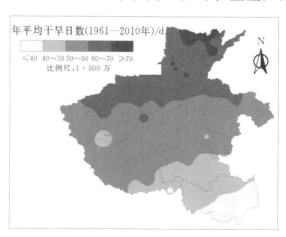

图 6　河南省年平均干旱（中旱以上）日数分布图

2. 雨涝（暴雨、连阴雨）

雨涝是河南省危害最严重的气象灾害之一，历史上河南省雨涝灾害平均为2年一遇，新中国成立后的气象观测资料显示，河南省以夏季雨涝为主，重雨涝5～10年一遇，轻雨涝2～4年一遇。1986—2010年河南省平均每年雨涝受灾面积为$1.182\times10^6 hm^2$，占全省农作物受灾总面积的23%。河南省雨涝灾害的季节和区域特点为：主要发生在夏季，其次是春、秋季；夏季雨涝约3年一次，春季雨涝约6年一次，秋季雨涝约8年一次。初夏雨涝主要发生在淮南及豫西山区，频率在25%以上；夏涝频率最高，达40%～80%；春涝频率南高北低，淮河以南地区及豫西山区最高，达25%以上；秋季雨涝频率较小，多数地区在15%以下，豫南、豫西山区在20%～30%。河南省暴雨洪涝最严重区域位于淮河流域（图7和图8）。

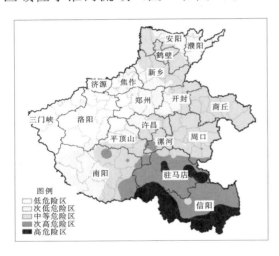

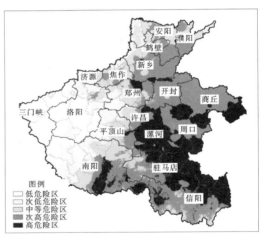

图7　河南省暴雨洪涝灾害致灾
因子危险性区划图

图8　河南省暴雨洪涝灾害
风险区划图

3. 风雹灾害

风雹灾害是河南省的主要气象灾害之一，是由强对流天气引发的，往往伴随大风（龙卷风、飑线）、冰雹、短时强降雨和雷暴，造成严重灾害损失。风雹出现时多为农作物生长或收获期，往往引起减产以至绝收，强风造成房屋、树木、通信和供电设施等毁坏及人畜伤亡，致使社会生产和人民群众的生命财产损失严重。

河南省风雹出现的范围广，发生比较频繁，平均约2年一遇，局部地区每年发生或1年多次发生。河南省冰雹易发地主要分布在西部山区及丘陵地带，一般为2年一遇，其余地区出现较少；淮河流域冰雹出现较少，但中部和东部平原易遭强对流天气带来的强风（龙卷风、飑线）灾害影响（图9）。

4. 冰雪灾害

冰雪灾害包括大雪、道路结冰、雨（雾）凇等天气带来的灾害，在河南省比较常见。冬季河南省受干冷的大陆性气团控制，雨雪一般较少，但在有些年份，冬季连降大雪造成的危害却相当严重，特别是在寒潮降雪时，往往伴有大风、冰冻、雪凇和形成积雪等，给农业、交通、电力、通信等行业和

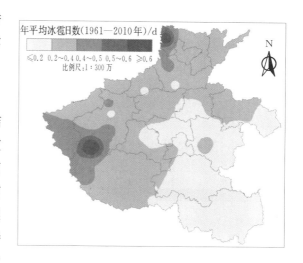

图 9　河南省年平均冰雹日数
分布图

人们生活带来极大影响与经济损失。尤其是随着交通运输业的日益发展，作为全国交通枢纽地区的河南省，冰雪的危害更加严重。河南省豫西山区海拔较高，冬季气温低，积雪时间长、积雪厚；位于淮河流域的豫南地区（驻马店和信阳）降雪量大、积雪深（图10）。

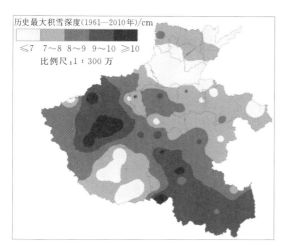

图 10　河南省历史最大积雪
深度分布图

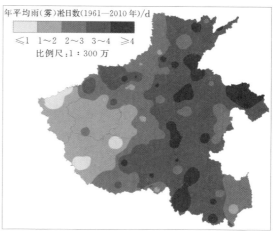

图 11　河南省年平均雨（雾）
凇日数分布图

雨（雾）凇的危害与结冰厚度、重量和持续时间有关。从气象站记录看，全省年平均雨（雾）凇日数具有东多西少、山区少、平原多的分布特点，豫西大部和南阳盆地西北部在 2d 以下；沿黄及以北大部、中东部和南部的大部分

地区在 3d 以上，其中长垣最多，为 5.4d（图 11）。西部记录的雨（雾）凇天气少，主要是气象站位于山区的低处，实际在山区的高处，雨（雾）凇天气多于平原区，如嵩山气象站为 23.7d，鸡公山气象站为 36.5d，为全省最多的 2 个站。

5. 大风

大风是指风力不小于 8 级（17m/s）的风，多出现于强冷空气南下的寒潮

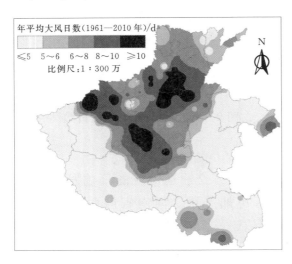

图 12　河南省年平均大风日数
分布图

天气，因此大风日数分布与冷空气南下路径相关。河南省大风日数的分布特点为北部多、南部少，山前的平原和丘陵多、山区明显少。河南省大风日数地理分布差异较大，多大风区主要分布在北部和中部，年平均大风日数在 8d 以上，其中渑池、宝丰最多，达 15.1d，是大风日数最多的区域，这主要是由于北方冷空气常沿着山脉的东侧南下，常常造成这些地区的大风天气；豫西、豫东、豫南年平均大风日数在 5d 以下；淮河流域大部大风天气比较少，但其西北部山前丘陵和平原区大风较多（图 12）。

6. 雾霾天气

河南省雾日数分布总体来说是东多西少，平原和盆地多、山区明显少，中东部平原区和豫南大部年平均雾日数在 25d 以上，其中宁陵最多，为 36d，是雾的多发区；豫西和南阳盆地的西北部年平均雾日数在 10d 以下，其中栾川最少，仅为 1.5d，是雾日数最少的区域（图 13）。

霾天气日数分布与地方经济发展水平、产业结构有很大关系，河南省霾天气比较多的地区，都是经济比较发达、第二产业集中的地区。河南省的淮河流域以农业为主，霾天气相对较少（图 14）。1961—2010 年全省年平均霾日数具有北多南少的分布趋势，各地差异较大。沿黄及以北大部、郑州、开封、许昌、平顶山和南阳东部在 15d 以上，其中焦作、新乡 2 市在 35d 以上；其余地区在 15d 以下（图 14）。近年来河南省城市的霾天气日数增加明显，尤其以省会郑州市增加最快。

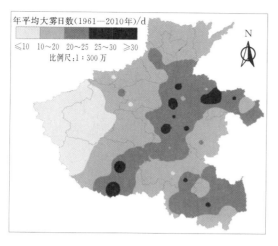

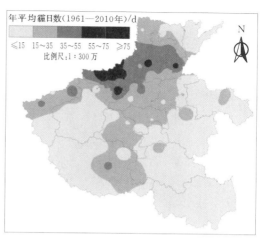

图 13　河南省年平均大雾日数
分布图

图 14　河南省年平均霾日数
分布图

7. 气象次生灾害——中小河流域山洪、地质灾害

据 2005 年统计资料显示，河南省发生过山洪灾害的山洪沟有 256 条（图 15），其中淮河上游地区有 113 条，占总数的 44.1%；发生过灾害的泥石流沟有 81 个，其中淮河上游地区有 56 个，占总数的 69.1%；发生灾害的滑坡点有 160 个，其中淮河上游地区有 85 个，占总数的 53.1%。

（a）河南省山洪沟分布

（b）淮河上游（河南省）山洪沟分布

图 15 （一）　河南省及淮河流域上游地区山洪沟、泥石流和滑坡空间分布图

（c）河南省泥石流分布

（d）淮河上游（河南省）泥石流分布

（e）河南省滑坡分布

（f）淮河上游（河南省）滑坡分布

图 15（二） 河南省及淮河流域上游地区山洪沟、泥石流和滑坡空间分布图

二、近 10 年气象灾害特点

在 21 世纪前 10 年，河南省气象灾害频繁、危害加重。10 年中，有 5 年出现较明显干旱；有 8 年都出现较明显雨涝灾害，其中有 5 年的雨涝主要在淮河流域；冰雹日数近 10 年最少，虽然风雹灾害不算严重，但有 8 年都出现较明显的风雹灾害；有 7 年出现冰雪灾害，其中有 4 年出现较明显雨（雾）凇天气灾害，冰雪危害加重；除 2007 年寒潮大风不明显外，其他 9 年都出现不同范围的危害；大雾日数有减少趋势；霾日数在 20 世纪 80 年代以后趋于波动性

变化，但省辖市和郑州市霾日数呈现出明显线性增多的趋势，21 世纪的前 10
年郑州市霾日数增加 60 多 d。

（一）干旱

河南省干旱灾害具有明显的年代变化，有气象记录以来，1959—1962 年、
1965—1966 年、1978—1982 年、1985—1988 年、1991—1995 年 和 1997—
2001 年为几个干旱灾害严重发生的时段；以年代而言，干旱灾害最严重的是
20 世纪 90 年代，其次是 80 年代和 60 年代，20 世纪 50 年代、70 年代和 21 世
纪以来干旱较轻。

采用《气象干旱等级》（GB/T 20481—2006）中推荐使用的综合气象干旱
指数，统计分析了河南省中旱以上干旱日数的时间变化特征。图 16 显示，
1961—2010 年河南省中旱以上干旱日数以年际间波动为主，干旱比较严重的
年份包括 1978 年、1981 年、1986 年、1988 年、1995 年、1997 年、1999 年和
2001 年，近 10 年干旱较轻。2002 年以来，年干旱日数均低于多年平均值
（1981—2010 年）58.8d；2001 年干旱日数最多（128d），1964 年最少（3d），
其次为 2003 年（4d）。21 世纪前 10 年，有 5 年（2001 年、2002 年、2006 年、
2008—2009 年和 2010—2011 年冬季）出现较明显干旱。其中，2001 年全省发
生了春夏连旱，部分地区春夏秋三季连旱，干旱持续时间长、旱情重，为
1951 年以来所罕见。

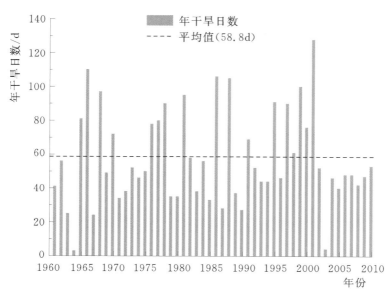

图 16　河南省年干旱（中旱以上）日数的时间变化

近 10 年主要有以下干旱事件。

2000年，全省发生了春夏连旱，特别是三门峡、南阳、驻马店、信阳春夏秋三季连旱，干旱持续时间长、旱情重，为1951年以来所罕见。其中，春季全省降水量较常年同期偏少8成，为1951年以来同期最少值。9月底全省农作物受旱面积近$4.000×10^6 hm^2$，其中严重受旱面积$2.333×10^6 hm^2$，有238万人、88万头大牲畜发生严重饮水困难。

2002年，全省大部分地区降水偏少，四季均出现不同程度的干旱，特别是夏季，北中部地区和豫西南的部分县旱情严重，安阳市境内8座大中型水库有2座已无水可用，小型水库及塘堰坝几乎全部干涸，境内大小河流全部断流，全市农作物受旱面积近$2.333×10^6 hm^2$，林州市及安阳县西部山区发生人畜饮水困难；鹤壁市境内淇河、卫河和共产主义渠全部断流，全市唯一的中型水库已降至死库容以下，所有坑塘全部干涸，有5000多眼机电井出水严重不足。

2006年，干旱主要出现在春季、初夏和秋季，6月中旬部分农田因墒情极差难以播种，部分已播种的秋作物出苗困难或缺苗断垄严重。10—11月上旬全省大部分地区降水量不足10mm，其中豫北大部及中东部地区滴雨未降，因旱造成部分农作物受灾，山丘区43万人、12万头大牲畜发生饮水困难。

2008年11月至2009年2月上旬，全省出现了新中国成立以来同期仅次于1998—1999年的第二严重的秋冬连旱，全省平均降水量较常年同期偏少8成，为1961年以来历史同期第三少，其中豫北北部、中东部和豫南大部偏少8成以上，农业生产、人畜饮水受到严重影响。全省农作物受旱面积为$1.579×10^6 hm^2$，其中成灾面积为$8.20×10^5 hm^2$，有$6.7×10^4 hm^2$小麦干枯死亡，干旱造成山丘区42万人、9万头大牲畜出现饮水困难。

2010年10月至2011年2月，全省平均降水量比常年同期偏少8成，为1951年以来同期最少值，出现了较为严重的干旱，全省农作物受旱面积达$2.267×10^6 hm^2$，其中严重干旱面积$1.63×10^5 hm^2$，山丘区20万人因旱出现饮水困难。

（二）雨涝（暴雨、连阴雨）

河南省雨涝具有明显的年际变化特点。1986—2010年期间，河南省发生涝灾严重的阶段是1996—2000年、2003—2005年，其中雨涝灾害最严重的前三年是2003年、1998年和1996年。

21世纪前10年，河南省雨涝灾害比较频繁，除2001年和2002年外，其他8年都出现较明显雨涝灾害，这与淮河流域降水和强降水天气增加有关，这8年中有5年的雨涝主要在淮河流域，2003年和2005年雨涝灾害严重。

以 24h 雨量不小于 50mm 为暴雨标准，统计分析了河南省年暴雨日数的时间变化特征。图 17 显示，1961—2010 年河南省年暴雨日数以年际间波动为主，近 10 年以来，除 2001 年、2002 年和 2006 年均低于多年平均值（1981—2010 年）2.2d 外，其余年份均偏多；2000 年暴雨日数最多，为 4.3d，1966年和 1997 年最少，为 0.9d。

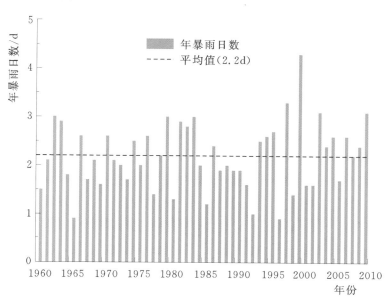

图 17　河南省年暴雨日数的时间变化

近 10 年主要有以下雨涝事件。

2003 年夏秋两季，全省暴雨、连阴雨过程接连不断，6 月下旬至 7 月下旬淮河流域出现了 5 次强降水过程，8 月下旬后期黄淮之间出现大范围强降水天气，9 月上旬、9 月 28 日至 10 月 5 日出现了连阴雨天气，10 月 10—11 日出现秋季罕见的大到暴雨天气，全省多条河流相继发生较大洪水，黄河流域出现罕见秋汛，造成了严重的洪涝灾害，其中商丘、周口、驻马店、信阳 4 市受灾最为严重。全省直接经济损失 238 亿元，其中农业直接经济损失 208 亿元。洪涝灾害面积之大、损失之重，超过了近 10 多年来最为严重的 1998 年和 2000年，为新中国成立以来重灾年份。

2004 年 7 月 15—17 日，黄淮之间出现强降水过程，强降水中心分布于商丘—漯河—南阳一带，有 31 个站次出现暴雨，27 个站次出现大暴雨，6 个站出现特大暴雨，有 10 个站日降水量创 1961 年以来极值。强降水致使漯河、平顶山、驻马店、南阳农作物受灾严重，全省农作物受灾面积 $4.238 \times 10^5 hm^2$，成灾面积 $2.642 \times 10^5 hm^2$，绝收面积 $4.39 \times 10^4 hm^2$；水围村庄 140 个，倒塌房屋 1.15 万间，损坏房屋 2.32 万间，直接经济损失 15.99 亿元，其中农业直接经济损失 10.23 亿元。

2005 年，6—9 月出现 5 次暴雨天气过程，9 月下旬至 10 月上旬出现连阴雨天气。6 月 30 日至 7 月 1 日，南召县遭受特大暴雨袭击，12h 降水量高达 360.1mm，创建站以来日雨量极值。7 月 9—10 日，南阳、驻马店、信阳 3 市普降暴雨到大暴雨，信阳（276mm）为特大暴雨，新蔡、信阳创建站以来日雨量极值，造成全省直接经济损失 8.5 亿元，其中农业直接经济损失 5.8 亿元。7 月 22—23 日，北中部地区出现强降水过程，荥阳（265mm）、沁阳（164mm）、博爱（146mm）3 站创建站以来日雨量极值，造成 2 人死亡，直接经济损失达 8.74 亿元。9 月 19—20 日，北中部地区出现强降水过程，黄河以北有 12 个站降了暴雨，林州（121mm）、淇县（106mm）、鹤壁（105mm）、汤阴（100mm）4 站出现了建站以来秋季从未有过的大暴雨天气，对秋作物收获造成了不利影响。9 月 24 日至 10 月 6 日，全省出现了大范围连阴雨天气，部分地区阴雨日数长达 17d，全省农作物受灾面积 $5.94 \times 10^5 hm^2$，绝收面积 $5.1 \times 10^4 hm^2$，减产、霉变粮食 190 万 t；倒塌住房 1.15 万间，损坏住房 1.47 万间；直接经济损失 21.82 亿元，其中农业直接经济损失 17.32 亿元。

2006 年 7 月 1—4 日，全省出现了大范围强降水过程，其中长葛降水量最大，为 371mm，其次是太康，为 255mm。7 月 2 日长葛日降水量最大达 337mm，创该站历史上日雨量极值。强降水致使大面积农作物被淹，形成严重内涝，全省农作物受灾面积 $3.00 \times 10^5 hm^2$，绝收面积 $3.8 \times 10^4 hm^2$；倒塌房屋 1.16 万间，损坏房屋 4.43 万间；直接经济损失 10.58 亿元，其中农业直接经济损失 8.29 亿元。

2007 年 7 月 29 日凌晨至 30 日上午，卢氏县遭受大暴雨袭击，最大降水量达 241mm，强降水还引发了特大泥石流灾害，造成了重大的经济损失和人员伤亡。全县有 6090 间民房倒塌，农作物受灾面积 $1.23 \times 10^4 hm^2$，冲毁耕地 $3.5 \times 10^3 hm^2$；毁坏公路 1381km，冲垮桥涵 281 座；全县大多数乡镇电力、通信、交通中断，造成 76 人死亡，直接经济损失高达 14.1 亿元。

2008 年 7 月 13—14 日，北中部地区出现强降水过程，有 9 个站出现暴雨，13 个站出现大暴雨，郑州（174mm）、获嘉（158mm）2 站为建站以来日降水量的次大值。大暴雨造成郑州市区多条道路严重积水，有 7 人因暴雨引发的事故死亡。全省农作物受灾面积 $2.96 \times 10^3 hm^2$，倒塌房屋 858 间，紧急转移安置 8229 人，直接经济损失 1.47 亿元，其中农业直接经济损失 9400 万元。7 月 21—23 日中东部和南部出现强降水过程，其中周口、驻马店、南阳东部有 20 个站下了大暴雨，淮阳（243mm）为建站以来日降水量的最大值，沈丘（224mm）、郸城（153mm）2 站均为次大值，造成直接经济损失 1.11 亿元，其中农业直接经济损失 1 亿元。

2009 年，出现 3 次暴雨过程。6 月 17—19 日，南阳市卧龙区以及南召、方城 2 县交界处出现持续强降水过程，造成直接经济损失 1.18 亿元，其中农业直接经济损失 7538 万元。8 月 16—18 日，许昌以北地区和南阳东部到平顶山一带出现强降水过程，共有 38 个站出现暴雨，9 个站出现大暴雨，造成直接经济损失 1.1 亿元，其中农业直接经济损失 8809 万元。8 月 28—29 日，中东部和南部的部分地区遭受暴雨、大风袭击，造成直接经济损失 2.58 亿元，其中农业直接经济损失 2.25 亿元。

2010 年，出现 3 次暴雨天气过程。7 月 16—19 日，全省普降大到暴雨，全省共有 60 个站次出现暴雨，20 个站次出现大暴雨。因灾死亡 10 人，造成直接经济损失 15.49 亿元，其中农业直接经济损失 6.47 亿元。7 月 23—25 日，西部山区普降暴雨—大暴雨，其中淅川（197.4mm）、西峡（196.8mm）、栾川（155.3mm）、灵宝（117.4mm）4 站日降水量突破历史极值。强降水致使西部山区山洪暴发，造成直接经济损失约 110 亿元，其中农业直接经济损失约 30 亿元。栾川县潭头镇汤营伊河大桥整体垮塌，造成 51 人死亡。9 月 5—8 日，全省出现大范围强降水过程，造成中东部平原地区部分农作物受灾，全省农作物受灾面积 $2.413 \times 10^5 hm^2$，倒塌房屋 4510 间，直接经济损失 8.86 亿元。

（三）风雹灾害

河南省风雹出现的范围广，发生比较频繁，平均约 2 年一遇，局部地区每年发生或一年多次发生。1986—2010 年全省平均每年风雹受灾面积为 $6.675 \times 10^5 hm^2$，约占农作物受灾总面积的 13%，受灾面积最大的前 5 年是 1998 年、1996 年、1990 年、1997 年和 1991 年。河南省冰雹日数具有明显的年代变化特点，总体上随年代增加而减少，以 20 世纪 60 年代最多，80 年代次之，21 世纪以来的 10 年最少。

21 世纪前 10 年，虽然风雹灾害不算严重，但仍然比较频繁，除 2001 年和 2007 年外，其他 8 年都出现较明显风雹灾害，2002 年最为严重。

图 18 显示，1961—2010 年河南省年冰雹日数以年际间波动为主，近 10 年以来，除 2004 年和 2010 年均高于多年平均值（1981—2010 年）0.2d 外，其余年份多偏少；2004 年冰雹日数最多，为 0.4d。

河南省寒潮冷空气活动的年代际变化大致以 20 世纪 50 年代和 60 年代较多，70 年代开始减少，特别是 80 年代后期以来，河南省冬季半年有冷空气活动明显减少、气候明显变暖的趋势，河南省风速也呈明显减少趋势，但几乎每

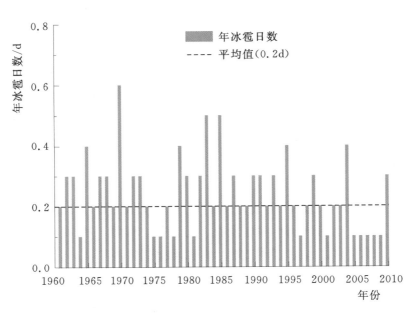

图 18   河南省年冰雹日数的时间变化

年还都会出现寒潮大风天气。近 10 年中除 2007 年寒潮大风不明显外，其他 9 年都出现不同范围的危害。图 19 显示，1961—2010 年河南省年大风日数呈显著减少，减少速率为 2.3d/10a，近 10 年以来，年大风日数均低于多年平均值（1981—2010 年）3.7d；2006 年大风日数最多，为 3.4d。

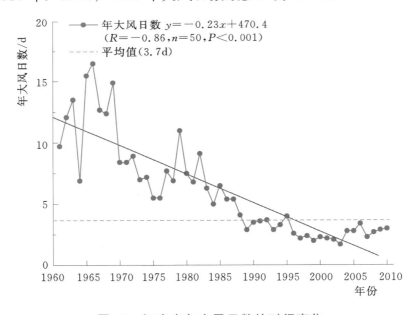

图 19   河南省年大风日数的时间变化

近 10 年主要有以下风雹灾害。

2002 年 7 月 17—19 日，河南省北中部地区有 40 多个县（市、区）相继遭受罕见的雷雨、大风、冰雹等强对流天气的袭击。特别是 7 月 19 日下午，全省有 29 个县（市、区）遭受风雹袭击，最大风速（巩义）为 22m/s，最大冰雹直径（禹州）为 8cm。因灾死亡 32 人，造成直接经济损失 31.13 亿元，其中农业直接经济损失 24.06 亿元。

2003 年 6 月 19—21 日，全省出现了大范围强对流天气，有 38 个县（市、区）、100 多个乡镇相继遭受冰雹及雷雨、大风袭击，重灾区降雹持续时间为 20～30min，襄城县冰雹最大直径为 5cm，鲁山县瞬时风力达 10 级。因灾死亡 5 人，造成直接经济损失 7.3 亿元，其中农业直接经济损失 5.4 亿元。

2004 年 6 月 22 日晚，洛阳市孟津县境内的黄河小浪底库区突遭强风暴雨袭击，瞬时最大风速达 22.3m/s，30min 降水量 56.7mm，有一艘游船被狂风掀翻，造成 43 人死亡的特大沉船事故。6 月 26 日至 7 月 8 日，商丘市先后 5 次遭受大风、冰雹袭击，因灾死亡 8 人，伤 131 人，造成直接经济损失 5.6 亿元，其中农业直接经济损失 4.9 亿元。

2005 年 7 月 16—17 日，平舆、潢川、固始 3 县有 5 个乡镇的部分村庄还遭受了龙卷风袭击，最大风力达 10～11 级，共造成农作物受灾面积 $2.5 \times 10^3 hm^2$，倒塌房屋 699 间，损坏房屋 1220 间，受灾人口 5 万人，紧急转移安置 1550 人，直接经济损失 2006 万元，其中农业直接经济损失 831 万元。7 月 29—30 日，驻马店汝南县南部乡镇遭受龙卷风袭击，有 31 个村不同程度受灾，倒塌房屋 360 间，损坏房屋 1780 间，刮倒树木 16 万棵、电线杆 130 根，砸伤 26 人，损坏线路 2800m、变压器 14 台，造成部分地区通信、供电中断。8 月 3 日下午，南阳市邓州、内乡 2 县有 20 多个乡镇遭受了历史罕见的龙卷风和冰雹袭击，造成 2 人死亡，35 人受伤，直接经济损失 1.37 亿元。

2006 年 8 月 1—3 日，安阳、三门峡、洛阳、郑州、商丘、平顶山、许昌、漯河、南阳 9 市部分地区相继遭受雷雨大风、冰雹等强对流天气袭击，商丘虞城县有 13 个乡镇还遭受了龙卷风袭击，最大风力达 8～9 级。全省有 20 个县（市、区）、50 多个乡镇受灾，直接经济损失 2.61 亿元，其中农业直接经济损失 2.17 亿元。

2008 年 6 月 3 日下午，北部和中东部地区相继遭受雷雨、大风和冰雹等强对流天气袭击，鄢陵县极大风速达到 31.5m/s，西华县黄泛区农场境内极大风速达到 27.1m/s，均突破历史极值。造成 29 个县（市、区）受灾。全省因灾死亡 20 人，直接经济损失 3.22 亿元，其中农业直接经济损失 2.63 亿元。

2009 年 6 月 3 日下午到夜里，河南省北部和东部先后遭受了雷雨、大风、冰雹等强对流天气袭击，商丘出现了历史罕见的强飑线天气，宁陵、永城2县最大风速分别达28.6m/s和29.1m/s，均为有气象记录以来的历史极值。造成商丘、开封、济源3市有14个县（市、区）受灾，因灾死亡24人，89人重伤，造成直接经济损失16.1亿元。其中，商丘市直接经济损失14.49亿元，其中农业直接经济损失9.45亿元。

2010年9月4日下午，洛阳市孟津、新安、偃师等县（市）出现局地短时大风、暴雨、冰雹、雷电等强对流天气，其中孟津县瞬时极大风速达43m/s，局部地区伴有直径2cm左右的冰雹，造成直接经济损失8.1亿元。

（四）冰雪灾害

由于冬季降水量增加，近10年冰雪灾害事件增多，10年中有7年出现冰雪灾害，其中有4年（2005年、2006年、2008年、2009年）出现较明显雨（雾）淞天气灾害。更由于交通、电网的发展，冰雪危害加重，2001年、2003年和2008年的冰雪灾害影响和损失都非常大。

图20显示，1961—2010年河南省年积雪日数以年际间波动为主，近10年以来，除2001年、2006年、2008年和2009年均高于多年平均值（1981—2010年）12.2d外，其余年份多偏少，近10年平均值为13.6d，高于多年平均值；2001年积雪日数最多，为30.3d，2007年最少，为0.9d。

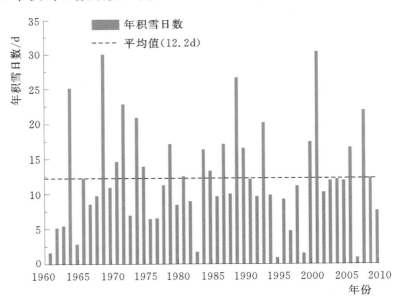

图20　河南省年积雪日数的时间变化

近10年主要有以下雪灾事件。

2001年1—2月，全省共出现4场大范围降雪过程，分别出现在1月5—8

日、1月21—26日、2月4日和2月11—12日，其中以1月5—8日、21—26日两次降雪过程影响较大。1月5—8日，全省普降大—暴雪，积雪深度为2~16cm，由于雪大路滑，郑洛高速公路23辆车连环相撞，郑州新郑机场关闭30h，郑州市区发生48起交通事故，有千余人雪中摔伤。1月21—26日，全省普降大—暴雪，许昌以南地区降雪量为10~37mm，积雪深度为6~25cm，此时正值春运高峰，大雪封路，21日郑州新郑机场全天关闭，滞留旅客2000多人，开洛、郑洛高速公路关闭，对交通运输造成不利影响。

2003年2月9—10日，全省范围出现暴雪、大风和寒潮天气，绝大部分地区过程降雪量为10~65mm，驻马店南部和信阳市在30mm以上，全省有55个站降雪量达暴雪标准。暴雪天气对交通运输造成了严重影响，郑州新郑机场关闭20多h，延误航班80个，滞留旅客近7000人，是新郑机场延误航班、滞留旅客最多的一次；京广铁路许昌—小商桥区间38km的电气化接触网被严重损坏，造成京广铁路交通中断16h之久，万余名旅客被困途中，这是自1991年郑州—武昌电气化铁路通车以来，发生的最为严重的停运事件，且正值春运高峰，所造成的社会影响和经济损失极为严重。省内大部分高速公路关闭，市内公交车辆被冻失灵，晚点率增加。受暴风雪影响，2月9日晚，河南电网部分输电线路发生了多年未见的舞动现象，全省电网共跳闸249条次，其中有17条220kV高压输电线路跳闸36条次，驻马店和信阳两市的电网与省网中断近2h。许昌市区大面积停电并导致市区供水停止；禹州市有50多条供电线路出现跳闸，倒杆、断线300余处；长葛市50%的供电线路出现跳闸；平顶山市区电网线路出现30多处接地、跳闸故障，30多个地段出现小范围停电。3月4—5日，全省普降大雪，许昌以南有35个县降了暴雪，商城降雪量最大为33mm。暴雪造成新野县9.8万座蔬菜大棚倒塌，损坏房屋145间，造成直接经济损失3500万元，其中农业直接经济损失3200万元。省内高速公路结冰，焦晋、商三、郑驻高速公路部分路段关闭，3月6日107国道漯河境内王店立交桥段发生多起汽车追尾事故，造成至少18辆车损坏，有8人受伤。11月7—9日，全省出现大范围降雪及寒潮大风天气，其中焦作、济源、三门峡、洛阳4市部分县下了大到暴雪。此次降雪范围广，雪量大，出现时间早，使全省许多地区的绿化树木树枝被积雪压断，损失严重。降雪对交通运输造成了不利影响，郑州新郑机场有10多个航班延误，另有多个航班备降外地；引发多起公路交通事故，1人死亡。

2004年12月20日夜至22日，全省普降大—暴雪，中东部地区和豫北局部有60多个站降雪量达暴雪标准，正阳日降雪量最大为25.4mm，新郑、舞钢积雪深度最大为21cm，雪后气温明显下降并持续偏低。由于降雪量大，气温持续偏低，造成道路积雪结冰持续 10 余天不化，对交通运输造成了严重的影响。省内高速公路连续两天全面关闭，郑州市区各汽车站 21 日的近千次长途班车全部取消，近 5000 名旅客滞留；21 日郑州新郑机场 94 个航班全部取消，近 5000 名旅客滞留，南阳机场当日航班也全部取消；22 日郑州火车站约有 6 成的列车晚点。交通事故及摔伤人数都比平时明显增加，雪后 1 周，郑州市每天发生的交通事故有五六十起，比平时多出 5 成。大雪还导致多处房屋倒塌，数人受伤。

2006 年 1 月 17—19 日，全省普降大—暴雪，全省有 84 个站日降雪量达到暴雪标准，有 16 个站日降雪量为建站以来同期最大值，25 个站积雪深度为建站以来同期最大值。强降雪造成道路积雪和结冰，使全省交通运输受到严重影响，18—19 日全省高速公路全面关闭，京珠高速公路、107 国道和 310 国道均发生了多次严重堵车，其中 107 国道新郑段发生了长约 40km 的严重堵车，最多时有近 4 万辆车堵在一起，交通受阻长达 30 多 h。郑州新郑机场关闭时间长达 28h，取消航班 160 多个，有 4000 多名旅客滞留机场。暴雪和低温造成铁路道岔结冰，使途经郑州的火车几乎全部晚点，部分列车晚点超过了 24h，郑州火车站一度陷入瘫痪，最多时有近 6 万名旅客滞留，是郑州火车站百年历史上极为罕见的。大雪对铁路的影响持续多日，23 日仍有部分列车晚点，并波及其他省份。

2008 年 1 月中下旬，全省出现了历史同期罕见的低温雨雪天气，1 月 10—12 日、18—20 日和 27—28 日出现了 3 次大范围降雪过程，全省平均降水量为有气象记录以来同期最多值，而平均气温为有气象资料以来同期最低值，特别是南部的信阳连降 3 次暴雪，大部分地区最大积雪深度在 20cm 以上，固始积雪深度最大为 41cm，为近 50 多年来的最大值。3 次强降雪期间，全省高速公路几乎全部关闭，大多数长途汽车停运，一些国道、省道出现堵车现象；1 月中旬受降雪影响，京港澳高速公路驻马店—信阳段间断堵塞 60 多 km，连霍高速公路洛阳—三门峡段间断堵塞 30 多 km；郑州新郑机场累计取消航班 110 多个；1 月 18—20 日和 26—28 日郑州火车站列车大面积晚点。低温雨雪天气造成全省 48 个县（市、区）部分农作物遭受冻害，其中信阳、驻马店、南阳受灾最重，全省农作物受灾面积为 $6.289 \times 10^4 hm^2$，绝收面积达 $2.9 \times 10^3 hm^2$；倒塌房屋 3092 间，损坏房屋 6259 间；直接经济损失 6.78 亿元，其中农业直接经济损失 3.71 亿元。

2009 年 11 月 11—12 日，河南省北中部地区普降暴雪，降雪量一般在 20～45mm，三门峡、洛阳、郑州、平顶山 4 市及黄河以北地区积雪深度在 15cm 以上，长垣最大积雪深度达 34cm，郑州积雪深度达 32cm，全省有 29 个站积雪深度突破历史极值。全省农作物受灾面积 $1.983 \times 10^4 \, hm^2$，其中成灾面积 $1.365 \times 10^4 \, hm^2$；倒塌房屋 3398 间，损坏房屋 5407 间；因灾死亡 6 人、伤病 34 人，死亡大牲畜 1285 头（只）；直接经济损失 9.63 亿元，其中农业直接经济损失 3.42 亿元。大雪导致省内大部分高速公路和机场关闭，多个航班延误和取消，部分列车出现晚点，造成大量旅客滞留。

2010 年 2 月 10—12 日，全省出现大范围雨雪天气，其中商丘、周口、驻马店、信阳等地出现暴雪，中南部的部分地区出现冻雨。受雨雪天气影响，郑州、南阳、洛阳 3 地机场临时关闭，其中郑州新郑机场延误航班约 151 个，滞留旅客 6000 余人；省内大多数高速公路实行交通管制，局部路段封闭，郑州 8 个客运站共 300 多个班次被迫停运；漯河、周口、洛阳、许昌等多个地市因道路结冰严重引发车祸，造成人员伤亡，部分路段出现严重堵车现象；雨雪天气使得电网部分输电线路发生覆冰舞动。

（五）雾霾天气

河南省大雾日数具有明显的年际变化特点，随年份增加呈现先增加而后减少的趋势，最多的是 20 世纪 90 年代，20 世纪 60 年代最少，21 世纪以来大雾日数略少于 20 世纪 90 年代（图 21）。21 世纪前 10 年，年大雾日数有减少趋势，最高值为 24.8d，出现在 2006 年，最小值为 8.9d，出现在 2010 年（图 21）。

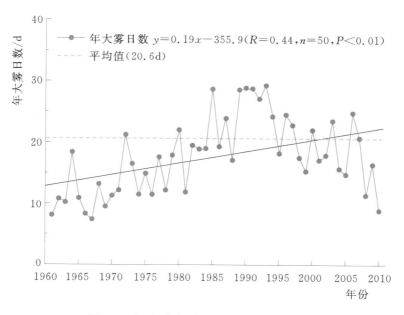

图 21　河南省年大雾日数的时间变化

河南省霾日数具有明显的年代变化特点，霾日数最多的是 20 世纪 70 年代，其次是 20 世纪 90 年代，20 世纪 60 年代最少，1961—1979 年全省霾日数增加，之后霾日数下降，20 世纪 80 年代以后趋于波动性变化（图 22）。但是，省辖市的霾日数呈现出明显线性增多的趋势，其速率为 6.8d/10a，郑州市增加最为迅速，速率为 18.3d/10a（图 23），21 世纪的前 10 年，郑州市霾日数增加 60 多 d。

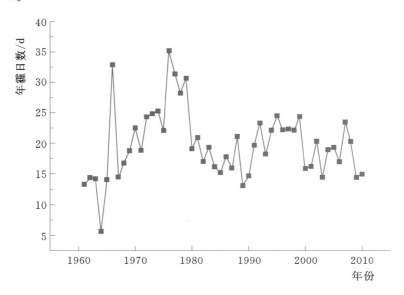

图 22　河南省年霾日数的时间变化

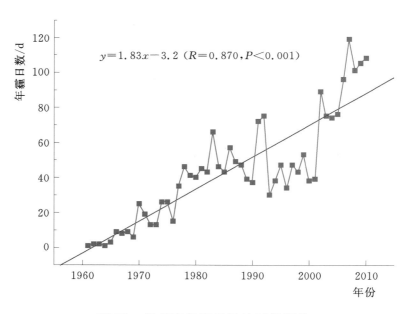

图 23　郑州市年霾日数的时间变化

三、近 50 年气候变化及未来气候变化预估

近 50 年，河南省增温显著，年平均气温的增加速率为 0.141℃/10a；全省年降水量没有趋势性变化，但区域变化特点不同，淮河流域年降水量为增加趋势；年日照时数呈明显减少趋势，减少速率为 100.0h/10a。过去 50 多年的气候变化，改变了河南省的季节分配，对农业的影响有利有弊，加剧了水资源分布不均，对林业和自然生态、能源和电力、交通运输、旅游业和人体健康也有一定影响。此外，极端天气气候事件增加，部分气象灾害及其影响加重。

（一）近 50 年气候变化

1. 气温变化

1957—2010 年河南省年平均气温上升了 0.73℃，上升速率为 0.141℃/10a。20 世纪 50 年代后期气温偏低，60 年代气温升高，70 年代、80 年代气温最低，90 年代以后气温明显升高，直至 21 世纪一直处于高温期。春季升温最明显，冬季和秋季次之，夏季气温稍有下降。近 10 年全省平均气温比 1957—2000 年平均温度高 0.6℃（图 24）。

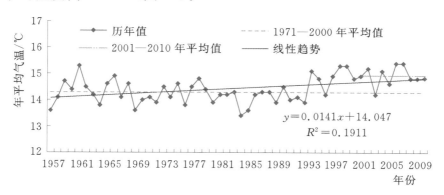

图 24　1957—2010 年河南省年平均气温年际变化

4 个季节中，冬春秋三季为升温，夏季略有降温，其中春季升温最明显，升温速率为 0.266℃/10a。最低气温低于 0℃ 的低温日数有明显减少趋势，平均减少 3.9d/10a（图 25）；年极端最低气温呈升高趋势，平均升高 0.53℃/10a（图 26）。冬夏温差明显缩小，日夜温差也趋于减小。

2. 降水变化

1957 年以来年降水量变化率为 1.2mm/10a（不能通过 0.05 的信度检验），

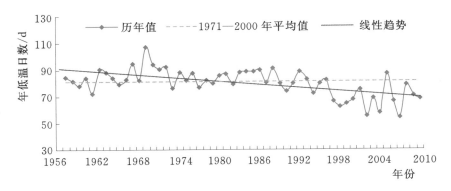

图 25　河南省年低温日数的年际变化

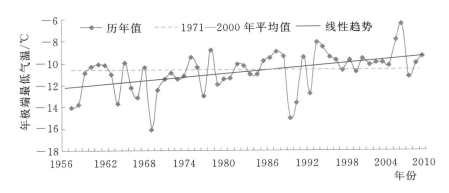

图 26　河南省年极端最低气温年际变化

没有明显趋势性变化（图 27）；近 10 年降水量较多年平均变化也不明显，但冬夏季降水略有增加，春秋季降水略减。从降水量变化空间分布看（图 28），各地变化趋势不一致，淮河流域降水有弱增加趋势，豫西山区和豫北北部为弱减少趋势，其中周口、漯河、驻马店的大部地区增加速率在 10.0～30.0mm/10a，为降水增加较明显的地区。其余各地降水量变化呈减少趋势。

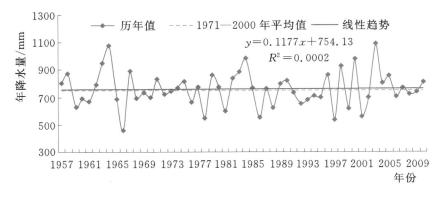

图 27　1957—2010 年河南省年降水量年际变化

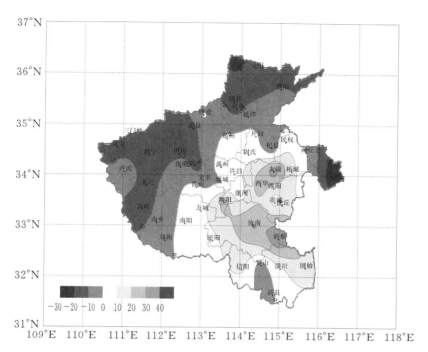

图 28　河南省年平均降水量变化倾向率

（单位：mm/10a）

　　1957—2010 年全省年降水日数具有减少趋势，平均减少 1.84d/10a（图 29）。同时，降雨强度略有增大，大雨以上强降雨日数具有微弱上升趋势。

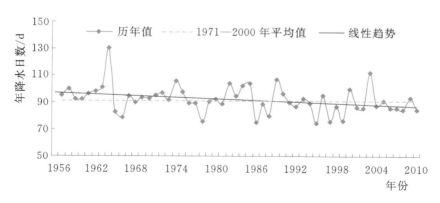

图 29　河南省年降水日数年际变化

3. 日照变化

　　1961—2010 年河南省年日照时数呈线性减少，减少速率为 100.0h/10a。近 10 年全省日照时数比 1971—2000 年日照时数少 290.0h（图 30）。

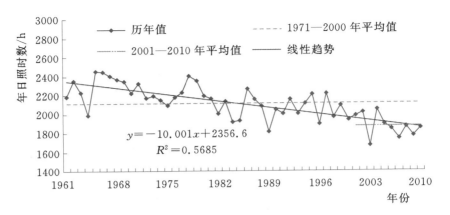

图30　1961—2010年河南省年日照时数年际变化

（二）气候变化主要影响

对季节分布的影响：过去50多年的气候变化，改变了河南省的季节分配，冬季持续日数明显减少（图31），春季持续日数明显增加（图32），夏秋季日数变化不大。

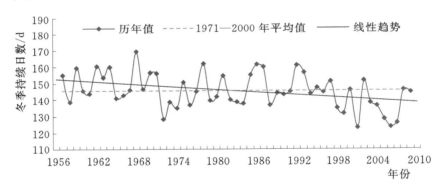

图31　河南省冬季持续日数的年际变化

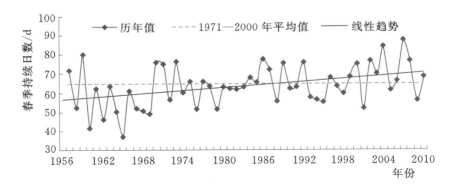

图32　河南省春季持续日数的年际变化

对农业的影响：气候变暖使得河南农业热量资源增加，农田复种指数有所提高，多熟制向北扩展，种植制度呈多样化；风速减小，干热风对冬小麦危害相应减少。冬春季气温升高，越冬作物尤其是冬小麦发育期提前，导致春季晚霜冻害风险增大，晚霜冻害发生概率由 20 世纪 70 年代以前的 40%，增加到 20 世纪 90 年代以后的 70% 以上。气温升高有利于农作物病虫害繁衍过冬，病虫害生长季节延长，危害加重，增加农业生产成本；气温日较差减小，影响玉米、棉花等作物品质；气候变暖可能导致家畜疫病发病率的提高和疫情的传播。雾霾天气增多，日照时间减少，对农业尤其是设施农业不利。

对水资源的影响：由于降水的变化，河南省境内的黄河流域、海河流域水资源量呈减少趋势，淮河流域水资源量呈增加趋势，加剧了水资源分布的不平衡；气温升高增加了水资源的蒸发，减少了可用水资源量。对河南省境内 5 座大型水库流域水资源研究表明（表 1），除宿鸭湖水库所在地的水资源量是在增加外，其他 4 个水库所在地的水资源量均在减少，其中故县水库和陆浑水库所在的洛阳地区，水资源量呈显著下降趋势，下降速度达 2.9717 亿 m³/10a（变化趋势通过了 0.05 信度检验）。同时，降水强度增大，尤其是强降雨增加，加大了河南省大中型水库运行管理和水资源调度的难度。

表 1　　　5 座水库所在地年水资源量变化速度及与年降水量相关系数

水库名称	所在流域	所在地市	年水资源量变化速度 /（亿 m³/10a）	与年降水量 相关系数
故县	黄河	洛阳	−2.9717[①]	0.79[②]
陆浑	黄河	洛阳	−2.9717[①]	0.86[②]
南湾	淮河	信阳	−2.4302	0.86[②]
鸭河口	长江	南阳	−1.2777	0.76[②]
宿鸭湖	淮河	驻马店	0.5874	0.87[②]

① 代表通过 0.05 信度检验。

② 代表通过 0.01 信度检验。

对林业和自然生态的影响：气候变暖使自然植被的生产力和产量呈现不同程度增加，河南省植被覆盖呈明显增加。在 5 种植被类型中，森林植被上升趋势最为明显，然后依次为草地植被、其他植被、耕地、灌丛。冬季变暖，黄河湿地自然保护区植物生长期延长，水面、土壤冰冻期缩短，使鸟类获得食物的机会增加，致使部分夏候鸟不再南迁，成为留鸟；部分水禽或亚水禽改变了迁徙的时间、路线，缩短迁徙的距离，由旅鸟转变为冬候鸟，并逐渐成为优势种。极端天气气候事件对生态有不利影响，2008 年 2 月雨雪冰冻灾害后，河南省 3—5 月森林覆盖率下降了 0.09%；暖冬导致病虫生长季节延长，越冬死亡率降低，增加了有害生物对林业的危害。

对能源和电力的影响：随着气候变暖，冬季取暖能耗呈减少趋势。以郑州市为例（表2），郑州市1951—2007年采暖期有缩短趋势，尤其是进入21世纪后，采暖期明显缩短。高温热浪、"城市热岛"效应加重，使得城市夏季能耗增加；极端天气气候事件增多，电网安全运行风险加大；风速减小，风能资源减少；日照时数减少，太阳能资源减少。

表2　　　　　　　　　　　郑州市采暖期长度变化

时期	50年代	60年代	70年代	80年代	90年代	2000—2007年
采暖期/d	113	106	108	112	108	98

对交通运输的影响：20世纪70年代以来，河南省影响交通的天气日数总体上有所减少，但大雾和冰雪对铁路、公路和航空运输的不利影响加重；强降雨增多，导致城市内涝增加，引发城市交通拥堵增多；山区强降雨造成山体滑坡、泥石流等次生灾害，影响交通运输。

对旅游业的影响：气温升高，春季时间增加，有利于旅游季节的延长。暴雨、洪涝、雷电等极端天气事件增多，对太行山、伏牛山等山区旅游安全带来压力，也给嵩山少林寺等人文旅游资源的保护带来压力。气温升高影响牡丹、菊花等花卉植物花期，对洛阳牡丹、开封菊花会展等旅游项目造成影响。

对人体健康的影响：冬季变暖，河南省人体舒适日数呈增加趋势。但气候变暖增加了某些传染性疾病的发生和传播概率；城市霾天气明显增多，省会城市郑州1971—2010年年霾天气日数增加速率为12.3d/10a，对人体健康不利。

极端天气气候事件增加，部分气象灾害加重。局地强对流天气增多，强降雨频繁发生，干旱、高温事件增多，雪灾、霜冻、低温冷害等灾害发生频次减少，但危害加重。以2001—2010年这10年为例，2001年春季全省降水量为1951年以来同期最少值，2008年11月至2009年2月上旬出现了新中国成立以来同期第二严重的秋冬连旱，2010年10月至2011年2月全省平均降水量为1951年以来同期最少值；10年中先后有22个站次的日降水量突破极值，13个站次的极端最高气温突破极值；2006年有16个站日降雪量为有记录以来最大值，2008年1月中下旬全省出现历史罕见低温冰雪灾害，该时段全省平均降雪量创历史极值，2009年11月全省有29个站积雪深度突破历史极值；2009年6月商丘出现罕见飑线强风天气，2个站最大风速突破历史极值。

（三）未来气候变化预估

依据国家气候中心制作的"中国地区气候变化预估数据集 Version 3.0"

的月平均资料〔注：该预估数据集使用 RegCM4 区域气候模式在新的温室气体排放情景即"典型浓度路径"（Representative Concentration Pathways）RCP4.5 和 RCP8.5 情景下模拟获得〕，以 1971—2000 年为气候基准期，对河南省 2011—2050 年的平均气温和降水变化进行了预估分析。

在 RCP4.5 和 RCP8.5 情景下，2011—2050 年河南省年平均温度均呈明显升高趋势，升温速率分别为 0.387℃/10a 和 0.413℃/10a，年降水量呈波动性变化；四季的平均气温均呈上升趋势，而降水变化具有差异，在 RCP8.5 情景下，冬季降水量呈明显增加趋势。

2011—2020 年与 1971—2000 年相比，河南省各地年平均气温将分别上升 0.20～0.53℃（RCP4.5 情景）和 0.51～0.83℃（RCP8.5 情景）；在 RCP4.5 情景下，各地年平均降水量均呈增加趋势，在 RCP8.5 情景下，豫北北部和豫南南部降水量偏少，在其余地区偏多。2011—2050 年与 1971—2000 年相比，年平均气温将分别上升 0.98～1.12℃（RCP4.5 情景）和 1.13～1.41℃（RCP8.5 情景），豫南升温较少；不同排放情景下，年平均降水量的变化不同，在 RCP4.5 情景下，许昌、平顶山及南阳北部地区偏少，在 RCP8.5 情景下，豫南、豫西南和商丘东部地区偏少，其余地区偏多（RCP4.5 和 RCP8.5 情景），豫北地区偏多最多最明显。

1. 气温

在 RCP4.5 和 RCP8.5 情景下（图 33 和图 34），2011—2050 年河南省年平均温度均呈明显升高趋势，升温速率分别为 0.387℃/10a 和 0.413℃/10a，RCP8.5 情景下升温幅度较大；四季的平均气温升温速率，在 RCP4.5 和 RCP8.5 情景下，分别是冬季（0.479℃/10a）和夏季（0.571℃/10a）升温速率最大。

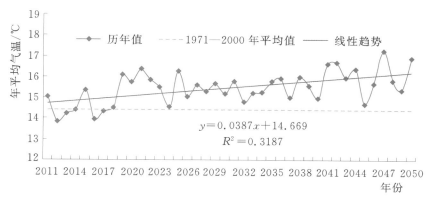

图 33　2011—2050 年 RCP4.5 情景下河南省年平均气温变化趋势

在 RCP4.5 和 RCP8.5 情景下（图 33 和图 34），2011—2020 年全省年平

均气温分别为 14.8℃ 和 15.0℃，相比于气候基准期 14.4℃ 分别高 0.4℃ 和 0.6℃，四季中分别是春季（RCP4.5 情景）和冬季（RCP8.5 情景）上升最明显，相比于气候基准期 15.5℃ 和 1.5℃ 分别高 1.0℃ 和 0.9℃；2011—2050 年期间年平均气温分别为 15.5℃ 和 15.7℃，相比于气候基准期 14.4℃ 分别增加 1.1℃ 和 1.3℃，两种情景下四季中均是秋季上升最明显，比气候基准期 14.1℃ 分别高 1.4℃ 和 1.5℃。

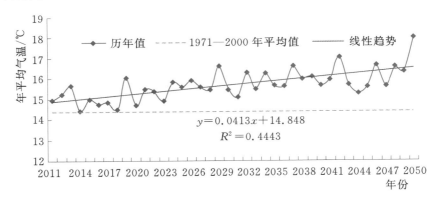

图 34 2011—2050 年 RCP8.5 情景下河南省年平均气温变化趋势

与 1971—2000 年相比（图 35），2011—2020 年，在 RCP4.5 和 RCP8.5 情景下，河南省各地年平均气温将分别上升 0.20～0.53℃ 和 0.51～0.83℃，升温明显的区域 RCP4.5 情景下主要为豫西和豫南地区，RCP8.5 情景下主要为豫北地区；2011—2050 年，在 RCP4.5 和 RCP8.5 情景下，年平均气温将分别上升 0.98～1.12℃ 和 1.13～1.41℃，升温略少的区域主要集中在豫南地区。

（a）2011—2020 年，RCP4.5 情景　　　　　（b）2011—2020 年，RCP8.5 情景

图 35（一） 2011—2020 年和 2011—2050 年河南省年平均气温距平分布图

（c）2011—2050 年，RCP4.5 情景　　　　（d）2011—2050 年，RCP8.5 情景

图 35（二）　2011—2020 年和 2011—2050 年河南省年平均气温距平分布图

2. 降水

在 RCP4.5 和 RCP8.5 情景下（图 36 和图 37），2011—2050 年河南省年平均降水量呈波动性减少趋势，年际变化较大，两种排放情景以 RCP4.5 情景下减少幅度较大；两种情景下夏秋季降水呈减少趋势，而冬季降水均呈增加趋势，特别是在 RCP8.5 情景下，冬季降水量呈明显增加趋势，其速率为 11.46mm/10a。

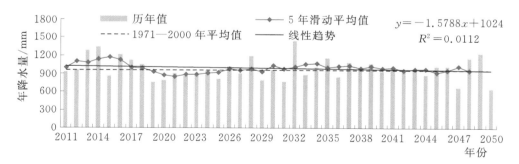

图 36　2011—2050 年 RCP4.5 情景下河南省年降水量变化趋势

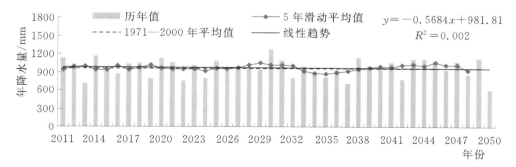

图 37　2011—2050 年 RCP8.5 情景下河南省年降水量变化趋势　　　　*77*

在 RCP4.5 和 RCP8.5 情景下（图 36 和图 37），2011—2020 年全省年平均降水量分别为 1037.9mm 和 985.4mm，相比于气候基准期 961.7mm 分别增加 7.9% 和 2.5%，四季中分别是冬季（RCP4.5 情景）和春季（RCP8.5 情景）偏多最明显，相比于气候基准期 383.3mm 和 295.2mm 分别增加 15.6% 和 14.6%，秋季（RCP4.5 情景）和秋冬季（RCP8.5 情景）呈现偏少，分别偏少 8.6%、10.6% 和 14.0%；2011—2050 年年平均降水量分别为 991.6mm 和 970.2mm，相比于气候基准期 961.7mm 分别增加 3.1% 和 0.9%，四季中两种情景下，均呈现冬季偏多最为明显，相比于气候基准期 70.7mm 分别增加 23.2% 和 8.8%，秋季呈现偏少，分别偏少 8.8% 和 10.9%。

(a) 2011—2020 年，RCP4.5 情景

(b) 2011—2020 年，RCP8.5 情景

(c) 2011—2050 年，RCP4.5 情景

(d) 2011—2050 年，RCP8.5 情景

图 38　**2011—2020 年和 2011—2050 年河南省年平均降水量距平百分率**
分布图

与 1971—2000 年平均值相比（图 38），2011—2020 年，在 RCP4.5 情景下，河南省各地年平均降水量增加 1.02%～17.10%，豫西地区增加略少，在 RCP8.5 情景下，偏少地区主要集中在豫北北部和豫南南部，偏少最多为 8.53%，在其余地区偏多，偏多最多达 11.93%；2011—2050 年，在 RCP4.5 情景下，年平均降水量在许昌、平顶山及南阳北部地区偏少，偏少最多达 2.39%，在其余地区偏多，特别是豫北地区，偏多最多达 10.98%，在 RCP8.5 情景下，在豫南和豫西南以及商丘东部地区偏少，偏少最多达 6.02%，在其余地区偏多，特别是豫北地区，偏多最多达 7.62%。

四、风能、太阳能资源评估

在目前经济技术条件下，河南省可开发风电的风能资源主要分布在豫北、豫西、豫中和豫南的山地和丘陵区，结合风能资源观测和数值模拟，河南省风功率密度在 200W/m² 以上的技术开发量为 657 万 kW。河南省各地年平均太阳总辐射量在 4300～5000MJ/(m²·a) 之间，豫北东部、沿黄河北部和豫东北部太阳能资源相对较好。

（一）风能资源评估

1. 风能资源分布特征

风能资源地域分布特点： 受地形和大气环流系统的影响，河南省风能资源区域分布特征为：东部平原地带的风能资源分布较均匀，北部风能资源好于南部；中部低山丘陵区风能资源较好；山地等小范围的风能资源比较好；豫北西部、豫西和豫南等山地风能资源分布比较复杂，大值区与小值区呈现相互交杂错综分布，山顶和山脊风能资源好，山谷和盆地风能资源差（图 39）。对于发展风电而言，在目前经济技术水平条件下，河南省风能资源达到可开发条件的区域主要在山地、丘陵，风电场一般应建于山区的山脊以及山区与平原交界处的低山丘陵区，豫北的部分平原地区。

风能资源随高度变化特点： 在近地层风速随高度增加，因此风能资源随高度一般是增加的，但不同地形下，随高度变化规律不同。平原地区在 100m 高度以下，风能资源随高度都是增加的；丘陵和山区，多数在 70～80m 高度以内风能资源随高度增加，此高度至 100m 高度风能资源变化不明显，部分山区在 50m 左右风能资源最大；部分比较陡峭的山地，山顶处风能资源随高度变化不明显。

风能资源季节变化特点： 河南省风能资源以春季最好，冬秋季次之，夏季

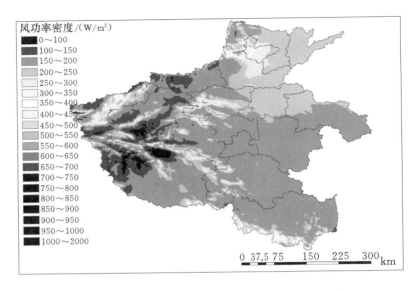

图39　河南省数值模拟的70m高度年平均风功率密度
分布图

最差；各地一般3月、4月风能资源最好，7月、8月风能资源最差。

2. 可开发资源量和可开发面积

根据《风电场风能资源评估方法》（GB/T 18710—2002）以50m高度的年平均风功率密度值为标准，河南省绝大部分地区风能资源都属于1级风能资源标准，风能资源一般。但数值模拟显示，河南省具有一定范围的2～4级标准风能资源，表明河南省风能资源具有较好的开发潜力。

根据数值模拟结果和GIS系统分析（表3），河南省70m高度上，年平均风功率密度达到200W/m²以上的技术开发面积为1567km²，技术开发量为657万kW；250W/m²以上的技术开发面积为1375km²，技术开发量为561万kW；300W/m²以上的技术开发面积为1151km²，技术开发量为389万kW；400W/m²以上的技术开发面积为274km²，技术开发量为89万kW。

表3　　　　　河南省风能资源技术开发量和开发面积（70m高度）

≥400W/m²		≥300W/m²		≥250W/m²		≥200W/m²	
开发量/万kW	开发面积/km²	开发量/万kW	开发面积/km²	开发量/万kW	开发面积/km²	开发量/万kW	开发面积/km²
89	274	389	1151	561	1375	657	1567

3. 风能资源丰富区

河南省风能资源丰富区主要分布于山区和丘陵海拔相对周边较高的山脊和

山顶,可建风电场区域一般在海拔 $300\sim900\mathrm{m}$ 的山地和丘陵,部分在海拔 $100\sim300\mathrm{m}$ 的高岗地带。这些地区的年平均风速一般在 $5.5\sim8\mathrm{m/s}$,年平均风功率密度为 $200\sim500\mathrm{W/m^2}$,但大部分区域年平均风功率密度在 $200\sim400\mathrm{W/m^2}$, $400\mathrm{W/m^2}$ 以上的范围较小, $500\mathrm{W/m^2}$ 以上的部分都位于海拔较高的高山复杂地形区域和局部山顶,开发难度大。

河南省可开发风能资源较集中区域(图40)包括:豫北太行山东部(安阳、鹤壁和新乡)的山地和山前丘陵高地;豫西沿黄河山地(三门峡、洛阳境内的崤山山脉和黄河南岸的山体);豫中山地(郑州、许昌北部、平顶山北部一带山地);伏牛山东部山地丘陵区(南阳东北部、平顶山南部和驻马店西部一带山地丘陵);大别山区部分山地和桐柏山局部山地。

随着风力发电机组效率提升和风机价格降低,可开发风电的风能资源在增加,目前河南省豫北东部平原区 $80\sim100\mathrm{m}$ 高度年平均风功率密度 $180\sim200\mathrm{W/m^2}$ 以上的风能资源已具有开发价值,河南省的风电技术可开发量进一步增加。

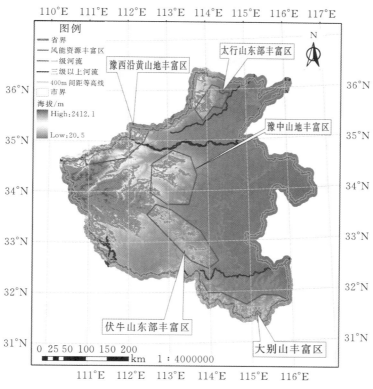

图 40　河南省风能资源丰富区示意图

(二)太阳能资源评估

利用河南省气象局档案馆 1961—2010 年 123 个气象站的观测资料,对河南省太阳总辐射量进行模拟计算和分析。

1. 空间分布特征

河南省各地年平均太阳总辐射量在 4300～5000MJ/(m²·a) 之间，4800MJ/(m²·a) 线位于河南省中部，经过沈丘、西平、宝丰、卢氏把河南省大致分为南北两个部分（图41）。此线以北有 3 个相对高值区：一是豫北东部的南乐、濮阳，年平均太阳总辐射量在 4900MJ/(m²·a) 以上；二是太行山南侧沁河盆地的焦作、洛阳和豫中的黄河沿岸附近的郑州、开封、新乡等地；三是豫东的虞城附近。此线以南有两个相对低值区，年平均太阳总辐射量在 4600MJ/(m²·a) 以下：一是南阳盆地西南部的淅川、内乡、邓州一带；二是驻马店的东北部、信阳大别山区。

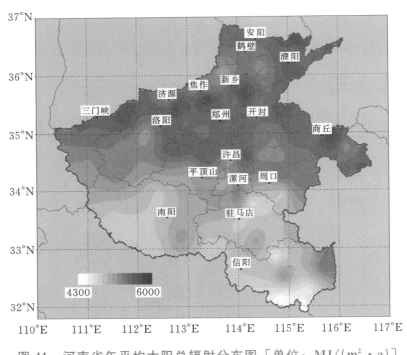

图41 河南省年平均太阳总辐射分布图［单位：MJ/(m²·a)］

2. 年际变化和年内变化特点

由于环境变化，大气气溶胶增多，大气透明度变差，日照时数减少，导致近 50 年河南省年平均太阳总辐射量具有下降趋势，50 年年平均太阳总辐射量为 4735.4MJ/(m²·a)，其中最高值为 5127.8MJ/(m²·a)，出现在 1966 年；最低值为 4208.9MJ/(m²·a)，出现在 2003 年（图42）。

河南省太阳能资源具有明显的年内变化特征，月平均太阳总辐射量 1—5 月逐月增加，6—12 月逐月减少（图43），12 月辐射量最小，6 月最大。

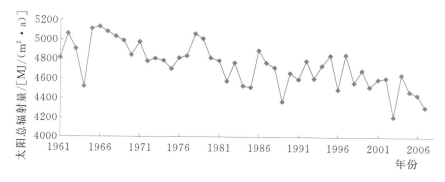

图 42 河南省历年年平均太阳总辐射量变化

1961—2010 年全省月平均太阳总辐射量在 221~554MJ/(m² · 月) 之间，其中 5 月、6 月、7 月是太阳总辐射量较大的月份，太阳总辐射量大于 500MJ/(m² · 月)，而 1 月、2 月、11 月、12 月相对较小，在 280MJ/(m² · 月) 以下。

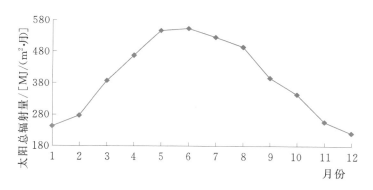

图 43 河南省各月平均太阳总辐射量变化

3. 河南省太阳能资源的稳定度

太阳能资源的稳定度是用各月的日照时数大于 6h 天数的最大值与最小值的比值来表示的（表 4）。从太阳能稳定度多年分布图（图 44）可以看出，全省稳定度属于较稳定等级。在太阳能资源低值区的南阳盆地西南、豫南山区丘陵等地，稳定度相对较差，而太阳能资源相对丰富的区域，稳定度反而较好。

表 4　　　　　　　　　　太阳能资源稳定程度等级

太阳能资源稳定程度指标	稳定程度	太阳能资源稳定程度指标	稳定程度
<2	稳定	>4	不稳定
2~4	较稳定		

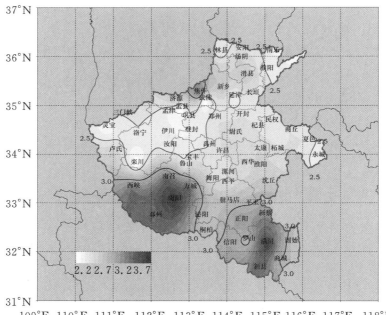

图44　河南省太阳能稳定度多年分布图

五、防御气象灾害和应对气候变化建议

河南省纵跨4个流域，河流水系复杂；西部和南部为山区，东部为平原，地理地形特殊；处于南北气候过渡带，天气气候独特。这些特有的自然环境背景，导致河南省气象灾害繁多。淮河流域的主要支流易发流域性洪水，西部伏牛山区和南部大别山区易发山洪地质灾害；作为农业大省，容易遭受干旱、雨涝等灾害影响；作为全国交通枢纽，大雾和冰雪灾害的影响更显突出；中原经济区建设和中原城市群发展加快，雾霾天气危害增多；气候变暖背景下，极端天气气候事件常导致人员伤亡和财产损失。随着社会经济发展，不利气象条件和灾害性天气气候，对河南省的环境和发展的不利影响逐步加大。

（一）增强农业和农村抵御气象灾害能力

2011年10月，国务院出台《关于支持河南省加快建设中原经济区的指导意见》（以下简称《指导意见》）。《指导意见》指出，积极探索不以牺牲农业和粮食、生态和环境为代价的工业化、城镇化、农业现代化协调发展的路子，是中原经济区建设的核心任务。《指导意见》要求，把发展粮食生产放在突出位置，打造全国粮食生产核心区，走具有中原特点的农业现代化道路，夯实"三化"协调发展的基础。河南省粮食产量占全国 1/10、小麦产量占全国 1/4，但是，目前和相当长一段时间内，农业和粮食生产仍然受气象条件制约，干旱、雨涝、风雹、倒春寒和干热风是危害河南省农业和粮食生产的主要气象灾害，每年都会有不同气象灾害给农业带来不同程度的损失。而且在全球气候变暖的背景下，天气气候变化更加复杂，粮食产量波动加大，粮食安全受到威胁。

国家应加大农业抵御气象灾害能力的投入，进一步完善粮食生产核心区的农田水利基础设施建设，使粮食生产核心区都成为旱涝保收良田；在粮食主产区、设施农业和特色农业重点区、农村气象灾害易发区，建立适应现代农业发展和粮食核心区建设的现代农业气象服务体系，建设农业气象自动化观测网和现代农业气象服务示范区；强化人工影响天气基础设施和科技能力建设，加快推进在河南省建设国家中部（含豫、鲁、苏、皖）人工影响天气跨区联合作业指挥中心和基地；重视农业尤其是粮食的气象灾害保险，在政策上给予扶持，应将主要粮食作物气象灾害保险保费投入纳入粮食生产补贴中，由国家财政按比例投入。

（二）加快建立交通气象监测和服务系统

河南省是全国重要的交通枢纽之一。截至 2010 年，河南省境内有国道 9 条，形成"五纵四横"的公路交通网，未来将形成"十一纵十一横"22 条国道。高速公路里程达 5016km，居全国第一位，"十二五"规划高速公路里程将达 6600km，21 条跨省通道全部打通。河南省境内有"三纵三横"全国铁路网络，纵横高铁已经开通。郑州航空港经济综合实验区已被国务院批准为我国首个航空港经济发展先行区，中国民航局把新郑国际机场确定为"十二五"期间中国综合交通枢纽建设试点。《中原经济区规划》明确在中原地区构建综合交通枢纽和现代交通网络，建设现代综合交通运输体系和国际物流集疏中心。

交通体系和物流运输受气象因素影响很大，大雾、冰雪、强降雨等经常影响公路、铁路和航空运输，尤其是高速公路，经常因天气原因引发重大交通事故。河南省境内干线高速公路出现大范围冰雪和大雾等气象灾害时，会成放射状扩大影响范围，迅速影响到全国的交通。建议交通管理和气象部门加强合作，统筹规划和建设专业化的公路交通气象观测网，加强公路交通气象监测预报预警服务能力建设。以国家投入为主，优先在国家级干线高速公路沿线建设交通气象监测网，建立交通气象监测信息共享和应急预警服务体系。同时，围绕郑州综合交通枢纽建设，完善综合交通气象服务体系，提升气象服务航空、铁路和城市交通的能力。

(三) 大力发展风能、太阳能资源利用

河南省能源结构较为单一，2010 年煤炭资源消费量占全省能源消费总量的 84%，高出全国平均水平 16 个百分点。随着经济发展和能源消耗增加，河南省的雾霾天气明显增多。因此，河南省必须大力发展可再生能源，改善能源结构。

目前的经济技术条件下，河南省有 700 万～1000 万 kW 可开发风电资源，截至 2012 年开发利用尚不足 200 万 kW，应加快开发进度。河南省各地年平均太阳能资源为 4300～5000MJ/(m² · a)，具有一定开发利用潜力。2005—2010 年，河南省光伏产业规模以上企业从 3 家增至 41 家，已经具有年产 1 万 t 多晶硅、760MW 太阳能电池生产能力，具有很好的开发利用太阳能资源的设备条件。河南省开发利用太阳能资源，应在资源优先的前提下，以产业集聚区厂房和学校建筑群为应用主体，积极推进光伏建筑应用，大力发展分布式太阳能发电应用；在北部资源好的丘陵山地，试点发展地面光伏电站；大力推进光热利用，应将光热利用纳入城镇化发展和新农村社区建设的整体规划中，在政策上引导和支持。

(四) 重视环境和生态建设的气象服务

环境尤其是大气环境与天气气候密切相关，大气环境（如温室气体、气溶胶）变化可以导致气候变化，天气气候变化也在不同程度、时间和范围上影响环境质量，加强环境和气象专业合作，可在环境保护和大气环境改善方面发挥更好作用。中原经济区和中原城市群的生态文明建设和环境改善应更多发挥气象部门作用。

要以政府主导，气象与环保部门合作，完善城市环境气象观测站网，针对环境保护、生活环境改善和人体健康保障的服务需求，开展灰霾、紫外线、花粉、负离子、酸雨、大气环境等各种要素观测，共享观测信息。开展气象条件对大气环境质量影响和评估方法的研究；进行不同气象条件下城市环境容量的研究，探索开展城市逐日环境容量预报；建立极端气象条件下空气质量防控和突发大气环境事件预警应急联动机制；城市应根据不同气象条件下的环境容量，调整大气污染物排放和机动车上路量，保证城市空气质量达标。在中原城市群、城镇化规划和建设中，要重视气候可行性论证工作，科学布局城市功能区，减少规划和建筑布局不合理对城市大气扩散能力的影响。

(五) 加强气象灾害风险综合管理

河南省是人口大省，也是气象灾害较多的省份之一，加强气象灾害风险管

理是完善社会管理的一部分，各级政府要创新气象灾害防御工作思路，推进气象灾害防御工作由过去重视应急减灾，向灾前、灾中和灾后的综合风险管理转变。气象灾害风险综合管理，应该"政府主导、部门联动、社会参与"，建立"政府、企业（单位）和社区三位一体"的综合风险管理模式。进一步完善法律法规，在制度层面上落实气象灾害风险管理，用法律法规形式明确政府、政府相关部门、企事业单位，各类社会机构、组织，尤其是气象灾害敏感行业、单位，在气象灾害风险管理方面的责任和义务。应高度重视灾前的风险管理，建立区域发展、城乡建设规划和重大工程建设项目的气象灾害风险评估制度，将规划和工程建设项目的气象灾害风险评估，像环境影响评价一样作为项目行政审批的必要条件，确保在城乡规划编制和工程立项中充分考虑气象灾害的风险性，避免和减少气象灾害的影响。

专题二

安徽省气候与可持续发展

概述

安徽省地处中纬度南北气候过渡地带，是季风气候最为明显的区域之一。"春暖、夏炎、秋爽、冬寒"特征明显。全省年平均气温在 14.5～17.2℃ 之间，有北低南高、山区低平原高的特点。全省年平均降水量在 747～1798mm 之间，有北少南多、平原少山区多的特点。降水量的年际变化较大，最多年份可达 1628mm（1991 年），最少年份仅为 685mm（1978 年），相差近 1000mm。

安徽省是我国气象灾害频发的省份之一，气象灾害种类多、分布地域广、发生频率高、造成损失重。由于地处气候过渡带，降水年际分配不均，旱涝灾害常常交替发生，旱涝灾损情况占 60% 以上。相较于过去 50 年，近 10 年来安徽省增暖趋势更显著，极端强降水发生概率增加，尤其是沿淮淮北地区，旱涝灾害频繁。气候变暖导致春季霜冻危害和作物病虫害加剧，农业生态环境恶化；超过 39℃ 的极端高温明显增多，高温热害减产年比例增多；雷暴、大风、冰雹、龙卷风等强对流天气有减少趋势，但因经济发展，灾害造成的损失严重。总体来看，近 10 年来气象灾害损失年际波动大，以 2003 年和 2008 年灾损最重，直接经济损失都超过 200 亿元。

气候变化事实：1961—2012 年，全省年平均气温明显升高，增暖速率为 0.19℃/10a，与全国平均增暖速率基本一致，尤其是 20 世纪 90 年代后增速明显加快。从区域来看，淮北和沿江的增暖趋势最明显；四季之中冬、春季增暖显著，夏季没有明显变化趋势。全省年降水日数减少，降水量增多，尤以江南南部地区显著，雨日减少而降水总量增加，说明降水强度总体是增加的。极端气候事件也发生变化：冬季低温日数减少，极端最低气温升高；高温日数正在回升，高温初日提前；倒春寒和寒露风频次明显减少；极端强降水发生概率增加；大风和雷暴日数减少；雾霾日数增多。

气候变化影响：气候变暖改善了安徽省农业生产的热量条件，作物生育期缩短，复种指数提高，作物冻害概率减少；但气候变暖导致春季霜冻危害和作物病虫害加剧，农业生态环境恶化。20世纪90年代以后旱涝灾害频次增多，造成农业产量波动加大，农业生产的气候不稳定性增加。气候变化对农业的影响总体上是弊大于利。气候变化改变了水资源状况，最近50年淮河流域、长江流域径流量整体上呈下降趋势；气候变暖还导致了湖泊水质恶化，巢湖蓝藻暴发比以前频繁，生态环境问题凸现。气候变暖导致安徽省冬季采暖度日减少，但近年来夏季制冷度日明显增多，综合而言，加剧了全省生活能源需求矛盾。

未来趋势预估：预计未来安徽省气候将继续增暖，以皖北地区增暖趋势最为明显。降水变化复杂，温室气体较低排放情景下，到21世纪20年代降水量以上升为主，并且降水具有更强的年际波动，旱涝演替可能更加频繁。极端最低和最高气温均为上升，淮北地区升温最显著，冷事件将可能减少，高温热浪更加频繁。

气候变化对安徽省农业、水资源、能源等领域产生了深刻影响。为深入贯彻落实党的十八大精神，紧紧围绕生态文明以及美好安徽建设的科学发展主题，安徽省把应对气候变化与实施可持续发展战略、加快建设资源节约型和环境友好型社会结合起来，纳入全省经济和社会发展总体规划和地区规划。针对安徽省气候特点、经济社会发展需求以及面临的环境问题，应加强防灾减灾气象服务能力建设，建立和完善气象灾害监测预警和防御应急体系，提升公共气象服务能力，为安徽省经济发展提供优良的气象保障服务。围绕城乡规划、重点工程、重大区域性经济开发项目和大型风能、太阳能资源开发等重点项目，积极开发和利用气候资源，提升应对气候变化服务能力。按照安徽省农业发展需求，建立适应农业生产区域性布局的现代农业气象观测系统、农村气象灾害防御体系，提高农业气象服务和农村气象灾害防御水平；开展农业气候精细化区划和风险评估，实现对气候资源的合理有效利用，提高粮食生产的气候资源利用率；此外，围绕安徽省农业发展，加大空中云水资源开发力度。

一、气候特征

（一）气候概况

安徽省地处中纬度地带，在太阳辐射、大气环流和地理环境的综合影响下，安徽省属暖温带向亚热带的过渡型气候。在中国气候区划中，淮河以北属温带半湿润季风气候，淮河以南属亚热带湿润季风气候。主要的气候特点是：季风明显、四季分明，气候温和、雨量适中，春温多变、秋高气爽，梅雨显著、夏雨集中。综观而论，安徽省气候条件优越，气候资源丰富。充沛的光、热、水资源，有利于农、林、牧、渔业的发展。但由于气候的过渡型特征，南北冷暖气团交绥频繁，天气多变，降水的年际变化较大，常有旱、涝、风、冻、霜、雹等自然灾害，给农业生产带来不利影响。

1. 季风明显，四季分明

我国是世界上季风气候十分典型的国家。安徽省处在中纬度地带，是季风气候最为明显的地区之一。冬季，常有来自北方的冷空气侵袭，天气寒冷，偏北风较多，雨雪较少。日平均气温低于0℃的日数，全省大部为20～50d，喜凉作物可以安全越冬。夏季天气炎热，雨水充沛，光照丰富，光、热、水条件配合良好，有利于喜温作物生长。春季是由冬转夏的过渡季节，气旋活动频繁，风向多变，对流性天气较多。秋季则是由夏转冬的过渡季节，东海洋面常有分裂小高压盘踞，偏东风较多。全省各地四季分明，"春暖、夏炎、秋爽、冬寒"的气候明显。

2. 气候温和，雨量适中

全省年平均气温在14.5～17.2℃之间，属于温和气候型。全省年平均降水量在747～1798mm之间，有南多北少，山区多、平原丘陵少等特点。山区降水一般随高度增加，黄山光明顶年降水量达2400mm。从全国降水量分布图上看，安徽省降水量比较适中，一般年份都能满足农作物生长发育的需要。

3. 春温多变，秋高气爽

4—5月是冬季风向夏季风转换的过渡时期，南北气流相互争雄，进退不定，锋面带南北移动，气旋活动频繁，天气气候变化无常，因此，时冷时暖、时雨时晴是安徽省春季气候的一大特色。春季气温上升不稳定，日际变化大，春温低于秋温，春雨多于秋雨。春温低、春雨多，特别是长时间的低温连阴雨，对早稻及棉花等春播作物的苗期生长不利。

秋季，除地面常有冷高压盘踞外，高空仍有副热带暖高压维持，大气层结比较稳定，秋高气爽，晴好天气多。秋季9—11月降水量只占全年降水量的12%～20%，南北差异不大。因此，各地常出现夹秋旱和秋旱。少数年份，在夏季风撤退和冬季风加强过程中，气旋、锋面带来秋风秋雨，对秋收秋种不利。

4. 梅雨显著，夏雨集中

梅雨是长江中下游地区特有的天气气候现象，梅雨期内暴雨频繁，降水强度大、范围广，是洪涝灾害集中期。一般年份的 6—7 月长江中下游地区进入梅雨期，安徽省平均入梅时间为 6 月 16 日，出梅时间为 7 月 10 日，梅雨期长度平均为 24d，各地梅雨量在 270~320mm 之间。但入梅时间、梅雨长度及梅雨量年际变化很大，入梅早、梅雨期长、雨量大的年份常常出现洪涝（如 1991 年），反之易发干旱（如 1978 年）。

梅雨期最长为 1954 年，达 56d，梅雨量超过正常年份降水量的 1~2 倍，发生了百年不遇的洪涝灾害。1958 年、1959 年、1966 年、1967 年、1978 年和 1994 年等，由于梅雨量少或者空梅，造成了严重干旱乃至百年未见的大旱。可见梅雨量的多寡与安徽省旱涝灾害及农业生产的关系极大。

夏雨集中是季风气候的特征之一，是雨带由南而北缓行的结果。安徽省夏雨集中的程度由南向北逐渐加大，6—8 月降雨量约占全年降水量的 38%~59%。夏季是农作物生长旺盛的季节，需水量大，夏雨集中对农作物生长有利，但过于集中，雨量过大，则易出现涝灾，对农业生产和人民生活都有危害。

（二）气候要素特征

1. 气温

年平均气温：安徽省年平均气温为 15.8℃，空间上呈南高北低分布［图 1(a)］，沿淮淮北及大别山区为 14.5~15.5℃，江淮之间为 15.5~16.0℃，沿江江南为 16.0~17.2℃。

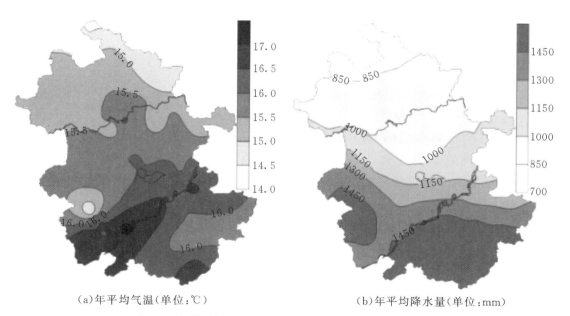

（a）年平均气温（单位：℃）　　　　　（b）年平均降水量（单位：mm）

图 1　安徽省年平均气温和年平均降水量分布图

季节气温：安徽省各地四季分明，若按候平均气温划分四季，候平均气温小于10℃为冬季，大于22℃为夏季，10～22℃之间为春秋，那么安徽省各地四季分配大致是：春秋各2个月，夏冬各4个月，冬夏长，春秋短。因南北气候差异明显，淮北冬长于夏，江南则夏长于冬。季节的开始日期，春夏先南后北，秋冬先北后南，前后差5～15d，春季差别最大，夏季差别最小。冬季1月全省平均气温在0.2～4.2℃，为全年最低；夏季7月平均气温在25.9～28.7℃，为全年最高；年较差各地小于30℃，所以大陆性气候不明显。

历史上安徽省日极端最高气温为43.3℃（霍山县，1966年8月9日），日极端最低气温为−24.3℃（固镇县，1969年2月6日）。除少数年份外，一般寒冷期和酷热期较短促。

高温日数：安徽省从5月上旬到9月中旬均可出现高温天气，但主要集中在7月（约占总数的50%）。一年中全省平均高温日数（日最高气温不小于35℃的天数）约16d，空间分布上北少南多，其中皖南的石台多达33d。

2. 降水量

年降水量：安徽省多年平均年降水量为1197mm。年平均降水量有南多北少，山区多、平原丘陵少等特点［图1（b）］，沿淮淮北为747～950mm，江淮之间为950～1100mm，沿江江南为1100～1798mm。降水量年际差异大，最少为1978年，全省降水量仅685mm；最多为1991年，达1629mm。

全省年平均降水日数（日降水量不小于0.1mm）为121d，其空间分布与年降水量基本一致，沿淮淮北为80～105d，江淮之间为105～130d，大别山区及沿江江南为130～155d。

四季降水量：安徽省四季降水量以夏季最多、春季次之、冬季最少。冬季全省平均降水量为136mm，占全年降水量的11%；春季全省平均降水量为312mm，占全年降水量的26%，自北而南增大；夏季全省平均降水量为548mm，占全年降水量的46%；秋季全省平均降水量为201mm，占全年降水量的17%，南北差异不大，各地常出现夹秋旱和秋旱（图2）。

受季风影响，全年雨量多集中于汛期（5—9月），全省各地汛期降水量在600～1100mm之间，淮北和江淮之间汛期降水量占全年降水量的60%～75%，沿江江南汛期降水量占全年降水量的55%～60%。极端降水常出现在汛期，气象记录表明，全省24h最大降水量为518.1mm（临泉县迎仙镇，2007年7月8日）；1h最大降水量为126.9mm（来安县，1975年8月17日）。

梅雨：梅雨是长江中下游地区特有的天气气候现象，梅雨期内暴雨频繁，降水强度大、范围广，是洪涝灾害集中期。一般年份的6—7月长江中下游地区进入梅雨期，安徽省平均入梅时间为6月16日，出梅时间为7月10日，梅

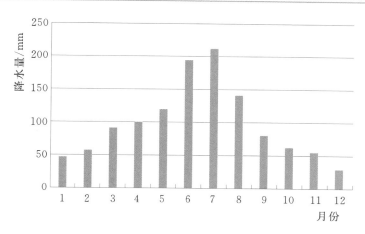

图 2 安徽省各月降水量气候平均值

雨期长度平均为 24d，各地梅雨量在 270～320mm 之间。但入梅时间、梅雨长度及梅雨量年际变化很大，入梅早、梅雨期长、雨量大的年份常常出现洪涝（如 1991 年），反之易发干旱（如 1978 年）。

梅雨期最长为 1954 年，达 56d，梅雨量超过正常年份降水量的 1～2 倍，发生了百年不遇的洪涝灾害。1958 年、1959 年、1966 年、1967 年、1978 年和 1994 年等，由于梅雨量少或者空梅，造成了严重干旱乃至百年未见的大旱。可见梅雨量的多寡与安徽省旱涝灾害及农业生产的关系极大。

3. 日照时数

日照时数是衡量光照条件的主要指标。全省年平均日照时数为 1908h，空间上呈北多南少分布（图 3），沿淮淮北为 2000～2265h，江淮之间为 1800～2000h，沿江江南为 1611～1800h。

日照时数的月变化呈单峰型，1—3 月和 11—12 月日照时数在 115～150h 之间，其中 2 月为全年最少，仅 116h；5 月、7 月和 8 月最多，超过 190h。

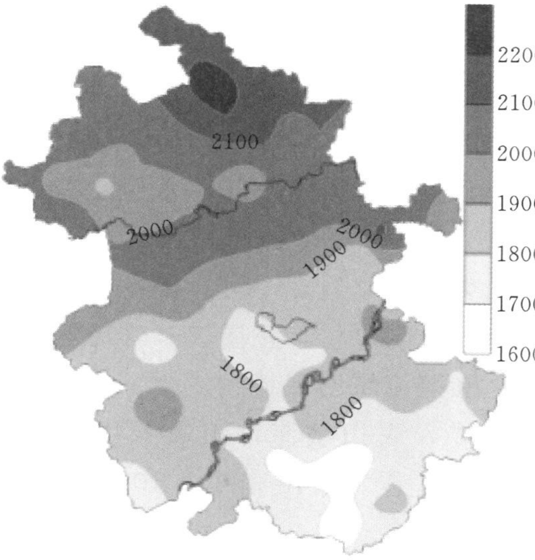

（三）气象灾害特点

图 3 安徽省年平均日照时数分布（单位：h）

安徽省地处气候过渡带，冷暖气流交汇频繁，天气多变，灾害频繁，暴雨洪涝、干旱、台风、雷电、大风、冰雹、龙卷风、雨雪冰冻等气象灾害常常发生。旱涝是安徽省自然灾害中范围最广、危害最大的灾害性天气。旱涝的成因很复杂，与气候情况、地理条件、水利设施、土壤结构以及作物布局及其在不同生育期抗旱耐涝的能力等均有关系。降水的多少是形成旱涝的主要因素，而成灾与否和严重程度，则与水利设施有很大关系。

淮河以北旱涝 2～3 年一遇，淮河以南 3～4 年一遇，具有"旱多于涝，涝重于旱"的特点。一年中旱涝交织也是安徽省旱涝的一个显著特点，1954 年、1991 年都出现前涝后旱。21 世纪前 10 年，淮河流域多次出现洪涝，其中 2003 年、2005 年、2007 年均出现了严重的洪涝灾害。

1. 暴雨洪涝

洪涝是由降水集中、强度大造成的。强降水持续时间越长，覆盖范围越大，洪涝就越严重。洪涝主要发生在汛期，梅雨期最为频繁。春、秋季也会出现内涝，一般称为涝渍或渍。春季涝渍主要是由于长时间的连阴雨，造成田间积水，影响小麦和油菜的后期生长。

一年中夏涝最易发生，特别是大涝和特大涝，主要集中在夏季。夏涝的时间从南向北推进，沿江江南在 6 月中旬到 7 月中旬，江淮之间在 7 月，淮北在 7—8 月，这和我国东部汛期主雨带自南向北推移相吻合。易涝的区域主要在沿淮淮北和沿江西部一带，江淮之间中部洪涝灾害较少。严重洪涝灾害年份为 1954 年、1969 年、1991 年和 1999 年等。

1954 年 6 月 4 日入梅，7 月 30 日出梅，梅雨期长达 56 天。梅雨期暴雨多、雨量大、范围广，出现了百年未有的大汛。5—7 月降水总量：江淮之间及沿江地区为 900～1300mm，大别山区及江南为 1300～2000mm。由于降水时间长、强度大，致使江河水位猛涨。安庆、芜湖段长江水位超过历史最高水位（1931 年），超过警戒水位长达 100 余天。沿淮淮北 7 月初进入雨季，8 月下旬结束，持续近 2 个月，雨季之长，雨量之大也是历年未有。淮河干流各段相继出现最高水位，正阳关和蚌埠等地最高水位部分超过历史最高水位。长江流域、淮河流域出现特大洪水，沿江、沿淮及其支流的不少地区，堤岸溃决，积水成涝，农田被淹，工农业生产受到严重损失。据统计，全省受灾人口 1500 万人，受灾农田 $3.05 \times 10^6 hm^2$，粮食减产 $3.9 \times 10^7 t$，死亡 2843 人。

2. 干旱

安徽省干旱主要是由长期降水偏少造成的，一年四季都可能发生。干旱频率自北向南递减：沿淮淮北和江淮之间北部干旱最为容易发生、发展；江淮之间中部由于地理原因，干旱比较严重；大别山区及沿江江南比较轻。全省的平均状况是秋旱最多，夏旱次之，冬、春旱较少。

夏旱主要是梅雨量偏少造成的，百年难遇的特大干旱与空梅或梅期特别短、梅雨量异常偏少紧密相关。此外，冬半年副热带高压偏弱、沿海槽稳定，是冬、春、秋季干旱的最常见天气形势。干旱常常出现季节连旱，如伏秋连旱、冬春连旱，甚至四季连旱。干旱还有数年连旱的严重情况。干旱发生频数比涝年大得多，除少数年份外，安徽省几乎年年都有发生干旱的地区。即使在大水年份，像 1954 年、1991 年雨季结束后，也出现较严重的秋旱。新中国成立以来，全省性的严重干旱年份有 1966 年、1978 年、1994 年等。

旱灾常造成安徽省农作物大面积减产，严重的可影响人畜用水、水库发电、河道航运以及渔业生产等方方面面，造成巨大经济损失。1978 年是安徽省历史上罕见的大旱年，不少地方河塘干涸，水源枯竭，大型水库均已见底，无水可放，大片农田干裂，秋季作物大部分枯死，水稻、棉花等作物大幅度减产，全省有相当大的一部分县（市、区）人畜饮水极为困难。1994 年的大旱，7 月中旬全省受旱面积 $2.73 \times 10^6 \mathrm{hm}^2$，重旱面积 $1.62 \times 10^6 \mathrm{hm}^2$，近 $6.7 \times 10^4 \mathrm{hm}^2$ 禾苗枯死。到 8 月中旬已发展到受旱面积 $3.30 \times 10^6 \mathrm{hm}^2$，占在地作物的 78%，成灾面积 $2.39 \times 10^6 \mathrm{hm}^2$，有 $8.39 \times 10^5 \mathrm{hm}^2$ 作物基本绝收，520 万人和 100 万头大牲畜饮水困难，直接经济损失 117 亿元。

3. 低温冷冻害与雪灾

寒潮降温常带来低温冻害，灾害程度与降温幅度、最低气温、低温持续时间以及发生季节有关。霜冻一般发生在春季和秋季。平均初霜日期（10 月下旬至 11 月中旬）有北早南迟、山区早平原迟的特点，平均终霜日期（3 月中旬至 4 月上旬）有南早北迟、平原早山区迟的特点。1998 年 3 月 18 日的寒潮，全省 24h 日平均气温下降了 8～10℃，48h 下降了 13～17℃，并伴有大雪，最低气温降至 0℃ 以下，持续数天，造成严重冻害。早春茶芽头及嫩叶受冻坏死，油菜主枝、分枝呈冰凌状，花瓣萎缩，苗蕾上布满白点。全省农作物受灾面积 $3.35 \times 10^8 \mathrm{hm}^2$，加上房屋、牲畜、蔬菜等和其他设施，损失高达 28.8 亿元，其中农业损失 26.4 亿元。

全省降雪天气主要出现在 11 月至次年 3 月。积雪日数淮北西北部和大别山区较多，一般为 10～20d；沿江江南西部较少，一般在 5d 以下。平均最大积雪深度一般在 4～17cm 之间，积雪深度最大的地区主要位于大别山区，超过 40cm。20 世纪 50—60 年代冬季，气温偏低，各地降雪多、积雪深。

1954 年年底至 1955 年 1 月上旬，各地普降大雪，降雪量全省均在 5～15mm。最大积雪深度：淮河流域和江淮之间为 30～60cm，淮北北部和沿江江南为 5～30cm，全省绝大部分地区的积雪深度是有记录以来的最大值。由于冷空气影响，致使 1 月上旬气温明显下降。旬平均温度：江北为 −6～−10℃，较常年偏低 8~10℃；江南为 -1~-3℃，较常年偏低 4~7℃。旬平均温度之低是有记录以来所未见。因积雪过深，气候严寒，不少河道冻结，交通运输困难。据有关部门调查，淮河铁桥下一般积雪冻冰 1m 多深，无急流处达 1.3m，阜阳开往正阳关的客轮冻于途中，进退两难。全省公路也曾一度不能通行。积雪严重地区，不少房屋倒塌，耕畜死亡，灾情相当严重。

冻雨大多出现在 1 月上旬至 2 月中旬，起始日期具有北早南迟，山区早、平原迟的特点，结束日则相反。地势较高的黄山地区，冻雨开始早，结束晚，冻雨期长。如光明顶一带，一般在 11 月上旬初开始，次年 4 月上旬结束，长达 5 个月之久。大别山区和皖南山区的部分谷地冻雨几乎未出现过，而山势较高处几乎年年都有。

4. 强对流

安徽省属于东亚季风区，冬半年以偏北风为主，夏半年偏南风最多。大风，以春、夏两季出现次数为多。3—8 月出现频率占全年的 2/3，其中 3—4 月最集中，以冷空气偏北大风为主。7—8 月为第二个集中期，以雷雨大风为多。秋、冬两季出现次数较少。不同的天气系统还有不同程度的日变化。冷空气偏北大风一般凌晨的风速要大一些；雷雨大风则出现在夏半年下午到傍晚的机会多一些；春、夏西南大风，风速最大时段一般出现在午后。大风和龙卷风多发区位于淮北地区东部和北部、江淮之间东部、大别山区、沿江东部和西部。1985 年 4 月 25 日的一次全省性大风，横扫 40 多个县（市），桐城市测得最大风速为 38m/s，大批农作物倒伏，房屋毁坏，树木、电杆折断。

冰雹主要出现在 3—8 月，其中 3—6 月间出现的冰雹超过 8 成；而 9 月至次年 2 月间出现冰雹十分少见。各地冰雹集中季节也有差别。在一日之中，冰雹出现的时间又以午后到傍晚前后为最多，14—20 时之间出现的冰雹次数占冰雹总次数的 70% 以上。冰雹多发区位于淮北至江淮东部、大别山区南部、黄山和九华山区，少雹区位于江淮之间中南部、大别山北侧和沿淮西部。1972 年 4 月 18 日，全省有 30 多个县（市）下了冰雹，并伴有大风、暴雨，造成重大损失。仅巢湖市被毁坏房屋就达 120 多万间，伤亡 2273 人，其中死亡 33 人。1974 年 6 月 17 日，从淮北到皖南，各县都有部分地区降了冰雹，为安徽省 1949 年以来出现范围最广的冰雹天气。

雷暴主要出现在夏季，雷暴日数空间分布为南部多于北部，山区多于平原。雷击常造成较大财产损失和人员伤亡情况。安徽省中小城镇及农村地区由于雷电防范意识不高，防雷措施不到位，雷击事故多发，伤亡人员多为雷雨天气在外劳作的村民及务工人员。

5. 高温热害

高温是安徽省主要的气象灾害之一，尤其在气候变暖的背景下，高温危害的严重性日益凸现。安徽省从5月上旬到9月中旬均可出现高温天气，但主要集中在7月。高温天气5—6月以淮北地区为主，7—8月以全省性高温为主。若以梅雨期为界，可分为初夏高温和盛夏高温两个阶段。初夏受西风带暖高压脊影响，在西来槽后下沉气流增温及强烈暖平流作用下形成高温；盛夏高温主要受副热带高压控制，由下沉增温与地面热量辐射作用形成。一年中全省平均高温日数约16d，空间分布上北少南多。日最高气温高于39℃的高值中心主要分布在淮北中东部、江南大部。观测事实表明：近年来不小于39℃的极端最高温度呈明显的增多趋势，如2003年出现了罕见高温酷热天气，极端最高气温有18个县（市）达到或超过历史最高纪录，24个县（市）超过40℃。

盛夏高温，特别是持续一段时间的高温热浪，不仅影响人民的正常工作和生活，还会威胁人体健康，持续高温还会带来严重的干旱灾害，导致农业减产、人畜用水发生困难，造成严重的经济损失。历史上极端最高气温出现在1934年7月，蚌埠市最高达43.7℃，安庆市为44.7℃。新中国成立后气温最高值出现在1966年8月9日，霍山县为43.3℃。

6. 雾霾

雾是悬浮于近地面大气中大量微细水滴（或冰晶）的可见集合体。雾是在气温低于露点时生成的。雾对水、陆、空交通都有很大影响，过冷雾（即雾凇）还常折断电线，制造断电事故等。大雾迷漫，可加重空气污染，危害人体健康。雾使空气湿度增大，光照强度减弱，对植物生长发育不利。全省雾日分布具有南北多、中间少，山区多、平原少的特点，江淮之间年平均雾日为3～10d，淮北、江淮之间东部、江南北部在10～20d，大别山区、皖南山区一般为15～30d，其中黄山光明顶年雾日达259d。

霾是因大量极细微的干尘粒等均匀地浮游在空中，使水平能见度小于10km的空气普遍混浊的天气现象。霾常引起空气质量变差、影响人体健康，引发一些疾病发生。近年来，受人类活动影响，霾日明显增多。与雾相比，多年平均霾日的分布更为局地，大值区分布在合肥、池州、芜湖3个城市以及大别山区的金寨，都在20d/a以上，其余地区大部分少于5d/a。

二、近10年气象灾害特点

相较于过去50年，近10年来安徽省增暖趋势更显著，极端强降水发生概率增加，尤其是沿淮淮北地区，旱涝灾害频繁。全省因各类气象灾害造成的直接经济损失年平均超过了100亿元，旱涝灾害损失占总损失的60%以上。其中，暴雨洪涝损失约占44%，旱灾损失约占19%（图4）。

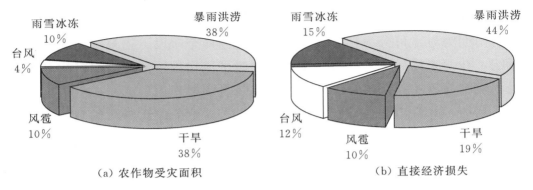

（a）农作物受灾面积   （b）直接经济损失

图4　2001—2012年安徽省各类气象灾害占总灾害平均比重

2001年以来，安徽省极端降水频繁，2003年和2007年淮河流域遭遇流域性大洪水；2008—2009年沿淮淮北秋冬季以及2010—2011年全省秋冬春三季相继遭遇干旱。2001—2012年，全省年平均因气象灾害造成的农作物受灾面积$2.86\times10^6\,hm^2$，受灾人口2901.1万人次，直接经济损失132.5亿元。气象灾害损失年际波动大，以2003年和2008年灾损最重，直接经济损失都超过200亿元。近年来，气象部门加强监测预警能力建设，提高预报预警的准确性和及时性，不断完善气象灾害应急预案建设，防灾减灾成效显著，近10年来全省因气象灾害造成的损失明显减轻。

（一）暴雨洪涝

暴雨洪涝是安徽省损失最严重的气象灾害，主要由暴雨造成。暴雨多在汛期出现，一般6月下旬至7月大暴雨出现机会最多，多为梅雨暴雨，8月多台风暴雨。年平均暴雨量安徽省西南部最多，涉及皖南山区和大别山区，而淮北及江淮地区相对较少〔图5（a）〕；年平均暴雨日数为4d，空间上呈现南多北少、山区多、平原少的特点，皖南山区和大别山区暴雨发生频次最多。从受灾程度来看，由于沿淮淮北地区地势平坦，易形成洪涝灾害，受灾程度也最重，其次为江淮之间东部和沿江地区，江淮之间中部和江南受灾程度最轻〔图5（b）〕。

2001—2012年，全省年平均暴雨洪涝造成农作物受灾面积$0.96\times10^6\,hm^2$，受灾人口1078.3万人次，直接经济损失57.1亿元。暴雨洪涝损失情况年际波动大，以2002年、2003年、2005年和2007年灾损较重，农作物受

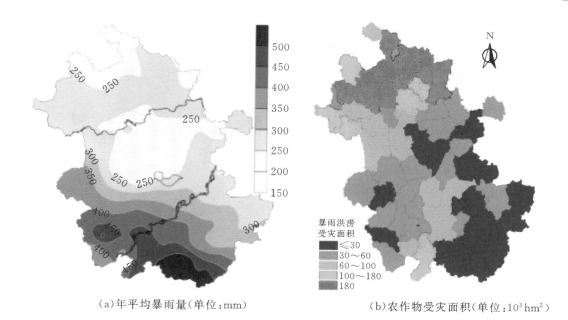

（a）年平均暴雨量（单位：mm）　　　　　　（b）农作物受灾面积（单位：$10^3\ hm^2$）

图5　安徽省年平均暴雨量及其造成的农作物受灾面积

灾面积超过 $1.40×10^6\ hm^2$，受灾人口超过 1500 万人。但近 10 年全省暴雨洪涝造成的损失明显减轻。

2003 年 6 月 21 日至 7 月 22 日沿淮淮北降水集中，累计平均降水量 579mm，较常年同期异常偏多 1.7 倍，淮河、滁河发生了自 1991 年以来最大洪水，蒙洼、唐垛湖等 9 个行蓄洪区先后蓄洪，农作物受灾面积 $2.35×10^6\ hm^2$，直接经济损失 156.22 亿元。2007 年淮河再次发生流域性洪水，6 月 19 日至 7 月 11 日，淮河流域中南部雨量达 300mm，淮河干流安徽段超过 500mm，最大凤台为 652mm。受强降水及上游客水影响，7 月 10 日 12 时 28 分淮河王家坝水位 29.48m，7 月 11 日 4 时王家坝再次出现洪峰，水位达 29.59m，超保证水位 0.29m，与 1954 年最高水位持平。由于灾害预警措施到位，受灾程度较 2003 年明显减轻。

（二）干旱

干旱是安徽省常见的气象灾害，一年四季都可能发生，秋旱最多，夏旱次之，冬、春旱较少。以季节连旱最重，两季连旱较多，三季连旱和四季连旱则较少。大旱和特大旱年均为季节连旱或多季连旱。年气象干旱日数及干旱受灾程度均为自北向南递减，干旱受灾程度最重区域也位于淮北地区，江淮之间东北部次之，而大别山区和沿江江南灾情最轻（图6）。干旱发生频率沿淮淮北大致为 2～3 年一遇，江淮之间和沿江江南为 3～4 年一遇。

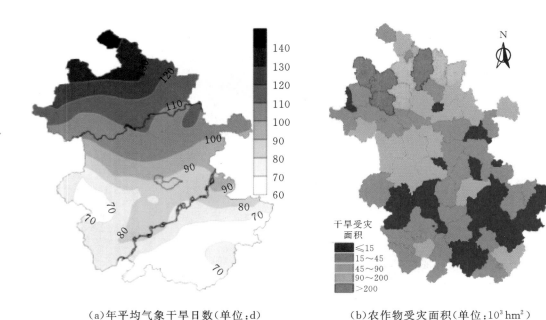

（a）年平均气象干旱日数（单位：d）　　　　（b）农作物受灾面积（单位：$10^3\,hm^2$）

图6　安徽省年平均气象干旱日数及其造成的农作物受灾面积

2001—2012年，全省年平均干旱造成农作物受灾面积$0.98\times10^6\,hm^2$，受灾人口1050.2万人次，直接经济损失24.4亿元。干旱损失年际差异显著，以2001年、2009年、2011年灾损较重，农作物受灾面积超过$1.50\times10^6\,hm^2$，受灾人口超过1200万人。近10年全省因干旱造成的损失也明显减轻。

2001年安徽省遭遇特大干旱，3月1日至7月21日淮北及江淮之间累计雨量少于大旱的1978年同期，为1949年以来最少；夏季高温明显偏多，少雨高温导致库、塘、湖泊蓄水剧减，淮河干流王家坝、润河集分别断流9d、11d；长江安庆站8月8日水位为10.38m，为1972年以来的最低值。为保障淮南、蚌埠两城市供水，一度采取"弃农保城"应急措施。全省受灾面积$3.36\times10^6\,hm^2$，因灾死亡24人，减产粮食$4.25\times10^7\,t$，直接经济损失97亿元。

2010年11月至2011年5月经历沿淮淮北秋冬连旱以及全省性春旱。全省无降水日数均在170d以上，其中沿淮淮北达$200\sim221d$，且最长连续无降水日数为$34\sim63d$，直接经济损失47.69亿元，为2002年以来旱灾损失最重年份。

（三）低温冷冻害与雪灾

近10年来，安徽省低温冷冻害与雪灾造成的农作物受灾情况淮北北部、大别山区及沿江地区较重（图7）。

2008 年 1 月 10 日至 2 月 2 日，安徽省出现持续低温雨雪天气，造成大面积雪灾。雪深最大的区域集中在大别山区和江淮之间，普遍超过 35cm，其中 9 个市县超过 40cm，岳西县石关八里岗 105 国道路边（海拔近 900m）积雪深度竟达 93cm。大别山区和江南出现大范围的冻雨天气，电线结冰直径普遍在 10mm 左右，最大黄山光明顶为 61mm。与历史上大雪年的比较结果表明，2008 年雨雪的持续时间达 28d，超过 1954 年（持续 16d）和 1969 年（持续 16d）。综合来看，是安徽省自新中国成立以来持续时间最长、灾情最重的降雪过程。雪灾造成 9 人死亡，直接经济损失 72.3 亿元。

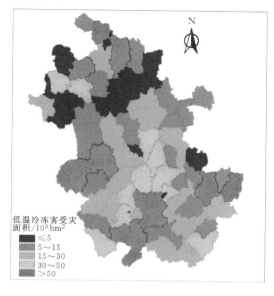

图 7　安徽省低温冷冻害与雪灾造成的年平均农作物受灾面积

（四）强对流

近 10 年来，安徽省雷暴、大风、冰雹、龙卷风等强对流天气有减少趋势，但因经济发展，灾害造成的损失严重。全省因强对流天气造成的农作物受灾面积年平均为 $2.33 \times 10^6 hm^2$，占各类灾害的 11%；年平均受灾人口 320.34 万人，占各类灾害的 10%；年平均因灾直接经济损失 12.09 亿元，占各类灾害的 8%。风雹受灾程度最重区域位于淮北东部和江南东部，而江淮之间南部、大别山区和江南中南部受灾程度较轻（图 8）。

2009 年 6 月安徽省先后出现 3 次强对流过程。6 月 3—5 日，全省大部地区出现大风、冰雹和雷暴天气。其中，5 日最强，有 43 个县

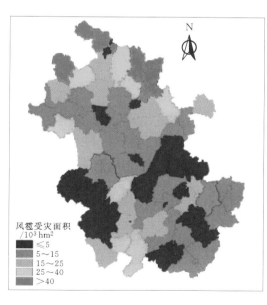

图 8　安徽省风雹造成的年平均农作物受灾面积

（市）、228 个乡镇出现 8 级以上的大风，最大淮南潘集为 35.9m/s，打破全省气象台站的历史纪录。大风影响范围之广、风力之大为有观测记录以来所罕见。全省受灾人口 482 万人，因灾死亡 25 人，失踪 3 人，受伤 215 人；直接经济损失 10.77 亿元。2007 年 7 月 3 日，天长市秦栏镇和仁和集镇出现 F1 级（风速 33～50m/s）罕见龙卷风，导致 5318 人受灾，因灾死亡 7 人，受伤 98 人；直接经济损失 2899 万元。

此外，安徽省中小城镇及农村地区由于雷电防范意识不高，防雷措施不到位，近年来出现多起雷击事故，伤亡人员多为雷雨天气在外劳作的村民及务工人员。

（五）高温热害

安徽省晴热高温天气主要出现在夏季，以 7 月中下旬至 8 月上旬最为集中。空间上呈南多北少分布，江南西南部为全省高温最多的地区。近 10 年来，高温热害发生频繁，其影响也越来越重。

2013 年 7 月 1 日至 8 月 18 日，高温日数普遍超过 25d，其中沿江江南为 35～41d；极端最高气温普遍超过 39℃，其中江淮之间西部和沿江江南有 33 个县（市）达 40℃，沿江江南中东部超过 41℃（最高为 8 月 10 日泾县达 42.7℃）；最长连续高温日数普遍达 10d 以上，其中皖东南为 15～27d。高温诱发的干旱造成直接经济损失达 52.1 亿元。

三、近 50 年气候变化及未来气候变化预估

（一）气候变化事实

在全球变暖的背景下，最近 52 年来安徽省气候也出现了以变暖为主要特征的变化。为研究这种变化，采用全省所有气象站资料进行统计分析，得出以下结果。

1. 年平均气温明显升高，冬、春季增暖显著

1961—2012 年，全省年平均气温上升了 0.5～1.5℃，平均约为 1.0℃（图 9），增暖速率为 0.19℃/10a，与全国平均增暖速率基本一致。特别是 20 世纪 90 年代以来增暖速率明显加快，达到 0.30℃/10a，有气象观测资料记录以来的 3 个最暖年 2007 年、2006 年、1998 年均出现在 20 世纪 90 年代以后。从区域来看，淮北和沿江的增暖趋势最明显。

四季平均气温变化趋势不完全相同，冬、春、秋季气温均为增暖趋势，夏

季气温没有明显变化趋势，呈波动特征。冬季气温上升趋势最为明显，增暖速率高达 0.29℃/10a；春季次之，增暖速率为 0.28℃/10a；秋季增暖速率为 0.18℃/10a。季节更替出现变化，入冬推迟、冬季变短，入春提前、春夏季变长。

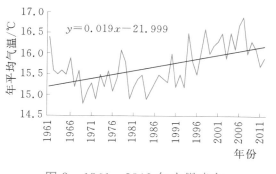

图 9　1961—2012 年安徽省年
平均气温变化

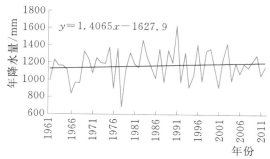

图 10　1961—2012 年安徽省年
降水量变化

2. 年降水日数减少，降水量增多，尤以江南南部显著

最近 52 年，全省年降水量呈不明显的增加趋势（图 10），增加量为 73mm，平均速率为 14.1mm/10a。全省降水日数呈减少趋势（速率为 -2d/10a）。雨日减少而降水总量增加，说明降水强度总体是增加的。

由于降水的局地特征，全省年降水量增加速率空间差异较大（图 11）。除了江淮之间中北部略有减少外，全省大部分地区降水呈增多趋势。淮北、江淮东南部、沿江西部和江南南部年降水量增加速率超过 10mm/10a，其中江南南部达 30～42mm/10a，为全省平均速率的 2～3 倍。

各季降水量中，冬、夏季呈增多趋势，而春季、秋季略微减少。夏季降水增多趋势最为显著，其中江南地区增加速率达 30～41mm/10a。

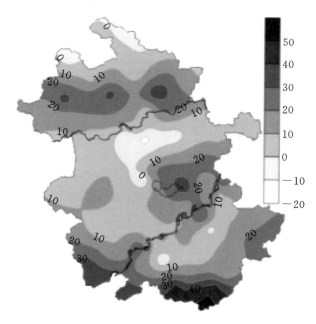

图 11　1961—2012 年安徽省年降水量
增加速率（单位：mm/10a）

3. 高影响天气气候变化事实分析

（1）冬季低温日数减少，极端最低气温升高，全年无霜期变长。

同平均气温一样，全省冬季极端最低气温、平均最低气温也呈大幅升高趋势，增暖速率达 0.65℃/10a、0.42℃/10a，分别是平均气温增暖速率的 3 倍和 2 倍。全省低温日数（日最低气温不大于−5.0℃的天数）显著减少（速率为−2.2d/10a），其中淮北达−4～−7d/10a ［图 12（a）］。

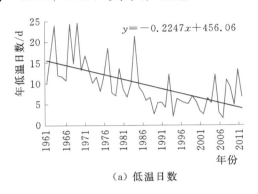
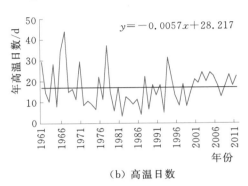

（a）低温日数　　　　　　　　　　　（b）高温日数

图 12　1961—2012 年安徽省低温及高温日数变化

在气候变暖背景下，全省无霜期也明显变长，进入 21 世纪以来（2001—2010 年）平均无霜期为 239d，比 20 世纪 60 年代的 225d 增加了 14d。

（2）夏季高温日数、极端最高气温正在回升，高温初日提前。

最近 52 年，全省高温日数（日最高气温不小于 35.0℃的天数）具有明显的年代际变化特征［图 12（b）］，20 世纪 60—70 年代为高温日数偏多时期，有气象记录以来高温日数最多的 3 个年份 1966 年、1967 年和 1978 年均出现在此阶段，20 世纪 80—90 年代为高温日数偏少时期，但进入 21 世纪以来，全省高温日数有回升趋势。夏季极端最高气温也无明显变化趋势，从 2001 年开始转为回升阶段，特别是在 2003 年夏季全省出现了自 1988 年以来最为严重的酷热天气，极端最高气温有 18 个县（市）达到或超过历史纪录，24 个县（市）超过 40℃，最高石台县为 42.4℃。

近 50 年来全省高温初日有明显的提前趋势，特别是 20 世纪 90 年代以后提前趋势更为显著，速率达−10d/10a。高温终日无明显变化趋势。

（3）倒春寒、秋分寒（寒露风）明显减少。

一般年份 3 月下旬至 4 月下旬温度明显回升，此时若遭受强冷空气影响，气温大幅下降，往往出现倒春寒天气。结合降水情况，可将倒春寒划分为阴雨型和低温型两种类型。全省阴雨型倒春寒出现次数少于低温型。从分片来看，南部阴雨型次数多于北部，而北部低温型次数多于南部。

近 52 年，无论是阴雨型还是低温型倒春寒总体呈减少趋势，尤其是 2000 年以来有些地方未出现倒春寒（表 1）。

表 1　　　　　　　　安徽省 12 个代表站各时期倒春寒出现次数

类型	时期	亳州	临泉	蒙城	泗县	霍邱	凤阳	金寨	巢湖	潜山	池州	郎溪	黄山市
阴雨型	60 年代	1	3	4	1	6	5	8	4	7	8	7	8
	70 年代	1	1	3	3	3	2	6	3	3	5	6	6
	80 年代	2	3	2	4	8	6	9	3	6	9	6	9
	90 年代	3	6	5	4	5	5	8	5	4	8	4	7
	2001—2012 年	0	1	1	0	1	1	5	1	2	3	1	4
低温型	60 年代	11	10	14	18	11	12	4	9	5	5	9	4
	70 年代	10	9	10	11	8	9	5	5	4	3	6	5
	80 年代	9	9	10	13	7	12	7	4	4	3	5	4
	90 年代	10	8	7	10	7	7	2	4	2	2	4	3
	2001—2012 年	5	6	5	8	5	9	4	3	1	0	5	0

当 9 月逐日平均气温连续 3d 或以上低于 20℃时，认为发生一次秋分寒（寒露风）。秋分寒的出现次数南部少于北部。21 世纪以来，无论南部还是北部，秋分寒的出现次数都明显减少（表 2）。

表 2　　　　安徽省 12 个代表站各时期秋分寒（寒露风）出现次数

时　　期	亳州	临泉	蒙城	泗县	霍邱	凤阳	金寨	巢湖	潜山	池州	郎溪	黄山市
60 年代	10	9	9	10	8	6	7	2	1	2	5	5
70 年代	10	9	6	7	4	7	7	5	5	5	6	5
80 年代	4	5	4	5	4	4	7	4	5	4	6	6
90 年代	11	9	7	4	5	5	7	2	4	3	3	1
2001—2012 年	8	7	6	7	5	5	7	3	3	2	3	5

（4）小雨日数减少，暴雨日数增多，极端强降水发生概率增加。

安徽省平均年降水日数为 121d，小雨、中雨、大雨、暴雨 4 个等级降水日数依次为 86d、21d、9d 和 4d，分别占总降水日数的 72％、18％、7％和 3％。从各等级降水日数的变化来看，小雨日数有减少趋势，中雨、大雨、暴雨日数则呈略微上升趋势，其中以暴雨日数增加最为明显（图 13）。

全省各地暴雨日数增加速率有差异（图 14）：除江淮之间中北部、沿江地区暴雨日数减少趋势较明显以外，其他大部分地区暴雨日数均呈增多趋势，淮北、沿江西部和江南南部是全省暴雨日数增加最明显的地区，其中灵璧、五

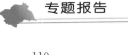

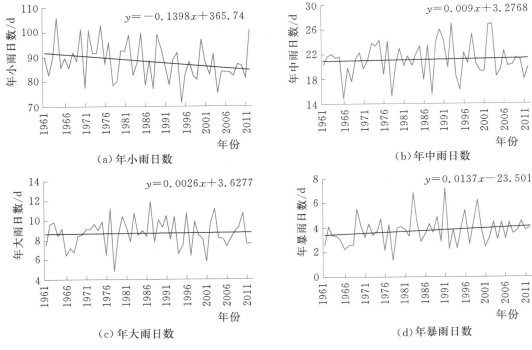

图 13　1961—2012 年安徽省平均各级降水日数变化

河、绩溪、黟县、黄山市和休宁 6 个县（市）超过 0.4d/10a，最大黄山市达 7.3d/10a，是全省平均速率的 5 倍。

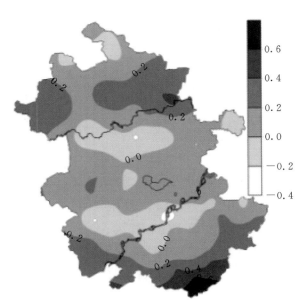

图 14　1961—2012 年安徽省暴雨日数
增加速率（单位：d/10a）

近 52 年来极端强降水的频率正在增加。特大暴雨（日降水量不小于 250mm）频率在 20 世纪 60 年代为 8 站次/10a，70 年代为 5 站次/10a，80 年代为 7 站次/10a，90 年代增加到 10 站次/10a，而在 21 世纪的前 8 年，全省特大暴雨就已出现 15 站次，其中 2005 年、2008 年特大暴雨分别出现 5 站次和 4 站次，增加明显。

（5）大风日数明显减少。

最近 52 年，全省年大风日数（平均风速不小于 10.8m/s 或瞬间风速不小于 17m/s 的天数）呈大幅减少趋势，减少速率为 3.7d/

10a［图 15（a）］。20 世纪 60 年代全省年大风日数最多，平均为 22d，70 年代骤降至 9d，80 年代继续减少至 5d，90 年代以来仅为 3d。这主要是由于城市化进程改变原有观测环境，城市遮挡物的增多使得可观测的大风减少。为了验证城市化对大风的影响程度，选取观测环境变化较小的黄山光明顶观测资料作进一步分析，结果表明，光明顶大风日数也呈减少趋势，但减少速率明显趋缓［图 15（b）］，说明城市化影响是安徽省大风减少的主要原因之一。

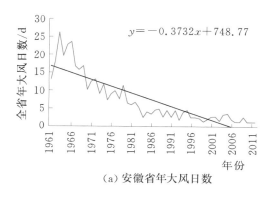
（a）安徽省年大风日数

（b）黄山光明顶年大风日数

图 15　1961—2012 年安徽省和黄山光明顶年大风日数变化

（6）强对流天气有减少趋势但灾害影响较重。

安徽省地处江淮丘陵地带，易出现冰雹、龙卷风、雷暴等强对流天气，以春夏季最为频繁。最近 52 年，全省雷暴日数总体呈下降趋势，减少速率为 3.4d/10a，20 世纪 60—70 年代为雷暴多发期，目前处于低位（图16）。类似地，冰雹 20 世纪 60 年代

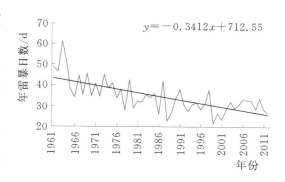

图 16　1961—2012 年安徽省年雷暴日数变化

之前是增加的，之后转为减少趋势。近年来龙卷风发生次数也有下降趋势，但灾情统计显示，全省因雷暴、冰雹、龙卷风等强对流天气造成的损失严重。

（7）雾霾日数增多，日照时数减少。

全省年平均雾日数（能见度低于 1km）为 25d，皖南山区出现频率最高，全年雾日在 50d 以上，其中黄山区高达 101d。全省一年四季均有雾出现，以秋冬季居多。最近 52 年，全省雾日呈先增后减的变化特征，转折点出现在 20世纪 90 年代初，其中 1961—1990 年全省雾日增加速率为 3.7d/10a，1991—2012 年减少速率为 4.4d/10a［图 17（a）］。最近 20 年全省雾日减少与相对湿

度下降、最低气温上升、气温日较差变小等原因有关。另外，1961—2012 年全省霾日数呈明显增加趋势，增加速率为 2.2d/10a［图 17（b）］。

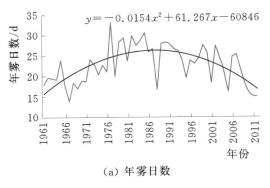

（a）年雾日数

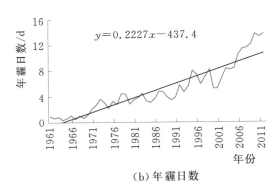

（b）年霾日数

图 17　1961—2012 年安徽省年雾日数和霾日数变化

综合来看，安徽省雾霾日数有增多趋势，与此相对应的是日照时数明显减少（图 18），减少速率为 84h/10a，20 世纪 80 年代后减少更为显著。

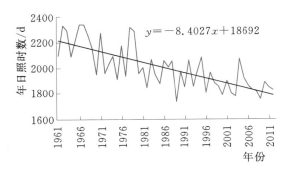

图 18　1961—2012 年安徽省年日照时数变化

（二）气候变化影响

安徽省是农业大省，境内江河湖泊众多，煤炭资源丰富，气候变化对农业、水资源和能源领域造成较大影响。

1. 气候变化对农业的影响

（1）温度升高明显，农业生产的热量条件得到改善。

气候变暖首先改变了农业生产的热量条件，1961—2012 年全省全年稳定通过 10℃的积温增长了 323℃，积温日数增长了 12d，无霜期增长了 18d。热量的改善使得沿淮淮北稻谷种植面积扩大，农作物种植品种发生改变。气温升高的不利方面导致越冬作物生长期普遍提前，增加了遭遇春季低温冻害的概率。

年降水量增长不明显。年日照时数减少 437h，昼夜温差则减小 1.3℃。

（2）作物生育期普遍缩短，复种指数明显提高。

热量条件的增加使得安徽省作物生育期普遍缩短（表3），与之对应的是复种指数明显增加，由20世纪60年代的1.54上升到目前的2.07（2000—2007年平均值）。当然，生育期缩短也有一部分品种改良的贡献。另外，安徽省南部近年来复种指数有下降现象，由原来的双季稻改种单季稻，主要是因为劳动力流失、经济效益等原因。

表3　　　　　　　各时期安徽省主要粮食作物生育期天数　　　　　　　单位：d

时期 作物	80年代	90年代	2000—2007年
小麦	219	221	217
早稻	131	126	122
中稻	139	142	144
晚稻	105	106	105
油菜	217	210	217
夏大豆	102	101	100

（3）极端气候事件增多，作物产量波动增大。

农作物对气候变化最直接的响应主要是产量的变化。20世纪60年代以来，无论是全省粮食总产量还是主要作物（水稻、小麦、大豆、玉米、油菜）单产都呈现明显的上升趋势［图19（a）］，根据安徽省统计年鉴数据分析，显然与品种改良、农业机械化水平、灌溉、施肥和喷药等技术进步，以及农业政策有关。为了将气候变化的影响剥离出来，将产量分解成两部分：趋势产量（用线性趋势表示）和气候产量（实际产量减去趋势产量）。趋势产量可理解为由于技术和政策的进步而导致的增产效应，气候产量则表示由于有利或不利的气候条件造成产量的年际波动。分析表明，20世纪90年代以来气候产量波动

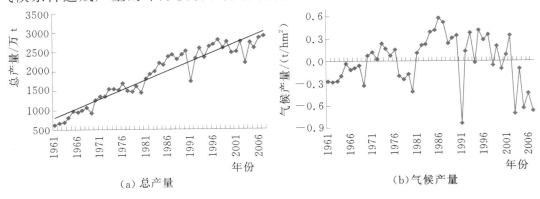

（a）总产量　　　　　　　　　　　　（b）气候产量

图19　安徽省粮食总产量和气候产量历年变化

不断增大,尤其是最近几年气候产量多为负值,表明气候变化对农业生产的负面影响已经显现[图 19(b)]。

气候变化也导致作物产量的年际波动加大。从各时期作物单产的标准差(表 4)可以看出,20 世纪 60—70 年代各作物单产波动小,80 年代开始加大,90 年代达到最大,21 世纪以来仍然较高。由此可见,气候变化会造成作物产量出现大的波动,农业生产的气候不稳定性增加。

表 4 各时期安徽省主要作物单产的标准差 单位:t/hm²

时期 \ 作物	水稻	小麦	大豆	玉米
60 年代	0.49	0.25	0.25	0.33
70 年代	0.21	0.33	0.28	0.33
80 年代	0.44	0.36	0.16	0.65
90 年代	0.53	0.95	0.44	0.63
2001—2007 年	0.41	0.37	0.27	0.79

(4)农业病虫害发生区域扩大,农药投入不断增加。

气候变暖导致安徽省农业病虫害的发生区域不断扩大。据农业部门的资料统计,安徽省最近几十年来因各类病虫害发生导致作物受灾的致灾面积大多呈明显上升趋势(图 20),同时农药使用量明显增加。由于农药、化肥、农膜不合理使用以及集约化畜禽养殖,农业面源污染也十分严重。

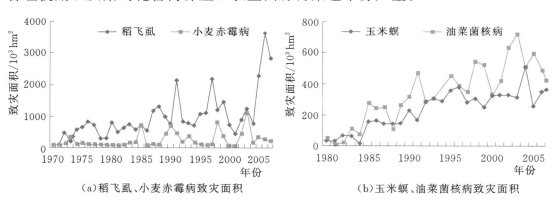

(a)稻飞虱、小麦赤霉病致灾面积   (b)玉米螟、油菜菌核病致灾面积

图 20 安徽省稻飞虱、小麦赤霉病和玉米螟、油菜菌核病致灾面积变化

(5)农业灾害损失持续增大,大涝大旱损失严重。

安徽省天气气候复杂多变,暴雨洪涝、干旱、风雹以及台风灾害频繁,给农业生产带来严重损失。根据民政部门统计,1996 年以来在各类灾害中,以暴雨洪涝对农业造成的危害最大,其次为旱灾,再次为风雹,台风、低温冷害、雪灾和虫灾造成的损失相对较小［图 21（a）］。从逐年的农业经济损失来看［图 21（b）］，高值年几乎都是大涝年份。受灾最重的是 2003 年，全省农业经济损失达 180 亿元，受灾最轻的如 2004 年也接近 50 亿元，多年平均值超过了 100 亿元。这就意味着，目前气象灾害给全年农业生产造成的损失至少有 100 亿元；随着经济的发展，如果不采取有效的防灾减灾措施，这个数字还将上升。

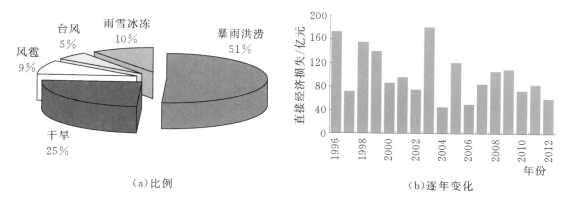

图 21　1996—2012 年安徽省各类灾害造成的农业经济损失比例和逐年变化

综合而言，气候变化对安徽省农业的影响总体上是弊大于利。

2. 气候变化对水资源的影响

（1）全省降水资源总量略有增加，蒸发量则明显下降。

最近 50 年，安徽省降水资源总量呈不明显的增加趋势，其中淮河流域 20 世纪 90 年代前基本为下降趋势，2000 年以来上升明显（吴必文等，2007），长江流域变化趋势不明显。

全省年蒸发量呈现明显下降趋势，存在"蒸发悖论"现象。经分析，主要与风力减小、日照减少、气温日较差减小有关。

（2）旱涝增多加剧，淮河流域、长江流域径流量多呈下降趋势。

20 世纪 90 年代以来，长江流域和淮河流域连续发生多次大洪水，四季干旱也连年出现。近 50 年来，淮河流域和长江流域的实测径流量多呈下降趋势。

淮河流域与长江流域的大型水库年径流深度与年降水量对应非常一致（图 22），径流深的极端值年份与安徽省历史典型旱涝年份也十分吻合，如 1978 年、1994 年、2001 年的大旱，1954 年、1963 年、1991 年的大涝。

（3）年最高水位无明显趋势，但受大涝大旱影响大。

据水利部门的资料统计，淮河流域、长江流域和新安江流域的三个代表水文站鲁台子、大通和屯溪的年最高水位均无明显变化趋势，但其极端值年份与大涝年或大旱年的对应非常一致，如 1954 年全省性大涝、1991 年江淮大涝、1998 年长江流域大涝、1966 年淮河流域大旱、1978 年全省性大旱（图 23）。

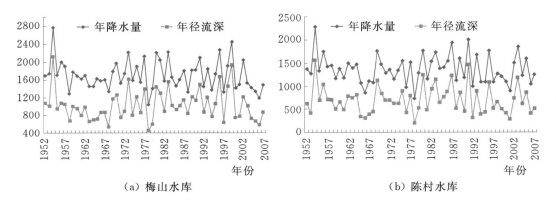

（a）梅山水库　　　　　　　　　　（b）陈村水库

**图 22　淮河支流梅山水库和长江支流陈村水库年
降水量和年径流深的历年变化（单位：mm）**

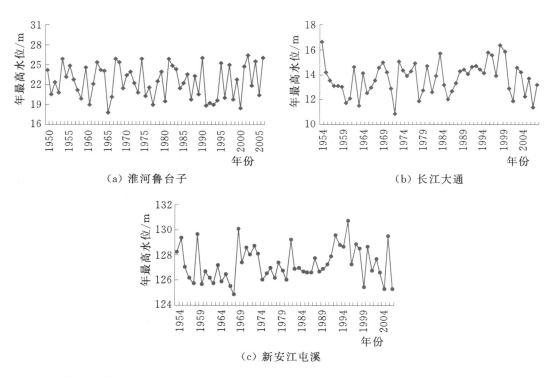

（a）淮河鲁台子　　　　　　　　　　（b）长江大通

（c）新安江屯溪

图 23　淮河鲁台子、长江大通和新安江屯溪水文站年最高水位历年变化

（4）气候变暖易使水质恶化，巢湖蓝藻暴发更频繁。

气候变化不仅影响水资源量，而且对湖泊和水库等水体的水质也会产生影响。水体表面温度与空气温度密切相关，在气候变暖的情况下，水体上层水温也变得较高，而深层水体温度较低，导致两层水体之间的交换变少，进而导致水深较深且富营养化的湖泊底层水体中含氧浓度的降低，造成鱼类死亡和泥土中营养物质释放进一步增加，在温暖的季节，较高的营养物浓度加上较高的水温就会导致蓝绿藻类暴发，如巢湖水体数次被遥感监测到蓝藻暴发的情况。

3. 气候变化对能源消费的影响

气候变化对能源系统有着广泛的影响。统计表明，不同行业对能源的需求和消费有很大差别，而生活能源消费在能源消费中占第二位。随着全球工业化和城市化的快速发展以及人民生活水平的提高，能源消费的增长速度也大幅提高。

（1）气候变化加剧了电力需求的紧张局面。

能源消费总量变化受到社会经济、气候等因素的影响，气候要素波动能耗量是造成能源消费量年际波动的主要因素之一。随着能源供给能力的提高和人民生活条件的改善，能源消费特别是生活能源将出现迅速增加的趋势。2008年安徽省能源消费总量达 8.34×10^7 t 标准煤，是 1991 年的 2.87 倍，年均增长率为 6.39%。为寻求能耗与气象要素的关系，构建气候用电量（实际用电量减去线性趋势用电量）与气候因素的关系，表明夏季平均温度的高低对全年能耗的影响最大，夏季炎热往往导致全年用电量上升。随着中部崛起步伐的加快，安徽省社会经济快速发展、人民生活水平提高，因此气候变化加剧了电力需求的紧张局面。

（2）冬季采暖度日明显减少，而近年来夏季制冷度日增多。

气候变化影响安徽省采暖和制冷能耗的变化。参考国内外类似研究和安徽省实际情况，分别以日平均气温 10℃ 和日最高气温 26℃ 作为取暖和制冷度日数的基础温度，计算安徽省 1961—2012 年度采暖期（1961 年度采暖期为 1960年 12 月至 1961 年 3 月，依此类推）和制冷期（每年 6—8 月）度日变化。安徽省采暖期度日减少趋势明显，减少速率为 27.7（℃·d）/10a［图 24（a）］。制冷度日呈现出先减少后增加的变化趋势［图 24（b）］，1961—1980 年以80.9（℃·d）/10a 的速率减少，1981—2012 年则以 45.3（℃·d）/10a 的速率增加。

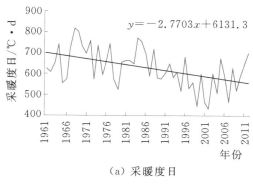

（a）采暖度日

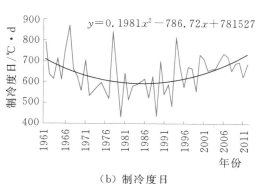

（b）制冷度日

图 24 1961—2012 年安徽省采暖度日和制冷度日的变化

（三）未来气候变化预估

基于新一代温室气体排放情景，即"典型浓度路径"（Representative Concentration Pathways），中国气象局发布了 CMIP5（the Fifth phase of the Coupled Model Intercomparison Project）全球气候模式和新版本区域气候模式（RegCM4）的模拟和预估数据。针对安徽省开展较低排放情景（RCP4.5 情景）和高排放情景（RCP8.5 情景）下区域模式验证，表明 RegCM4 模式具有较好的模拟能力。

1. 气温将呈升高趋势

相比于 1971—2000 年平均值，到 21 世纪 20 年代不同情景下安徽省平均气温均升高，较低排放情景下的增温幅度小于高排放情景，全省平均增温幅度为 0.9~1.1℃。空间分布上，全省各地气温均为上升，增温幅度相差不大，以皖北地区增暖趋势最为明显。到 21 世纪 50 年代，全省平均气温将升高 1.6~1.7℃，平均最低气温将升高 1.5~1.7℃，平均最高气温将升高 1.8℃（图 25）。空间分布上，全省各地气温均为上升，升温幅度呈现北高南低的特征。

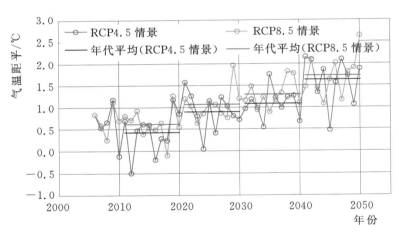

图 25　不同情景下安徽省年平均气温变化趋势

2. 降水变化复杂

相比于 1971—2000 年平均值，到 21 世纪 20 年代不同情景下安徽省降水量变化具有不同特征，较低排放情景下降水量以上升为主，但淮北地区降水量可能会明显下降；高排放情景则以下降为主，空间上淮北降水增多而淮河以南均为下降。到 21 世纪 50 年代，全省降水量相比于基准期将下降 50~90mm，各地降水量均呈下降趋势，其中 RCP4.5 情景下降水量减少幅度更加明显（图

26）。

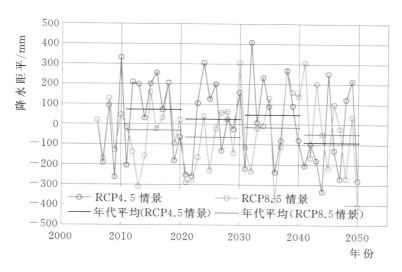

图 26 不同情景下安徽省年降水量变化趋势

3. 极端天气气候事件增多

未来安徽省降水量具有更强的年际波动，旱涝演替可能更加频繁。低排放情景下未来到 21 世纪 20 年代全省降水量以增加为主，需注意雨涝事件的增加；而高排放情景下未来全省降水量以减少为主，并且部分地区年降水量下降超过 100mm，结合增温可能带来的蒸发量上升，这些地区干旱事件将会频发，水资源将受到威胁。

不同情景下最低和最高气温均为上升趋势（图 27），空间分布上淮北地区

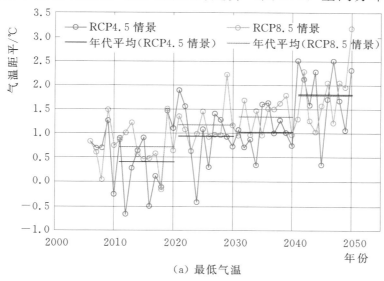

（a）最低气温

图 27 （一） 不同情景下安徽省年平均最低气温和最高气温变化趋势

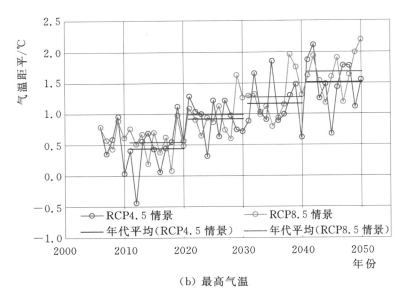

（b）最高气温

图27（二）　不同情景下安徽省年平均最低气温和最高气温变化趋势

最低和最高气温升温最显著。两种情景下最低气温上升幅度接近，到21世纪20年代约上升1.0℃，在这种变暖背景下，冷事件将可能减少，但需提防气温年际波动所带来的异常年份。对于最高气温的变化，RCP8.5情景升高幅度明显大于RCP4.5情景，最高气温的升高将可能导致高温热浪更加频发。

四、风能、太阳能资源评估

安徽省人口密度高，经济发展水平相对较低，能源消耗量大。能源短缺、环境污染、气候变化、灾害频繁已成为环境与发展面临的难题。应对气候变化，必须节约能源，发展低碳经济。然而生产要发展，人民的生活水平也在不断提高，因此，如何进一步开发利用可再生清洁能源，就成了社会发展中的一个瓶颈问题。近年来，安徽省在充分发挥煤炭资源优势和区位优势、加快煤炭工业结构调整、坚决淘汰落后生产能力的同时，发展清洁能源，优化能源结构。

（一）风能资源评估

2007年开始，历时4年，安徽省气象局完成了全省风能资源详查评估，明确了风能资源技术可开发量，提出了风能资源优先开发区域和开发条件，认为：安徽省淮河流域部分地区风速和风功率密度等风资源条件相对较好，且地势平缓，交通便利，开发条件较好，可作为安徽省风电开发重点推进区域之一。

1. 风能资源空间分布特征

安徽省风能资源专业观测网资料和数值模拟结果综合分析表明，安徽省风能资源空间分布不均匀（图 28），大部地区 70m 高度的年平均风速在 5.5m/s 以下，年平均风功率密度也基本低于 200W/m²。其中受地形阻隔的影响，风速较低的地区基本上位于大别山区、皖南山区中海拔相对较低的区域。安徽省风能资源相对较丰富的地区大致呈东北—西南向带状分布，沿江西部、沿淮中东部分别处于长江、淮河的河谷地区，主要受狭管效应影响，风速较大；滁州地区东部，濒临洪泽湖、高邮湖等大型湖泊，地势开阔，风况也较好。此外，省内的一些岗地和山地地带，如大别山区和皖南山区的部分区域，海拔相对较高，也存在零星风速较大、风能资源较丰富的地区。具体包括：①皖东的定远与凤阳交界地带、来安北部、明光东南部、滁州市区、全椒北部和天长；②沿江的望江、宿松、怀宁、枞阳、繁昌、当涂等地；③大别山区的岳西与霍山交界一带、金寨南部；④皖南的东至、石台、泾县、绩溪以及黄山市区与歙县、黟县的三地交界地带；⑤皖北的宿州、淮北局部山丘区域。

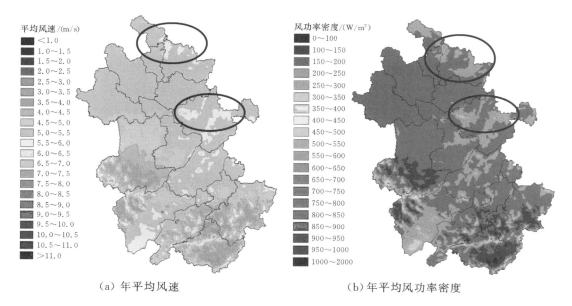

（a）年平均风速　　　　　　　　（b）年平均风功率密度

图 28　安徽省 70m 高度年平均风速和年平均风功率密度数值模拟结果

2. 风能资源时间分布特征

从时间分布来看，安徽省风能资源普遍呈现深秋至末春最大、夏季最小、其他时段居中的特点。

3. 风能资源储量

根据风能资源长期数值模拟结果进行测算（表5），70m高度安徽省技术开发等级主要集中在200～400W/m²之间；不小于300W/m²的技术开发量约为0.77×10⁶kW，技术开发面积为212km²；不小于250W/m²的技术开发量约为1.33×10⁶kW，技术开发面积为382km²；不小于200W/m²的技术开发量约为2.36×10⁶kW，技术开发面积为575km²。

表5　　　　　　　　　安徽省风能资源技术开发量和开发面积

不小于300W/m²		不小于250W/m²		不小于200W/m²	
技术开发量/kW	技术开发面积/km²	技术开发量/kW	技术开发面积/km²	技术开发量/kW	技术开发面/km²
0.77×10⁶	212	1.33×10⁶	382	2.36×10⁶	575

4. 风能资源优先开发区域及条件评述

结合气象部门、风电企业测风数据分析与评估，并参考风能资源数值模拟结果，安徽省皖东及沿淮淮北部分地区的风速和风功率密度等风资源条件相对较好，且地势平缓，交通便利，开发条件较好，可作为安徽省风电开发重点推进区域。

在风能项目实施期间，依托风能观测数据库、模式系统及评估技术，安徽省气象局积极为各地风电建设开展技术服务，向风电企业推介风能资源优先开发区域。目前，宿州地区已有风电企业进驻，气象部门参与风电场选址，开展风能资源评估，为风电场设计建设和风电机组选型提供建议，起到了很好的指导作用。

（二）太阳能资源评估

安徽省地处暖温带与亚热带过渡地区，地形地貌多样，各地辐射条件相差悬殊。然而，安徽省现有太阳辐射观测站数目稀少，远远不能满足科研和工程应用的需求。2010年以来，安徽省气象部门立项开展了太阳能资源调查。

1. 太阳辐射资源的时空分布特征

通过整理分析安徽省辐射站的观测资料，建立了安徽省太阳总辐射量的气候学计算方法，利用常规观测的日照时数推算出1981—2010年太阳总辐射量：全省的太阳总辐射量呈现北多南少的特征（图29），年太阳总辐射量一般在4000MJ/(m²·a)以上，以淮北东部地区太阳辐射资源最为丰富，超过4600MJ/(m²·a)；沿淮南部太阳辐射资源次之，达4500MJ/(m²·a)；而皖南山区的太阳辐射量最小，多在4200MJ/(m²·a)以下。

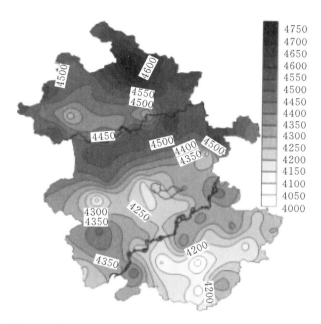

图 29　气候学方法计算的安徽省太阳总辐射量的
空间分布图［单位：MJ/(m² · a)］

从时间分布来看，太阳总辐射量都表现出明显的年变化，大体呈单峰型季节分布，夏季高，冬季小，春秋两季介于中间（图 30）。各月中以 7 月总辐射量最大，1 月最小。总体来说，全省太阳总辐射量年内分配呈现一定的不均衡性，向夏季集中，太阳能的开发利用需要充分考虑到这种明显的季节性变化。

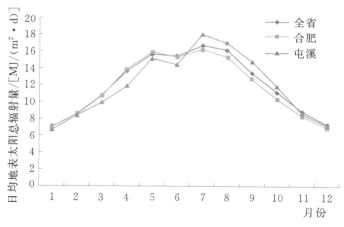

图 30　安徽省太阳总辐射量的月变化

2. 近几十年太阳辐射的变化特点

受大气气溶胶增加及日照时数下降的影响，安徽省太阳总辐射量呈显著的下降趋势，线性倾向率为 -0.309［MJ/(m² · d)］/10a，通过 95% 的置信水平

（图 31）。同时，太阳总辐射量还具有年代际特征，即 1961—1990 年辐射呈现明显的下降趋势，在 1980—1990 年期间达到最低值，其后这种趋势停滞甚至有上升的态势。

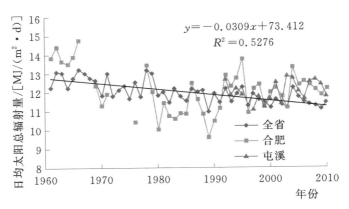

$$y=-0.0309x+73.412$$
$$R^2=0.5276$$

图 31　安徽省太阳总辐射量的年际变化

3. 太阳辐射资源精细化区划结果

通过重点考虑地面高程、坡度坡向以及地形遮蔽对地表太阳辐射的影响，基于 GIS 技术开展太阳辐射资源精细化区划。结果表明，安徽省太阳总辐射量主要受地理地形和日照百分率的共同影响，其值在 $1500\sim5400MJ/(m^2 \cdot a)$ 之间，全省网格点平均值为 $4500MJ/(m^2 \cdot a)$。总体来说，安徽省年太阳总辐射量呈北部高、南部低，山区南坡高、北坡低的分布特征［图 32（a）］。根据

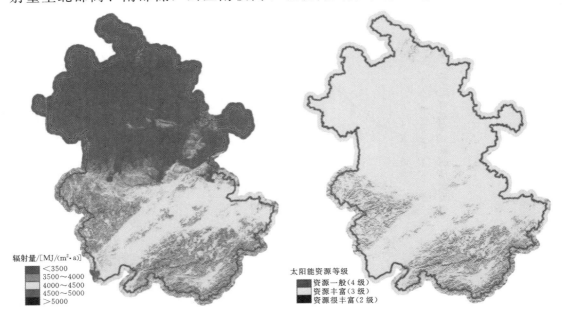

图 32　实际地形下安徽省太阳总辐射量的空间分布与资源等级区划

120

《太阳能资源评估方法》（QX/T 89—2008）的评估标准，安徽省平原地区、大别山区及皖南山区的南坡基本为 3 级区，即资源丰富区；在皖北低山丘陵的阳坡地区存有零星的 2 级区；大别山区及皖南山区的北坡地带则多为 4 级区〔图32（b）〕。

五、防御气象灾害和应对气候变化建议

安徽省跨江近海，地处华东腹地。地势西南高、东北低，长江、淮河横贯省境，将全省划分为淮北平原、江淮丘陵和皖南山区三大自然区域。由于气候的过渡型特征，南北冷暖气团交绥频繁，天气多变，降水的年际变化较大，干旱、暴雨洪涝、大风、冰雹、龙卷风等强对流天气频发，自然灾害较为严重；农业生产处于不稳定状态，农业经济不发达，基础设施不完善，适应气候变化能力有限。

为深入贯彻落实党的十八大精神，紧紧围绕生态文明以及美好安徽建设的科学发展主题，安徽省把应对气候变化与实施可持续发展战略和加快建设资源节约型、环境友好型社会结合起来，纳入全省经济和社会发展总体规划和地区规划。以防御突发性、大范围气象灾害为重点，以确保人员安全、最大限度地减少经济损失、保障社会稳定为主要目的，着力加强气象灾害监测预警、防灾备灾、应急处置工作，建立健全政府主导、部门联动、社会参与的气象灾害防御体系，综合运用行政、法律、科技、市场等多种资源，建立健全综合防灾减灾管理体制和运行机制；充分发挥科学技术和教育在防灾减灾中的作用，打造"经济强省、文化强省、生态强省"，积极应对气候变化。

（一）加强防灾减灾气象服务能力建设

1. 完善气象灾害防御体系

紧紧围绕防灾减灾，进一步完善"政府主导、部门联动、全社会参与"的气象灾害防御机制。编制《气象灾害防御规划》，完善各级气象灾害应急预案体系，健全多部门联动的气象灾害应急响应机制，强化气象防灾减灾基础。建立城乡规划、重大工程建设的风险评估和气候可行性论证制度。重点加强中小河流和山洪地质灾害易发区气象灾害监测预警、分析服务和影响评估。完善突发气象灾害预警信息发布制度。建立覆盖城乡社区的气象灾害防御队伍。加强学校、农村和气象灾害重点防御地区防灾减灾知识和技能的宣传教育，将气象灾害防御知识纳入国民教育体系。

2. 提升公共气象服务能力

紧紧围绕经济建设、生态文明建设和民生建设等需求，建成功能比较完备的公共气象服务系统。紧密结合安徽省实施承接东部产业转移和经济结构战略性调整，服务区域经济发展，强化气象服务功能，提高区域经济发展气象保障水平。进一步加强交通、水文、电力、旅游等领域行业气象服务能力建设，建立健全服务指标体系，重点围绕中小流域防汛抗旱和山洪地质灾害防治，建设突发气象灾害自动监测和预报预警系统，进一步提升防汛抗旱和山洪地质灾害预警服务能力。大力发展和丰富气象服务手段，实现气象服务信息广泛覆盖城乡。建设全省突发公共事件预警信息发布系统，提高突发公共事件应急处置能力。

3. 加强天气预报预测能力

围绕公共气象服务需求，建设以提高预报预测准确率和精细化水平为核心，布局合理、功能完整、技术先进的气象预报预测系统。进一步提高0～3d预报准确率，增强4～10d预报可用性。建立和完善0～12h短时临近预报业务和落区精细化预报业务。建立定量降水预报业务系统。提高卫星、雷达、自动气象站等综合探测资料在天气预报业务中的应用能力，重点提高中小河流和山洪地质灾害易发区强对流天气预报预警能力。加强短期气候预测方法研究，努力提高预测水平。建立完善水文、交通、电力、旅游等行业气象预报业务系统。

4. 增强综合气象观测能力

紧紧围绕预报和服务业务需求，构建布局合理、自动化程度高、稳定可靠的综合气象观测系统，重点加强对中小河流和山洪地质灾害易发区的监测。建设观测数据的收集、处理、存储和共享平台，建立观测数据质量控制、观测产品加工以及应用系统。升级气象通信网，建设网络安全及数据灾难备份系统，提升气象信息的共享水平。完善装备信息管理和运行监控系统，完善全省市级气象装备保障中心的建设，提升装备运行保障能力。

5. 加强气象灾害预警信息发布能力

完善突发气象灾害预警信息发布制度和运行机制，进一步规范气象信息的发布与传播，建立覆盖面广、响应及时、立体化的气象灾害预警信息发布体系，及时发布各类气象灾害预报预警信息及简明的防灾避灾方法，扩大预警信息公众覆盖面，使气象灾害预警信息及时有效传递给公众。

到2020年，每天向公众提供未来10d天气预报，突发气象灾害的临近预警信息至少提前15～20min送达受影响地区的公众。加强覆盖城乡社区的立体化信息发布体系，扩大预警信息公众覆盖面。到 2020 年，气象灾害预警信息的公众覆盖率达到 95％以上，实现气象灾害预警信息迅速及时准确地"进农村、进企事业、进社区、进学校"。

（二）加强气候资源开发利用和应对气候变化能力建设

1. 加强气象灾害风险管理

开展全省气象灾害风险普查，完善气象灾害风险信息上报系统和制度，开展气象灾害预评估、灾中评估和灾后评估。建立以社区、乡村为基础的气象灾害风险调查收集网络，建立气象灾害风险数据库。分领域、分行业、分灾种编制气象灾害风险区划图。

围绕全省主体功能区、重大规划、重大工程建设以及国民经济各行各业需要，根据气象灾害易发区域、主要致灾因子及承灾体特点，开展气象灾害风险评估和区划。开展气象灾害风险普查和重点区域、公共场所、人群密集场所的灾害隐患排查，建立气象灾害风险评估业务系统。

2. 提升应对气候变化服务

围绕经济布局、能源安全、水资源安全、粮食安全、生态环境和可持续发展要求，加强气候系统综合监测能力建设，建立气候变化监测、诊断和影响评估业务平台。开展气候变化对安徽省主要粮食作物布局、种植制度的影响评估和决策咨询服务。开展区域人口、经济、农业、水资源、交通、能源等气候承载力分析和研究，开展极端气候事件和气象灾害研究，制定科学的应对气候变化措施。

3. 积极开发和利用气候资源

围绕城乡规划、重点工程、重大区域性经济开发项目和大型风能、太阳能资源开发等重点项目，开展精细化气候资源区划，推进气候可行性论证工作。开展风能、太阳能资源详查和评价，开展气候资源未来演变趋势及对环境、生态和社会经济系统的影响评估，发展风电预报业务。

按照"统一规划、有序发展"的原则，加快开发建设大中型风电场。加快建设滁州全椒大山风电、滁州南谯区沙河风电场等 12 项大中型风电项目。在江淮分水岭、沿江、沿巢湖等风能条件相对较好地区，规划建设一批集中连片低风速示范风电场。到 2015 年，风电并网规模达到 1.50×10^6 kW 左右，年发电量约 3.0×10^{10} kW·h。到 2020 年，风电并网规模达到 3.0×10^6 kW 以上，年发电量达 6.0×10^{10} kW·h。积极支持分散式风电项目建设和离网式风光路灯推广工程。

积极开发利用太阳能。重点在皖北、江淮丘陵等太阳能资源禀赋较高和边际性土地较多的区域，集中建设一批10MW级大型并网光伏电站。以开发区光伏集中应用示范区建设为重点，建成一批分布式光伏发电示范项目。积极发展与建筑结合的城市分布式并网光伏发电系统。在道路、公园、车站等公共设施建设一批新能源发电照明示范项目。推进太阳能光热建筑一体化的规模化高水平应用，重点发展高效的太阳能热水系统。到2015年，太阳能电站装机总容量达到100MW，屋顶光电容量达到50MW；太阳能热水器总面积达到1.2×10^6m²。

（三）加强气象为农服务能力建设

1. 加强农业气象服务体系建设

按照安徽省农业发展需求，建立适应农业生产区域性布局的现代农业气象观测系统。加强农业气象试验、示范能力建设，完善指标体系，开展适用技术和灾害防御技术试验、示范和推广。提高重大农业气象灾害监测评估能力。完善省、市、县三级农业气象预报和信息发布平台，开展乡镇农用天气预报业务，加强面向农村、农民和专业用户的农业气象服务。围绕政策性农业保险，开展农业气象灾害损失评估和风险转移气象服务。

2. 加强农村气象灾害防御体系建设

建立农村气象灾害监测系统，开展乡镇天气预报预警业务。推进农村综合信息服务站建设，完善广播电视、手机短信、网络等多种手段的农村气象信息发布系统。建立农村气象灾情调查上报和评估业务。建立以预防为主的农村气象灾害风险管理机制，开展农村地区防雷技术服务，加强农村气象防灾减灾知识科普宣传。建立政府统一领导、相关部门各负其责、有效联动的农村气象灾害防御组织体系。

3. 开展农业气候精细化区划和风险评估

利用遥感和GIS技术，开展全省市县农业气候资源分析、农业气象灾害风险分析评价和分类农业气候区划等，建立安徽省精细化农业气候区划系统；重点开展小麦、水稻气候适宜性区划和水稻高温、冬小麦干旱、涝渍等精细化农业气候区划，加强农业气象灾害风险管理、农业重大气象灾害风险评估等工作，实现对气候资源的合理有效利用，提高粮食生产的气候资源利用率。

4. 提升人工影响天气服务能力

围绕安徽省农业发展，加大空中云水资源开发力度。完善人工增雨、防雹基地和省、市、县、作业点四级人工影响天气业务支持平台，增加作业装备、扩大作业规模，加强标准化作业点建设。建设人工影响天气探测系统。开展生态环境保护、森林防火灭火、水库增蓄水人工影响天气作业服务。建立"政府主导、气象主管、部门联动、军队支持"的人工影响天气工作协调机制。完善以地方政府为主、中央政府为辅的人工影响天气工作投入机制。

江苏省气候与可持续发展

概述

　　江苏省位于亚洲大陆东岸中纬度地带，属东亚季风气候区，处在亚热带和暖温带的气候过渡地带。江苏省地势平坦，一般以淮河、苏北灌溉总渠一线为界，以北地区属暖温带湿润、半湿润季风气候；以南地区属亚热带湿润季风气候。江苏省东临黄海，地处长江、淮河下游，拥有近1000km的海岸线，海洋对江苏省的气候有着显著的影响。在太阳辐射、大气环流以及江苏省特定的地理位置、地貌特征的综合影响下，气候呈现气候温和、四季分明、季风显著、冬冷夏热、春温多变、秋高气爽、雨热同季、雨量充沛、降水集中、梅雨显著、光热充沛、气象灾害多发等特点。气候变化的影响显著，影响越来越广，越来越重，涉及百姓生活、人类健康、生态环境、水资源、粮食生产、经济发展、大型工程建设、城乡规划等，应对气候变化已成为各级政府和社会各行业关注的热点。淮河在江苏省注入洪泽湖，一部分过湖东高良涧闸，经苏北灌溉总渠注入黄海，大部分过湖南岸的三河闸过高邮湖，至扬州市的三江营入长江。因此，江苏省境内的淮河流域几乎涵盖江苏省长江以北的绝大部分地区，因此，江苏省境内淮河流域气候背景概况以江苏省气候背景为基础，结合境内淮河流域气候特征分析给出。

　　全省年平均气温在13.6～16.1℃之间，分布为自南向北递减，全省年平均气温最高值出现在南部的东山镇，最低值出现在北部的赣榆区。全省年平均降水量为704～1250mm，时空分布不均，江淮中部到洪泽湖以北地区年平均降水量少于1000mm，以南地区年平均降水量在1000mm以上，降水分布是南部多于北部，沿海多于内陆。年平均降水量最多的地区在江苏省最南部的宜溧山区，最少的地区在西北部的丰县。江苏省兼受着西风带、副热带和低纬东风带天气系统的影响，气象灾害一年四季均有发展，春季有低温阴雨，初夏有暴雨洪涝，盛夏有高温干旱、台风，秋季有大雾及连阴雨，冬季有低温冻害和寒潮等，呈现频发、种类多、影响面广的特点，主要的气象灾害有暴雨、台风、强对流（包括大风、冰雹、龙卷风等）、雷电、洪涝、干旱、寒潮、雪灾、高温、大雾、连阴雨等。

在全球气候变暖的大背景下，江苏省近50年的气候特征也发生了明显的变化。主要包括几个方面：一是气候变暖十分明显，年平均气温升高明显，冬季和春季增温显著，如1961—2010年全省年平均气温升高了1.44℃，增暖速率为0.29℃/10a。2006年和2007年为有记录以来最高的两年，特别是冬季气温升高幅度最大，不大于0℃的低温日数明显减少。二是气象灾害的发生有明显变化，如暴雨、雷电、大雾、霾、洪涝等灾害发生的频次和强度有增加趋势；部分灾害的时空分布特征发生变化，如近些年淮河流域易发生洪涝，部分地区的小雨日数在减少，大雨以上日数在增加等。特别是近十几年来，夏季降水较为集中，部分地区易发生较为严重的洪涝，而秋季易出现大范围的干旱。三是气候变化的影响显著，表现为气候变化带来的影响越来越广，越来越重，涉及百姓生活、人类健康、生态环境、水资源、粮食生产、经济发展、大型工程建设、城乡规划等，应对气候变化已成为各级政府和社会各行业关注的热点，如大雾持续时间增加，2006年12月24—27日，南京市出现了1961年以来持续时间最长的51h的大雾。

未来江苏省气候也会继续发生变化。利用区域气候模式RegCM4，根据IPCC5评估报告的温室气体不同排放情景（RCP4.5情景和RCP8.5情景）进行了江苏省区域未来的气候预估。结果表明，未来10年（2011—2020年）及未来40年（2011—2050年）在两种排放情景下变化趋势略有差异，总体来看，江苏省年平均气温呈增加趋势，而年降水量变化趋势不明显。

江苏省的风能、太阳能资源较为丰富，具有较好的开发前景。江苏省位于中纬度东亚季风区，东部沿海拥有近1000km的海岸线，滩涂6500km²，占全国滩涂总面积的1/4。海域面积广阔，海底地形平缓，离岸100km范围内水深不超过25m。拥有约2667km²潮间带和1267km²辐射沙洲。其独特的地形及气候环境等特征使其拥有丰富的风能资源。基于2011年完成的"江苏省风能资源详查和评估"成果和如东近海、洪泽湖、盱眙丘陵地区7座测风塔观测数据，结合数值模拟，分析江苏省主要风能资源特点和开发利用前景。江苏省年太阳总辐射量在4380～5130MJ/m²之间，按照《太阳能资源评估方法》（QX/T 89—2008）的评估标准，大部分地区属于太阳能资源丰富区，东北部属于太阳能资源很丰富区，均具有较好的利用潜力，其中江苏省北部沿海的连云港市和盐城市可开发潜力比较大。

一、气候特征

江苏省位于亚洲大陆东岸中纬度地带，属东亚季风气候区，处在亚热带和暖温带的气候过渡地带。一般以淮河、苏北灌溉总渠一线为界，以北地区属暖温带湿润、半湿润季风气候；以南地区属亚热带湿润季风气候。因此，淮河流域亦是地处我国南北气候过渡带，它与秦岭一起构成了中国的地理分界线，以北为北方，以南为南方。1月0℃等温线和800mm等降水线大致沿淮河和秦岭一线分布。另外，江苏省东面临海，海洋对该区域的气候有着显著的影响。

（一）主要气候特征

在太阳辐射、大气环流以及特定的地理位置、地貌特征的综合影响下，江苏省基本气候特点是：气候温和、四季分明、季风显著、冬冷夏热、春温多变、秋高气爽、雨热同季、雨量充沛、降水集中、梅雨显著，光热充沛。综合来看，江苏省自然环境优越，气候资源丰富，特别是风能和太阳能资源开发利用前景广阔，为江苏省经济社会的可持续发展提供了非常有利的条件。

1. 季风气候，四季分明

气候学通常将候平均气温稳定不大于10℃定义为冬季开始，稳定不小于22℃定义为夏季开始，介于两者之间定义为春、秋季。江苏省受季风影响，春秋较短，冬夏偏长，南北温差明显。春季平均起始时间为3月31日，平均长度为68d左右；夏季平均起始时间为6月7日，平均长度为104d；秋季平均起始时间为9月19日，平均长度为61d；冬季平均起始时间为11月19日，平均长度为134d。江苏省的北部和南部在季节起止时间上有比较明显的差别，一般淮北地区和苏南地区会相差1周左右的时间。

江苏省年平均气温在13.6～16.1℃之间，分布为自南向北递减，全省年平均气温最高值出现在南部的东山镇，最低值出现在北部的赣榆区。全省冬季的平均气温为3.0℃，各地的极端最低气温通常出现在冬季的1月或2月，极端最低气温为−23.4℃（宿迁县，1969年2月5日）；全省夏季的平均气温为25.9℃，各地极端最高气温通常出现在盛夏的7月或8月，极端最高气温为41.0℃（泗洪县，1988年7月9日）；全省春季平均气温为14.9℃；全省秋季平均气温为16.4℃，春秋两季的气候相对温和。

受季风影响，全年淮北地区多为东北风，淮河以南以东风为主。年均风速在2.1～3.8m/s，沿海较大，最小在睢宁县、沭阳县，呈春季大秋季小的特征。风向存在明显的季节变化，春夏以东南风为主，冬秋季以东北风为主，秋季不及冬季稳定。

2. 降水丰沛，雨热同季

全省年降水量为 704～1250mm，时空分布不均，江淮中部到洪泽湖以北地区年降水量少于 1000mm，以南地区年降水量在 1000mm 以上，降水量分布是南部多于北部，沿海多于内陆。年降水量最多的地区在江苏省最南部的宜溧山区，最少的地区在西北部的丰县。单站年最多降水量出现于 1991 年的兴化市，为 2080.8mm；年最少降水量出现于 1988 年的丰县，为 352.0mm。

全年降水量季节分布特征明显，其中夏季降水量集中，基本占全年降水量的一半，冬季降水量最少，占全年降水量的 1/10 左右，春季和秋季降水量各占全年降水量的 20% 左右。夏季 6 月和 7 月间，受东亚季风的影响，淮河以南地区进入梅雨期，梅雨期降水量常年平均值大部地区在 250mm 左右；一般在江淮梅雨开始之后的 1 周左右，江苏省淮北地区进入"淮北雨季"，此时往往是江苏省暴雨频发，强降水集中的时段。

3. 气候资源，优越丰富

气候资源主要指太阳能、风能、热量、水分等方面的资源，这不仅是自然资源的重要组成部分，也是人类及一切生物赖以生存所不可缺少的条件，更是经济社会可持续发展必需的条件。

太阳能体现在太阳辐射量和日照时数上。江苏省年太阳总辐射量在4245～5017MJ/m²，分布上为北多南少，淮北地区大部分在 4700MJ/m² 以上，苏南地区大部分在 4500MJ/m² 以下，最大值区在淮北的东北部地区，最小值区在太湖周围地区。季节分布是夏多冬少，春秋均匀。全省年日照时数在 1816～2503h，其分布也是由北向南减少。

风能是重要的气候资源，在江苏省开发利用的潜力巨大。江苏省风能资源丰富，尤其是东部沿海地区，部分地区年平均风速可达 5.0m/s 以上，年风能有效小时数可达 6000h 以上，年平均风功率密度可达 200W/m²；其次是沿江（长江）、沿湖（太湖、洪泽湖、高邮湖、骆马湖等）地区，也具有风能开发的潜能。

4. 气象灾害灾种多，发生频繁

由于江苏省地处中纬度的海陆相过渡带和气候过渡带，而省内的淮河流域是"三个接合部"，即：南方多雨气候和北方干旱气候的接合部；北半球亚热带和温带的接合部；沿海和内地的接合部。兼受着西风带、副热带和低纬东风带天气系统的影响，气象灾害一年四季均有发生，春季有低温阴雨，初夏有暴雨洪涝，盛夏有高温干旱、台风，秋季有大雾及连阴雨，冬季有低温冻害和寒潮等，呈现频发、种类多、影响面广的特点，主要的气象灾害有暴雨、台风、强对流（包括大风、冰雹、龙卷风等）、雷电、洪涝、干旱、寒潮、雪灾、高温、大雾、连阴雨等，加之江苏省经济发达，人口稠密，运输繁忙，各类气象灾害往往会对农、林、牧、渔、交通、工业等各方面都有较大的影响，造成较重的经济损失的同时，也威胁着人民群众生命财产安全，气象灾害还会诱发其他衍生灾害，影响区域社会经济可持续发展。

（二）主要气候条件

1. 气温

江苏省淮河流域年平均气温在 13.6～15.6℃ 之间，平均值为 14.6℃，分布为自南向北递减。年平均气温最高值出现在靖江市，最低值出现在北部的赣榆区。淮河流域春、夏、秋、冬季的平均气温分别为 13.9℃、25.8℃、16.1℃ 和 2.4℃。

由于海洋的调节作用，淮河流域夏季极端最高气温自沿海向内陆递增，极端最高气温为 41.0℃（泗洪县，1988 年 7 月 9 日）。最低气温自西北向东南递增，极端最低气温达 −23.4℃（宿迁市，1969 年 2 月 5 日）。

淮河流域不小于 35℃ 的高温日数自沿海向内陆递减，徐州地区西北部和泗洪县年平均高温日数可达 10d 以上，其中徐州市最多，达 11.2d；作为海岛的西连岛最少，年均仅 0.1d，其次为东北部的赣榆区，年均为 3.6d。

淮河流域不大于 0℃ 的低温日数自东南向西北增加，沭阳县最多，年平均达 88.6d；南通市最少，为 40.6d。淮河流域不大于 −10℃ 的年低温日数自西北向东南递减，最多的沭阳县达 5.6d；启东市最少，历史上仅出现过不大于 −10℃ 的低温 2d。

2. 降水

江苏省淮河流域降水较为丰沛，年降水量在 734～1061mm 之间，主要集中在夏季，占全年降水量的 50% 以上。降水分布是南部多于北部，沿海多于内陆，江淮中部到洪泽湖以北地区年降水量少于 1000mm，以南地区年降水量在 1000mm 以上。淮河流域年降水量最多的地区在扬州市、泰州市一带，最少的地区在西北部的丰县。单站年最多降水量达 2080.8mm，出现于 1991 年的兴化市；年最少降水量仅 352.0mm，出现于 1988 年的丰县。

江苏省淮河流域年平均降水日数在 81.1～124.0d 之间，自西北向东南递增。年最少降水日数为 60d，出现于 1988 年的丰县和沛县；年最多降水日数达 151d，出现于 1987 年的启东市。

3. 日照

江苏省淮河流域光照充足，年均日照时数在 2031～2515h 之间。日照时数总体自北向南递减，东北部的赣榆区最高，东南部的如东县最低。日照时数夏季最多，冬季最少，春季多于秋季；8 月最多，5 月次之，3 月最少。

淮河流域单站年最多日照时数达 2980.6h，出现于 1956 年的沭阳县；年最少日照时数为 1484.1h，出现于 2003 年的沛县。

（三）气象灾害

1. 干旱

干旱是江苏省经常发生的主要气象灾害，严重影响工农业生产和人民生活，尤其对农作物播种和生长有影响。江苏省春季易旱重度区在淮北中西部地区，集中在徐州、淮安、宿迁等地区；易旱等级由北向南减轻，轻度区在江苏的最南部一带；中度以上的易旱区占了大部分（图 1）。

江苏省秋季易旱重度区在淮北西北部和江淮之间，主要是徐州地区，宿迁、淮安和连云港部分地区；轻度区在苏南南部和南通大部分地区；全省大部分区域为中度易旱区（图 2）。

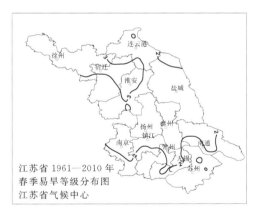

图 1 江苏省春旱分布图

图 2 江苏省秋旱分布图

1961—2010 年资料分析表明，春旱和秋旱都呈增加趋势，秋旱增加趋势更为明显。

1994 年江苏省梅雨偏少，春旱连夏旱，尤其夏旱几乎遍及全省。夏季降水量除淮北北部地区比常年平均值略少外，全省大部分地区明显少于常年平均值，特别是中部的部分地区降水量还不到常年平均值的一半，最严重的如泰州市和盐城市的部分地区偏少 8 成左右。

2. 洪涝

洪涝是影响江苏省比较严重和频发的气象灾害，江苏省大部分地区易发生洪涝，主要发生于汛期。易涝重度区在淮北中西部地区、扬州地区及泰州盐城部分地区（骆马湖、洪泽湖和高邮湖的东侧一带）；易涝轻度区在苏南南部和南通大部分地区；其他地区则是易涝中度区；易涝轻度区相对较少。1961—2010 年资料分析表明，汛期大范围易涝次数呈减少趋势（图3）。

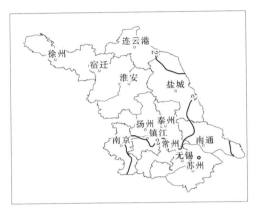

图 3　1961—2010 年江苏省汛期(5—9 月)易涝等级分布图

雨量不小于 100mm 的大暴雨日数统计表明：高值区在江苏省的东北部，其次是淮北的中部和沿淮一线，都在 30d 以上，最大值出现在赣榆区，为 41d；全省由北向南递减，低值区在苏南，一般在 20d 以下，最小值出现在东山镇，仅 10d。

日最大降水量高值区在淮北，大多在 250mm 以上，尤其是响水县 2000 年 8 月 30 日 20 时至 31 日 20 时日降水量达 699.7mm，为江苏省历史上单站日最大降水量极值；次高值区在沿江一线和江苏省的中东部，最低值在溧阳市，为 152.6mm，表明全省各地都出现过大于 150mm 以上的大暴雨。

1991 年的夏季，江苏省淮河一线以南，出现了百年罕见的特大洪涝灾害。暴雨日达 27d，其中有 5d 为大暴雨日。全省 17 个市、县雨量超过常年的年平均降水量。最高值区在以兴化市（1444mm）为中心，高邮市（1188mm）、兴化市、东台市（1324mm）一带；另一高值区在南京市（1151mm）、句容市（1269mm）和镇江市（1165mm）一带。淮河以南地区一般都在 850mm 以上。由于多次连续暴雨，再加上长江上、中游的客洪水下泄，南京市下关区最高水位达 9.69m，超过警戒水位 1.19m；太湖水位达 4.97m，超过 1954 年的最高水位 0.32m。全省农田受灾面积 3.405 亿 hm^2，沿江和苏南地区的工厂企业，尤其是乡镇企业受淹严重，全省直接经济损失达 237.6 亿元。

3. 雷暴

雷暴在江苏省是常见的气象灾害，全省分布较均匀，平均每年普遍在25～30d，最多为东山站，有 34.3d，最少为徐州市，也有 22.5d，相对来讲江淮和苏南地区比淮北多 6～10d。年雷暴日数极大值分布相对较均匀，分布特征与常年平均年雷暴日数很相似。最低值在徐州市，有41d，最高值在溧阳市，有73d。

雷暴发生有明显季节变化特征，夏季是高发季节，春季是次高发期，秋、冬季雷暴较少。

4. 大风

江苏省一年四季都有大风发生，可由多种天气系统产生。大风分布由东向西逐步递减，东部沿海一带最多，平均达10～57d，年大风日数极大值大部分地区在20～55d之间，最高值在海岛站西连岛，达130d，其次是沿海的如东县，有90d，最低值在溧阳市，仅9d。

5. 雾

由于江苏省东临黄海，河网密布，近地层水汽含量往往较多，极易形成雾，雾是江苏省最常见的灾害性天气，严重影响交通和城市生活以及人体健康。东部沿海与河网地区以及沿江和苏南地区，年雾日数相对较多，一般都在30～64d；低值区在14～20d，主要在西北部地区。年雾日数极大值大多要比常年平均值多1倍以上，表明雾日数的年变化幅度比较大，雾日数达85d以上的高值区基本位于沿海和沿江一带，最高值在泰兴市、如皋市、海安县一带，最低值在高淳区（30d）。

6. 高温

年不小于35℃高温天气江苏省年年都会发生，往往持续时间较长，对工农业生产和人民生活影响较重。年高温日数明显有由西向东递减的特征，东部沿海一带比内陆要少得多，平均只有4d以下，表明夏季海洋水面对近海陆地的气温有调节作用；高值区在江苏省的西部，特别是西南部的南京地区，在12d以上，最大值在其南端的高淳区，有19d。高温日数极大值大多是常年平均值的3倍左右，高值区在西部，普遍在30d以上，尤其是西南部的高淳区达53d，为历史极值，其次是徐州市（39d），全省由西向东递减，东部沿海一带在15d左右。

7. 低温冷害

低温冷害主要是针对农业生产而言的一种常见的气象灾害，也会对国民经济和人民生活产生影响。年不大于0℃低温日数由南向北随纬度增加而增加，淮北地区为全省高值区，普遍在70d以上，沭阳县最多，达86d；苏南地区为全省低值区，普遍在50d以下。年不大于0℃低温日数极大值高值区在淮北，普遍在100d以上，最高值在沛县，为120d；由北向南递减，低值区在苏南，尤其是最南部，如东山镇57d为最低值。

8. 冰雹

冰雹是一种强对流天气，是江苏省主要的灾害性天气之一。全省西部冰雹日数明显小于东部，江苏省的东北部，包括连云港市和盐城市北部、淮安市东部是冰雹的高发区；太湖和洪泽湖的东岸以及沿长江一线，也是相对的多发区，大的水域与陆岸之间，因有较大的温度梯度而产生局地锋区，对对流系统有加强作用而可迅速发展成冰雹云。年冰雹日数极大值高值区位于江苏省的东北部，最高值为5d（燕尾港和灌云县），其次为东海、赣榆、连云港、阜宁、金湖、盐城、大丰、靖江、东山等地。

9. 降雪

瑞雪兆丰年，是指冬雪对农业生产有利，但如果过量下雪而造成严重积雪，就会对工农业生产和交通运输以及人民生活带来危害。年降雪日数大值区在苏北地区的西部，一般都在12d以上；低值区在江苏的东部（除盐城市中部外），一般只有10d不到。年降雪日数极大值是常年平均值的2～3倍，由北往南递减，高值区基本上在淮北，达30d以上，最高值为34d，在新沂市和泗阳县；其他地区在17～30d之间。年积雪日数由西北向东南方向逐渐递减，最大值区（10d以上）在西北部，小于4d的低值区在东南部以及西连岛和燕尾港等地区，全省其他地区在4～8d之间。年积雪日数极大值高值区在江苏的西北部，大多在30d以上，向东南方向递减，低值区在东南部（15d以下）。

10. 霾

霾不仅使能见度降低，而且使空气质量变坏，危害人们的身体健康。年霾日数的高值区主要在苏南，一般在10～30d之间，但南京市达70d，为全省之冠，这与苏南地区特别是南京市城市化发展迅速，工业化进程快有密切的关系。此外，淮北部分地区也相对较高，在10～20d之间。年霾日数极大值各地区之间差异很大，最高值区在南京市周围，在150d左右。

11. 台风（热带气旋）

热带气旋是影响江苏省的主要灾害性天气之一，强热带气旋往往带来区域性大到暴雨，甚至特大暴雨，同时伴有大风天气，造成严重经济损失，人民生命财产安全受到影响。影响江苏省的热带气旋平均每年有3.1个，最多年份可达7个（1990年），最少年份只有1个，个别年份没有出现影响江苏省的热带气旋，如2003年。影响最早的是5月18日。每年热带气旋影响江苏省的时间在5—11月，影响集中期是7—9月，其中8月最多。影响江苏省的热带气旋从路径特征划分，主要为登陆北上类、登陆消失类、正面登陆类、近海活动类、南海穿出类。

12. 寒潮

寒潮除带来剧烈降温外，还会带来霜冻、大风、暴雪、冻雨等严重灾害性天气，尤以春秋季强寒潮影响较大。江苏省出现寒潮年平均为 5.1 次，最多年达 12 次，最少年为 2 次，冬季出现寒潮频率最高，其次为秋春季。出现时间最早为 1981 年 10 月 8 日，最迟为 1993 年 4 月 24 日。呈北多南少分布，全省性寒潮和淮北寒潮最多。

13. 龙卷风

江苏省地势平坦，河网密布，加之春末至夏季的高温闷热天气，具备诱发龙卷风的气候背景和环境条件，是全国龙卷风多发地区。

夏季为江苏省龙卷风的高发期，占总次数的 76.5%，其中 7 月最强，6 月和 8 月次之；其次为春季（14.3%）、秋季（9%），冬季最少（0.2%）。就日变化而言，多发时段在 13—18 时，占总次数的 64%，峰值为 15 时。

江苏省龙卷风灾害地域分布呈东多西少、沿海多内陆少、大型水体多丘陵山地少的特点。多发区位于苏北灌溉总渠以南、京杭运河以东，尤其以兴化市、高邮市、海安县、南通市一线以东地区为多，最多的为南通市如东县，平均每年几乎发生 1 次。

二、近 10 年气象灾害特点

江苏省兼受着西风带、副热带和低纬东风带天气系统的影响，气象灾害一年四季均有发生，春季有低温阴雨，初夏有暴雨洪涝，盛夏有高温干旱、台风，秋季有大雾及连阴雨，冬季有低温冻害和寒潮等，呈现频发、种类多、影响面广的特点，主要的气象灾害有暴雨、台风、强对流（包括大风、冰雹、龙卷风等）、雷电、洪涝、干旱、寒潮、雪灾、高温、大雾、连阴雨等，近 10 年来江苏省各类气象灾害时有发生，尤其是干旱、雷暴、大雾、霾等灾害的影响增多趋强。

（一）干旱

2001—2011 年，除 2003 年外，江苏省有 10 年出现干旱，从时间分布来看，以春秋干旱为多，冬夏较少。10 年中，6 年秋旱，5 年春旱，1 年冬旱，1 年夏旱。从空间分布来看，淮北地区干旱出现最多，10 年中淮北地区每年均有出现，其次为江淮北部和苏南的丘陵地区。从影响强度最强来看，2011 年上半年的冬春初夏连旱，为 60 多年来最严重，持续时间长，旱情重，损失大。

（二）洪涝

2001—2011 年期间，江淮地区暴雨站日最多，苏南最少，其中 2009 年大暴雨出现最多。2003 年全省年降水量最多，达 1250.4mm，2004 年最少，为 823.7mm。

2003 年，全省淮北、江淮、苏南地区梅雨量较常年明显偏多，淮河流域出现严重洪涝。淮北地区降水量为 1961 年以来同期最多，江淮地区仅次于 1991 年，为 1961 年以来第二多，苏南地区为 1961 年以来第三多。其中，徐州、连云港、宿迁、镇江、南京地区降水量为 1961 年以来的同期最多值，单站日最大降水量达 301.4mm，2003 年 7 月 5 日出现在浦口。

（三）雷暴

2001—2011 年全省平均雷暴日数为 29.4d，2008 年全省平均雷暴日数最多，为 32.8d；2001 年全省平均雷暴日数最少，仅 22.2d。从时间分布来看，雷暴站日 7 月最多，12 月最少。从空间分布来看，雷暴站日江淮最多，淮北最少。其中，最严重的雷击事件发生在 2007 年 8 月 10 日中午，徐州市铜山县何桥镇段庄村某村民家办理丧事，吊唁的 20 余人集聚在杨树和院墙之间搭建的简易棚内，约在 11 时 02 分，一个雷电突然击中杨树，而后击中树下的人群，造成 5 人死亡、17 人受伤。据现场分析，引发这次雷击事故的杨树是附近最高的树，树高约 15m，树干直径约 20cm，树梢被雷电击断，由于简易棚紧靠杨树，从而引发了这场惨剧。

（四）大风

2001—2011 年全省平均大风日数为 4.4d，2005 年全省平均大风日数最多，为 8.2d；2003 年全省平均大风日数最少，为 3.4d；年大风日数出现最多的站为西连岛，2005 年共出现 72d；年极大风速最大值为 38.1m/s，2002 年 5 月 20 日出现在江都区。从时间分布来看，年极大风速站日 7 月最多，1 月最少；年大风日数 7 月最多，2 月最少；从空间分布来看，年大风日数由东向西逐步递减，东部沿海一带最多。

（五）雾

2001—2011 年全省平均雾日数为 25.1d，年平均雾日数最多的年份是 2006 年，为 33.1d；出现最少的年份是 2005 年，为 19.1d。2004 年如皋站雾日数最多，为 92d。从时间分布来看，全省雾站日 11 月最多，8 月最少。

从空间分布来看，雾站日淮河以南的东部沿海地区较多，东南部的苏州和无锡地区较少。其中，2006 年 12 月 24—27 日一场罕见大雾突袭江苏省，全省大部地区出现能见度小于 500m 的大雾，部分地区出现能见度不足 50m 的浓雾，南京市的大雾持续了 51h，为 1951 年以来持续时间最长的一次大雾过程。

（六）高温

2001—2011 年平均高温日数为 11.3d，2010 年平均高温日数最多，为 16.9d，2008 年最少，为 6.4d；年高温日数最多为 32d，分别是 2003 年出现在无锡市、2007 年出现在吴江区、2010 年出现在宜兴市；极端最高气温为 41.3℃，2002 年 7 月 15 日出现在泗洪县。其中，2010 年出现 3 段区域性高温过程，淮河以南大部分站点达极端气候事件标准，6 站极端最高气温突破历史极值，2010 年高温天气具有范围大、持续时间长、极端最高气温高的特点。

（七）低温冷害

近 10 年以来（2001—2011 年），受全球气温上升的影响，全省年平均低温日数有所下降，仅 47.2d，但在 2008 年之后冬季气温下降，低温日数又有了上升的趋势。

近 10 年以来（2001—2011 年），全省平均年结冰日数变化趋势不明显，较常年持平，约 50d，淮北地区平均结冰日数约是苏南地区的 1 倍。

近 10 年以来（2001—2011 年），仅有 2003 年、2006 年及 2010 年出现雨凇天气。

（八）冰雹

江苏省常年（1971—2000 年）冰雹站日数为 16 站日，近 10 年以来（2001—2011 年），除 2005 年（25 站日）及 2009 年（21 站日）外，其余 9 年的冰雹站日数均低于常年值，有明显的偏少趋势。

（九）降雪

近 10 年以来（2001—2011 年），全省年平均降雪日为 8d，21 世纪初期，冬季整体偏暖，降雪日数明显偏少，特别是 2007 年冬季，仅有 38 个降雪站日。2008 年之后降雪日数有所增加，降雪日数最多的是 2008 年，达 1025 个降雪站日。

（十）霾

近 10 年以来（2001—2011 年），霾出现的次数明显增多，年平均霾日数为 31.5d，较常年同期（1971—2000 年）9.8d 偏多 2.2 倍，并且近 10 年来呈显著的逐年递增趋势。

（十一）台风（热带气旋）

近 10 年以来（2001—2011 年），影响江苏省的台风约有 31 个，其中对江苏省影响最大的有 3 个，分别是"0102"号台风"飞燕""0509"号台风"麦莎"和"0908"号台风"莫拉克"，这 3 个台风从移动路径上看均是正面登陆北上类型。

三、近 50 年气候变化及未来预估

（一）近 50 年气候变化

在全球气候变暖的大背景下，江苏省气候特征也发生了明显的变化。主要包括几个方面：一是气候变暖十分明显，如 1961—2010 年全省年平均气温升高了 1.44℃，增暖速率为 0.29℃/10a。2006 年和 2007 年为有记录以来最高的两年，特别是冬季气温升高幅度最大，不大于 0℃的低温日数明显减少。二是气象灾害的发生有明显变化，如暴雨、雷电、大雾、霾、洪涝等灾害发生的频次和强度有增加趋势；部分灾害的时空分布特征发生变化，如近些年淮河流域易发生洪涝，部分地区的小雨日数在减少，大雨以上日数在增加等。三是气候变化的影响显著，表现为气候变化带来的影响越来越广，越来越重，涉及百姓生活、人类健康、生态环境、水资源、粮食生产、经济发展、大型工程建设、城乡规划等，应对气候变化已成为各级政府和社会各行业关注的热点。

1. 年平均气温升高明显，冬季和春季增温显著

全省年平均气温常年平均值为 14.9℃，近 50 年（1961—2010 年）上升了 1.44℃，特别是近十几年上升趋势加大，其中 2006 年和 2007 年分别达到 16.3℃和 16.5℃，是有观测记录以来最高的两年（图 4）。江苏省各地年平均气温呈现一致的增暖趋势，其中苏南东南部地区最为明显。

从各季节的全省平均气温变化来看，春季、秋季和冬季 3 个季节平均气温均呈明显的上升趋势。其中，冬季最为显著，增暖速率为 0.41℃/10a，特别是近 20 年升温最明显，自 1990 年以来只有 3 年略低于常年平均值，其他年份

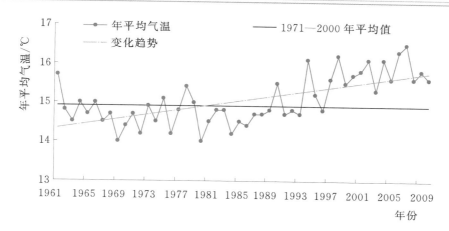

图 4　1961—2010 年江苏省年平均气温变化

都高于常年平均值（图 5）；春季次之，增暖速率为 0.36℃/10a；秋季增暖速率为 0.29℃/10a；而夏季气温没有明显的变化趋势，增暖速率仅为 0.09℃/10a。

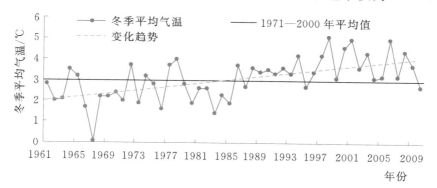

图 5　1961—2010 年江苏省冬季平均气温变化

近 30 年来（1981—2010 年），全省年平均气温为 15.3℃，较常年同期偏高 0.4℃。各个地区的平均气温均较常年同期偏高，苏南地区增暖幅度最大。从四季变化来看，除夏季气温变化幅度较小外，其他 3 个季节气温都呈一致的上升状态。

2. 夏季降水量增多，近年来淮北年降水量明显增多

江苏省年平均降水量为 1002.7mm，年平均降水日数为 109.5d，各地年平均降水量自北向南递增。

江苏省年降水量年际变幅相对平稳，没有明显的上升或下降趋势，近 50 年仅增加了 45.0mm，其中最大值是 1991 年的 1447.7mm，最小值是 1978 年的 557.3mm（图 6）。各区域年降水量变化趋势空间差异较大，增多的区域主要分布在江苏省的苏南和西南部地区，减少的区域主要分布在东北部和中东部地区。2000 年以来淮北地区的变化波动相对较大。

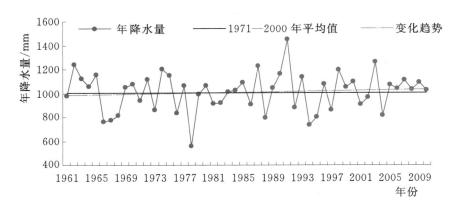

图 6　1961—2010 年江苏省年降水量变化

从各季降水量来看，冬季和夏季呈增多趋势，而春季和秋季呈减少趋势，其中夏季降水增多和秋季降水减少更为明显。特别是近十几年来，夏季降水较为集中，部分地区易发生较为严重的洪涝，而秋季易出现大范围的干旱。

近 30 年来（1981—2010 年），全省年平均降水量为 1025.4mm，较常年同期偏多 19mm。全省各地区春季和秋季降水均较常年同期略偏少；冬季和夏季降水则相反，均较常年有所增多。

3. 低温日数减少，无霜期增长

全省年低温日数（日最低气温不大于 0℃）常年平均值为 58d，有明显的减少趋势，减少速率为 6.4d/10a，特别是近十几年，下降趋势加剧，1995 年以后，除 2005 年外，其余年份都明显低于或接近平均值（图 7）。

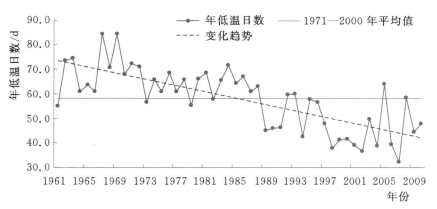

图 7　1961—2010 年江苏省年低温日数变化

江苏省年无霜日数自 20 世纪 80 年代中后期至今呈现明显增多的趋势，进入 21 世纪以来（2001—2010 年）平均无霜日数为 306d，比 20 世纪 80 年代中后期至 90 年代的 298d 增加了 8d（图 8）。

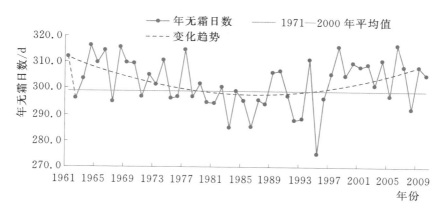

图 8　1961—2010 年江苏省年无霜日数变化

4. 高温日数近 10 多年来增加明显，夏季变长，冬季变短

全省年高温日数（日最高气温不小于 35℃）常年平均值为 6.4d。高温日数变化幅度较大，20 世纪 60 年代偏多的年份较多，其中 1967 年的 19.5d 为历史最大值，80 年代相对较少，90 年代以来上升趋势比较明显，近些年始终高于常年平均值（图 9）。

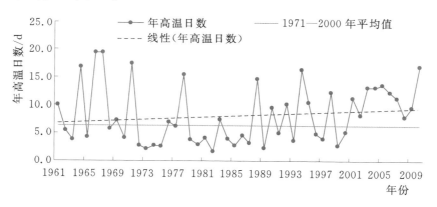

图 9　1961—2010 年江苏省年高温日数变化

江苏省四季的起止时间和长度有明显的年代际变化特征，特别是 21 世纪以来，主要表现为夏季明显变长，冬季明显变短，春季略有增加，秋季略有减少，并且各季节的起止时间也有明显的变化。

5. 小雨日数明显减少，暴雨日数近 10 多年来增多

全省平均年小雨、中雨、大雨、暴雨日数分别为 80.4d、18.9d、7.3d、3.1d，从各等级降水日数的变化来看，年小雨日数有明显的下降趋势，近 50 年减少了 9.1d（图 10）；年中雨日数有比较明显的上升趋势，近 47 年增加 1.7d；年大雨日数变化相对平稳，没有明显的升降趋势；年暴雨日数有缓慢的上升趋势,近 10 多年来偏多的年份增加(图 11)。

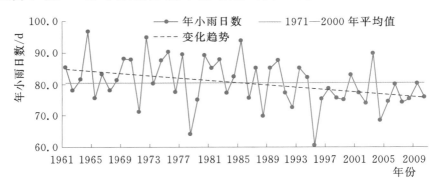

图 10　1961—2010 年江苏省年小雨日数变化

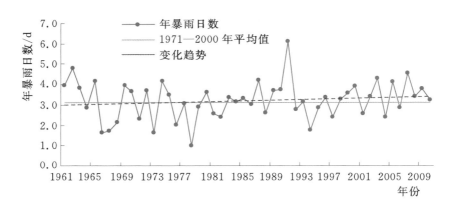

图 11　1961—2010 年江苏省年暴雨日数变化

6. 大雾持续时间增加,日照时数减少

近十几年来,全省年轻雾日数相对偏多,大雾日数相对偏少,但大雾持续时间(年内大雾出现累计时间/大雾出现的次数)有明显增长,20 世纪 90 年代后始终高于平均值(图 12)。特别是 2006 年 12 月 24—27 日,南京市出现了 1961 年以来持续时间最长的 51h 的大雾。

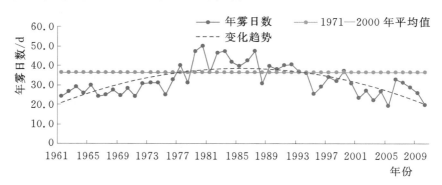

图 12　1961—2010 年江苏省年雾日数变化

　　全省年日照时数常年平均值为 2118.2h，最大值为 1978 年的 2410.7h，最小值为 2003 年的 1889.9h，日照时数有明显的下降趋势，近 50 年减少了 230.6h，特别是 21 世纪以来大多年份都明显偏少（图 13）。

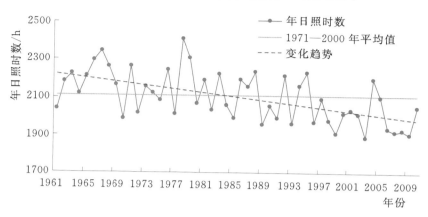

图 13　1961—2010 年江苏省年日照时数变化

（二）未来气候变化趋势

　　利用区域气候模式 RegCM4，针对江苏省区域进行未来温室气体不同排放情景（RCP4.5 情景和 RCP8.5 情景）下的气候预估。结果表明，未来 10 年（2011—2020 年）及未来 40 年（2011—2050 年）在两种排放情景下变化趋势略有差异，总体来看，江苏省年平均气温呈增加趋势，而年降水量呈变化趋势不明显。

1. 年平均气温的变化趋势

　　图 14 给出了未来 10 年（2011—2020 年）两种排放情景下江苏省年平均气温及其变化趋势，逐年气温有升有降，RCP4.5 情景呈现上升趋势（1.690℃/10a），RCP8.5 情景呈略微下降趋势（－0.026℃/10a）。

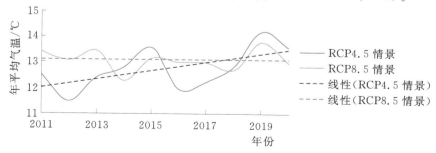

图 14　未来 10 年（2011—2020 年）两种排放情景下江苏省年
平均气温及其变化趋势

（实线为预估的年平均温度，虚线为预估年平均温度的变化趋势）

图 15 给出了未来 40 年（2011—2050 年）两种排放情景下江苏省年平均气温及其变化趋势，虽然逐年气温有升有降，但总体趋势均为上升，其中 RCP4.5 情景和 RCP8.5 情景升温趋势较为相近，分别为 0.453℃/10a 和 0.415℃/10a。

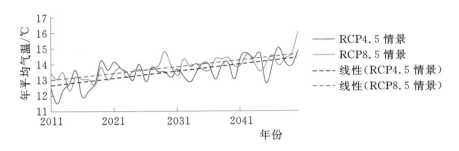

图 15　未来 40 年（2011—2050 年）两种排放情景下江苏省
年平均气温及其变化趋势
（实线为预估的年平均温度，虚线为预估年平均温度的变化趋势）

2. 年最高气温的变化趋势

图 16 给出了未来 10 年（2011—2020 年）两种排放情景下江苏省年最高气温及其变化趋势。RCP4.5 情景和 RCP8.5 情景下的年最高气温均为上升趋势，其中 RCP4.5 情景升温趋势为 2.863℃/10a，RCP8.5 情景升温趋势为 2.759℃/10a。

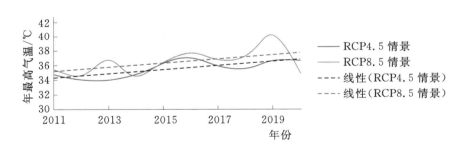

图 16　未来 10 年（2011—2020 年）两种排放情景
下江苏省年最高气温及其变化趋势
（实线为预估的年最高气温，虚线为预估年最高气温的变化趋势）

图 17 给出了未来 40 年（2011—2050 年）两种排放情景下江苏省年最高气温及其变化趋势。RCP4.5 情景和 RCP8.5 情景下的年最高气温均为上升趋势，其中 RCP4.5 情景升温趋势为 0.422℃/10a，RCP8.5 情景升温趋势为 0.758℃/10a。

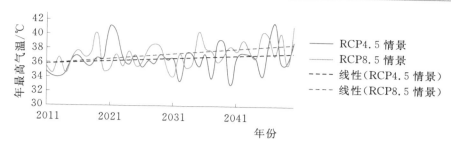

图 17 未来 40 年（2011—2050 年）两种排放情景下
江苏省年最高气温及其变化趋势

（实线为预估的年最高气温，虚线为预估年最高气温的变化趋势）

3. 年最低气温的变化趋势

图 18 给出了未来 10 年（2011—2020 年）两种排放情景下江苏省年最低气温及其变化趋势。RCP4.5 情景下的年最低气温为上升趋势，而 RCP8.5 情景下的年最低气温则为下降趋势，其中 RCP4.5 情景升温趋势为 $4.814℃/10a$，RCP8.5 情景降温趋势为 $-1.830℃/10a$。

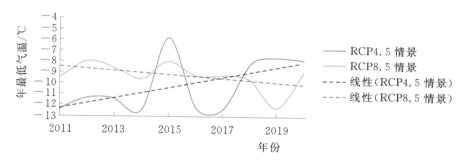

图 18 未来 10 年（2011—2020 年）两种排放情景下
江苏省年最低气温及其变化趋势

（实线为预估的年最低气温，虚线为预估年最低气温的变化趋势）

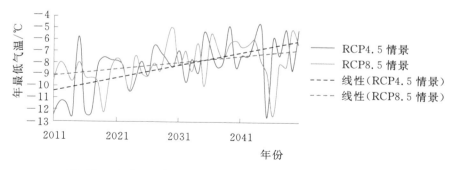

图 19 未来 40 年（2011—2050 年）两种排放情景下
江苏省年最低气温及其变化趋势

（实线为预估的年最低气温，虚线为预估年最低气温的变化趋势）

图 19 给出了未来 40 年（2010—2050 年）两种排放情景下江苏省年最低气温及其变化趋势。RCP4.5 情景和 RCP8.5 情景下的年最低气温均为上升趋势，其中 RCP4.5 情景升温趋势为 1.088℃/10a，RCP8.5 情景降温趋势为 −0.571℃/10a。

4. 年降水量的变化趋势

图 20 给出了未来 10 年（2011—2020 年）两种排放情景下江苏省年降水量及其变化趋势。RCP4.5 情景和 RCP8.5 情景下的年降水量均为下降趋势，其中 RCP4.5 情景下年降水量下降趋势为 −7.56mm/a，RCP8.5 情景下年降水量下降趋势为 −14.81mm/a。

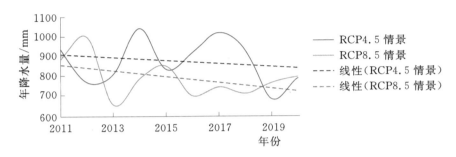

图 20　未来 10 年（2011—2020 年）两种排放情景下
江苏省年降水量及其变化趋势

（实线为预估的年降水量，虚线为预估年降水量的变化趋势）

图 21 给出了未来 40 年（2010—2050 年）两种排放情景下江苏省年降水量及其变化趋势。RCP4.5 情景和 RCP8.5 情景下的年降水量变化趋势均不明显，其中 RCP4.5 情景下略有下降趋势（−1.04mm/a），RCP8.5 情景下则略上升（0.15mm/a）。

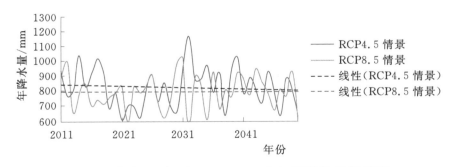

图 21　未来 40 年（2011—2050 年）两种排放情景下
江苏省年降水量及其变化趋势

（实线为预估的年降水量，虚线为预估年降水量的变化趋势）

山东省气候与可持续发展

概述

山东省地处中国东部、黄河下游和淮河下游，是中国主要沿海省市之一，位于北半球中纬度地带。陆地南北最长约 420km，东西最宽约 700km，陆地总面积 $1.567×10^5 km^2$，约占全国总面积的 1.6%，居全国第十九位。境域东临海洋，西接大陆，水平地形分为半岛和内陆两部分，东部的山东半岛突出于黄海、渤海之间，隔渤海海峡与辽东半岛遥遥相对，庙岛群岛（又称长山列岛）屹立在渤海海峡，是渤海与黄海的分界处。西部内陆部分自北而南依次与河北、河南、安徽、江苏 4 省接壤。

山东省属暖温带季风气候，气候温和，雨量集中，四季分明。春季天气多变，干旱少雨多风；夏季盛行偏南风，炎热多雨；秋季天气晴爽，冷暖适中；冬季多偏北风，寒冷干燥。

全省常年平均气温为 13.4℃，最冷月 1 月平均气温为 −1.6℃，最热月 7 月平均气温为 26.4℃。常年降水量为 641.8mm，最多年降水量为 1117.6mm（1964 年），最少年降水量为 415.8mm（2002 年），常年雨日数为 73d，最多年雨日数达 90d（2003 年），最少年雨日数为 58d（1999 年），降雨集中在每年 5—9 月，7 月最多。

近 50 年来气候变化具有鲜明的区域性特征。气候变暖趋势明显，年平均气温每 10 年升高 0.3℃，全省各地均变暖，北部和东部变暖明显，冬季变暖最明显，尤其是 20 世纪 90 年代以来增暖加快，春秋季次之。全省年降水量总体呈现减少趋势，平均每 10 年约减少 13.0mm，就不同季节而言，夏秋季降水减少，冬春季降水增多，年际降水量波动大，强降水过程有所增加。全省多年平均年日照时数呈现明显减少趋势，每 10 年减少 92.6h，各地日照时数均呈减少趋势。

近 50 年来极端天气气候事件出现频率和强度呈增大趋势，强降雨、暴雪、高温、干旱、低温冷冻等极端天气气候事件不断出现。暴雨日数呈现先减少后增多的趋势，20 世纪 80 年代暴雨日数最少，近 10 年呈现增加趋势；冰雹日数呈现减少趋势，近 10 年来明显减少；干旱面积呈现先增加后减少的趋势，但是阶段性干旱比较严重；高温日数呈现增多趋势，20 世纪 60—90 年代变化不大，从 90 年代后期开始，明显增加；全省平均雾日数总体呈增多趋势，20 世纪 80 年代中期至 90 年代初期，雾日数达历年最多，1990 年以后雾日数减少，但是近 10 年来出现大雾的次数有增加趋势；近年来全省平均年霾日数呈明显增加趋势，从 2010 年开始连续 3 年超过当年雾日数，2011 年最多，达到 18.9d。

不同排放背景下，未来年平均温度将持续上升，2040 年前增温幅度、变化趋势差异较小，2040 年以后不同 RCP 情景表现出不同的变化特征。山东省未来年平均降水量均呈增加趋势，不同情景下增加幅度、变化趋势差异较小。

气候变化对山东省农业影响显著。气候变暖导致热量条件明显改善，复种指数提高，无霜期延长，冬春季温度升高也为山东省设施农业的发展提供了有利条件，同时病虫害的发生危害程度加大，化肥、农药施用量增加，农业成本增加；随着农业经济的发展，极端天气气候事件的影响越来越突出，造成农业产量波动加大，农业气象灾害频繁，旱涝灾害损失加重，灾害发生频率和受灾程度呈增大趋势。

气候变化对山东省海岸带造成重大影响。全球气候变暖造成海水膨胀、极地冰盖和陆源冰川冰帽融化是引起海平面绝对上升的主要原因。1978—2007年，渤海和黄海海域海平面的上升速率分别为 2.3mm/a、2.6mm/a，都高于全球海平面上升速率（1.8mm/a）。海平面变化导致海岸侵蚀严重；风暴潮加剧；海水入侵，土壤盐渍化程度加重；海水倒灌，水质恶化；滩涂和湿地面积减少，许多珍稀濒危野生动植物绝迹，生态系统受到损害；黄河三角洲景观演变过程加快。对海岸带城市发展、港口建设、工农业生产、资源开发与海洋经济发展产生较大影响。

山东省不同高度年、季平均风速的大值区均出现在沿海、山东半岛和鲁中山区地带。山东沿海、山东半岛和鲁中山区等区域 70m 高度年平均风速大于 7.0m/s，局部风速更大；鲁西、鲁西北等地的风速一般在 6.0m/s；鲁中山区北侧和南侧风速最小，一般在 4.5m/s 以下。

春季是山东省的大风季节，70m 高度鲁中山区的平均风速超过 8.0m/s 的范围较大，沿海的平均风速一般在 7.0m/s 以上，鲁西、鲁西北大部分地区风速可达到 7.5m/s；夏季 70m 高度风速显著减小，鲁中山区、沿海等地的风速可达到 6.0m/s，鲁南、鲁中山区北侧等地的风速低于 4.0m/s，鲁西、鲁西北等地的风速一般低于 4.5m/s；秋季 70m 高度鲁中山区、沿海等地风速超过 6.0m/s 的范围比夏季大，鲁西、鲁西北等地的风速可达到 5.0m/s；冬季 70m 高度鲁中、沿海、山东半岛等地部分地区的风速在 6.0m/s 以上，达到 7.0m/s 的地区比夏季更多，鲁中、沿海、山东半岛等地风速与其他内陆地区的风速差较大。

山东省年、季风功率密度的分布特征与相应的风速分布特征相似，大风速区对应着高风功率密度。70m 高度鲁中山区、山东半岛、沿海等地的年平均风功率密度可达到 350W/m² 以上，部分地区的风功率密度更高，鲁中山区南侧、鲁南大部、山东半岛内陆地区年平均风功率密度一般在 200W/m² 以下，其他大部分地区一般不超过 300W/m²。

春季 70m 高度平均风功率密度在鲁中山区、沿海、山东半岛北部等地最大，可达 400W/m² 以上，鲁中山区南侧、鲁南大部地区等地最小，一般在 200W/m²；夏季各高度平均风功率密度在一年四季中最低，70m 高度除鲁中山区、山东半岛等部分地区超过 300W/m² 外，其他大部分地区一般不超过 200W/m²；秋季 70m 高度除鲁中山区、山东半岛等部分地区超过 300W/m² 外，其他大部分地区一般不超过 200W/m²；冬季 70m 高度鲁中山区、山东半岛北部、沿海等地平均风功率密度超过 300W/m²，其他大部分地区一般不超过 300W/m²。

全省多年平均年日照时数为 2387.7h，各地年日照时数在 1930.5（成武县）～2781.9h（龙口市）之间，自西南向东北增多，其中山东半岛大部、鲁西北大部、鲁中部分地区在 2500h 以上，鲁西南、鲁东南大部、鲁西北局部在 2400h 以下，其他地区在 2400～2500h 之间。全省多年平均年总辐射量为 5044MJ/m²，各地年总辐射量在 4543（成武县）～5484（龙口市）MJ/m² 之间，大部分地区属于太阳能资源较丰富区域，全省基本呈东北向西南减少的分布趋势。四季分布不同，春季、秋季呈东北向西南减少分布，夏季呈西北向东南减少分布，冬季呈东南向西北减少分布。

山东省既是一个农业大省，又是沿海省份，受气候变化影响大，为了科学应对和适应气候变化，做到可持续发展，必须一要建立长效机制，加强气候系统监测评估工程建设，完善应对气候变化法规体系，开展重大规划、重点工程项目的气候可行性论证和自然灾害风险评估工作，加强气象灾害风险综合管理和科学研究；二要科学开发气候资源和空中云水资源，有效利用太阳能、风能，调整能源结构，适应气候变化，强化人工影响天气能力建设，做好人工影响天气工作，合理利用空中水资源；三要地方政府进一步完善应急体系，加大力度支持基层应急体系建设，增强气象防灾减灾科普工作宣传，普及防灾避灾常识。

一、气候特征

山东省属暖温带季风气候，其特点是气候温和，雨量集中，四季分明。春季天气多变，干旱少雨多风；夏季盛行偏南风，炎热多雨；秋季天气晴爽，冷暖适中；冬季多偏北风，寒冷干燥。

（一）气候概况

1. 气温

山东省常年平均气温为 13.4℃，各地在 11.6（成山头）～14.9℃（邹城市）之间（图1）。1961—2012 年间，最高年平均气温为 14.2℃（1998 年、2006 年、2007 年），最低为 11.7℃（1969 年）。最冷月 1 月平均气温为 −1.6℃，最热月 7 月平均气温为 26.4℃（图2），极端最低气温为 −27.5℃（1958 年 1 月 15 日，泰山），极端最高气温为 43.7℃（1966 年 7 月 19 日，曹县）。月平均气温年较差 28.0℃，最大日较差 27.8℃（2000 年 5 月 7 日，临朐县）。平均生长季 266d，0℃以上持续期 296d（一般为 2 月 26 日至 12 月 4 日）。平均无霜期 210d，最长达 236d，最短为 190d。

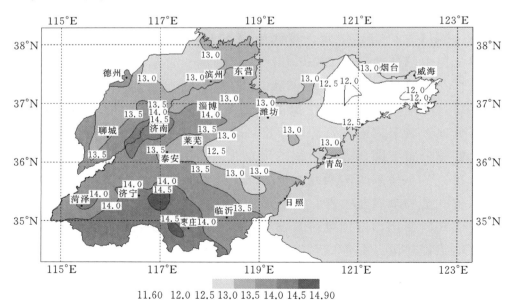

图1 1981—2010 年山东省年平均气温分布图（单位：℃）

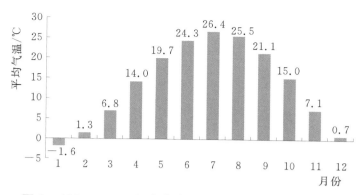

图 2　1981—2010 年山东省各月平均气温变化直方图

全省春季平均气温为 13.5℃，自山东半岛地区向西逐渐升高，各地在 8.7（成山头）～15.6℃（济南市）之间；夏季平均气温为 25.4℃，呈自东向西递增分布，各地在 21.2（成山头）～26.7℃（济南市）之间；秋季平均气温为 14.4℃，各地在 13.2（沂源县）～15.9℃（青岛市）之间；冬季平均气温为 0.1℃，各地在 −1.6（庆云县）～2.1℃（薛城区）之间。

1981—2010 年，全省年高温日数（日最高气温不小于 35℃ 的天数）平均为 6.9d，呈自西北向东南递减分布，各地在 15.2（淄博市）～0.0d（成山头、石岛）之间（图 3）。全省年平均高温日数 1967 年最多，为 19.6d，2008 年最少，为 1.5d。

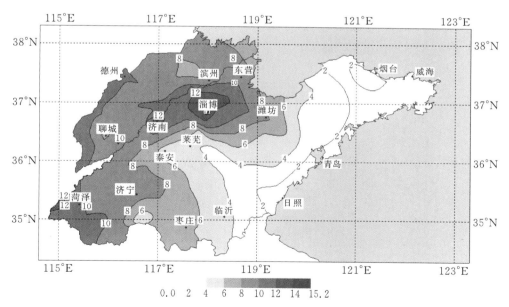

图 3　1981—2010 年山东省年高温日数分布图（单位：d）

1981—2010 年，全省年低温日数（日最低气温不大于 −10℃ 的天数）平均为 7.1d，主要出现在鲁西北、鲁中和山东半岛内陆地区，各地在 17.4（乐陵市）～0.5d（烟台市、长岛县、成山头）之间（图4）。全省年平均低温日数1969年最多，为28.9d，2007年最少，为0.4d。

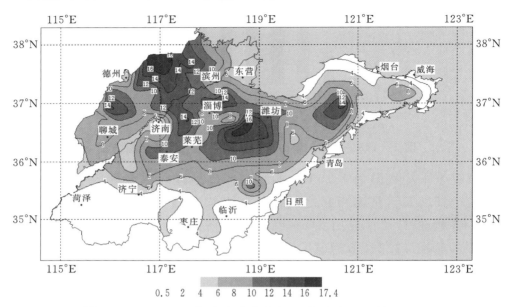

图4　1981—2010年山东省年低温日数分布图（单位：d）

2. 降水

全省常年降水量为641.8mm，各地在486.7（武城县）～867.7mm（郯城县）之间（图5）。1961—2012年，最多年降水量为1117.6mm（1964年），最少年降水量为415.8mm（2002年）。

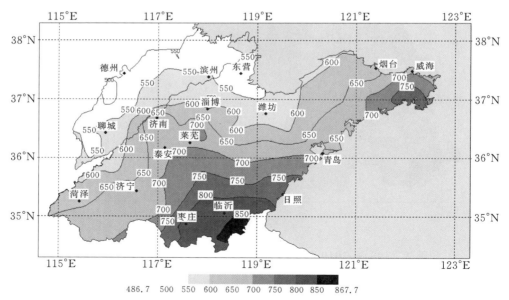

图5　1981—2010年山东省年平均降水量分布图（单位：mm）

　　春季全省平均降水量为 101.8mm，呈自东南向西北减少分布，各地在 70.3（德州市）～140.7mm（郯城县）之间；夏季全省平均降水量为 400.3mm，呈自东南向西北减少分布，各地在 303.5（莘县）～555.3mm（临沭县）之间；秋季全省平均降水量为 112.3mm，呈自东南向西北减少分布，各地在 75.4（乐陵市）～152.1mm（石岛）之间；冬季全省平均降水量为 27.3mm，呈自东南向西北减少分布，各地在 11.9（宁津县）～51.6mm（文登区）之间。

　　全省各月降水量变化较大，最大值为 170.1mm（7 月），最小值为 7.4mm（1 月）。年内降水主要集中在 6—8 月，占年降水量的 60％以上（图 6）。

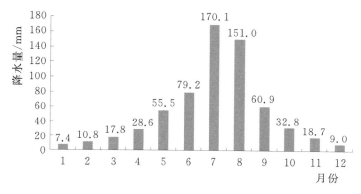

图 6　1981—2010 年山东省各月平均降水量变化直方图

　　全省年平均降水日数为 73.2d，呈自东南向西北减少分布，各地在 61.5（庆云县）～90.2d（文登区）之间（图 7）。

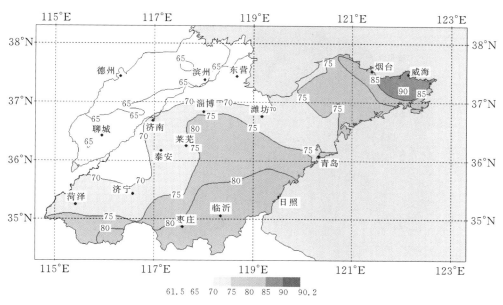

图 7　1981—2010 年山东省年平均降水日数分布图（单位：d）

全省各站极端日最大降水量差别大，各地在 116.1（周村区，2004 年 7 月 17 日）～619.7mm（诸城市，1999 年 8 月 12 日）之间（图 8）。

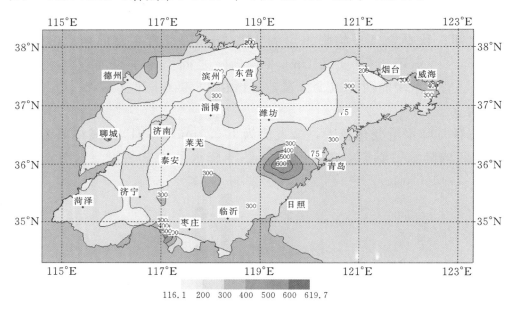

图 8　1951—2012 年山东省极端日最大降水量分布图（单位：mm）

3. 日照时数

全省平均年日照时数为 2387.7h，各地在 1930.5（成武县）～2781.9h（龙口市）之间，自西南向东北增多（图 9）。1961—2012 年，全省年平均日照时

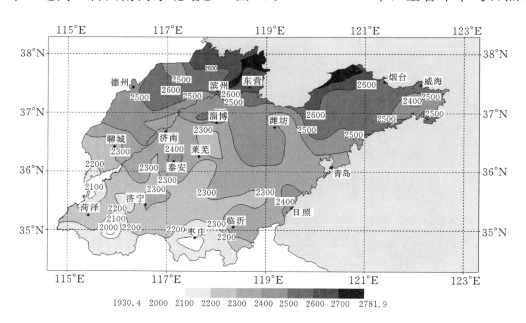

图 9　1981—2010 年山东省年平均日照时数分布图（单位：h）

数呈明显减少趋势。最多为 2811.9h（1968 年），最少为 2083.3h（2003 年）。全省各月平均日照时数变化较大，最大值为 254h（5 月），最小值为 160h（12月）（图 10）。

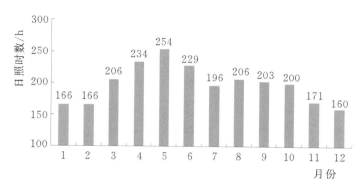

图 10 1981—2010 年山东省各月平均日照时数变化直方图

（二）灾害特点

1. 干旱

山东省属暖温带大陆性季风气候，降水量不足，且时空分布不均，干旱灾害频繁发生，有多发性、季节性、地区性、阶段性等特点。

多发性：就全省范围而言，每年都有不同程度的干旱灾害发生。据灾情资料统计，全省干旱成灾面积在 $6.7 \times 10^5 \text{hm}^2$ 以上的有 30 年，平均 3 年两遇；在 $1.3 \times 10^6 \text{hm}^2$ 以上的有 17 年，平均 3 年一遇；在 $2 \times 10^6 \text{hm}^2$ 以上的有 10 年，平均 5 年一遇。两季连旱经常发生，多为冬春连旱；三季、四季连旱也时有发生。

季节性：山东省夏季多雨，全年主要的降水都集中在夏季，大部分地区夏季的降水量占全年的 62%～70%。其中，以鲁西北地区集中程度最高，占全年的 66%～70%。其他月份经常干旱少雨，如春秋旱、春夏连旱、夏秋连旱，特别在农作物生长期大量需水时期少雨，极易发生旱灾。

地区性：全省降水量分布的特点是东南部多、西北部少，鲁西北地区降水量少而蒸发量大，为重旱区；鲁东南及东部沿海地区降水量多而蒸发量小，为轻干旱区；其他地区为中度干旱区。

阶段性：全省平均年降水量连年偏多和偏少时期交替出现，有明显的阶段性。

2. 洪涝

洪涝与干旱有相似的特点，但也有不同之处，一是洪涝发生的季节性更强，集中在汛期（6—9 月）；二是洪涝具有突发性，往往造成毁灭性灾害。

多发性：1951—2000 年 50 年间，绝大部分年份都有洪涝发生。成灾面积在 $6.7 \times 10^5 \, \mathrm{hm}^2$ 以上的有 16 年，平均 3 年一遇。

突发性：洪涝的发生很突然，来势迅猛，破坏性很大，不仅造成经济损失，还造成人员伤亡，所以人们把洪水视同猛兽。

季节性：洪涝多出现在夏季和早秋季节，其他季节极少出现。

地区性与流域性：由于自然地理和气候特点不同，洪涝灾害有一定的地区差异。在鲁中山区、胶东丘陵地区以及山丘与平原过渡地带以洪灾为主，而鲁西南和鲁西北平原地区则以涝灾为主。对一个流域来说，上游与下游的洪涝是相互影响的。如果上中游出现洪水，会造成下游地区洪水泛滥，若与下游的涝灾相结合，则形成复合性的更大洪涝灾害，这是鲁西南、鲁西北平原洪涝灾害多而严重的原因。

阶段性：汛期全省平均降雨量变化具有阶段性，20 世纪 50—70 年代是多雨阶段，洪涝较为频繁，80 年代以后是少雨阶段，洪涝灾害较轻。

3. 大风和沙尘暴

山东省的大风和沙尘暴灾害具有很强的地域性、季节性特点，还存在一定的阶段性。

地域性：山东省沿海地区的大风日数明显多于内陆，山东半岛的东部沿海最多，鲁中山区最少。沿海地区强风日数较多，秋、冬两季，南部沿海明显多于北部沿海；内陆地区的强风日数甚少，且主要出现在山东半岛内陆。

山东省沙尘暴空间分布特点是西部多，东部少，甚至没有，冠县出现最多。鲁西和鲁北距离我国的沙尘暴源地较近，因而沙尘暴日数也多于省内其他地区。

季节性：山东半岛的烟台—青岛一带大风日数主要集中在 11 月至次年 5 月，多数站点以 4 月最多，其次是 5 月，4—5 月每月一般为 9～10d；山东省大部分地区的大风灾害主要发生在春季，沙尘暴灾害也多出现在春季，盛夏期间基本不出现。

山东省沙尘暴集中出现在 2—6 月，日数最多的月份是 4 月，其次是 3 月，多数地区的沙尘暴只出现在 3—4 月。春季是冬半年向夏半年过渡的季节，我国北方多大风天气，再加上气候干燥，容易形成沙尘暴灾害。所以沙尘暴灾害以春季最多，其次是夏季，秋季极少发生。

阶段性：山东省的沙尘暴天气具有明显的阶段性变化。年沙尘暴日数基本是从 20 世纪 70 年代中期以后逐年递减的，到 90 年代以后又略有增加。

分散性：山东沿海地区大风较内陆持续时间长，偏北大风比偏南大风持续时间长，大风持续时间在 24h 以上的，沿海约占 50%，持续 3d 以上的大风过程较少，且多出现在冬季。最长的一次大风过程出现在 1975 年 12 月 3—16

日，沿海 7 级偏北大风持续长达 13d 之久。

山东省沙尘暴灾害连日出现的少，出现 1d 的多。在 1971—2001 年中，共出现 83 次沙尘暴天气过程，而出现 1d 的有 75 次，为总数的 90.4%，连续天数最多的沙尘暴天气过程只有 1 次为 3d，出现在 1971 年 3 月底。

山东省沙尘暴灾害的站数少、范围小。1971—2001 年，沙尘暴出现 0～9 站的共有 72d，占总出现天数的 78.3%，而出现 30～39 站的只有 2d，只占总出现天数的 2.2%。

4. 冰雹

据新中国成立以后的多年资料统计，从灾害发生的次数看，山东省冰雹具有山区多于平原、鲁中、鲁北地区多于鲁西南地区的特征，尤以鲁中山区出现最多。据近 30 年资料统计，泰山平均每年降雹 3 次，为全省之冠。其次为安丘县，年均降雹日数为 1.4d；冰雹灾害发生最少的为鲁西南地区，平均降雹日数为 0.2d 左右，其中成武县、单县、金乡县一带最少，年均降雹日数仅0.1d，相当于每 10 年才发生 1 次雹灾。由于冰雹灾害发生的范围小，局地性强，降雹地点分散，虽然就某一固定地点而言，其年平均降雹次数很少，但若扩大到某一地区，乃至全省范围统计，则冰雹灾害出现的概率就大得多。

多雹区的地理分布有较明显的季节变化：4 月多雹区出现于易受热增温的山区西南部，如泰沂山、枣庄市、莱西市附近及鲁西北地区；6 月多雹区主要分布在易受冷空气影响的地区，如鲁北、鲁中山区东部及山东半岛西北部；7 月进入雨季，冷空气势力减弱北退，多雹区也北移至鲁中山区的西北部，秋季多雹区则主要分布在胶东半岛和鲁北一带。

5. 雪灾

山东省雪灾主要集中在 11 月至次年 3 月，有很强的季节性和地域性，其发生特点还有持续性和猝发性，造成的影响和灾害是不可忽视的。

季节性：雪灾多出现在冬季，春季和秋季也有发生。主要集中在 11 月至次年 3 月。

地域性：由于自然地理和气候特点的不同，雪灾有一定的地域差异。山东半岛北部、鲁北、鲁西和鲁中山区发生较多，南部地区较少出现。

持续性：持续性雪灾是指积雪厚度随降雪天气逐渐加厚，密度逐渐增加，稳定积雪时间长，可从秋末一直持续到第二年的春季，但在山东省境内是比较罕见的。

猝发性：猝发性雪灾发生在暴风雪天气过程之中或之后，在几天内保持较厚的积雪，温度骤然下降，并伴有大风，对交通、大棚等构成威胁，多见于深秋和气候多变的春季。

阶段性：新中国成立以后，20 世纪 50 年代、80 年代雪灾记录较多，主要是对农业和交通的影响；90 年代雪灾记录也较多，除了对农业和交通的影响外，灾害还涉及通信、邮电、工业生产等诸多方面。

6. 大雾

山东省雾灾的出现有很强的地域性和季节性，还有一定的阶段性。

地域性：由于雾出现的局地性强，因此雾灾的地区差异也很大。山东半岛沿海地区是雾灾发生最多的地方。

季节性：由于内陆地区大雾多发生在秋、冬季节，而山东半岛和沿海地区多发生在春、夏季节，因而雾灾也表现出很强的季节性。山东半岛沿海地区多发生在春、夏季，5 月、6 月、7 月较多；内陆地区的雾灾多发生在秋、冬季，1 月、11 月、12 月较多。

阶段性：据统计，1951—2000 年的 50 年间，发生较大的雾灾有 12 年，20 世纪 50—60 年代很少记录，70 年代和 80 年代多为海雾灾害，90 年代以后，雾灾增多，内陆地区增多明显，主要是因为经济发展，道路交通的增多和完善，交通运输业发展所致。

二、近 10 年气象灾害特点

（一）暴雨日数增多，暴雨洪涝灾害损失严重

暴雨洪涝在山东省每年都有发生，全省多年平均年暴雨日数为 2.2d，20 世纪 60—80 年代呈现减少趋势，近 10 年有增加趋势，平均为 2.5d（图 11）。

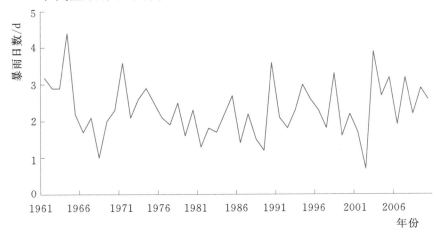

图 11　1961—2010 年山东省暴雨日数变化

暴雨造成巨大经济损失。根据统计，2000 年以来由于暴雨洪涝造成的直接经济损失约 410.8 亿元。其中，2003 年造成的经济损失最多，高达 108.7 亿元；2002 年造成的损失最小，为 1.0125 亿元。山东省暴雨洪涝发生的时间主要集中在 7—8 月，进入 21 世纪以后，暴雨洪涝最早发生在 4 月 17—18 日（2003 年），最晚发生在 11 月 9—10 日（2004 年），山东省出现如此早、晚的暴雨，在历史上是罕见的。从暴雨发生的次数来看，2005 年出现的最多，为 13 次；2002 年出现的最少，仅 1 次（图 12）。

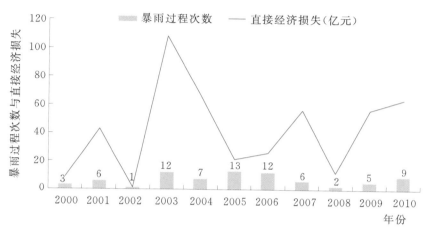

图 12　2000 年以来山东省暴雨洪涝造成的经济损失和发生次数

　　2003 年 10 月 9—12 日，山东省大部地区降大到暴雨或大暴雨，同时伴有大风，风力 8～10 级，截至 12 日 12 时，全省平均降雨量 76mm，最大降雨量 285mm。此次暴雨天气是年内最大的一次降水过程，是 50 多年来历史同期首次出现，也使 10 月降水偏多并创历史新高。由于降水集中，造成洪涝和内涝；同时，由于降水偏多影响棉花后期收获，使秋播推迟，从而影响了冬小麦出苗及苗期生长。据山东省民政厅《新灾情况》报告，德州、滨州、聊城、菏泽、潍坊、济宁、淄博、日照、东营、烟台等市大部分县（市、区）遭受洪涝灾害，期间德州、东营、烟台等市还有风暴潮袭击。特别是菏泽市由于前期严重的内涝和黄河漫滩，灾害损失进一步加剧。初步统计，灾害造成农作物受灾、成灾面积分别为 $6.6 \times 10^5 hm^2$、$3.9 \times 10^5 hm^2$，倒塌房屋 5.49 万间，损坏房屋 5.06 万间，被水围困群众 9.82 万人，造成直接经济损失逾 45 亿元。

　　2001 年 7 月 20 日至 8 月 4 日，鲁西南、鲁南、鲁东南、山东半岛、鲁中山区先后降大到暴雨、大暴雨或特大暴雨，致使菏泽、莱芜、临沂、日照、青岛、烟台、泰安、淄博等市遭受不同程度的洪涝灾害。据统计，暴雨洪涝灾害致使农作物累计受灾面积 $6.9 \times 10^5 hm^2$，成灾面积 $4.3 \times 10^5 hm^2$，绝收面积 $1.1 \times 10^5 hm^2$；倒塌房屋近 3 万间，损坏房屋 6 万多间；受灾人口上百万人，因灾死亡 26 人，失踪 10 人，5900 人无家可归；直接经济损失累计 42.8 亿元。

2007 年 7 月 18 日，全省出现强降水过程，其中济南市遭受有气象记录以来雨强最大暴雨袭击，局部伴有风雹和雷电。济南市平均降雨量 153.1mm，其中 1h 内最大降雨量达 151mm；莱芜市莱城区 2h 降雨量达 230mm；青岛市平均降雨量为 89mm。由于短时间内降雨强度极大，时空分布不均，造成严重人员伤亡和财产损失。灾情涉及济南、青岛、淄博、烟台、滨州、莱芜、潍坊、临沂、德州 9 市、25 个县（市、区），其中济南市灾情最为严重。据统计，全省受灾人口 62.93 万人，因灾死亡 46 人，失踪 1 人，伤 197 人，紧急转移安置 11.55 万人；8793 户居民房屋进水，倒塌房屋 3101 间，损坏房屋 8098 间；农作物受灾面积 $4.5 \times 10^4 hm^2$，其中绝收面积 $8.5 \times 10^3 hm^2$；死亡牲畜 1000 头，倒折树木 22.8 万余棵，损坏大棚 45 个；直接经济损失逾 15 亿元。

（二）干旱变轻，发生时涉及范围广

近 50 年来山东省干旱面积经历了先增加后减少的趋势，20 世纪 70 年代平均旱灾面积为 $1.5 \times 10^6 hm^2$，80 年代平均旱灾面积为 $2.5 \times 10^6 hm^2$，90 年代平均旱灾面积为 $2.4 \times 10^6 hm^2$，2000 年以来，山东省旱灾面积减少，平均旱灾面积为 $1.4 \times 10^6 hm^2$（图 13），干旱发生次数少，但是发生时涉及范围广，持续时间长。共发生了 5 次较为严重的干旱，其中 2002 年全省出现了严重的夏秋连旱。

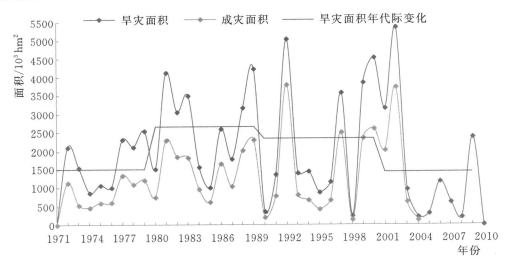

图 13　近 40 年山东省旱灾面积变化

2002 年山东省大部地区降水较常年偏少 30%～50%，特别是入夏以后，由于降水少，气温高，蒸发量大，加之抗旱用水量大，致使全省地表蓄水严重不足。到 8 月，全省约 2300 万人受灾，有 192 万人、90 万头大牲畜出现吃水困难。整个汛期（6 月 1 日至 9 月 10 日），全省降水量较常年偏少 54%，持续的干旱和连续的高温天气，使农田水分大量蒸发，失墒严重，全省旱情急剧发展，据 9 月 8 日实测墒情分析，全省有 $3.7×10^6 hm^2$ 农田受旱，其中重旱面积 $1.2×10^6 hm^2$，受旱地区主要集中在鲁中山区和鲁西北、鲁西南沿黄地区以及黄河故道区。入秋后，由于干旱少雨，导致部分秋作物后生育期缩短、早熟，旱情严重地块作物死亡绝产。同时，农田墒情严重不足，且大部地区缺乏水源造墒，冬小麦播种难以进行，进度缓慢。到 11 月 28 日，全省仍有 $1.5×10^6 hm^2$ 农田受旱，其中重旱面积 $3.1×10^5 hm^2$，主要分布在鲁中、鲁南等地。

（三）高温日数明显增加，各地利弊不一

山东省平均高温日数，20 世纪 70—90 年代初变化不大，从 90 年代中期开始，有所增加，近 10 年平均为 7.9d，较常年值增多 1.3d（图 14）。

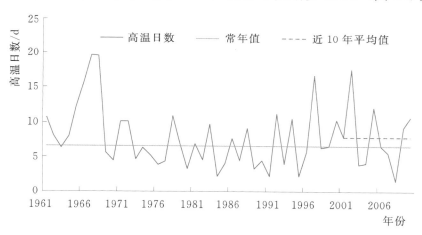

图 14 1961—2010 年山东省高温日数变化曲线

2000 年以来，山东省共出现 18 次高温过程，其中 2005 年 3 次，2006 年 8 次，2009 年 2 次，2010 年 5 次。高温天气的出现对电力负荷、人体健康造成较大影响，但给沿海地区旅游业带来很好的商机。

2005 年 6 月 22—24 日，全省出现大范围持续高温天气，大部地区日最高气温在 37℃以上，鲁西北、鲁西南、鲁中和山东半岛部分地区出现了 40℃以上的高温，个别县（市）在 23—24 日连续出现了 40℃以上的高温，大部地区打破了同期历史最高纪录。此次高温天气给人们生活工作带来了很多麻烦，省城的冷饮、西瓜、扎啤等夏令产品出现全线井喷，"凉面"配料紧俏，扎啤冷

饮断货，产品供不应求，空调热销等，使得夏日经济借着酷暑的到来迎来了消费高潮。很多户外作业的人们不得不停止工作；济南部分中小学首次因持续高温规定下午停课，部分小学还因高温导致期末考试时间一推再推。此外，受高温影响，不少孩子患上了"空调病"，省城各大医院儿科接诊的呼吸道患儿急剧增多，仅山东大学齐鲁儿童医院每天的门诊量就在 1100 人次左右。在高温威胁内地人们生活的同时，沿海城市却利用其得天独厚的自然气候条件，享受着高温带来的丰厚利润。受其影响，烟台市和威海市夏季旅游高峰提前到来，游客也较往年同期增多 2～3 成。提前迎来的"游峰"给两地的避暑经济带来了丰厚的回报，两地的住宿、餐饮、交通以及相关的夜经济产业出现了同比增长的好势头。

2006 年 7 月 12—14 日，山东省出现大范围持续的高温、高湿天气，鲁西北和鲁中大部、鲁西南和山东半岛局部地区最高气温达到 35℃ 以上。持续高温不仅使中暑患者骤然增多，同时也造成山东电网负荷不断攀升，频创历史新高。7 月 13 日 11 时 11 分，山东电网最高负荷达到了 2801.8 万 kW，超过当年预测负荷 11.8 万 kW；临沂市、济宁市、烟台市和济南市供电负荷也分别达 176.6 万 kW、186.6 万 kW、209 万 kW、294.6 万 kW 历史最高纪录，济南市用电负荷比上年同期增长 30.75%。另外，持续高温催热海滨游、空调销售、家庭装修检测等行业，山东省海滨城市旅游空前火爆，蓬莱海洋极地世界景点 7 月每天接待客人达 11 万余人，较往年同期接待量增加 1 倍；日照万平口海滨生态公园的日接待量也创下 5 万人的历史最高纪录。省城济南市的各大家电商场，空调销售专区成为最火爆的销售卖场。

（四）低温冷害时有发生，过程损失大

山东省低温冷害一般发生在初春和冬季，低温冷害发生次数少，但是每次造成的经济损失巨大。2000 年以来春季共发生过 3 次严重的低温冷害，总计经济损失 121.77 亿元。2009 年 11 月至 2010 年 2 月、2010 年 12 月中旬至 2011 年 1 月 15 日，冬季低温导致山东沿海地区受到了严重的海冰影响，给水产养殖和海上交通运输带来巨大损失。

2001 年 3 月 24—25 日，受暖湿气流影响，山东省气温回升迅速，最高达 24℃，至 3 月 27 日，由于受北方强冷空气影响，山东省大部地区出现了大范围的雨雪天气，气温随之急剧下降，最低气温达 −6.4℃，形成多年来少见的"倒春寒"天气，致使小麦、林果和蔬菜等遭受严重的低温冷冻灾害。据山东省民政厅报告，3 月 26—29 日，日照、滨州、菏泽、泰安、济宁、德州、枣庄、聊城等 8 市 35 县（市、区）普遍遭受严重低温冷冻灾害。初步统计，农

作物受灾面积 $7.8 \times 10^5 hm^2$，成灾面积 $3.9 \times 10^5 hm^2$，绝收面积 $1.1 \times 10^5 hm^2$，果树冻死、蔬菜大棚被压塌，损失严重，直接经济损失逾 35 亿元。

2002 年 4 月 24—25 日，受北方强冷空气影响，鲁中及胶东半岛大部地区气温骤降，最低气温达 0℃以下，造成严重低温冷冻灾害。灾害涉及奎文、寒亭、寿光等 42 个县（市、区）。据初步统计，全省农作物受灾面积 $5.1 \times 10^5 hm^2$，成灾面积 $3.8 \times 10^5 hm^2$，绝产面积 $1.3 \times 10^5 hm^2$，直接经济损失逾 64 亿元。

2004 年 4 月 23 日夜至 24 日凌晨，栖霞、蓬莱、莱州、莱阳、牟平、招远、龙口、昌邑、高密、胶州、莱西、平度 12 县（市、区）遭受低温冷冻灾害。据初步统计，农作物受灾面积 $1.4 \times 10^5 hm^2$，绝收面积 $0.31 \times 10^5 hm^2$，直接经济损失 22.77 亿元。

山东沿海地区在 2009 年 11 月至 2010 年 2 月受到了最严重的海冰影响。2009 年 12 月中旬近海开始结冰，冰情不断发展、加剧，截至 2010 年 1 月下旬，渤海湾海冰覆盖面积达 $1.4 \times 10^4 km^2$ 左右，莱州湾约 $1.1 \times 10^4 km^2$。这次海冰灾害持续时间之长、范围之广、冰层之厚，是山东省 40 多年来最严重的一次，对海上交通运输、生产作业、水产养殖、海洋捕捞、海上设施和海岸工程等造成严重影响。

2010 年 12 月中旬以后，冷空气活动频繁，山东沿海出现大面积冰情。近海于 12 月 16 日开始结冰，渤海、黄海北部及胶州湾海域冰情发展较快，特别是水产养殖区、港口码头、石油平台、有人居住的海岛等海域出现较严重的冰情。至 2011 年 1 月 15 日，浮冰外缘线渤海湾最大达 14n mile，莱州湾最大达 23n mile，黄海北部最大达 16n mile。冰情比上年同期偏轻，总体接近常年水平；胶州湾海域浮冰最大范围离岸 1.3n mile 左右，比上年同期略偏轻，但与前几年相比冰情偏重。截至 1 月 23 日，莱州湾浮冰外缘线 39n mile，莱州湾海冰覆盖面积达 $6.7 \times 10^3 km^2$，渤海湾浮冰外缘线 24n mile，黄海北部浮冰外缘线 12n mile，胶州湾浮冰外缘线 1.2n mile。

（五）影响台风年均 1 个，灾害损失惨重

2000 年以来山东省受 12 个台风影响，年均 1 个左右。其中，2005 年 9 号台风"麦莎"造成影响最严重。9 号台风"麦莎"进入山东省以后，减弱为热带风暴，席卷了山东省大部分地区。受其影响，全省有 27 座大中型水库超汛中允许超蓄水位，有 26 座大中型水库溢洪。据统计，灾害涉及青岛、烟台、威海、日照、潍坊、东营、滨州等 7 市 49 县（市、区），受灾严重。全省受灾人口 380 余万人，紧急转移 5.83 万人，农作物受灾面积 $3.5 \times 10^5 hm^2$，其中

绝收面积 $0.44×10^5 hm^2$；倒塌房屋 3563 间，损坏房屋 17919 间；海上养殖损失面积 $1.7×10^3 hm^2$；冲毁桥梁 208 座、公路 168km、塘坝 36 座；大浪卷走、损坏船只 53 艘；倒塌蔬菜大棚 1680 个；死亡家禽 34700 只；直接经济损失 29.4 亿元，其中农业经济损失约 24 亿元。

（六）冰雹日数减少，大风冰雹带来损失巨大

山东省冰雹日数总体呈现减少的趋势，全省冰雹日数常年值为 20.1d，近 10 年，冰雹日数明显减少，平均值为 12.3d（图 15）。

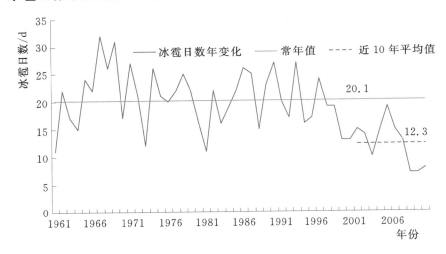

图 15　山东省冰雹日数变化曲线

根据统计发现，2000 年以来由于大风冰雹造成的直接经济损失 242.43 亿元（图 16）。其中，2001 年造成的经济损失最多，高达 56.98 亿元；2009 年造成的经济损失最小，仅为 5.9 亿元。仅 2001 年 8 月 23—24 日风雹过程造成的直接经济损失就高达 16 亿元。

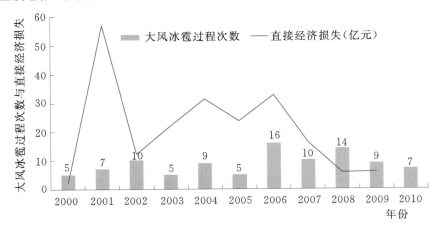

图 16　2000 年以来山东省大风冰雹造成的经济损失和发生次数

2001 年 8 月 23—24 日，山东省遭受了一次罕见的大范围的西北—东南向飑线灾害过程，德州、济南、滨州、莱芜、淄博、临沂、日照、青岛、潍坊 9 市的近 30 个县先后遭受不同程度的暴风、冰雹灾害，冰雹持续时间长，并伴随着大风，冰雹直径大的有 4～5cm，短时风力达 7～8 级，部分地区阵风达 11 级。受灾区的农作物和经济作物损失严重，尤其是林果基本绝产，黄烟、棉花多数被砸成光秆，大片玉米倒伏和折断。据统计，农作物受灾面积约 $2 \times 10^5 hm^2$，倒折树木近 300 万株，刮倒线杆万余根，刮毁、损坏大棚上千个，毁坏、倒塌、损坏房屋近 15 万间，因灾伤亡 91 人，砸死各类禽畜十几万头，直接经济损失达 16 亿多元。

（七）连阴雨相对较少，但农业影响大

山东省连阴雨一般发生在秋季，近 11 年共出现 3 次连阴雨过程，对农业均造成重大损失。

2007 年 9 月 26 日至 10 月 7 日，山东省出现大范围的连续阴雨天气过程，大部分地区降小到中雨，局部地区降大到暴雨，全省平均降水量为 41.4mm。滨州市全部县（市、区）均不同程度受灾，无棣、沾化、邹平 3 县灾情最为严重；德州市的乐陵、庆云、禹城、齐河 4 县（市）灾情较重；潍坊市 7 个县（市、区）不同程度受灾。全省受灾人口 230.28 万余人；农作物受灾面积 $3.5 \times 10^5 hm^2$，其中绝收面积 $2.5 \times 10^4 hm^2$；倒塌房屋 280 间，损坏房屋 3210 间；农业直接经济损失逾 22 亿元。

2009 年 9 月上旬、中旬，山东省大部地区阴雨天气频繁，4—7 日，鲁西北地区出现连续阴雨天气，部分地区出现暴雨或大暴雨，部分农田遭受严重的内涝灾害，农作物倒伏严重，对棉花的吐絮、采摘、收购和加工也十分不利。德州市棉花采摘较往年延迟 5～7d，棉花质量也大受影响，据统计，受灾人口 24.15 万人；农作物受灾面积 $2.3 \times 10^4 hm^2$，其中绝收面积 $4.8 \times 10^2 hm^2$；倒塌房屋 497 间，损坏房屋 491 间；直接经济损失 6 亿元。

（八）大雾次数增多，影响交通运输

全省平均雾日数总体呈增多趋势（图 17），平均每 10 年增多 0.63d。20 世纪 80 年代中期至 90 年代初期，雾日数达历年最多值。1990 年以后雾日数减少。2000 年以来，山东省出现大面积乃至全省范围的大雾次数明显增多（图 18），大雾对海陆空交通等造成极大影响，导致空气质量下降，对人体健康造成严重威胁。

2006 年 11 月 18 日夜间至 21 日，山东省出现了大范围的大雾天气，部分

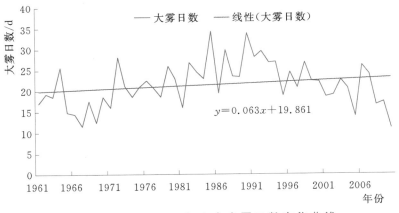

图 17　1961—2010 年山东省雾日数变化曲线

图中拟合直线方程为：$y=0.063x+19.861$

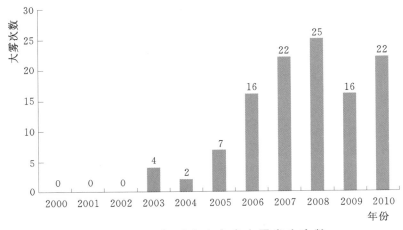

图 18　2000 年以来山东省大雾发生次数

地区出现强浓雾，能见度不足 50m，济南市郊区能见度一度低于 10m，气象部门在 19 日曾连发 3 次大雾黄色预警信号。受浓雾影响，山东省境内的京福、济青、潍莱、青银、济聊、日东等高速公路部分或全线封闭，部分路段 19 日全天封闭；汽车站因大雾天气发车班次推迟，旅客人数锐减，大多数旅客改乘火车，致使火车运输在淡季里出现了客运小高峰。据报道，19 日济南火车站上车人数达到了 2.6 万人次，比平时多了 2000～3000 人。同时机场航班次序也被大雾天气打乱，济南机场大部航班被延误，有 14 个航班被取消；青岛流亭机场从 19 日晚 10 时起至 20 日上午，有 30 余架次航班延误，千余名旅客滞留机场。20 日早晨，青岛港和烟台港对进出港的船舶进行全面交通管制，青岛港轮渡所有船只停发，到下午 2 时 40 分才通航；烟台港外有 21 艘船舶在锚地等候待命，其中 7 艘客滚船载运 6000 余名旅客、900 余台车辆等待进港，最长待命时间长达 10h，有约 2000 多名乘客延误进港。浓雾天气还导致空气质量严重下降，两天内，省城各大医院接诊的支气管哮喘、老年性支气管炎等呼吸道疾病患者骤然增多。

（九）风暴潮日趋增多，带来巨大损失

近 11 年山东省共发生 6 次风暴潮，其中 2003 年发生 1 次，造成经济损失 1.5 亿元；2007 年发生 4 次，造成直接经济损失约 19.7 亿元；2009 年发生 1 次，造成 1 人死亡。

最严重的一次风暴潮出现在 2007 年 3 月 3—5 日，受强冷空气和黄淮气旋的共同影响，山东省出现了寒潮大风、强降水天气过程，大部地区降大到暴雨（雪），部分地区为小到中雨（雪）。寒潮天气过程过后，山东省气温明显下降，到 5 日凌晨，全省最低气温都在 0℃ 以下，其中鲁北、鲁中山区和山东半岛内陆地区一般在 −5～−7℃，降温幅度达 10～12℃。寒潮诱发山东省北部沿海地区罕见的特大风暴潮，3 月 3 日夜间至 5 日，渤海湾、莱州湾出现自 1969 年以来最强的一次温带风暴潮，威海、烟台、东营、滨州、潍坊、青岛等 6 市 25 个县（市、区）先后遭受风暴潮袭击。风暴潮时，瞬时最大风力达 13 级，成山头极大风速为 40.6m/s，海上最高潮位达 321cm；风暴潮过后，烟台滨海气温骤降，出现冰凌现象。灾害造成 3 人死亡，7 人失踪，受灾人口 64.15 万人，转移安置人口 6.12 万人；损坏船只 2109 余艘；倒塌房屋 619 间，损坏房屋 7792 间；农作物受灾面积 $3.6 \times 10^4 hm^2$；损坏各类大棚 26932 个；盐田受灾面积 $4.5 \times 10^3 hm^2$；海洋渔业、养殖业和基础设施受到严重损失；直接经济损失 19.65 亿元。

（十）沙尘扬沙时有出现，加重空气污染

2000 年出现了 2 次沙尘暴，直接经济损失 9.7 亿元。2005 年出现 3 次沙尘，2006 年出现 1 次扬沙，2008 年出现 4 次扬沙。沙尘和扬沙的出现，造成大气中可吸入颗粒物浓度大幅度上升，空气质量下降，污染加重。

2000 年 4 月 9 日下午，潍坊、日照、淄博、临沂、济南、菏泽、泰安、聊城、青岛、德州、济宁、烟台、莱芜等 13 市的 53 个县（市、区）自西向东遭受了强风暴袭击，部分地区伴有严重的沙尘暴天气，风力 6～8 级，局部阵风 10 级以上，狂风和沙尘暴所到之处，遮天蔽日，各类大棚、房屋、树木等严重受损，通信线路中断，渔船被损坏，海上作业受到严重影响，人们的生活和工作也受到严重的影响。据统计，此次沙尘暴，造成 6 人死亡，20 人受伤，13 人失踪；损坏房屋 72518 间，倒塌房屋 676 间；损坏蔬菜、育苗、养鸡等各类大棚 47 万余个；海上渔船损坏 78 艘，沉没 2 艘，失踪 1 艘，湖上刮没船只 240 艘；直接经济损失 9.7 亿元以上。

从上面的分析可以看出，随着气候背景的变化，极端天气气候事件都出现

了不同的变化特征，总体来看主要表现为：近50年来暴雨日数呈现先减少后增多的趋势，20世纪80年代暴雨日数最少，近10年呈现增加趋势；近50年来冰雹日数呈现减少趋势，近10年来明显减少；干旱面积呈现先增加后减少的趋势，但是阶段性干旱比较严重；近50年来高温日数呈现增加趋势，20世纪60—90年代变化不大，从90年代后期开始，明显增加；全省平均雾日数总体呈增多趋势，20世纪80年代中期至90年代初期，雾日数达历年最多，1990年以后雾日数减少，但是近10年来出现大雾的次数有增加趋势。这些天气气候事件发生带来的利弊不一，但是总体来看弊明显大于利。

为了适应气候变化，减轻极端气候事件带来的影响，下一步要加强气候变化监测和研究，加密气象观测站的建设，提升对极端气候事件的监测能力，大力开展气候变化的影响评估及适应对策研究，从而提升应对气候变化和防灾减灾的能力。

三、近50年气候变化及未来预估

（一）气候变化基本事实

山东省近50年来气候变化具有鲜明的区域性特征。气候变暖趋势明显，而冬季变暖趋势最为明显，尤其是20世纪90年代以来增暖加快；年际降水量波动大，强降水过程有所增加；极端天气气候事件频率和强度呈增加趋势。

1. 全省呈变暖趋势，冬季变暖最明显

1961—2009年，山东省年平均气温每10年升高0.3℃，49年间年平均气温共升高1.5℃。全省各地均变暖，北部和东部变暖明显，冬季变暖最明显，春秋季次之（图19）。

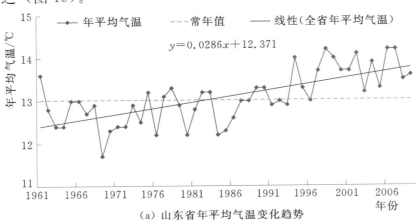

(a) 山东省年平均气温变化趋势

图19（一）　1961—2009年山东省年平均气温变化趋势和各地年平均气温趋势变化分布图

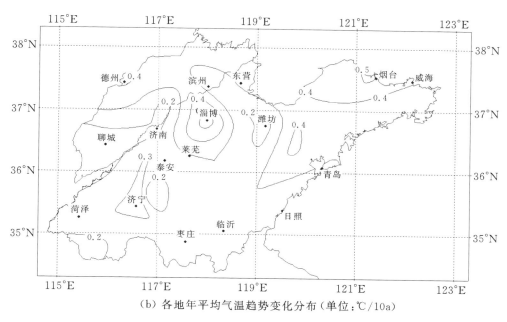

（b）各地年平均气温趋势变化分布（单位：℃/10a）

图 19（二） 1961—2009 年山东省年平均气温变化趋势和各地年平均气温趋势变化分布图

2. 年降水呈减少趋势

1961—2009 年，全省年降水量每 10 年减少 12.7mm，49 年间共减少 62.2mm。大部地区年降水量呈减少趋势，夏秋季降水量减少，冬春季降水量增多（图 20）。

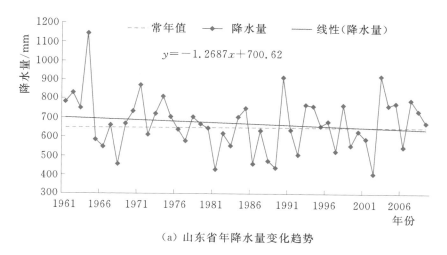

（a）山东省年降水量变化趋势

图 20（一） 1961—2009 年山东省年降水量变化趋势和各地年降水量趋势变化分布图

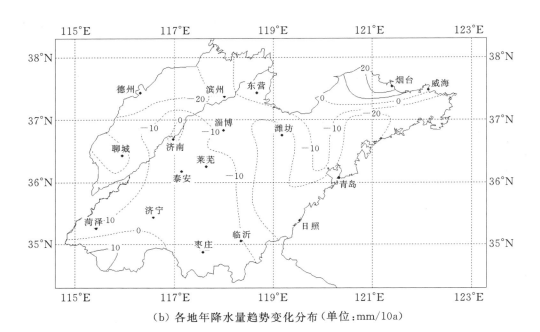

（b）各地年降水量趋势变化分布（单位：mm/10a）

**图 20（二）　1961—2009 年山东省年降水量变化趋势和
各地年降水量趋势变化分布图**

3．日照时数显著减少

1961—2009 年，全省平均年日照时数每 10 年减少 92.0h，49 年间共减少 450.8h，各地日照时数均呈减少趋势（图 21）。

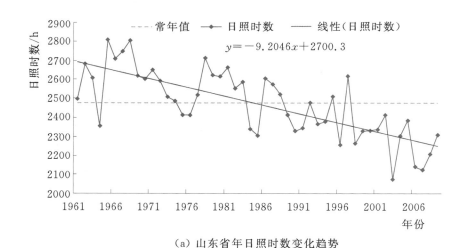

（a）山东省年日照时数变化趋势

**图 21（一）　1961—2009 年山东省年日照时数变化趋势和
各地年日照时数趋势变化分布图**

170

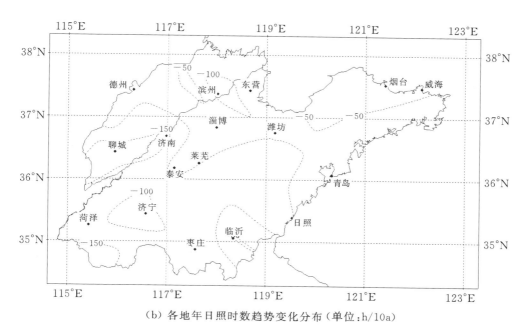

（b）各地年日照时数趋势变化分布（单位：h/10a）

图 21 （二）　1961—2009 年山东省年日照时数变化趋势和
各地年日照时数趋势变化分布图

4. 气温和降水处于高气候变率状态

气候变化是指气候平均状态和气候变率两者中的一个或两个出现了统计意义上显著的变化，气候变化可以由气候平均状态或气候变率的变化引起。通常将气象要素 30 年平均值作为气候平均值，即气候平均状态。高气候平均状态是指气候平均值高于常年值的状态。气候变率是指气象要素偏离平均值的程度，即稳定性，通常用均方差表示，高气候变率状态往往是与异常天气气候事件的频率及强度相联系的。

年平均气温处于"两高"状态。近 50 年来，全省年平均气温的 30 年滑动平均值和气候变率持续升高，目前气温的高气候平均状态表明了气候变暖的趋势，气温的高气候变率状态容易导致高温、低温等极端天气气候事件的出现（图 22）。

年降水量处于"一平一高"状态。近 50 年来，全省年降水量的 30 年滑动平均值保持持平状态，近年来气候变率呈升高趋势，容易导致干旱、暴雨洪涝等极端天气气候事件的出现（图 23）。

5. 极端天气气候事件增多

目前，年平均气温的"两高"状态和年降水量的"一平一高"状态，导致

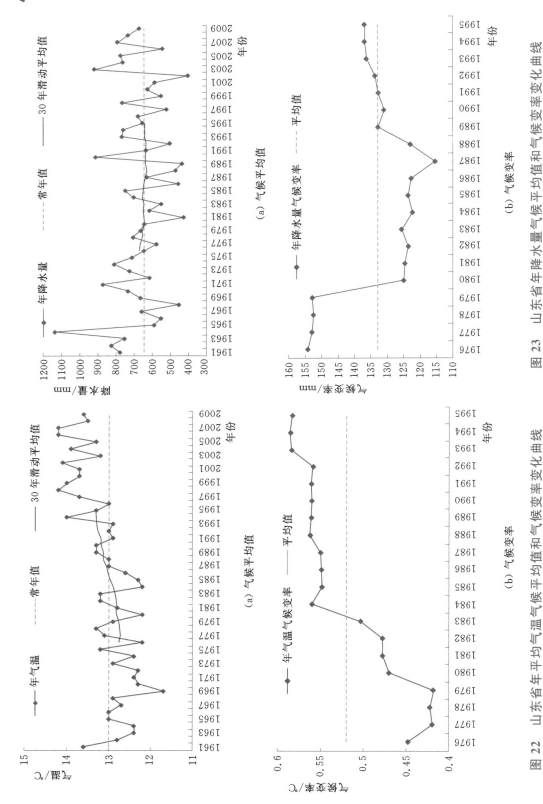

图 22　山东省年平均气温气候平均值和气候变率变化曲线

图 23　山东省年降水量气候平均值和气候变率变化曲线

极端天气气候事件出现频率和强度呈增大趋势。强降雨、暴雪、高温、干旱、低温冷冻等极端天气气候事件不断出现。

强降雨日数和降水强度呈增大趋势。1981 年以来，大部地区年暴雨日数呈增加趋势。2007 年 7 月 18 日，济南市遭受有气象记录以来雨强最大暴雨袭击，1h 降水量 151mm，损失严重（图 24）。

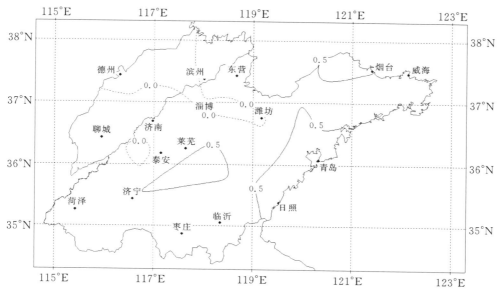

（a）山东省各地暴雨日数趋势变化分布（单位：d/10a）

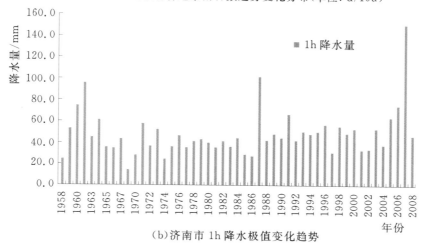

（b）济南市 1h 降水极值变化趋势

图 24　山东省各地暴雨日数趋势变化分布和济南市 1h 降水极值变化趋势

暴雪出现频繁。2005 年 12 月 3—23 日，烟台、威海市两市遭遇历史上罕见的持续性暴风雪袭击，威海市累积最大雪深超过 2m，其持续时间之长、降雪量之大，是近 40 多年以来影响最严重的一次，被列为 2005 年"中国十大天气气候事件"之一。

高温影响加重。1981 年以来，年极端最高气温和年高温日数（日最高气温不小于 35℃）呈增加趋势（图 25）。2009 年 6 月 23—26 日，山东省出现持续高温天气，全省有 51 个站日最高温度超过 40℃，15 站超过历史极值。

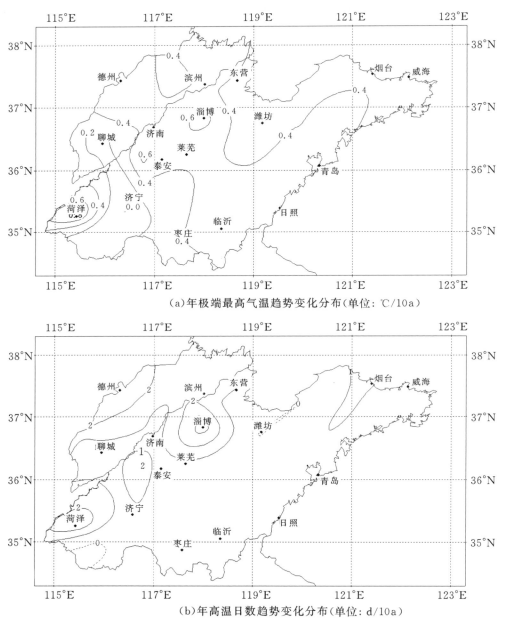

（a）年极端最高气温趋势变化分布（单位：℃/10a）

（b）年高温日数趋势变化分布（单位：d/10a）

图 25　山东省各地年极端最高气温和年高温日数趋势变化分布图

阶段性干旱频繁发生。2008 年 11 月 1 日至 2009 年 2 月 7 日，全省大部地区无有效降水，气温持续偏高，全省平均无降水日数为 93d，全省受旱面积为 $2.1 \times 10^6 \mathrm{hm}^2$，重旱面积为 $8.2 \times 10^5 \mathrm{hm}^2$，菏泽、聊城、德州、济宁、临沂等地旱情较重。

低温冷冻影响加重。2009 年 12 月 15 日至 2010 年 1 月 26 日，长岛平均气温为 -2.5℃，较常年偏低 2.4℃，为 1961 年以来同期最低值。同期，渤海湾海冰覆盖面积达 $1.4 \times 10^4 \mathrm{km}^2$ 左右，莱州湾约 $1.1 \times 10^4 \mathrm{km}^2$，这次海冰灾害持续时间之长、范围之广、冰层之厚，是山东省 40 多年来最严重的一次，对海上交通运输、生产作业、水产养殖、海洋捕捞、海上设施和海岸工程等造成严重影响。

（二）气候变化的主要影响

1. 气候变化对农业的影响

（1）温度升高明显，农业生产热量条件改善。

气温升高导致农业生产的热量条件增加。近 50 年来，山东省年平均气温呈升高趋势，其中 20 世纪 90 年代以来气温升高尤为明显，2001—2009 年与 70 年代相比，全省平均大于 10℃积温增加了 307.1℃，无霜期延长了 7.8d。

日平均气温稳定通过 0℃的初日呈提前趋势、终日呈推迟趋势，作物生长季呈延长趋势。根据卫星遥感监测资料分析，2000—2009 年 3 月上旬植被指数呈明显增加趋势，表明春季生长季明显提前。

（2）作物生育期呈缩短趋势，复种指数增加。

随着热量条件的改善，作物生育期普遍缩短，内陆比沿海地区变化明显。复种指数呈增加趋势，由 20 世纪 70 年代初的不足 1.5 上升到目前的 1.7 左右。

（3）极端天气气候事件增多，农作物气象产量波动增大。

1961 年以来，山东省的主要作物和全年粮食单产总体上呈增长趋势，但气象产量年际间波动较大（图 26），2002 年由于遭受干旱、低温冻害、干热风等多种灾害，气象产量为负值，导致小麦产量降为 1992 年以来的最低值；2009 年光、温、水气象条件适宜，气象产量较高，小麦产量达历史最高值，表明农业生产存在不稳定性。

（4）农业气象灾害频繁，旱涝灾害损失加重。

山东省农业气象灾害主要有干旱、洪涝、风雹灾、低温冻害、病虫害等，全省受灾面积呈增加趋势，其中危害最严重的是旱涝灾害。受气候变化影响，山东省旱涝灾害频繁，大旱大涝灾害面积呈增大趋势，特别是近 20 年来，全省农田平均受灾面积近 $5 \times 10^6 \mathrm{hm}^2$，成灾面积达 $3 \times 10^6 \mathrm{hm}^2$ 以上，旱涝灾害交替发生，发生频率和强度呈加重趋势（图 27）。

（5）农业病虫害危害加剧，农业生产成本增加。

随着气候变暖，一方面病虫越冬基数增大，同时由于作物生长季延长，病

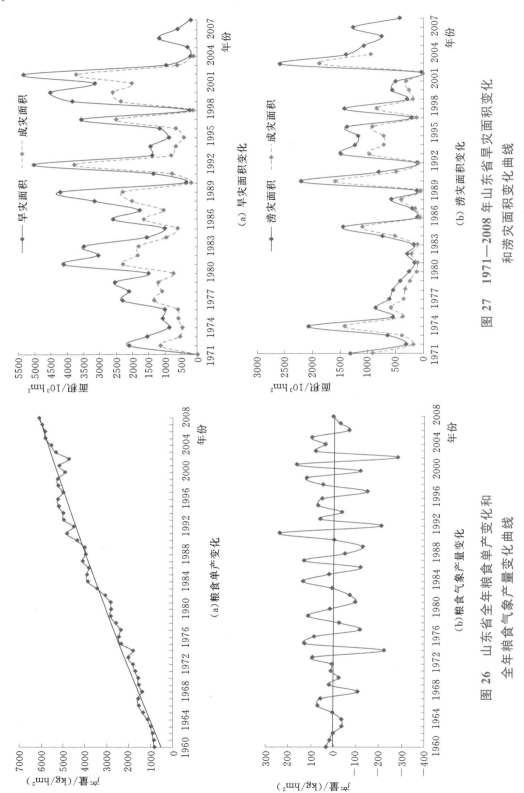

图 27　1971—2008 年山东省旱灾面积变化和涝灾面积变化曲线

图 26　山东省全年粮食单产变化和全年粮食气象产量变化曲线

虫危害期延长，害虫繁衍代数增加，20 世纪 90 年代开始，病虫害发生面积呈上升趋势，近几年随着防治技术措施水平的提高而呈现下降趋势；另一方面土壤中各类微生物活性增强，化肥利用率降低，化肥、农药施用量呈上升趋势，使农业成本增加，加重了农业环境的污染（图 28）。

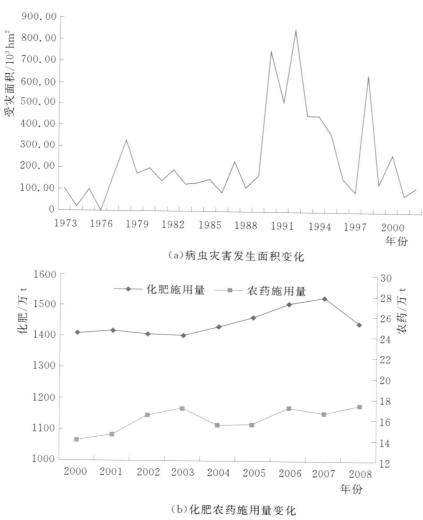

（a）病虫灾害发生面积变化

（b）化肥农药施用量变化

图 28　山东省病虫灾害发生面积变化和全省化肥农药施用量变化曲线

（6）有利于冬季设施农业生产，但灾害损失增加。

山东省气候变暖，以冬季升温最为明显，如潍坊市 20 世纪 90 年代以来，冬季气温上升明显，2001—2009 年冬季平均气温较 70 年代升高了 1.5℃（图29）。目前山东省冬季热量条件基本能满足节能型日光温室生产的要求，降低了生产成本，增加了农民收入，有利于农业生态环境的保护；但大风、低温、强降雪（雨）、连阴天等天气气候事件造成的灾害损失也呈增加趋势。

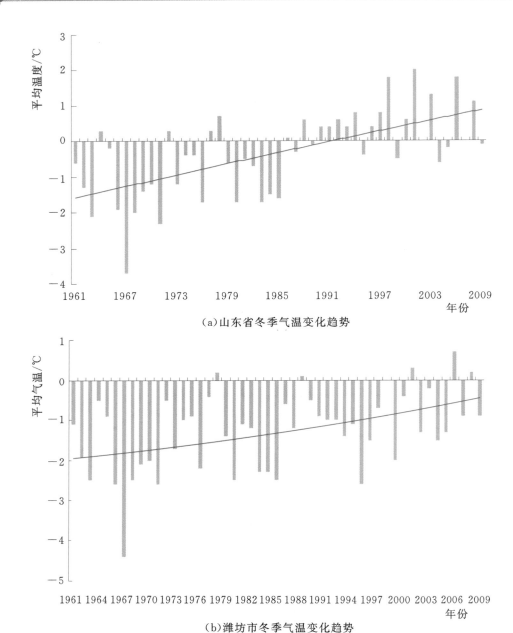

（a）山东省冬季气温变化趋势

（b）潍坊市冬季气温变化趋势

图 29　1961—2009 年山东省和潍坊市冬季平均气温变化趋势

2. 气候变化对海岸带的影响

海平面上升所造成的灾害性影响包括风暴潮加剧、海岸侵蚀、潮滩湿地减少、涵闸废弃、洪涝灾害加剧、海堤破坏、海水入侵等。

（1）海岸侵蚀严重。

海岸侵蚀是指近岸波浪、潮流等海洋动力及其携带的碎屑物质对海岸的冲蚀、磨蚀和溶蚀等造成岸线后退的破坏作用。截至 2008 年，山东沿海地区海岸侵蚀长度达 1211km。

（2）海水入侵与土壤盐渍化。

海平面上升使海水溢过陆地，造成海侵，从而导致水质恶化、土壤盐渍化及海咸水入侵等环境问题，影响当地工农业生产和人民生活。据统计，莱州湾海水入侵面积已达 2500km²，平均海水入侵距离约 30km，其中重度入侵（氯离子含量大于 1000mg/L）在距岸 10km 左右。海平面上升也使得海岸附近土壤的盐渍化程度加重，莱州湾南部海岸盐渍化程度较高，且范围较大，盐土区向陆地最远达 24km。

（3）风暴潮加剧。

海平面上升使得平均海平面及各种特征潮位相应增高，波浪作用增强，加剧了风暴潮灾害。2007 年 3 月，山东沿海经历了雪灾、寒潮和风暴潮等异常气候事件，当时海平面异常偏高，出现了黄海、渤海沿岸 1960 年以来最强的风暴潮。

（4）水资源短缺与水环境恶化。

海平面上升导致河口海水倒灌，咸潮入侵，同时造成现有的排水系统和灌溉系统的不畅和报废，加重了赤潮、浒苔等海洋灾害的发生，影响海洋水环境。

（5）海岸带生态系统损害。

海岸侵蚀使岸线后退，使海岸带生态环境发生变化。海平面上升造成的淹没和侵蚀直接减少滩涂和湿地面积，不仅滩涂湿地的自然景观遇到严重破坏，使重要经济鱼、虾、蟹、贝类生息和繁衍场所消失，许多珍稀濒危野生动植物绝迹，而且滩涂湿地调节气候、储水分洪、抵御风暴潮及护岸保田等能力也将大大降低。

（6）黄河三角洲景观演变过程加快。

由于特殊的地理位置和较短的成陆时间，黄河三角洲具有明显的脆弱性。在全球变化和人类活动的日益影响下，黄河三角洲景观演变过程加快，主要表现在：海岸线动荡变化、湿地景观格局和土地利用变化频繁，从而影响区域生态平衡的维持、生物多样性的保护及区域社会经济可持续发展。1992 年以来，泥沙供应大量减少，黄河三角洲沿岸大范围内普遍表现为蚀退。据统计，东营地区在 1992—2004 年间滩涂面积减少了 107.91km²。

山东省海岸带区域地理位置优越，海陆资源丰富，中小城市密集，产业发展迅速。海平面变化产生的环境影响与灾害效应，对山东省海岸带城市发展、港口建设、工农业生产、资源开发与海洋经济发展以及社会安定产生较大影响。

（三）未来气候变化预估

RCP 情景下的预估结果表明：山东省年平均温度将持续上升，2040 年前增温幅度、变化趋势差异较小，2040 年以后不同 RCP 情景表现出不同的变化特征。与 1986—2005 年平均值相比，RCP2.6 情景下，2011—2040 年山东省年平均气温变化范围为－0.35～0.75℃，2041—2070 年山东省年平均气温变化范围为 0.46～0.91℃，2071—2100 年山东省年平均气温变化范围为0.41～0.82℃；RCP4.5 情景下，2011—2040 年山东省年平均气温变化范围为－0.28～0.83℃，2041—2070 年山东省年平均气温变化范围为 0.60～1.60℃，2071—2100 年山东省年平均气温变化范围为 1.40～1.83℃；RCP8.5 情景下，2011—2040 年山东省年平均气温变化范围为－0.45～1.07℃，2041—2070 年山东省年平均气温变化范围为 1.18～2.87℃，2071—2100 年山东省年平均气温变化范围为 2.79～4.83℃。

预估结果表明：不同排放情景下，山东省年平均降水量均呈增加趋势，不同情景下增加幅度、变化趋势差异较小。与 1986—2005 年平均值相比，RCP2.6 情景下，2011—2040 年山东省年平均降水量变化范围为 16%～32.7%，2041—2070 年山东省年平均降水量变化范围为 15.9%～39.5%，2071—2100 年山东省年平均降水量变化范围为 16.9%～40.5%；RCP4.5 情景下，2011—2040 年山东省年平均降水量变化范围为 9.1%～30.7%，2041—2070 年山东省年平均降水量变化范围为 20.6%～36.6%，2071—2100 年山东省年平均降水量变化范围为 20.2%～52.1%；RCP8.5 情景下，2011—2040 年山东省年平均降水量变化范围为 11.8%～38.7%，2041—2070 年山东省年平均降水量变化范围为 24.7%～37.6%，2071—2100 年山东省年平均降水量变化范围为 25.7%～54.8%。

四、风能、太阳能资源评估

（一）风能资源评估

1. 山东省风能资源时空分布特征

根据风能资源观测网实测结果，结合风场数值模式模拟的风能资源分布情况，总体上全省风能资源偏大的地区主要分布在山东沿海、潍坊中部、鲁中山区以及山东半岛内陆丘陵等区域。春季是风能资源利用的最佳季节，午后和夜间是风能资源最佳利用时段。随着离地高度的增加，风能资源明显提高。

（1）平均风速分布特征。

山东省（1979—2008 年）不同高度年、季平均风速的大值区位置均出现在山东沿海、山东半岛和鲁中山区地带（图30）。

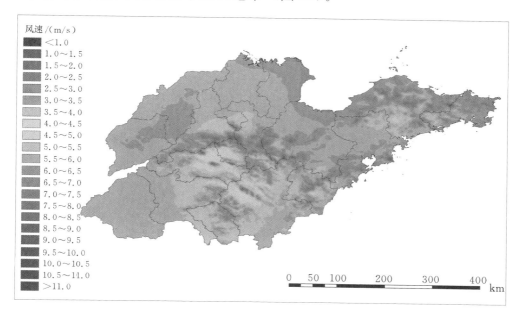

风速/（m/s）
- <1.0
- 1.0～1.5
- 1.5～2.0
- 2.0～2.5
- 2.5～3.0
- 3.0～3.5
- 3.5～4.0
- 4.0～4.5
- 4.5～5.0
- 5.0～5.5
- 5.5～6.0
- 6.0～6.5
- 6.5～7.0
- 7.0～7.5
- 7.5～8.0
- 8.0～8.5
- 8.5～9.0
- 9.0～9.5
- 9.5～10.0
- 10.0～10.5
- 10.5～11.0
- >11.0

0　50　100　　　200　　　300　　　400 km

图 30　1979—2008 年山东省 70m 高度年平均风速分布图

山东沿海、山东半岛和鲁中山区等区域 70m 高度年平均风速大于 7.0m/s，局部风速更高；鲁西、鲁西北等地的风速一般在 6.0m/s；鲁中山区北侧和南侧风速最小，一般在 4.5m/s 以下。

春季是山东省的大风季节，70m 高度鲁中山区的平均风速超过 8.0m/s 的范围较大，山东沿海的平均风速一般在 7.0m/s 以上，鲁西、鲁西北大部分地区风速也可达到 7.5m/s。

夏季 70m 高度风速显著减小，鲁中山区、山东沿海等地的风速可达到 6.0m/s，鲁南、鲁中山区北侧等地的风速低于 4.0m/s，鲁西、鲁西北等地的风速一般低于 4.5m/s。

秋季 70m 高度鲁中山区、山东沿海等地风速超过 6.0m/s 的范围比夏季大，鲁西、鲁西北等地的风速可达到 5.0m/s。

冬季 70m 高度鲁中、山东沿海、山东半岛等地部分地区的风速在 6.0m/s 以上，达到 7.0m/s 的地区比夏季更多，鲁中、山东沿海、山东半岛等地风速与其他内陆地区的风速差较大。

（2）平均风功率密度分布特征。

山东省（1979—2008 年）年、季风功率密度的分布特征与相应的风速分布特征相似，大风速区对应着高风功率密度（图 31）。70m 高度鲁中山区、山东半岛、山东沿海等地的年平均风功率密度可达到 350 W/m² 以上，部分地区的风功率密度更高，鲁中山区南侧、鲁南大部、山东半岛内陆地区年平均风功率密度一般在 200 W/m² 以下，其他大部分地区一般不超过 300 W/m²。

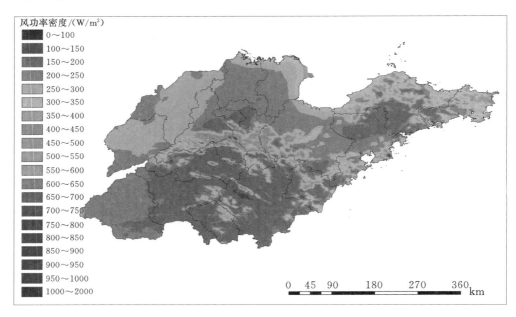

图 31　1979—2008 年山东省 70m 高度年平均风功率密度分布图

春季 70m 高度平均风功率密度在鲁中山区、山东沿海、山东半岛北部等地最大，可达 400 W/m² 以上，鲁中山区南侧、鲁南大部地区等地最小，一般在 200 W/m²。

夏季各高度平均风功率密度在一年四季中最低，70m 高度除鲁中山区、山东半岛等地部分地区超过 300 W/m² 外，其他大部分地区一般不超过 200 W/m²。

秋季 70m 高度除鲁中山区、山东半岛等地部分地区超过 300 W/m² 外，其他大部分地区一般不超过 200 W/m²。

冬季 70m 高度鲁中山区、山东半岛北部、山东沿海等地平均风功率密度超过 300 W/m²，其他大部分地区一般不超过 300 W/m²。

2. 山东省风能资源潜在开发量

风能资源的开发利用受自然地理、土地资源、交通、电网以及国家或地方发展规划等诸多因素的制约，因此计算风能资源潜在开发量必须综合考虑各种制约因素。

山东省 70m 高度风能资源潜在开发区域主要集中在山东沿海、山东半岛内陆及鲁中山区一带，70m 高度风能资源不小于 $200W/m^2$ 的可开发面积为 $17506km^2$，可开发量为 $6.422 \times 10^7 kW$；不小于 $250W/m^2$ 的可开发面积为 $12710km^2$，可开发量为 $5.100 \times 10^7 kW$；不小于 $300W/m^2$ 的可开发面积为 $8472km^2$，可开发量为 $3.018 \times 10^7 kW$；不小于 $400W/m^2$ 的可开发面积为 $653km^2$，可开发量为 $2.240 \times 10^6 kW$。

山东省北部沿海、莱州湾沿海、威海东部沿海以及潍坊中部地区等的风电装机密度系数可达到 $4MW/km^2$ 以上，上述地区主要位于沿海和平原地区，地势平坦开阔，风速受地形的影响较小，风能利用率高，可规划和开发大型风电场。风电装机密度系数在 $2 \sim 4MW/km^2$ 的地区主要为鲁北沿海、山东半岛丘陵地区、潍坊中西部丘陵地区、青岛南部丘陵地区以及鲁中部分山区等，上述地区主要位于沿海和丘陵地区，丘陵等地的风速受地形等下垫面的影响，风速在山顶有加速效应，同时山体间山谷中的风速有狭管效应，造成局地较大的平均风速，可规划和开发中小型风电场。风电装机密度系数在 $1 \sim 2MW/km^2$ 的地区主要为山东半岛丘陵和鲁中山区等，地形特征是影响风速变化的主要因素，可规划和开发小型风电场。

3. 风电开发建议

山东省风能资源相对较好，风电场大多选择在山东沿海一带，但由于山东沿海经济带的开发建设，沿海陆地具备风电开发条件的风电场已经不多，风电开发应按照"统筹规划、合理布局、科学建设、分步实施"的原则，确定风能资源丰富区域风电场的开发建设规模。从全省风能资源角度分析，在重点发展北部和沿海一带大型风电场的同时，建议根据全省风能资源潜在开发量分布区域和装机密度系数分布特点，在内陆初步探明的范围相对较小、分散式的风能资源较丰富区，择优选择风电场址并开发建设，同时在风电密集区做好风电接网和消纳的统筹规划。

随着风机制造技术的提高，风机额定功率也将进一步提高，高轮毂、长桨叶、低切入风速的风机将进一步提升风机捕风能力，对风能资源的要求将随之降低。因此，建议将山东半岛内陆、鲁中山区风能资源相对丰富的区域，作为风电场中长期重点开发区域。

逐步实施潮间带和海上测风计划，建立潮间带和海上风电基础数据库，为建设潮间带和海上大型风电场做好充分准备。

（二）太阳能资源评估

山东省常年平均年日照时数为 2387.7h，各地在 1930.5（成武县）～2781.9h（龙口市）之间，自西南向东北增多，其中山东半岛大部、鲁西北大部、鲁中部分地区在 2500h 以上，鲁西南、鲁东南大部、鲁西北局部在 2400h 以下，其他地区在 2400～2500h 之间（图 32）。

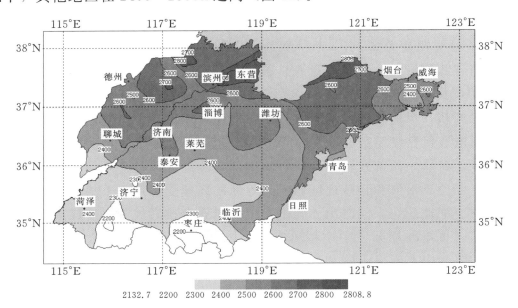

图 32　山东省常年平均年日照时数分布图（单位：h）

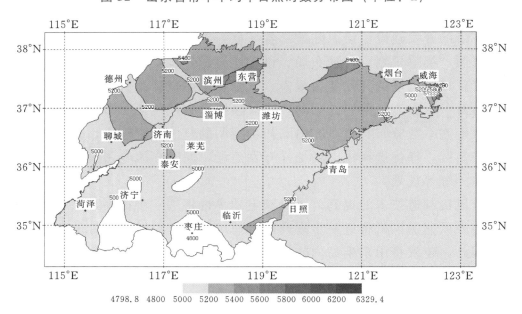

图 33　山东省常年平均年总辐射量分布图（单位：MJ/m²）

全省常年平均年总辐射量为 $5044MJ/m^2$，各地在 4543（成武县）～5484（龙口市） MJ/m^2 之间，大部分地区属于太阳能资源较丰富区域，全省基本呈东北向西南减少的分布趋势。四季分布不同，春、秋季呈东北向西南减少分布，夏季呈从西北向东南减少分布，冬季呈从东南向西北减少分布（图33）。

五、防御气象灾害和应对气候变化建议

在气候变暖的背景下，气象灾害发生频繁，并且对社会各行各业影响严重，特别是极端天气气候事件的发生规律复杂，目前还很难掌握它的规律并做出准确的预测。结合山东省的实际情况，建议建立长效机制，完善应对气候变化法规体系，修订《山东省气象灾害防御条例》，制定《气候可行性论证管理办法》，开展重大规划、重点工程项目的气候可行性论证和自然灾害风险评估工作，加强气候系统监测评估工程建设，加强气象灾害风险综合管理和科学研究；科学开发气候资源和空中云水资源，有效利用太阳能、风能，调整能源结构，适应气候变化，强化人工影响天气能力建设，建立健全人工影响天气工作机构，扎实推进人工影响天气工作改革，扩大中央人工影响天气专项补助资金支持范围，做好人工影响天气工作，合理利用空中水资源；进一步完善应急体系，加大力度支持基层应急体系建设，增强气象防灾减灾科普宣传工作，普及防灾避灾常识。

（一）农业适应措施

加大农业气象灾害监测预警力度，调整山东省农业气象灾害专业监测网和监测项目，加强卫星遥感技术在农业气象监测业务中的应用，建立适合现代农业发展的农业气象监测站网，加强气候规律研究，提高农业气象灾害动态监测预警能力。

重点围绕种植基地建设、种植制度调整、新品种引进、重大耕作栽培措施和灾害防御措施选择，以及特色农业、设施农业和渔业的发展与规划等，开展精细化农业气候区划，气候适宜性、风险性分析以及可能产生的影响评估。定量评估气候变化对山东省农业生产力布局的影响，促进山东省农业气候生产潜力的挖掘与气候资源的持续高效利用。加强适应技术开发和研究，培育和选用抗旱涝、抗病虫等抗逆新品种，加强节水农业和科学灌溉的研究、推广及应用，研制适应气候变化的农业生产新工艺，改善农业基础设施，提高农业应变能力和抗灾减灾水平。

（二）海岸带适应措施

加强监测系统建设，开展长期综合研究。建议加强对海平面上升的监测，对相对海平面上升及其环境和社会经济影响进行长期综合研究，准确评估海平面上升灾害效应引起的损失，并建立与相对海平面上升有关的资源、环境、经济和社会影响和对策评价支持系统，以确保中国沿海地区资源和环境持续利用及经济和社会可持续发展。应用最新的研究成果，统筹考虑，科学规划沿海防潮、防汛工程，提高规划和设计标准，增强防护能力，以适应海平面上升引起的变化。

沿海地区要合理利用地下水，并持续进行人工回灌，使地面沉降防治与地下水资源保护达到最佳状态；严格控制和规划对沿海石油和天然气的开采，控制沿海地区密集型建设，修建地下水库，拦蓄地下潜流。对海岸侵蚀比较严重的地区，要实施海岸带生态环境修复工程，提高自然防御能力。

（三）南四湖水资源及湿地生态系统适应措施

充分利用水利工程，科学调度水资源。在整个南四湖流域内尤其是在南四湖上游科学地兴建蓄水、引水和提水等水利工程，用以调节径流，加强人类对水资源的控制；在南四湖下游，应该增加河湖连通性，加强物质和环境要素的流动，增强湖泊蓄洪和自净能力。

加快流域水土流失治理，防止水土流失，提高水源涵养能力；同时，加强水源涵养林和水土保持林建设，保护上游植被，提高森林覆盖率。加强生态系统对碳的储存式和替代式管理经营：主要指增加植被、土壤和耐久木材产品中储存的碳量，如增加天然林、人工林、草地、农林综合生态系统的面积和碳密度。

专题论述

ZHUANTILUNSHU

淮河流域水旱灾害

李 莹

（国家气候中心，中国气象局 北京 100081）

摘要：淮河流域处于我国东部南北典型气候过渡带，易受到低纬和中高纬各种天气系统的共同影响，气候条件复杂多变，是我国水旱灾害的多发地区。1949—2000年，淮河流域发生流域性洪水共有两次，分别在1954年和1991年；进入21世纪后，季风雨带常在淮河流域停滞，淮河流域洪涝灾害呈现不断加剧的趋势，2003年淮河流域出现了自1954年以来最大的洪水，2007年也出现了流域性洪水。就干旱灾害而言，新中国成立以来，淮河流域典型的干旱事件分别发生在1959—1961年、1986—1988年、1999—2001年。其中，1988年的秋冬连旱是新中国成立以来流域内最为严重的旱灾。21世纪以来，淮河流域进入多雨期，干旱灾害不如前期明显。此外，淮河流域的旱涝急转现象也是其独特的气候特征。

关键词：淮河流域；洪涝；干旱；旱涝急转

淮河流域地处我国东部南北典型气候过渡带，由于历史上黄河长期夺淮使得淮河入海无路、入江不畅，特殊的下垫面加之受到低纬和中高纬各种天气系统的共同影响，气候条件复杂多变，淮河流域易涝易旱，常常洪涝并存，被人们总结为有"大雨大灾、小雨小灾、无雨旱灾"的特点，是我国水旱灾害的多发地区。本文主要针对淮河流域水旱灾害的特点，对新中国成立以来淮河流域的洪涝灾害、干旱灾害和旱涝转换的研究成果进行整理。

1 洪涝灾害

新中国成立以来，淮河流域共发生4次流域性大洪水，分别在1954年、1991年、2003年和2007年。

1.1 1954年洪水

1954年夏季，东亚西风带位置异常偏南，致使北方冷空气势力比较强而活跃；加之同期副热带高压脊线位置也较常年偏南，来自印度洋和南海的热带气流很强，带来丰富的水汽，与北方的冷空气交绥于江淮流域一带，因而造成此期间频繁的暴雨天气过程，发生了近百年来少见的特大暴雨洪水灾害。

4—7月，南起南岭、北至淮河广大地区的总降水量一般在 1000～2000mm 之间，比常年同期偏多 3 成至 1 倍，其中安徽、湖北两省南部和江西、湖南两省北部等地的部分地区总降水量一般在 2000mm 以上（安徽省黄山市 5—7 月降水量达 2800mm），偏多达 1～1.7 倍。4 个月的降水日数一般有 40～90d，比常年同期偏多 10～20d，长江中游一带在 80d 以上，比常年同期偏多 15～25d；期间日降水量不小于 50mm 的暴雨日数一般有 5～15d，比常年同期偏多 3～10d。主要的暴雨过程有 11 次，其中 8 次出现在 6 月上旬之后（7 月就有 6 次），以 6 月 12—20 日的暴雨过程持续时间最长，6 月 23—28 日的暴雨强度最大，仅 23—25 日连续 3d 湖南省大部、湖北省东南部、江西省北部一带都出现了 100mm 以上的大暴雨或特大暴雨。

淮河干流因 5 月中下旬降雨多，底水位高。7 月初暴雨后，干流水位急剧上涨，发生严重溃决现象和大面积内涝；一些丘陵山地因山洪暴发而造成灾害，局地还发生滑坡、泥石流。史河、灌河、白露河等淮河上游南支各河道均发生溃口漫溢，固始、蒋家集等地区洪水泛滥，平地可以行船；同时北支的洪汝河、沙颍河中下游及淮河干流王家坝至正阳关一带的洪水剧增；中游的濛洼、城东湖、城西湖、瓦埠湖均于 7 月 6—7 日相继开闸蓄洪。由于持续暴雨及高水位，致使淮北大堤失守，堤防普遍漫决；淮河的主体防洪工程淮北大堤分别在五河县毛滩和凤台县禹山坝两处决口；淮干一般堤防临王段决口，上下隔堤漫溢，万任段决口；濛洼蓄洪大堤先后决口数十处。由于分洪、河堤决口及暴雨积水等造成淮北平原大片洪泛区。

据统计，此次洪涝灾害造成农作物成灾面积 700 多万 hm^2，粮食减产近百亿千克，棉花减产近 400 万担（1 担＝50kg）；死亡 3 万多人，倒塌房屋 700 多万间；紧急转移人口 1300 多万人、耕畜 129 万头。

1.2 1991 年洪水

1991 年，淮河流域的暴雨洪涝始于 5 月下旬，分 3 个阶段。5 月 24—25 日，雨带北抬至淮河流域的大部地区，河南省中部和东部、安徽和江苏两省北部、山东省南部等地降了大到暴雨、局部大暴雨（安徽省亳县 24 日降水量 222.7mm）；降水总量一般有 60～150mm，安徽、河南等省的部分地区达 200～300mm。月底，这一带地区仍有间断降雨。持续降雨导致这一带地区江河湖库的水位显著偏高。6 月 1 日，淮河干流中游出现一次中等洪水。受此影响，淮河流域地区冬小麦大面积倒伏，部分农田出现渍涝，仅河南、安徽、江苏、山东等省受灾农作物就达 200 万 hm²，被淹的冬麦很多烂根、烂棵，有的发生霉变、生芽，造成大幅度减产，其中仅安徽省受灾面积就达 73 万 hm²，绝收 14 万 hm²，倒塌房屋 1.1 万间，死亡 3 人，经济损失 8 亿元。

6 月 12—14 日，雨带位于江淮及太湖流域一带，过程降水量达 100～250mm，部分地区超过 300mm，安徽省的寿县、颍上降水量分别达 421mm 和 414mm，蚌埠市吴家渡水文站 12 日最大 1h 降水量达 101mm。此前，由于降雨频繁，土壤水分已饱和，受这次强降雨的影响，淮河干流和大部分支流发生了洪水，王家坝开闸向蒙洼滞洪区放水，农业、交通均受较大影响。河南省因河水猛涨，积水无处可排，甚至倒灌，形成大面积内涝；驻马店地区新蔡、平舆、正阳等县 700 多个村庄、32 万人被洪水围困，汝南县南余乡文殊河北岸形成 500～700m 宽的引洪区，平地行洪，水深 2m；信阳地区的固始、淮滨等沿淮干、支流两岸一片汪洋，10 多万人被水围困。

6 月下旬后期至 7 月中旬初，主要雨带又稳定于江淮及太湖流域一带。这阶段暴雨天气频繁，降水量大，总降水量一般有 300～500mm，部分地区达 500～800mm，其中安徽省黄山光明顶和梅山水库及湖北省罗田、麻城等地在 800mm 以上，江苏省兴化超过 900mm。兴化、汉口、罗田、黄陂等地 10 多天之内降水量如此之大，为有降水量资料以来所仅见。由于雨带持续稳定，降雨时间长，强度大，雨量集中，使淮河干流和王家坝以下一些支流同时发生洪水。7 月 6 日，启用多个行蓄洪区。

据不完全统计，受暴雨洪水的影响，安徽、江苏、湖北、湖南、河南、浙江、上海、江西及贵州、四川、云南等省（直辖市）灾民超过 1 亿人，受灾农作物 1126 多万 hm²，死亡 1800 多人，倒塌房屋 300 万间，经济损失 700 多亿元。

1.3　2003 年洪水

2003 年夏季，我国主要多雨区位于黄河与长江之间。6 月下旬至 7 月中旬，雨带在淮河流域徘徊，降水过程频繁。由于雨区和降雨过程集中、雨量大，导致淮河干、支流水位一度全面上涨，超过警戒水位，发生了流域性特大洪水。淮河流域主汛期为 6 月 21 日至 7 月 22 日，期间共出现了 6 次集中降雨过程，过程总降水量达 400～600mm，安徽省霍山、宿县及江苏省高邮、河南省固始等地超过 600mm；与常年同期相比普遍偏多 1～2 倍。6 月 21 日至 7 月 22 日淮河流域平均降水量与历年同期相比为近 50 多年来的第二位，仅次于 1954 年，淮河上游及沿淮淮北地区降雨量接近或超过了 1991 年，除伏牛山区和淮北各支流上游外，淮河水系 30d 降雨量都超过 400mm，暴雨中心安徽省金寨前畈（饭）站降雨量达 946mm。受强降雨影响，淮河流域出现 3 次洪水，为新中国成立以来仅次于 1954 年和 2007 年的第三位流域性大洪水。

主汛期间以 6 月 30 日至 7 月 7 日及 7 月 9—14 日两次降水过程持续时间较长，雨量较大。6 月 30 日至 7 月 7 日，淮河流域出现了主汛期最强的一次降水过程，河南省东部、安徽省中部和北部、江苏省大部出现大范围的持续性暴雨和大暴雨，8d 总降雨量沿淮地区一般有 150～300mm，部分地区超过了 300mm。7 月 9—14 日，淮河流域再次普降大到暴雨，局地出现大暴雨，淮河北部地区过程降水量有 100～150mm，以南地区有 100～200mm。为缓解洪水紧张局势，王家坝分别于 7 月 3 日和 11 日两次开闸泄洪，这是 1991 年淮河大洪水以后，淮河流域地区首次开闸泄洪。

据安徽、江苏、河南 3 省不完全统计，受灾人口达 5800 多万人，紧急转移 200 多万人；受灾农作物面积 520 多万 hm²，成灾 340 万 hm²，绝收 120 万 hm²；倒塌房屋 39 万间；直接经济损失 350 多亿元。

1.4　2007 年洪水

2007 年汛期，淮河流域出现仅次于 1954 年的特大暴雨洪涝灾害。6 月 29 日至 7 月 26 日，淮河流域出现持续性强降水天气，总降水量一般有 200～400mm，其中河南省南部、安徽省中北部、江苏省中西部有 400～600mm；降水量普遍比常年同期偏多 5 成至 2 倍，河南省信阳偏多达 3 倍。淮河流域平均降水量 465.6mm，超过 2003 年和 1991 年同期，仅少于 1954 年，为历史同期第二多。由于降水强度大，持续时间长，淮河发生了新中国成立后仅次于 1954 年的全流域性大洪水，先后启用王家坝等 10 个行蓄（滞）洪区分洪。受暴雨洪水影响，安徽、江苏、河南等省共有 2600 多万人受灾，死亡 30 多人，紧急转移安置 110 多万人；农作物受灾面积 200 多万 hm²，其中绝收面积 60 多万 hm²；因灾直接经济损失 170 多亿元。

2　干旱灾害

新中国成立以来，淮河流域有几次较为突出的干旱灾害，分别发生在 1959—1961 年、1986—1988 年、1999—2001 年。其中，1988 年的秋冬连旱是新中国成立以来流域内最为严重的旱灾。21 世纪以来，淮河流域进入多雨期，干旱灾害不如前期明显。

1988 年 10—12 月，北起淮河流域，南至华南地区，西至川贵两省的广大区域内，雨雪稀少，气温偏高，发生严重的秋冬旱。3 个月的总降水量普遍偏少 3 成以上。湖北省中部和东部、安徽省、江苏省、浙江省、上海市、江西省中部和东北部、湖南省南部、广西壮族自治区北部、四川盆地西部等地 10—12 月总降水量只有 20～50mm，比常年同期偏少 5～9 成；江南东部的降水量仅 15～30mm，部分地区的降水量为近 40 年来同期最少值。截至 12 月，江西、湖南、湖北、浙江、安徽、江苏、广西、四川、贵州等 9 省（自治区）受旱面积达 1466 万多 hm²，以湖南、安徽、江苏、上海、浙江等省（直辖市）的秋冬连旱最为严重。冬小麦、油菜、绿肥等冬作物长势不良，甚至出现死苗现象。安徽省自 10 月 17 日至 12 月底，无降水日数达 65d 左右，全省 366 万多 hm² 秋种作物普遍受旱，其中严重受旱 200 万 hm²，严重缺苗或未出苗的有 42.6 万多 hm²，其秋冬旱面积之大、旱情之重为新中国成立以来罕见。江苏省中部和南部有 10%～30% 的麦田缺苗，有些丘陵岗地出苗率仅 20%～30%，幼苗长势差，分蘖期比常年推迟。

1999 年，北方大部地区发生新中国成立以来少见的夏秋大旱，淮河流域大部降水偏少 5～8 成。河南省旱情最重的 8 月中旬，全省受旱面积达 273 万多 hm²，干枯 18.6 万多 hm²，南阳、驻马店、信阳、周口等地市受旱面积较大；水库普遍蓄水不足，866 座小型水库有 90% 无水可放，25 万处塘、堰、坝近 20 万处干涸，淮河长台关以上及其他主要河流全部断流，地下水位普遍下降 10～20m，局部超过 30m。山东省农业受旱面积 153 万多 hm²，重旱 50 万 hm²。苏皖淮北地区夏旱十分严重，仅江苏省徐州、宿迁两市及淮阴、连云港部分县（市）农作物受旱面积就达 56 万多 hm²。安徽省淮河干流 500 多千米长的河段入夏后流量不足 10m³/s；8 月中旬后期，淮河中上游交界的王家坝水文站流量一直为零，淮河中游也出现了断流。江苏省淮北地区夏季降水持续偏少，淮河中上游来水少，洪泽湖、骆马湖、微山湖和石梁河水库水位均降至死水位以下，蓄水严重不足，农业和渔业生产损失严重。

2000 年 2—5 月，淮河流域大部地区仅有 50～100mm，比常年同期偏少 3 成以上，其中河南省、山东省大部、安徽省合肥市以北地区、苏北西部，湖北省西北部等地偏少 5～8 成。此次春夏旱持续时间长、受旱面积大，对农业生产的危害严重。河南省出现了新中国成立以来罕见的严重春旱，5 月上旬，全省受旱农田面积达 357.1 万 hm²，严重受旱面积 186.3 万 hm²，干枯死亡 15.7 万 hm²，重旱区主要分布在豫北、豫西和豫中。湖北省内鄂北地区旱情最重，夏收作物大幅减产，春耕春播严重受阻，截至 5 月 24 日，全省农作物受旱面积达 278.7 万 hm²，成灾 151.9 万 hm²，各类农业经济损失达 66 亿多元。由于春季旱情严重，淮河水位降至 50 年来同期最低点，蚌埠闸等区域先后出现船只阻塞情况。

3 旱涝急转

旱涝急转是指某一个地区或者某一个流域发生较长时间干旱时，突然遭遇集中地强降水，引起河水陡涨的现象。淮河流域由于地处气候带的过渡区域，季风偏弱时雨带就会长久地滞留在南方从而造成严重洪涝，而季风偏强雨带又会很快地移过淮河流域造成干旱。由于每年夏季风强弱和雨带从南向北推进的速度不一致，在淮河流域就会常常反映出"旱涝急转"特征。1961—2007 年，淮河流域共有 13 年出现了"旱涝急转"事件，分别是 1962 年、1965 年、1968 年、1972 年、1975 年、1979 年、1981 年、1989 年、1996 年、2000 年、2005 年、2006 年、2007 年。从长期来看，2000 年以来频次明显增多。在"旱涝急转"发生年，干旱以全流域发生为主，而洪涝有南部型和全流域型两种。"旱涝急转"主要出现在 6 月中下旬（1989 年、1996 年和 2000 年为 6 月上旬除外），与江淮入梅时间基本同时或略偏晚。春夏之交是淮河流域小麦、油菜生长的关键期。若降水偏少、土壤缺墒，则引发籽粒退化，导致严重减产；此外，干旱还会影响秋收农作物的适时播种和出苗。夏季，春播旱作物处于旺盛生长期，夏涝易引起作物叶片发黄、根部腐烂、苗情差，同时涝渍也导致棉花蕾铃脱落，影响产量。涝灾严重时可能会造成农作物的绝收。因此，易对农业生产造成极为严重的不利影响。

参 考 文 献

[1] 中国气象灾害大典编委会. 中国气象灾害大典 [M]. 北京：气象出版社，2006.

[2] 国家气候中心. 2001 年全国气候影响评价 [M]. 北京：气象出版社，2002.

[3] 国家气候中心. 2003 年全国气候影响评价 [M]. 北京：气象出版社，2003.

[4] 国家气候中心. 2007 年全国气候影响评价 [M]. 北京：气象出版社，2008.

[5] 国家气候中心. 2009 年全国气候影响评价 [M]. 北京：气象出版社，2010.

[6] 国家气候中心. 2011 年全国气候影响评价 [M]. 北京：气象出版社，2012.

[7] 王飞，张婷. 淮河流域水旱灾害成因与减灾策略探讨 [J]. 防汛与抗旱，2012 (17)：32 - 37.

[8] 程智，徐敏，罗连升，等. 淮河流域旱涝急转气候特征研究 [J]. 水文，2012，32 (1)：73 - 79.

[9] 王胜，田红，丁小俊，等. 淮河流域主汛期降水气候特征及"旱涝急转"现象 [J]. 中国农业气象，2009，30 (1)：31 - 34.

区域气候模式对淮河流域气温降水变化的模拟和预估

石 英

（国家气候中心，中国气象局　北京　100081）

摘要：本文使用一个区域气候模式 RegCM4.0，单向嵌套国家气候中心 BCC_CSM1.1 (Beijing Climate Center_Climate System Model version 1.1) 全球气候系统模式输出结果，对中国地区进行 RCP4.5 和 RCP8.5 排放情景下，50km 水平分辨率，1950—2099 年的连续积分模拟，针对淮河流域未来气候变化进行了分析。结果表明：RCP4.5 情景下，区域模式模拟的 21 世纪初期淮河流域冬、夏季地面气温大都是降低的，年平均气温则表现为升高，但升温值较小。21 世纪中期年、冬季和夏季地面气温表现为一致升高，且年平均气温升高值大于冬、夏季。模拟的降水以增加为主，其中21 世纪初期夏季降水增幅较大，中期冬季降水增幅较大。RCP8.5 情景下，区域模式模拟的 21 世纪初期和中期气温都是升高的，且中期升温幅度明显增强。模拟的 21 世纪初期年平均和夏季降水以增加为主，冬季降水表现为西部增多、东部减少的空间分布特征，中期年平均降水以变化不大为主，冬季增加的区域有所扩大，夏季出现减少的区域。总体来说，未来年平均和夏季降水以增加和变化不大为主，冬季降水的变化在不同情景下的差异较大。

关键词：区域气候模式；淮河流域；气温和降水变化

1　试验设计和资料介绍

本文使用国际理论物理中心（The Abdus Salam International Center for Theoretical Physics）的区域气候模式 RegCM4.0 版[1]。模式的中心点为 35°N，105°E，东西方向格点数为 160，南北方向格点数为 109。模式水平分辨率为 50km，范围包括整个中国及周边地区。垂直方向分成 18 层，层顶高度达到 10hPa。经过前期大量的敏感性试验，积分模拟试验选择以下参数化方案（表1）。

初始场和侧边界值由全球模式 BCC_CSM1.1[9]得到，侧边界场采用指数松弛边界方案，每 6h 输入模式一次。海温资料为 BCC_CSM1.1 输出的月平均值。地形资料由美国地质勘探局（United States Geological Survey）制作的

表 1 试 验 参 数 化 方 案

辐　　射	NCAR CCM3	Kiehl 等[2]，1996
陆面过程	BATS1e	Dickinson 等[3]，1993
行星边界层	Holtslag	Holtslag 等[4]，1990
积云对流	Grell‑AS	Grell[5]，1993
大尺度降水	SUBEX	Pal 等[6]，2000
海表通量	Zeng	Zeng 等[7]，1998
缓冲区	12	
地表发射率	MM5	张冬峰[8]，2009

$10'\times10'$地形资料插值得到。植被覆盖在中国区域内使用 Liu 等[10]的实测资料，区域外使用 USGS 基于卫星观测反演的 GLCC（Global Land Cover Characterization）资料[11]。

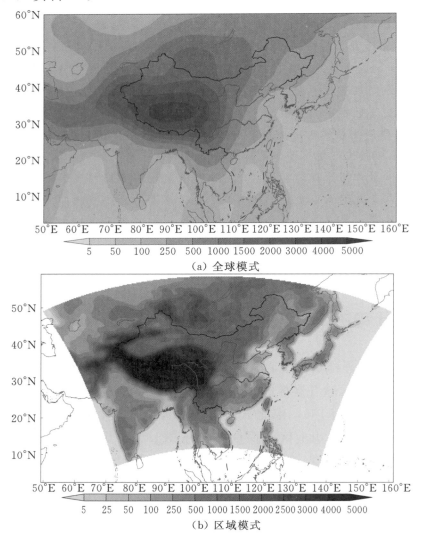

（a）全球模式

（b）区域模式

图 1　全球和区域模式的地形分布及区域模式模拟范围（单位：m）

图 1 为全球和区域模式在东亚地区的地形分布及区域模式模拟范围。从图 1 中可以看到，区域模式基本上能够较详细地描述模拟区域内的地形分布特征，如西部的天山、阿尔泰山、昆仑山、塔里木盆地、祁连山、柴达木盆地和东部的华北平原、黄淮平原和东南丘陵等。

连续积分时间为 1950 年 1 月至 2099 年 12 月，共 151 年。其中，1950 年为初始化阶段，不作分析。2006 年以后，由 BCC _ CSM1.1 提供的初始场和侧边界值分别为 RCP4.5 和 RCP8.5 情景。

2 区域模式对淮河流域未来气温、降水变化的预估

2.1 区域模式对淮河流域 2010—2020 年和 2010—2050 年气温变化的预估

在对区域模式的模拟性能进行检验的基础上，本节中我们分别将 2010—2020 年、2010—2050 年气温和降水的多年平均值与 1986—2005 年的值相减，作为 RCP4.5 和 RCP8.5 排放情景下 21 世纪初期、中期淮河流域的变化，对模拟结果进行分析。图 2 给出了区域模式模拟两种情景下 2010—2020 年年平均和冬、夏季平均地面气温的变化分布。

从图 2 中可以看出，RCP4.5 情景下，2011—2020 年年平均气温都是增加的，升温值在流域东南部较高，数值在 0.2℃ 以上，流域中部升温值相对较低，数值在 0~0.1℃ 之间，其他大部分地区升温值在 0.1~0.2℃ 之间。相对于年平均来说，冬、夏季气温的变化在大部分区域上是降低的，气温变化值呈东南向西北逐渐降低的分布，最大降温值在 −0.6℃ 以上。RCP8.5 情景下，年平均和冬、夏季气温都将升高，升高值在冬季表现为由东南向西北逐渐升高，夏季则与此相反，为由东南向西北逐渐降低，年平均变化值大都在 0.3~0.5℃ 之间，其中流域南部相对较低，北部较高。

图 3 给出了区域模式模拟两种情景下 2010—2050 年年平均和冬、夏季平均地面气温的变化分布。从图 3 中可以看出，RCP4.5 情景下，2010—2050 年年平均和冬、夏季平均气温都是增加的。其中，年平均气温升高值相对较高，除流域南部小部分地区外，数值都在 0.8~1.0℃ 之间；冬季气温的变化基本呈由西南向东北逐渐增加的趋势，数值从 0.5℃ 以下增加到 0.9℃ 以上；夏季气温的变化值相对较低，大部分区域的升温值都在 0.4~0.6℃ 之间。RCP8.5 情景下，2010—2050 年升温值较 RCP4.5 情景明显要高。除冬季流域南部有小部分区域升温值在 0.8℃ 以下外，其他区域升温值都在 0.8℃ 以上，且年平

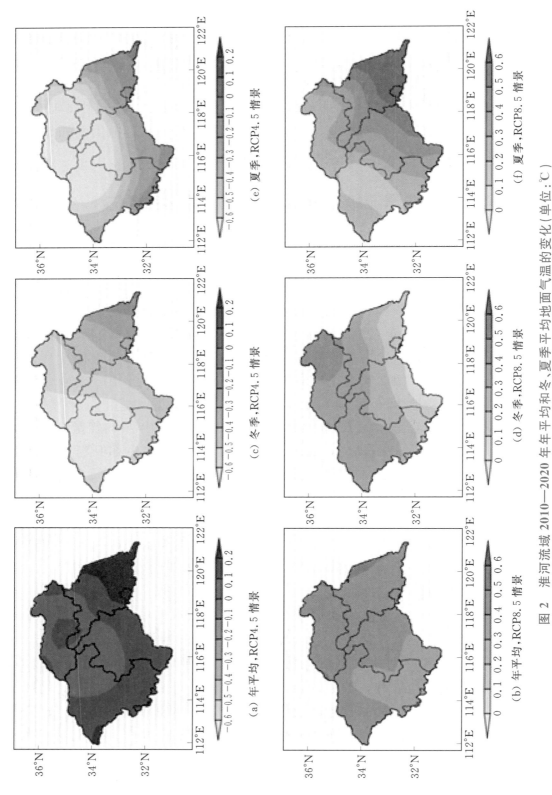

图 2 淮河流域 2010—2020 年年平均和冬、夏季平均地面气温的变化（单位：℃）

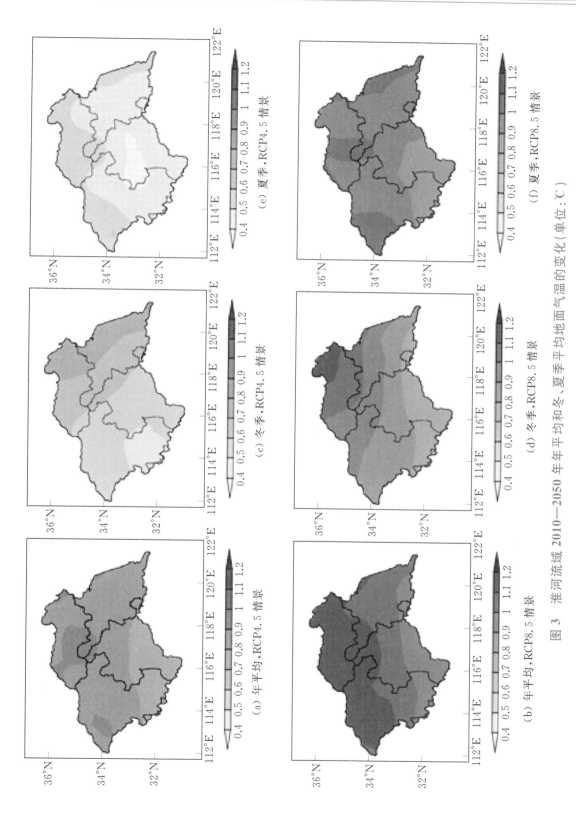

图 3　淮河流域 2010—2050 年年平均和冬、夏季平均地面气温的变化(单位:℃)

199

均和冬、夏季气温的变化基本都呈由南向北逐渐增加的分布。相比较来看，年平均气温升高幅度最大，大部分地区升温值在 1.0℃ 以上，冬季升温的南北梯度最大，数值由南部的 0.8℃ 以下上升到北部区域的 1.1℃ 以上，夏季升温值大都在 0.8～1.1℃ 之间，升温相对较低。

2.2 区域模式对淮河流域 2010—2020 年和 2010—2050 年降水变化的预估

降水作为一个重要的气候变量，对经济、生态和人民生活等都产生重要影响。相对于气温，未来降水的不确定性更大，其如何变化是大家更为关注的一个问题。图 4 给出了区域模式模拟两种情景下 2010—2020 年年平均和冬、夏季平均降水的变化分布。

从图 4 中可以看到，总体来说，RCP4.5 情景下，未来 2010—2020 年年平均和冬、夏季平均降水的变化在整个流域上大都是增加的。其中，年平均降水的增加值相对较小，基本在 10%～25% 之间；冬季流域中部的变化较大，在 25%～50% 之间，其他大部分地区在 10%～25% 之间；夏季整个流域的降水都将增加，其中东南部增加相对较小，在 10%～25% 之间，其他区域都在 25% 以上。RCP8.5 情景下，年平均降水在整个流域上以增加或变化不大为主，其中增加值在 5%～25% 之间；冬季降水的变化除流域西部少部分地区为增加外，其他大部分地区以减少为主，减少值在流域北部较大，南部较小，减少最大值在 -25% 以上；夏季降水的变化以增加为主，其中流域南部和中北部增加较大，增加值在 10% 以上。与 RCP4.5 情景下降水变化相比，两者在变化分布及变化量级均有一定的差异，特别是在冬季。

图 5 给出了区域模式模拟两种情景下 2010—2050 年年平均和冬、夏季平均降水的变化分布。

从图 5 中可以看到，总体来说，RCP4.5 情景下，未来 2010—2050 年年平均和冬、夏季平均降水的变化在整个流域上表现为增加或变化不大。其中，年平均降水的增加值基本在 5%～25% 之间；冬季降水的增加值相对较大，大都在 10% 以上；夏季整体来看流域东部降水变化不大，西部大都是增加的，增加值在 5%～25% 之间。RCP8.5 情景下，年平均降水在整个流域上以变化不大为主，数值在 ±5% 之间；冬季降水的变化大部分地区以增加为主，增加值一般在 5%～25% 之间；夏季降水的变化在流域东部表现为减少或变化不大，流域西部主要是增加的，增加值在 5%～25% 之间。两种情景相比，冬季降水变化的差异仍然相对较大。

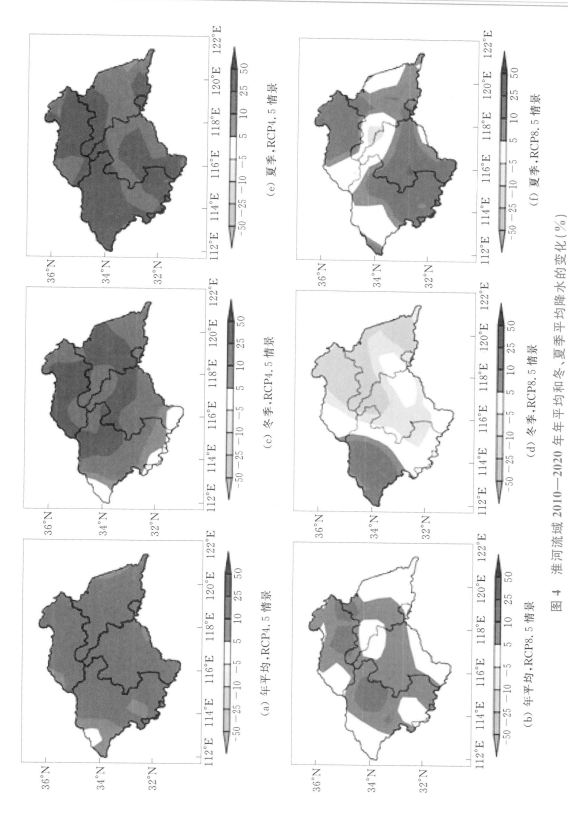

(a) 年平均, RCP4.5 情景

(b) 年平均, RCP8.5 情景

(c) 冬季, RCP4.5 情景

(d) 冬季, RCP8.5 情景

(e) 夏季, RCP4.5 情景

(f) 夏季, RCP8.5 情景

图 4 淮河流域 2010—2020 年年平均和冬、夏季平均降水的变化（%）

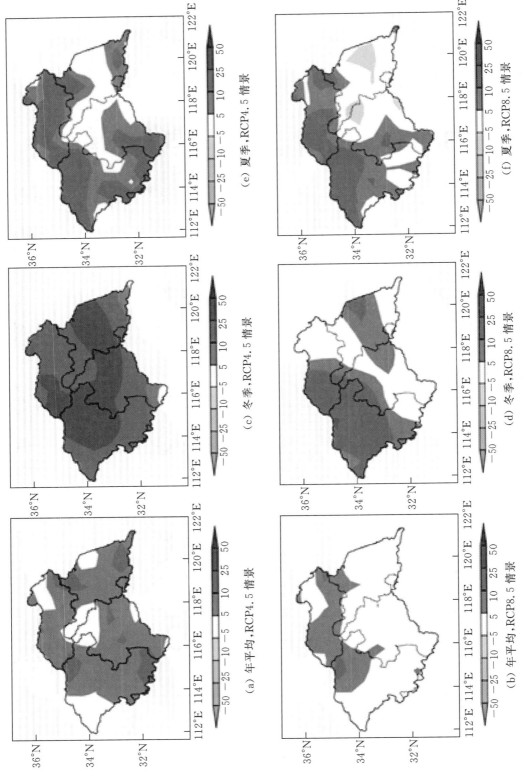

图5 淮河流域 2010—2050 年年平均和冬、夏季平均降水的变化（%）

3 小结和讨论

本文使用 RegCM4.0 区域气候模式，单向嵌套 BCC_CSM1.1 全球气候系统模式输出结果，对中国及东亚区域进行了 50km 水平分辨率，1950—2099年的连续积分模拟。在对区域模式的模拟性能进行检验的基础上，分别预估了 RCP4.5 和 RCP8.5 排放情景下，淮河流域 21 世纪初期和中期气温、降水的变化，主要结论如下。

（1）RCP4.5 情景下，区域模式模拟的 21 世纪初期（2010—2020 年）冬、夏季平均地面气温一致降低，但年平均气温是升高的，说明春、秋季气温升高较多。模拟 21 世纪中期年平均和冬、夏季气温都将升高，其中年平均升温幅度最大，夏季升温最小。RCP8.5 情景下，区域模式模拟的 21 世纪初期（2010—2020 年）年平均和冬、夏季平均地面气温一致升高，其中冬季表现为升温值由东南向西北逐渐增加，夏季则与之相反，年平均升温值大都在 0.3～0.5℃之间。模拟 21 世纪中期（2010—2050 年）年平均和冬、夏季气温升高值较初期明显要大，其中年平均升温幅度最大，冬季升温南北梯度最大，夏季升温最小。

（2）RCP4.5 情景下，模拟 21 世纪初期年平均和冬、夏季降水都将增加，其中夏季在整个淮河流域全部是增加的，增加值都在 10％以上。21 世纪中期年平均和冬、夏季降水的变化也以增加为主，其中冬季降水变化最大，流域中部地区增加值都在 25％以上。RCP8.5 情景下，模拟 21 世纪初期年平均和夏季降水都以增加为主，冬季降水则是以减少为主，仅流域西部小部分区域是增加的。21 世纪中期年平均和冬、夏季降水的变化与初期表现出较大的不同，其中年平均降水以变化不大为主，冬季降水由减少转换为增加为主，夏季降水在流域西部大部分地区都是增加的，东部小部分地区为减少的。

不同情景下，区域模式预估的淮河流域未来气温和降水变化均表现出一定程度的差异，反映出排放情景所带来的一定的不确定性，但即使在相同的排放情景下，不同全球模式驱动区域模式的预估结果也存在着不一致性。因此，在计算条件允许的前提下，未来有必要进行多个全球模式、多种排放情景下的多模式集合预估，给出区域尺度上未来气候要素的变化范围，以减少这种不确定性。

参 考 文 献

［ 1 ］ Giorgi F，Coppola E，Solmon F，et al. RegCM4：Model description and preliminary tests over multiple CORDEX domains ［J］. Climate Research，2012，52：7 - 29.

［ 2 ］ Kiehl J T，Hack J J，Bonan G B，et al. Description of the NCAR Community Climate Model（CCM3）［R］. NCAR Tech. Note，NCAR/TN - 420 STR，1996：152.

［ 3 ］ Dickinson R E，Henderson S A，Kennedy P J. Biosphere — atmosphere transfer scheme（bats）version 1e as coupled to the ncar community climate model ［R］. Technical report，National Center for Atmospheric Research，1993.

［ 4 ］ Holtslag A A M，de Bruijn E I F，Pan H L. A high resolution air mass transformation model for short - range weather forecasting ［J］. Mon. Wea. Rev. ，1990，118：1561 - 1575.

［ 5 ］ Grell G. Prognostic evaluation of assumptions used by cumulus parameterizations ［J］. Mon. Wea. Rev. ，1993，121：764 - 787.

［ 6 ］ Pal J S，Small E E，Eltahir E. Simulation of regional - scale water and energy budgets：Representation of subgrid cloud and precipitation processes within RegCM ［J］. J. Geophy. Res. ，2000，105（D24）：29579 - 29594.

［ 7 ］ Zeng X，Zhao M，Dickinson R E. Intercomparison of bulk aerodynamic algoriths for the computation of sea surface fluxes using TOGA COARE and TAO data ［J］. J. Climate，1998，11：2628 - 2644.

［ 8 ］ 张冬峰. 东亚沙尘气溶胶及其气候变化对其影响的区域数值模拟 ［D］. 北京：中国科学院大气物理研究所，2009.

［ 9 ］ Wu T W，Yu R C，Zhang F，et al. The Beijing Climate Center atmospheric general circulation model：description and its performance for the present - day climate ［J］. Climate Dynamics，2010，34（1）：123 - 147.

［10］ Liu J Y，Liu M L，Zhang D F，et al. Study on spatial pattern of land—use change in China during 1995—2000 ［J］. Science China Series D：Earth Science，2003，46（4）：373 - 384.

［11］ Loveland T R，Reed B C，Brown J F，et al. Development of a global land cover characteristics database and IGBP DISCover from 1 - km AVHRR data ［J］. Int. J. Remote Sens. ，2000，21（6 - 7）：1303 - 1330.

淮河流域强对流天气的统计特征分析及对策建议

谌芸[1] 盛杰[1] 李晟祺[2]

（1. 国家气象中心 北京 100081；2. 南京信息工程大学 南京 210044）

摘要：本文使用国家气象信息中心提供的 1981—2010 年中国地面基本基准站数据集资料，统计分析淮河流域雷暴等对流天气和短时强降水、冰雹、雷暴大风等强对流天气的时空特征，并根据统计结果提出淮河流域关于强对流天气防灾减灾的对策建议。分析发现：淮河流域存在 3 个短时强降水中心，即山东省西部、江苏省东北部以及河南省南部，结合短时强降水发生频率和持续时间等方面的统计分析发现 3 个暴雨中心形成原因各不相同，对于这些地区的暴雨灾害的防御也应不同。对淮河流域其他对流天气（雷暴、冰雹、雷暴大风）的空间分布、年变化、季节变化以及日变化特征进行统计分析，并在此基础上提出了相应的对策建议。

关键词：淮河流域；强对流；统计特征；对策建议

1 引言

淮河流域地理范围位于长江和黄河两流域之间，流域西起桐柏山、伏牛山，东临黄海，南以大别山、江淮丘陵、通扬运河及如泰运河南堤与长江分界，北以黄河南堤和泰山为界与黄河流域毗邻，位于我国南北气候过渡带上，以淮河为界，北部属暖温带，南部则属亚热带。淮河作为我国南北方的一条自然分界线，气候条件复杂，流域内腹地地区地势低平，洼地易涝，加上黄河长期夺淮，使淮河失去了独立的入海通道，加重了洪涝灾害。

对淮河流域暴雨的研究一直是工作重点，机理方面已经有了大量成果[1-6]，并在气候背景分析和天气形势诊断的基础上，对江淮地区的典型降水过程开展了更为细致的数值模拟研究工作[7-8]。但是致灾的对流天气不仅包括强降水，雷暴、冰雹、雷暴大风等对流天气同样具有突发性、致灾性强的特点。2009 年 6 月 3 日的风雹过程，造成 20 多人死亡，致灾性不可小觑。目前专门针对淮河流域对流天气的统计工作还是空白，为评估强对流天气对淮河地区的影响，为防灾减灾提供数据支持，本文将从时空分布等方面对淮河流域的强对流天气进行统计分析。

　　本文首先给出强对流天气类型及标准，并介绍所用数据。由于淮河流域降水的统计工作已经非常多，对于该地区短时强降水的统计分析是在介绍前人结论的基础上，主要从短时强降水强度和持续时间讨论淮河地区 3 个暴雨中心的形成原因，为该地区的灾害天气的防范提供科学依据。然后分别给出淮河流域雷暴、冰雹以及雷暴大风 3 种对流天气的空间分布、年变化、季节变化以及日变化特征等。在此基础上提出相应的对策建议。

2　强对流天气介绍及数据介绍

　　国家气象中心强对流天气预报业务中强对流天气是指在观测到雷暴天气同时伴随有短时强降水或冰雹或雷暴大风天气。其中，短时强降水的标准为雨量不小于 20mm/h，雷暴大风的标准为风速不小于 17.2m/s。

　　本文选取中国气象局国家信息中心提供的中国地面基本基准站数据集（1981—2010 年），其中淮河流域（111°E～121°E，30°N～36°N）气象观测站共计 70 站，时间分辨率为 1h。只要当天有一个时次观测到某一种强对流天气，则记为本站发生相对应的强对流日数或次数为 1。

3　淮河流域强对流天气统计特征

3.1　短时强降水特征

　　强降水一直是淮河流域热点问题，相关的统计工作已有很多，最新研究结果有：汪方[9]使用 1960—2007 共 48 年的降水资料，发现 20 世纪 90 年代以来出现极端强降水事件的概率增加明显。王珂清[10]指出 2000 年之后，年降水量明显增加，夏季降水量亦增加明显。可以看出，无论是从极端降水还是年降水来看，淮河流域的降水事件在 21 世纪有增长趋势。

　　冯志刚[11]使用 1961—2009 年资料分析进一步给出了淮河流域年暴雨量的多发区域：山东省西部、江苏省东北部以及河南省南部有 3 个极值中心。暴雨的产生原因从根本上来讲，是因为降水强度大和持续时间长。我们从这两个方面来统计分析淮河流域的暴雨分布特点。

　　图 1 是全国短时强降水发生的气候概率值分布图，用来分析强降水的发生频率，图 2 是全国短时强降水的平均持续时间图，说明强降水的持续时间。山东省西部为泰山地区，地形对于降水强度的增幅作用非常明显，可以看到无论

是 20mm/h，还是 30mm/h，相对于全国而言，发生概率都是比较高的，但从持续时间来说，相对要短一些，所以泰山地区的暴雨特点首先是降水强度大，突发性更强。河南省南部靠近大别山区，20mm/h 以上时是强降水的高发区，阈值选为 30mm/h 时则已不明显，但由于持续时间较长（图 2），仍然可以形成暴雨，所以河南省南部的降水强度比泰山地区弱，但持续时间更长。江苏省东北部没有处于强降水高发区中心，降水强度不大，但是其持续时间相对于全国来说，都是比较长的，所以较强的持续时间是产生暴雨更重要的原因。

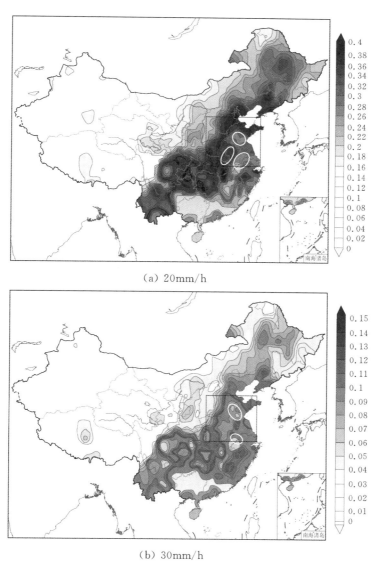

(a) 20mm/h

(b) 30mm/h

图 1　全国短时强降水气候概率分布图（％）

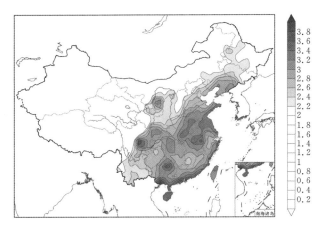

图2 全国短时强降水平均持续时间分布图（单位：h）

综上所述，泰山地区虽然相对淮河流域其他区域持续时间较短，但要关注其高强度的强降水；江苏省东北部地区则应注意其较长的降水持续时间；而河南省东部则都要关注，高强度强降水发生较少，但20mm/h阈值的短时强降水发生频次仍然较高，而且持续时间也相对较长。

3.2 雷暴、冰雹、雷暴大风天气地理分布特征

除3.1节讨论的短时强降水，雷暴、冰雹、雷暴大风都是致灾性较强的对流天气。图3给出了3种对流天气30年在淮河流域的地理分布特征，可以看到雷暴分布具有较明显的南北梯度，越往南发生次数越多，其中大别山区发生最多，年雷暴日为3~47d。冰雹天气在淮河流域的平原地区发生较少，但山区多，符合冰雹易在山区发生的特点，年冰雹日为0~1d。雷暴大风与冰雹的分布较为相似，也呈现出山区多、平原少的特点，年雷暴大风日为1~11d。

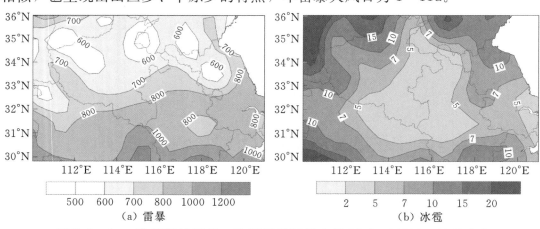

（a）雷暴   （b）冰雹

图3（一） 淮河流域雷暴、冰雹以及雷暴大风30年（1981—2010年）

发生总次数地理分布图（单位：次）

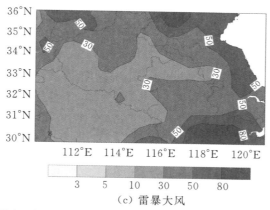

（c）雷暴大风

图 3（二）　淮河流域雷暴、冰雹以及雷暴大风 30 年（1981—2010 年）
发生总次数地理分布图（单位：次）

3.3　雷暴、冰雹、雷暴大风天气年际变化特征

图 4～图 6 给出了 3 种对流天气的年际变化，由图可见，雷暴天气在 20
世纪 80 年代后期到 90 年代末起伏变化较大，2000 年后比较平稳，基本位于
平均值附近。

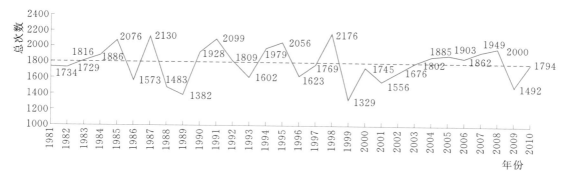

图 4　1981—2010 年淮河流域雷暴总次数年际变化（单位：次）

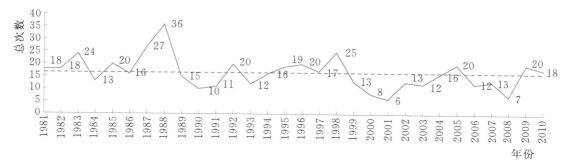

图 5　1981—2010 年淮河流域冰雹总次数年际变化（单位：次）

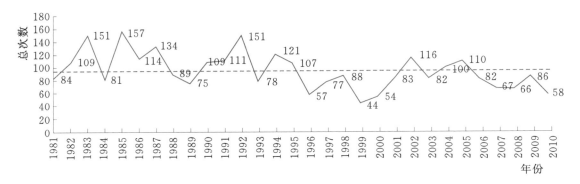

图 6   1981—2010 年淮河流域雷暴大风总次数年际变化（单位：次）

冰雹的年际变化特征是 20 世纪 80 年代后期峰值期，90 年代至今比较平稳，2000 年以后一般都低于平均值。

雷暴大风 20 世纪 80 年代中期和 90 年代初处于波峰，90 年代后期及 20 世纪后期则相对处于波谷。

总体来说，这 3 种对流天气在近十几年来，相对于 20 世纪来说，并没有增强的趋势，相反，冰雹和雷暴大风还有较明显的减少趋势。

3.4   雷暴、冰雹、雷暴大风天气月、季节变化特征

从雷暴的月变化（图 7）来看，7 月、8 月是雷暴的高发季节，此时淮河流域位于副热带高压 588 线边缘，高温高湿，易在午后产生雷暴天气。夏季的地理分布（图 8）仍然是北少南多的特点。从季节上来看，相对秋季来说，春季由于冷暖空气的交汇更易发生雷暴天气。

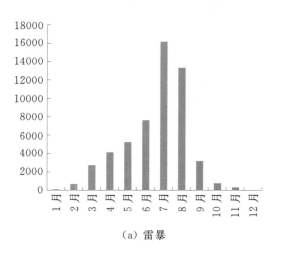

(a) 雷暴

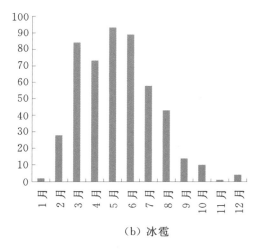

(b) 冰雹

图 7（一）   1981—2010 年淮河地区雷暴、冰雹以及雷暴大风天气月变化（单位：次）

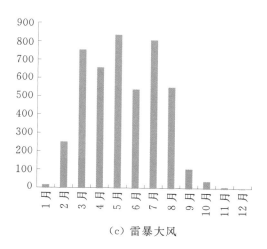

（c）雷暴大风

图 7（二）　1981—2010 年淮河地区雷暴、冰雹以及雷暴大风天气月变化（单位：次）

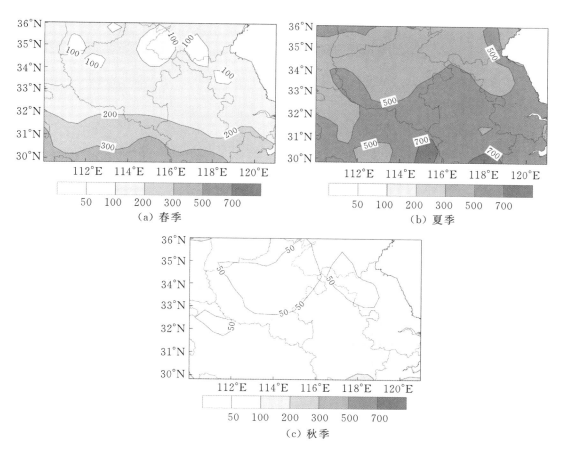

图 8　1981—2010 年淮河地区雷暴不同季节的地理分布图（单位：次）

冰雹的月变化（图9）不同于雷暴，高发期相对分散，3—8月发生概率都比较高。从不同季节的地理分布来看，春季高发中心在江苏省东北部地区，为平原地区，而到了夏季，山东省中部、河南省西部等山区成为冰雹高发区。说明春季冰雹与冷暖空气的交汇有关，而夏季冰雹天气的发生与地形的抬升作用等因素有关。秋季发生区域基本北推到淮河流域的北部山区，且发生较少。

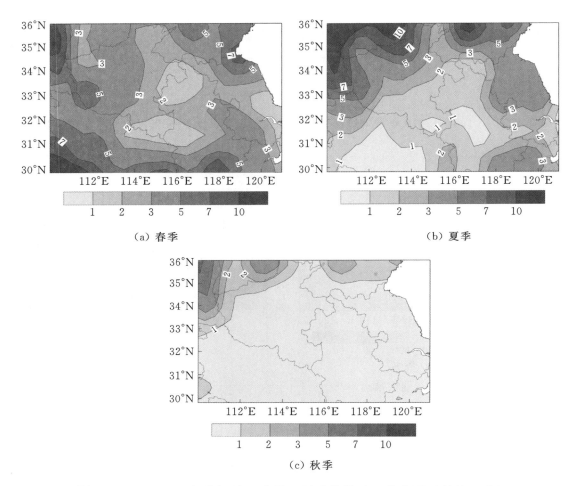

图9　1981—2010年淮河地区冰雹不同季节的地理分布图（单位：次）

雷暴大风的月变化（图10）更接近于雷暴，夏季迅速增多，秋季迅速减少，6月、7月、8月是其高发期，此时是东北冷涡活动频繁期，受其气流影响，淮河流域常常位于冷暖空气交汇处，有利于雷暴大风的形成。但是其地理分布与雷暴北少南多的分布有较大差异，春、夏、秋季都高发于泰山地区及江苏省东部。

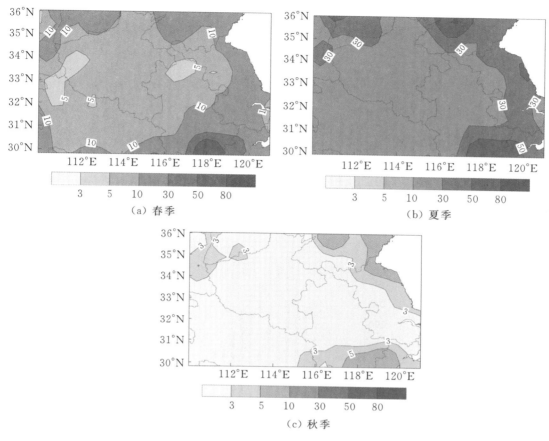

图 10　1981—2010 年淮河地区雷暴大风不同季节地理分布图（单位：次）

3.5　雷暴、冰雹、雷暴大风天气日变化特征

利用小时资料分析雷暴、冰雹、雷暴大风天气的日变化特征（图 11）。雷暴和雷暴大风天气日变化较为接近，主要集中在午后到上半夜，15—19 时发生较多。而冰雹则集中在午后到 19 时左右，15—17 时发生次数最多，高发时段相对结束较早。

4　小结

（1）短时强降水天气在江南丘陵、泰山、大别山有 3 个大值区，30mm/1h 以上的短时强降水的中心在江南丘陵、泰山。泰山地区要关注其高强度的强降水；江苏省东北部地区则应注意其较长的降水持续时间；而河南省东部则都要关注，高强度强降水发生较少，但 20mm/h 阈值的短时强降水发生频次仍然较高，而且持续时间也相对较长。

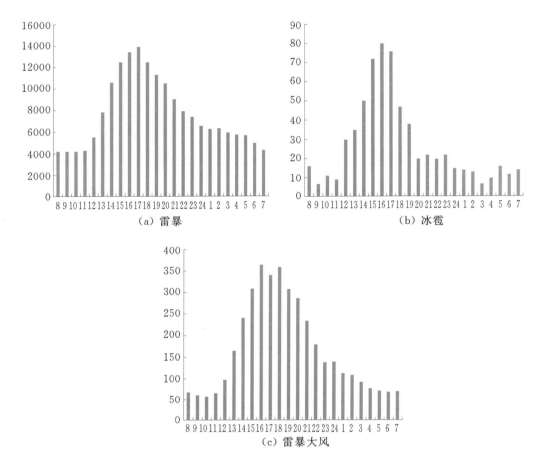

图 11　1981—2010 年淮河地区雷暴、冰雹以及雷暴大风日变化（单位：次）

（2）雷暴天气大别山最多，平原少，年雷暴日数 3～47d，20 世纪 80 年代后期至 90 年代末起伏变化大，2000 年以后变化比较平稳且呈减少趋势。风雹天气山区多，平原少；夏天最多，秋天最少，具有季节演进特征。年冰雹日 0～1d，雷暴大风日 1～11d，冰雹在 80 年代后期为峰值期，90 年代至今比较平稳，2000 年以后一般都低于平均值。雷暴大风在 80 年代中期和 90 年代初为峰值期，90 年代后期及 20 世纪后期为谷值期。

（3）雷暴和雷暴大风天气夏天最多，秋天最少，具有季节演进特征。春、初夏季是冰雹多发季节，且雷暴和雷暴大风主要发生午后到上半夜，冰雹主要发生在午后。

5　对策建议

（1）强对流天气大都由中小尺度的天气系统造成，常规的观测站网很难捕捉到，在强对流天气频发的地区建立除常规观测以外的包括雷达、自动站、风廓线仪、GPS等中尺度气象的观测网，提高强对流天气的监测能力，及时监测强对流天气的产生、发展及演变情况。

（2）中尺度对流性天气生命史短且变化剧烈，上游地区的相关信息对下游及相邻地区的强对流天气的预报和防御非常重要。在该地区建立气象信息共享平台，建设统一的气象通信和信息存储、分发系统，充分发挥气象信息网络资源优势，实现观测数据共享。

（3）由于强对流天气的特性，在该地区建立气象灾害的预报预警系统，做好强对流天气短期、短时和临近预报的气象服务，提高灾害天气预报预测水平。

（4）强对流天气突发性强，像飑线、龙卷风、强雷电和短时强降水等，从生成到发展再到消亡时间都很短，有些生命期不到1h，因此留给监测、预报预警和防御的时间十分有限。在淮河流域建立畅通的通信渠道，确保气象灾害预警信息及时送达防灾减灾责任人和群众手中。

（5）强对流天气不仅在山区频发，在平原地区的农村和城市也频发。农村基础设施薄弱，防灾抗灾能力不足以及人们防灾意识淡薄是强对流天气致灾的主要原因。加强农村防灾抗灾能力系统工程建设，预防短时强降水、雷电、冰雹、雷暴大风等强对流天气造成的各种灾害。

（6）在狂风、冰雹和强雷电的袭击下，城市高大建筑墙面脱落、行道树木及电杆（塔）折断和广告牌、简易棚架、建筑工地围墙及脚手架垮塌等造成人员伤亡；短时强降水导致的城市给水排水不畅，引起交通瘫痪；狂风、强雷暴导致民航航班延误或取消以及引发一系列连锁反应。加强城市运行安全管理，消除灾害隐患，减少损失。

参 考 文 献

［1］ 陶诗言，等. 中国之暴雨［M］. 北京：科学出版社，1980：225.

［2］ 丁一汇.1991年江淮流域持续性特大暴雨研究［M］. 北京：气象出版社，1993：255.

［3］ 王黎娟，管兆勇，何金海.2003年淮河流域致洪暴雨的环流背景及其与大气热源的关系［J］. 气象科学，2008，28（1）：1－7.

［4］ 赵思雄，张立生，孙建华.2007年淮河流域致洪暴雨及其中尺度系统特征的分析［J］. 气候与环境研究，2007，12（6）：713－727.

［5］ 魏凤英，张婷. 淮河流域夏季降水的振荡特征及其与气候背景的联系［J］. 地球科学，2009，39（10）：1360－137.

［6］　江志红，梁卓然，刘征宇，等 . 2007 年淮河流域强降水过程的水汽输送特征分析
　　　［J］. 大气科学，2011，35（2）：361－372.

［7］　尹宜舟，沈新勇，李焕连 . "07.7" 淮河流域梅雨锋暴雨的地形敏感性试验［J］.
　　　高原气象，2009，28（5）：1085－1094.

［8］　宋巧云，魏凤英，许晨海 . 淮河流域暴雨过程的数值模拟和诊断分析［J］. 南京气
　　　象学院学报，2006，29（3）：342－347.

［9］　汪方，田红 . 淮河流域 1960—2007 年极端强降水事件特征［J］. 气候变化研究进
　　　展，2010，6（3）：228－229.

［10］　王珂清，曾燕，谢志清 . 1961—2008 年淮河流域气温和降水变化趋势［J］. 气象科
　　　学，2012，32（4）：48－53.

［11］　冯志刚，程兴无，陈星，等 . 淮河流域暴雨强降水的环流分型和气候特征［J］. 热
　　　带气象学报，2013，29（5）：824－832.

引发淮河流域强对流天气的中尺度对流系统（MCS）统计特征分析

谌　芸[1]　曾　波[2]　李晟祺[3]

(1. 国家气象中心　北京　100081；2. 成都高原所　成都　610225；

3. 南京信息工程大学　南京　210044)

摘要：强对流天气是在一定的大尺度环流背景中，由各种物理条件相互作用形成的中尺度天气系统造成的。本文利用 FY－2 地球静止卫星红外数字图像资料统计分析了 2008—2010 年夏季（6—8 月）110°E～124°E，27°N～40°N 区域内引发淮河流域强对流天气的中尺度对流系统（MCS）的时空特征。为该地区强对流天气的监测及预报提供重要的支撑。依据标准将 MCS 分为 α 尺度的中尺度对流系统（MαCS）和 140 个 β 尺度的中尺度对流系统（MβCS），其中 MαCS 又分为中尺度对流复合体（MCC）和持续拉长状对流系统（PECS）。分析发现：PECS 居多，占 MCS 总数的 79.3%，拉长状的 MCS 是淮河流域夏季的主要对流系统。从月际变化来看，7 月最多，8 月次之，6 月最少。大部分 MCS 移动路径自西向东，少数为自南向北或自北向南的移动路径，自东向西的路径极少。MCS 形成高峰时段为 9—10UTC（世界时），成熟高峰时段为 10—11UTC，消散高峰时段为 12—13UTC，生命史约为 6.5h。MαCS 从形成到成熟需 3～4h，成熟至消散需 4～5h；MβCS 发展和减弱时间相当，为 2～3h。

关键词：淮河流域；强对流天气；中尺度对流系统 MCS；时空分布；移动路径

1　引言

引发强对流天气的中尺度对流系统（MCS）是造成淮河流域灾害天气的直接系统之一，经常导致突发性的短历时暴雨、冰雹和雷暴大风等灾害性强对流天气。淮河流域位于长江和黄河两流域之间，流域内地形复杂（图 1），西起桐柏山、伏牛山，东临黄海，南以大别山、江淮丘陵、通扬运河及如泰运河南堤与长江分界，北以黄河南堤和泰山为界与黄河流域毗邻。国内外对我国的中尺度对流系统（MCS）的统计分析表明：项续康等[4]指出中国的 MCC 多在山地或高原的背风坡初生，偏心率和空间尺度比北美小。陶祖钰等[5]研究发现，我国 3 个 MαCS 的集中区：四川盆地及其周围，华南西部和北部湾附近地区，黄河和长江中下游地区。马禹等[6]和郑永光等[7]将中尺度对流系统分成 MαCS 和 MβCS 两类普查了中国及其邻近地区，发现黄河和长江中下游地区是 MCS 活跃区。较多的已有研究[5-7]发现淮河流域及邻近地区（110°E～124°E，27°N～40°N）是中尺度对流系统多发区。对该区域的 MCS 统计分析研究工作可为该地区强对流天气预报提供参考。

2 MCS 的分类标准及资料

目前 MCS 的分类标准还有较大的不一致。1980 年 Maddox[10]定义了严格的 MCC 识别标准，Augustine 等[10-11]及国内外一些研究者[1,12-18]去掉了不大于－32℃冷云盖面积的限制条件。而且郑永光等[20]研究指出亮温不大于－52℃的强对流是导致淮河流域强降水的重要天气系统。因此，本文也只考虑不大于－52℃冷云区面积。Jirak 等[21]对 MCS 重新分类，将 MCS 划分为四类，即 α 尺度的对流系统（MαCS）和 β 尺度的对流系统（MβCS），其中 MαCS 包括中尺度对流复合体（MCC）和持续拉长状对流系统（Permanent Elongated Convective System，PECS），MβCS 包括中-β 中尺度对流复合体（Meso - β - scale MCC，MβCCS）和中-β 持续拉长状对流系统（Meso - β - scale PECS，MβECS）。这种划分标准既考虑了 MCS 的大小，同时又兼顾了维持时间和形状，是一种较为科学的划分标准。本文 MCS 划分标准在 Jirak[21]基础上做了一些修订，去掉了 β 尺度对流系统中的限定条件——TBB≤－52℃的最大面积必须不小于 50000km²，见表 1（其中偏心率指 MCS 外形所拟合椭圆的短轴与长轴之比）。

表 1　　　　　　　　　　MCS 的 分 类 标 准

MCS 类型	尺度标准	持续时间	形状（偏心率定义）
MCC	TBB≤－52℃的连续冷云区面积不小于 50000km²	满足尺度标准时间≥6h	最大尺度时偏心率≥0.7
PECS			0.2≤最大尺度时偏心率＜0.7
MβCCS	TBB≤－52℃的连续冷云区面积不小于 30000km²	满足尺度标准时间≥3h	最大尺度时偏心率≥0.7
MβECS			0.2≤最大尺度时偏心率＜0.7

本文所用资料为 2008—2010 年 6—8 月 FY－2C（2008—2009 年）和 FY－2E（2010 年）地球静止卫星红外云图资料，水平分辨率为 $0.05°×0.05°$，时间分辨率基本为 0.5h（部分时段间隔 1h），区域范围为 110°E～124°E，27°N～40°N。

3　MCS 地理分布特征

依据上述划分标准对 2008—2010 年夏季（6—8 月）淮河流域及邻近地区（110°E～124°E，27°N～40°N）中尺度对流系统进行统计分析，3 年该地区共发生了 208 个 MCS，其中 MαCS 有 68 个，MβCS 共 140 个。MαCS 中有 11 个 MCC，占 MCS 总数的 5.3%；有 57 个 PECS，占 MCS 总数的 27.4%；MβCS 中有 32 个 MβCCS，占 MβCS 总数的 15.4%；有 108 个 MβECS，占 MβCS 总数的 51.9%；拉长状 MCS 占总数的 79.3%，这表明较小尺度的 MCS 和拉长状 MCS 是淮河区域夏季的主要对流系统。淮河流域的地形分布特征如图 1 所示。

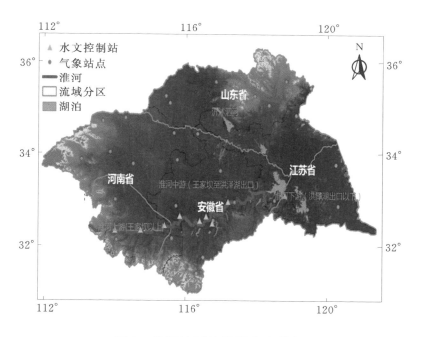

图 1　淮河流域的地形分布特征

图 2 是淮河流域及邻近地区 MCS 生成的地理分布图。由图 2 可见，淮河流域南部即长江中下游地区是 MCS 生成较集中的地区，其数量远大于淮河流域北部即黄河中下游地区。MCC 主要在伏牛山以北且较分散；PECS 主要在

35°N 以南地区生成，且较为分散，在流域南部沿长江地区相对集中。MβCCS 有 3 个集中区：湖北—湖南沿长江一带、江苏—浙江、河南—山东。MβECS 生成较分散，流域南部沿江地区产生较多。

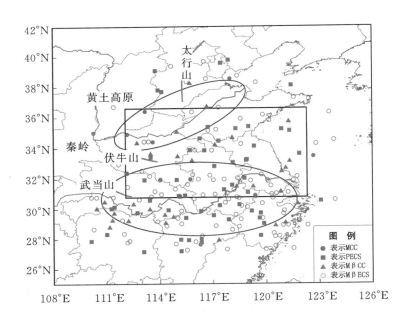

图 2　2008—2010 年淮河流域及邻近地区 MCS 生成的地理分布图

4　MCS 移动路径

分别将淮河流域产生较多的两类 MCS（PECS 和 MβECS）的形成（第一次满足尺度标准的时刻）、成熟（尺度标准最大的时刻）、消散（不再满足尺度标准的时刻）位置（形心位置）点绘在图中，并将 3 个位置连接，即 MCS 的移动路径（图 3）。从图 3 中可以看到 PECS［图 3（a）］和 MβECS［图 3（b）］移动方向较一致，主要自西向东偏北方向移动，有少数自南向北、自北向南及和自东向西的移动路径，仔细分析这些路径发现大都是由于锋面、台风的移动及副热带高气压的西伸东退和北抬影响造成，有极个别是由于在追踪过程中，云团的合并造成。PECS［图 3（a）］移动大。MCS 生成后主要向东移动，这和我国中纬度西风带天气系统的移动路径基本一致，但由于受锋面、台风及副热带高气压等较大天气系统的影响，会出现不同的移动方向。

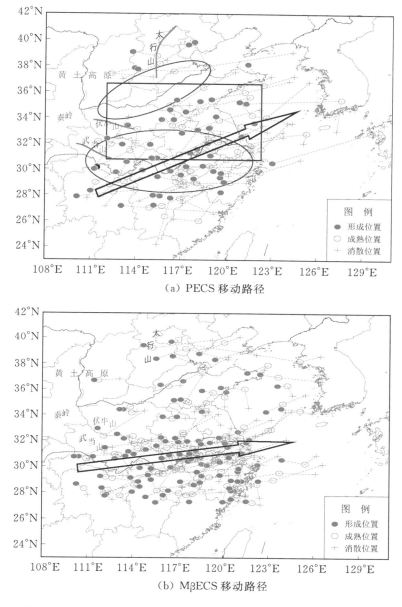

（a）PECS 移动路径

（b）MβECS 移动路径

图 3　2008—2010 年淮河流域及邻近地区 MCS 的移动路径

5　MCS 时间变化特征

5.1　月分布特征

　　图 4 是淮河流域及邻近地区各类 MCS 6—8 月的个数。总体来看，7 月生成的 MCS 最多，有 99 个，其他 2 个月相当，6 月稍少。四类系统在 7 月生成

皆比另两个月份多，7月冷暖空气交汇频繁，产生的MCS较多，生成概率相对6月和8月较大。6月是大气的转换季节，冷、暖空气势力相当，虽然两个月MCS的数量相当，但MCC在6月生成较8月多。表2是2008—2010年淮河流域及邻近地区各类MCS整个夏季平均特征统计。从表2可以看到，整个夏季PECS成熟时的$TBB \leqslant -52℃$平均面积最大，比MCC的都大，MβECS成熟时的$TBB \leqslant -52℃$平均面积也比MβCCS大，这可能与PECS和MβECS在发展时经常会有几个尺度较大的云团合并有关；MCC的持续时间比PECS长，MβECS持续时间比MβCCS长；偏心率最大的是MCC，最小的是PECS；MCC和MβCCS的偏心率均值都在0.8左右，比Jirak等[21]研究的美国的四类相应系统的成熟面积、持续时间和偏心率小，这可能是因为MCS产生的环境条件有所不同，具体原因还需要进一步的分析。

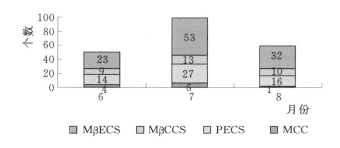

图4　2008—2010年淮河流域及邻近地区
各类MCS 6—8月分布图

表2　2008—2010年淮河流域及邻近地区各类MCS整个夏季平均特征

MCS类型	MCC	PECS	MβCCS	MβECS	四类
个数	11	57	32	108	208
面积/$10^3 km^2$	117.30	151.80	61.66	73.258	95.328
偏心率	0.805	0.464	0.799	0.477	0.540
持续时间/h	9.4	9.0	5.3	5.4	6.6

5.2　日变化特征

图5是MCS 3个阶段（形成、成熟、消散）的日变化特征。从图5中可以看到，MCS的形成、成熟和消散的日变化特征都是双峰结构，大多形成于9—10和6—7UTC（午后），另一个形成高峰期在17—18UTC。成熟的高峰期在10—11和8—9UTC，另一个成熟的高峰期在22—23UTC。消散的高峰期在12—13和14—15UTC，另一个消散的高峰期为22—23UTC。MCS生消和

发展变化都较快。MβCS 的生消时刻峰值同 MCS 变化趋势一致（图略）。从 MαCS 的日变化特征（图 6）可见，MαCS 3 个阶段的日变化特征呈现多峰结构，形成的主要峰值为 8—9 和 6—7UTC（午后），其次在 13—14，20—

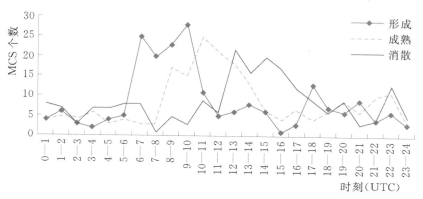

图 5　MCS 日变化特征

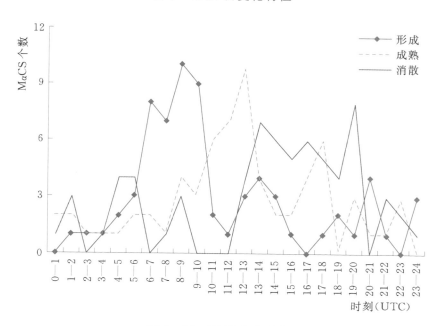

图 6　MαCS 日变化特征

21UTC 等也是高发期。成熟峰值为 12—13UTC，17—18UTC 等也是成熟的峰值期。消散高峰值为 19—20UTC，13—14UTC 等也是消散的高值时段，相对 β 尺度的对流系统，MαCS 生消和发展变化较慢。

综上可以看出，MCS 形成于当地时间的下午至傍晚，此时对流发展旺盛，有利于中尺度对流系统的产生，到了夜间 MCS 发展成熟，凌晨至日出时分消散，这也和国内外研究者得到的结论一致。

6 生命史特征

图 7 是 MαCS［图 7（a）］和 MβCS［图 7（b）］的生命史特征，发展代表形成到成熟过程，减弱为成熟到消散过程，持续就是从产生到消散共经历的时长。从图 7 中可以看到，MαCS 从产生到成熟需 3～4h，从成熟到消散需 4～5h，发展比减弱快，一旦形成很快就发展起来，这些系统一般能够持续约8.5h。持续时间次峰值为 7h 和 11h［图 7（a）］。对于 MβCS 发展和减弱需要的时间相当［图 7（b）］，为 2～3h，中 β 尺度 MCS 系统发展和减弱的速度相当，过程一般持续 5～6h。

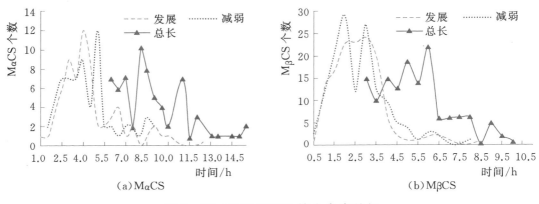

图 7 MαCS 和 MβCS 的生命史特征

总体来说，MβCS 系统发展较 MαCS 系统快，持续的时间也较 MαCS 短，这可能是因为影响 β 尺度对流系统的天气系统比影响 α 尺度对流系统的范围小和强度弱。两类系统的平均生命史与马禹等[6]对全国 MCS 平均生命史的普查结果（MαCS 持续 7～8h，MβCS 持续 5～6h）一致。

7 结论与讨论

淮河流域及邻近地区的 2008—2010 年夏季（6—8 月）MCS 的普查结果表明，淮河流域南部是 MαCS 和 MβCS 的活跃区，这种地理分布特征同以前的研究结果[5-6,17]相一致。还得出以下结论。

（1）该地区拉长状 MCS 是淮河流域夏季的主要对流系统。MCS 移动路径主要自西向东。

（2）该地区 7 月产生的 MCS 最多，6 月最少，但 6 月和 8 月较接近。同种类型的 MCS 成熟时的偏心率和 $TBB \leqslant -52℃$ 的平均面积以及生命期都比美国同种类型的 MCS 偏小。

（3）该地区大多数 MCS 形成于下午至傍晚，到夜间成熟，凌晨时消散。MαCS 平均生命史约 8.5h，且发展比减弱快；MβCS 平均生命史为 5～6h，且发展和减弱时间相当。

参 考 文 献

［1］ Miller D，Fritsch J M. Mesoscale convective complexes in the western Pacific region ［J］. Mon Wea Rev，1991，119：2978 - 2992.

［2］ Velasco L，Fritsch J M. Mesoscale complexes in the Americas ［J］. J Geophys Res，1987，92：9591 - 9613.

［3］ 李玉兰，江吉喜，郑新江，等 . 我国西南—华南地区中尺度对流复合体（MCC）的研究 ［J］. 大气科学，1989，13（4）：417 - 422.

［4］ 项续康，江吉喜 . 我国南方地区的中尺度对流复合体 ［J］. 应用气象学报，1995，6（1）：9 - 17.

［5］ 陶祖钰，王洪庆，王旭，等 .1995 年中国的中-α 尺度对流系统 ［J］. 气象学报，1998，56（2）：166 - 176.

［6］ 马禹，王旭，陶祖钰 . 中国及其邻近地区中尺度对流系统的普查和时空分布特征 ［J］. 自然科学进展，1997，7（6）：701 - 706.

［7］ 郑永光，陈炯，朱佩君 . 中国及周边地区夏季中尺度对流系统分布及其日变化特征 ［J］. 科学通报，2008，53（4）：471 - 481.

［8］ 郑永光，朱佩君，陈敏，等 .1993—1996 年黄海及其周边地区 MαCS 的普查分析 ［J］. 北京大学学报（自然科学版），2004，40（1）：66 - 72.

［9］ 陶祖钰，王洪庆，王旭，等 .1995 年中国的中-α 尺度对流系统 ［J］. 气象学报，1998，56（2）：166 - 176.

［10］ Maddox R A. Mesoscale convective complexes ［J］. Bull Amer Meteor Soc，1980，61（11）：1374 - 1387.

［11］ Augustine J A，Howard K W. Mesoscale convective complexes over the United States during 1985 ［J］. Mon Wea Rev，1988，116：686 - 701.

［12］ Augustine J A，Howard K W. Mesoscale convective complexes over the United States during 1986 and 1987 ［J］. Mon Wea Rev，1991，119：1575 - 1589.

［13］ McAnelly R L，Cotton W R. The precipitation life cycly of mesoscale convective complexs over United States ［J］. Mon. Wea. Rev.，1989，117：784 - 808.

［14］ 郑永光，王颖，寿绍文 . 我国副热带地区夏季深对流活动气候分布特征 ［J］. 北京大学学报（自然科学版），2010，46（5）：793 - 804.

［15］ 祁秀香，郑永光 .2007 年夏季我国深对流活动时空分布特征 ［J］. 应用气象学报，2009，20（3）：286 - 294.

［16］ 祁秀香，郑永光 .2007 年夏季川渝与江淮流域 MCS 分布与日变化特征 ［J］. 气象，

2009，35（11）：17 - 28.

[17]　江吉喜，项续康，范梅珠 . 青藏高原夏季中尺度强对流系统的时空分布 [J]. 应用气象学报，1996，7（4）：473 - 478.

[18]　石定朴，朱文琴，王洪庆，等 . 中尺度对流系统红外云图云顶黑体温度的分析 [J]. 气象学报，1996，54（5）：600 - 611.

[19]　杨本湘，陶祖钰 . 青藏高原东南部 MCC 的地域特点分析 [J]. 气象学报，2005，63（2）：236 - 242.

[20]　郑永光，陈炯，费增坪，等 . 2003 年淮河流域持续暴雨的云系特征及环境条件 [J]. 北京大学学报（自然科学版），2007，43（2）：157 - 165.

[21]　Jirak I L，Cotton W R，McAnelly R L. Satellite and Radar Survey of Mesoscale Convective System Dcvelopment [J]. Mon Wea Rev，2003，131：2428 - 2449.

江淮流域强对流天气精细化数值预报

徐枝芳[1]　郝　民[1]　朱立娟[1]　王　婧[2,1]　刘佩廷[2,1]

（1. 国家气象中心　北京　100081；2. 成都信息工程学院　成都　610225）

摘要： 精细化天气预报是社会经济发展的需要，也是气象预报发展的必然趋势。做好精细化气象预报工作，特别是强对流等灾害性的天气预报，需要提供连续、滚动、无缝隙的气象服务，满足对中小尺度天气短时预报"定时、定点、定量"的要求，精细化气象预报产品必须具有快捷性、预报要素具有针对性、预报结果的空间分辨率高的特点。GRAPES（Global and Regional Assimilation and Prediction System）_RAFS（Rapid Analysis and Forecast System）系统通过同化多种最新的高时空分辨率观测资料，不断将连续观测到的中小尺度天气信息融入模式初始场，在不间断更新的数值预报产品中发挥作用，该系统能为无缝隙精细化数值天气预报提供有力支撑。GRAPES_RAFS 系统对 2009 年 6 月 3 日河南省强对流飑线过程分析结果表明：该系统能抓住快速变化的强对流天气系统，对强风过境的强度和位置预报、强对流产生的降水的位置、强度都有较好的刻画能力。随着计算机水平、观测系统以及数值模式水平的不断发展，高分辨率（1～2km）GRAPES_RAFS 系统将在强对流精细化天气预报中发挥着举足轻重的作用。

关键词： 强对流天气；精细化；数值预报；GRAPES_RAFS 系统

1　引言

随着社会的发展，各行各业对气象服务的需求越来越多，要求也越来越高，期望气象部门能提供在时间和空间更为精细、预报更为准确、要素更为多样化的天气预报产品。在我国经济高速发展的背景下，社会对强对流等高影响天气越来越敏感，公众及高敏感行业对灾害天气的精细化滚动预报的要求也越来越高。要做好精细化气象预报工作，特别是强对流等灾害性的天气预报，需要提供连续、滚动、无缝隙的气象服务，满足对中小尺度天气"定时、定点、定量"的短时预报要求，精细化气象预报产品必须具有快捷性、预报要素具有针对性、预报结果的空间分辨率高的特点。业务结果表明（Wilson，2011），利用雷达回波与卫星图像的简单外推预报强对流天气，在 0～1h 预报中相当有效，但由于缺乏对强对流系统的发生、发展和消亡的物理机制描述，其预报能力随预报时效增加迅速降低。一般而言，时效超过 1h 以上的预报可信度大大降低，尤其是对强对流系统发展、演变的预报。采用数值模式预报强对流系统，虽然对动力与物理过程的描述存在着各种各样的不足，但对强对流系统活动的预报在原理上应该远优于简单的外推方法。强对流系统水平尺度较小、发生的时间快短，模式初始时刻对当前对流系统的准确把握是关键。因此，进行较短时间间隔的高频资料同化以便初始场尽可能包含对流系统的信息显得十分必要。

美国在 1991 年开始研究快速更新同化预报系统（Rapid Update Cycle，RUC）（Benjamin 等，2004a，2004b），1994 年 NCEP 开始业务运行 60km 水平分辨率 3h 循环一次的 RUC 系统，其提供的预报产品已在航空气象预报和临近预报中起到重要的指导作用。近些年来，随着同化分析及数值模式技术的发展、观测系统的不断完善以及精细化预报需求，RUC 系统进行了多次改进与升级（Benjamin 等，2006，2007，2009，2010），新一代的快速更新同化预报系统（Repaid Refresh，RR）于 2012 年正式业务化并取代原来的 RUC 系统，RR 系统水平分辨率为 13km，进行逐时资料同化分析，更多的雷达、卫星等非常规资料得到应用。与此同时，为提高强对流天气的预报水平，开始业务试验更高分辨率、同化更多非常规资料的高分辨率快速更新循环系统 HR-RR（High-Resolution Rapid Refresh）（Benjamin 等，2011），水平分辨率为 3km，时间间隔为 1h，预报时效为 15h。与 RR 相比，HRRR 不适用参数对流化方案，模式直接解析对流系统，初始场和侧边界由同步运行的 RR 提供。

近些年，我国业务科研工作者也越来越意识到快速资料同化更新与短时预报能在强对流天气短时临近预报中发挥重要作用（郑永光等，2010）。随着我国中小尺度观测系统的不断完善，一些科研业务机构对中尺度模式的快速资料同化更新与短时预报开展了不少工作，如中国气象局广州热带气象研究所基于等压面 GRAPES_3DVAR 及 GRAPES 模式系统而建立覆盖华南及周边地区的 GRAPES_CHAF（陈子通等，2010；黄燕燕等，2011），北京城市气象研究所基于 WRF_3DVAR 和 WRF 模式建立的 BJ_RUC（陈敏等，2011；范水勇等，2009；魏东等，2011），上海台风研究所基于 WRF 模式和 ADAS 同化系统建立的 SMB-WARR（陈葆德等，2013），武汉暴雨研究所基于 AREM 模式和 LAPS 同化系统建立的 AEEM-RUC（王叶红等，2011）等。2008 年起国家气象中心开始基于我国自主研发的 GRAPES_MESO 模式建立全国/区域两级使用的 GRAPES_RAFS 系统（徐枝芳等，2013），2010 年起该系统准业务运行，2013 年系统升级为一体化 GRAPES _ RAFS，详细介绍见下节。

2 GRAPES _ RAFS 系统简介

GRAPES _ RAFS（Rapid Analysis and Forecast System）系统是一个向前间歇性的同化分析系统，是基于中尺度模式 GRAPES _ MESO 系统（薛纪善等，2008；马旭林等，2009）发展的一个针对短临预报的系统，该系统通过不断同化分析观测资料将多种高时空分辨率的观测资料充分利用起来，同时该系统通过不断地进行短时预报不断更新数值预报产品。GRAPES _ RAFS 系统采用的是一体化流程设计，意图包括：①系统程序与作业流程与 GRAPES _ MESO 完全一致，通过参数设置可自由切换 GRAPES _ RAFS 系统为 GRAPES _ MESO 系统，反过来亦然；②一套作业流程可满足不同用户需要，其同化更新循环时间（1h、3h、6h 同化更新）和预报更新采用参数设置方式，通过参数设置即可满足不同的需求。由 GRAPES _ RAFS 系统结构和流程图 [图 1 （a）] 可见，该系统主要包括的模块有观测资料预处理（包括资料收集与质量控制）、三维变分同化系统（GRAPES _ 3Dvar）、云分析、数字滤波初始化、中尺度数值模式（GRAPES _ model）、后置产品处理等多个环节。系统同化循环及预报更新时间参数通过参数设置可灵活调节。国家气象中心 GRAPES _ RAFS 实时业务系统 [图 1 （b）] 采用的是每天 8 时（北京时）一次冷启动（冷启做 48h 预报），由大尺度模式（T639 GFS）提供模式冷启动背景场做 3h 预报，每 3h GRAPES 模式提供 3h 预报场作为观测资料同化分析的背景场，不断向前做间歇性同化分析，每 3h 暖启动做 24h 预报，一天 8 次提供快速更新中尺度数值预报的预报产品。

该业务系统模式水平分辨率为 $0.15° \times 0.15°$，预报范围（70°E～145°E，15°N～65°N）覆盖了整个中国区域，水平格点数为 502×330。垂直方向为基于高度的地形追随坐标，取不等距 31 层。其 Grapes 模式框架是有多尺度统一动力框架，包含不同物理过程方案的格点模式。模式采用全可压原始静力平衡与非静力平衡可选方案，半隐式半拉格朗日动力框架，水平方向采用 Arakawa－C 跳点网格设计，垂直方向采用 Charney－Philips 跳层设计的地形高度追随坐标[3]。GRAPES _ RAFS 系统为气象服务提供了丰富的数值产品，有与 GRAPES 中尺度业务数值模式一致的基本要素产品，还有 20 多种针对短临预报的诊断产品，如 CAPE（对流有效位能）指数、K 指数、反射率等。数值预报产品实时用的产品格式主要为 MICAPS 和 GrADS 格式，存档用的是 Grib

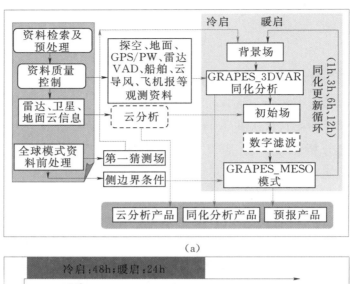

（a）

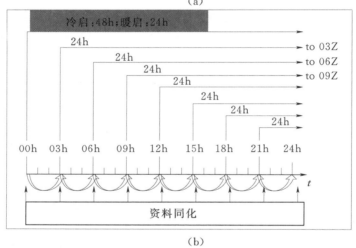

（b）

图 1　Grapes _ RAFS 系统结构和流程图

码格式。

　　下面以 2009 年 6 月 3 日河南省商丘等地一次典型的强对流飑线天气过程的预报为例分析 GRAPES _ RAFS 对江淮流域强对流天气的精细化预报能力。

3　GRAPES _ RAFS 系统对强对流天气的预报

3.1　2009 年 6 月 3 日强对流天气过程介绍

　　2009 年 6 月 3 日 20—23 时（北京时，下同），受东北高空低涡和冷空气的影响，河南省北部和东部先后遭受雷雨、大风等强对流天气袭击。3 日 21 时左右在商丘境内发展到最强，20 时 41 分至 23 时扫过河南省商丘、宁陵、睢县出现 9～10 级大风，永城县出现 11 级大风、雷电和降水，属历史罕见的强飑线天气过程。此次强对流和飑线过程具有强度大、生成快、发展迅速的特点。根据探测数据显示，睢县阵风达 10 级，宁陵、永城最大风速分别达 28.6m/s 和 29.1m/s，均为有气象记录以来的历史极值。在该过程中降水量分布不均，最大降水在虞城，为 30mm，最小是柘城 0.2mm，其他县（市）为 10.1～24mm。这场大范围灾害造成商丘、开封、济源 3 市较大人员伤亡和财产损失，其中商丘损失最为严重。

3.2 GRAPES _ RAFS 系统预报

对于像飑线这样的强对流天气过程必然伴随有动力和热力的触发机制，图 2 为 6 月 3 日 20 时 850hPa 风切变场图，从图 2（a）中可清楚地看到，在河南省 35°N 南部有很强的西南风，风力在 12m/s 以上，北部为东风，该地区有明显的东西向切变线，与图 2（b）NCEP 再分析场的风切变位置相一致。

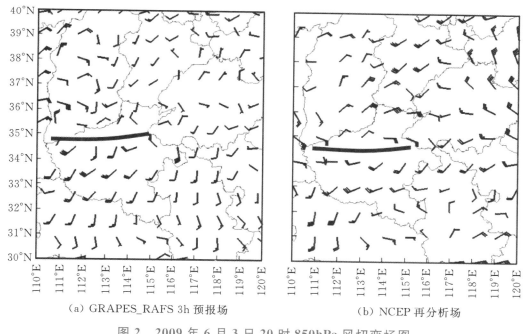

(a) GRAPES_RAFS 3h 预报场   (b) NCEP 再分析场

图 2　2009 年 6 月 3 日 20 时 850hPa 风切变场图

6 月 3 日 08 时东北冷涡中心位于大兴安岭至黑河一带，商丘受西北气流控制，20 时东北冷涡南压，其中心移到黑龙江中部，冷涡后部的冷空气沿西北气流迅速下滑，自北向南逐渐影响商丘。对比不同起报时间的组合反射率产品和实况，发现预报结果对于对流旺盛的 3 日 20—23 时回波反映较好，位置基本一致，下面以 17 时起报的结果对该系统的强对流预报能力进行分析。图 3 为以 6 月 3 日 17 时作为初始场做 4～5h 预报的 850hPa 垂直速度场，图 3 显示，在与图 2 切变线相对应的位置有东西向的垂直速度大值区，说明在该地区有显著的上升运动发生。从商丘（115.65°E，34.44°N）的垂直速度剖面图（图 4）上可看到，商丘地区强对流的飑线过程是由西向东移动，且移动速度很快，21 时其强中心在 113°E 附近，22 时移动到 115.5°E 的商丘附近，这与实况观测是一致的。其垂直速度的大值区在 850～700hPa 层次，与前面的分析是一致的。这说明 Grapes _ RAFS 系统不但对大风有一定预报能力，而且对像飑线这样强对流天气过程垂直运动的发生、发展以及系统的快速移动也有较好的刻画能力。

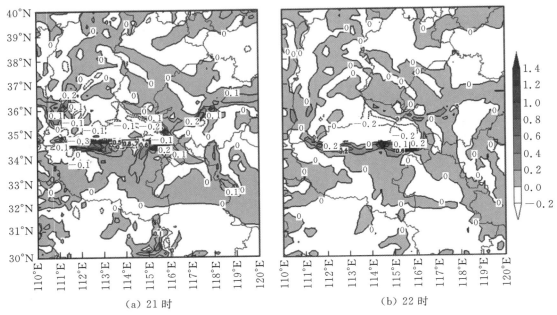

图 3 2009 年 6 月 3 日 17 时预报 850hPa 垂直速度（单位：m/s）

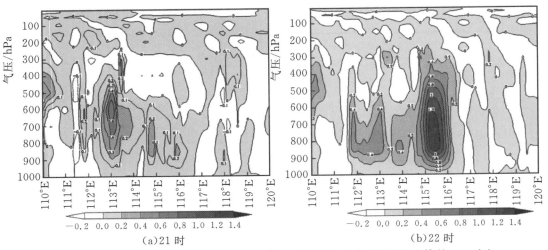

图 4 商丘地区（115.65°E，34.44°N）的垂直速度剖面图（单位：m/s）

图 5 显示在河南省商丘附近有对流有效位能的大值区，中心最大值达到 3500J/kg，有很强烈的上升运动发生，且对流有效位能大值区一直维持到 6 月 4 日 0 时该过程结束（图略）。这进一步证实 Grapes_RAFS 系统对强对流预报具有较好的指示意义，可以为预报员提供精细化的预报产品做参考。

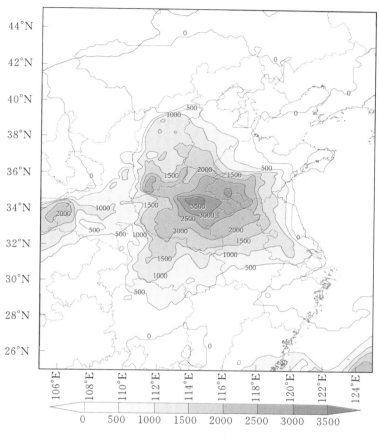

图 5　2009 年 6 月 3 日 17 时起报 4h 预报
对流有效位能（单位：J/kg）

图 6 给出了 GRAPES_RAFS 系统与国家气象中心 GRAPES_MESO3.0 业务版系统 6 月 3 日 18 时起报 6h 降水。从雨带形状来看，两个系统都预报出了该过程降水，预报雨带走势与实况降水一致。从图 6 可以看出，在河南省中北部、安徽省北部及江苏省西北部地区都出现了降水，这正是实况降水集中地区。对于大于 25mm 的虞城强降水中心，GRAPES_RAFS 系统预报出了准确的位置和范围，但对徐州北部的强降水，预报强度不够。相比之下，GRAPES_ME-SO 业务系统对大雨以上强降水均出现漏报。同时还可看到，两系统对雨带预报范围明显偏大，实况降水多集中于黄河以南区域，预报在黄河以北仍有降水。由个例分析可见，GRAPES_RAFS 对局地强对流天气的短时临近预报具

有很强的优势。

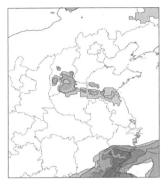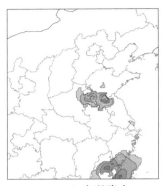

（a）GRAPES_MESOV3.0 业务版　　（b）GRAPES_RAFS 系统　　（c）6h 实况降水
系统预报的 6h 降水　　　　　　预报的 6h 降水

图 6　6h 累计降水分布图（单位：mm）

4　结论与讨论

　　精细化天气预报是社会经济发展的需要，也是气象预报发展的必然趋势。GRAPES_RAFS 系统通过同化多种最新的高时空分辨率观测资料，不断将连续观测到的中小尺度天气信息融入模式初始场，在不间断更新的数值预报产品中发挥作用，该系统能够提供连续、滚动、无缝隙的精细化数值预报产品，能够很好地满足精细化预报气象服务的需求。2009 年 6 月 3 日，河南省强对流飑线过程结果表明 GRAPES_RAFS 系统能抓住快速变化的强对流天气系统，对强风过境的强度和位置预报、强对流产生的降水的位置、强度都有较好的刻画能力。随着计算机水平、观测系统以及数值模式水平的不断发展，高分辨率 GRAPES_RAFS 系统将在强对流精细化天气预报中发挥着举足轻重的作用。因此，我们还需要从以下 3 个方面不断发展完善 GRAPES_RAFS 系统，做好 GRAPES_RAFS 精细化预报支撑工作。

　　（1）对流系统水平尺度较小，需要提高模式分辨率（1～3km）和完善各种物理过程才能精确刻画出对流系统发展过程。针对短临预报，需要完善的物理过程包括微物理过程（对流和强降水）、陆面和边界层过程（下垫面与复杂地形处理）、云与辐射的相互作用（大尺度云与降水）过程等。

　　（2）对流系统水平尺度较小、发生的时间快短，模式初始时刻对当前对流系统的准确把握是关键。因此，需要进一步完善 GRAPES 同化系统，解决各种局地稠密资料（尤其是雷达、卫星等资料）的同化应用问题，在初始场尽可能包含对流、云等的初始化信息。

　　（3）由于高频率的资料同化和高分辨率的数值模式本身存在的不完美和缺

陷，预报具有不确定性，因此发展基于集合预报的短临概率预报（如时间滞后集合预报系统）具有很广阔的发展前景。

参 考 文 献

［1］　陈葆德，王晓峰，李泓，等．快速更新同化预报的关键技术综述［J］．气象科技进展，2013，3（2）：29－35.

［2］　陈敏，范水勇，郑祚芳，等．基于 BJ－RUC 系统的临近探空及其对强对流发生潜势预报的指示性能初探［J］．气象学报，2011，69（1）：181－194.

［3］　陈子通，黄燕燕，万齐林，等．快速更新循环同化预报系统的汛期试验与分析［J］．热带气象学报，2010，26（1）：49－54.

［4］　范水勇，陈敏，仲跻芹，等．北京地区高分辨率快速循环同化预报系统性能检验和评估［J］．暴雨灾害，2009，28（2）：119－125.

［5］　黄燕燕，万齐林，陈子通，等．加密探空资料在华南暴雨数值预报的应用试验［J］．热带气象学报，2011，27（2）：179－188.

［6］　马旭林，庄照荣，薛纪善，等．GRAPES 非静力数值预报模式的三维变分资料同化系统的发展［J］．气象学报，2009，67（1）：50－60.

［7］　王叶红，彭菊香，公颖，等．AREM－RUC 3h 快速更新同化预报系统的建立与实时预报对比检验［J］．暴雨灾害，2011，30（4）：296－304.

［8］　魏东，尤凤春，杨波，等．北京快速更新循环预报系统（BJ－RUC）要素预报质量评估［J］．气象，2011，37（12）：1489－1497.

［9］　薛纪善，陈德辉，等．数值预报系统 GRAPES 的科学设计与应用［M］．北京：科学出版社，2008.

［10］　徐枝芳，郝民，朱立娟，等．GRAPES－RAFS 系统研发［J］．气象，2013，39（4）：466－477.

［11］　郑永光，张小玲，周庆亮，等．强对流天气短时临近预报业务技术进展与挑战［J］．气象，2010，36（7）：33－42.

［12］　Alexander C R，S S Weygandt，T G Smirnova，et al. 2010：High resolution rapid refresh（HRRR）：Recent enhancements and evaluation during the 2010 convective season［R］. Preprints，25th Conf. on Severe Local Storms，Denver，CO，Amer. Meteor. Soc.，9.2.［Available online at http：//ams.confex.com/ams/25SLS/techprogram/paper _ 175722. htm.］.

［13］　Benjamin S G，Devenyi D，Weygandt S，et al. An hourly assimilation－forecast cycle：The RUC［J］. Mon Wea Rev，2004a，132：495－518.

［14］　Benjamin S G，Grell G，Brown J M，et al. Mesoscale weather prediction with the RUC hybrid isentropic－terrain－following coordinate model［J］. Mon Wea Rev，2004b，132：473－494.

［15］　Benjamin S G，Brown J M，Brundage K J，et al. From the 13－km RUC to the Rapid Refresh，AMS 12th Conference on Aviation，Range，and Aerospace Meteorology （ARAM） [R]. Atlanta，GA，2006.

[16] Benjamin S G，Brown J M，Brundage K J，et al. From the radar – enhanced RUC to the WRF – based Rapid Refresh，AMS 22nd Conference on Weather Analysis and Forecasting [R] . Park City，Utah，2007.

[17] Benjamin S G，W R Moninger，S S Weygandt，et al. Technical Review of Rapid Refresh/RUC Project，NOAA/ESRL/GSD internal review [R] . 2009.

[18] Benjamin S G，'B D Jamison，W R Moninger，et al. Relative Short – Range Forecast Impact from Aircraft，Profiler，Radiosonde，VAD，GPS – PW，METAR，and Mesonet Observations via the RUC Hourly Assimilation Cycle[R]. Mon. Wea. Rev. ，2010，138：1319 – 1343.

[19] Benjamin S G，Weygandt S S，Alexander C R，et al. NOAA's hourly – updated 3km HRRR and RUC/Rapid Refresh – recent （2010） and upcoming changes toward improving weather guidance for air – traffic management [R] . 2011.

[20] Wilson J W. Precipitation Nowcasting：Past，Present and Future [R] . 6th International Symposium on Hydrological Applications of Weather Radar，2011.

淮河入海口附近区域的
海陆相互影响

路 玮

（国家海洋环境预报中心 北京 100081）

摘要：本文是中国工程院关于"淮河流域环境与发展问题研究"咨询项目中有关气象课题中衍生的科学专题研究论文。淮河入海口附近海陆区域广阔，气象条件复杂，致使当地气象灾害频发，严重影响社会经济可持续发展及人民生命财产安全，特别影响入海口最特殊滩涂的开发利用和有序发展。文中谈到了淮河入海口的历史变迁，滩涂丰富资源对该地区经济发展及水文调节和水循环功能，减少环境影响及固碳作用和维护生态平衡的特殊作用。文中也提到在目前滩涂利用开发中存在的诸多问题，提出了可持续利用及保护政策，特别强调要依该地区自然属性合理规划和纳入海洋局的科技兴海战略中。

关键词：淮河入海口；滩涂

1 引言

淮河下游大量泥沙从陆地径流入海，使海岸线不断向海中延伸，形成扇形大面积滩涂。淮河河口滩涂面积广阔、水资源丰富，且具有强大的生态功能和社会经济功能，是当地人类社会赖以生存的生命支持系统。

由于淮河地处我国南北气候、高低纬度和交互作用的 3 种过渡带的重叠地区，且入海途径南北变化较大，多年来其下游流域形成有广大的河网区域，这个地区海陆相互影响明显。我国南北气候以秦岭、淮河为界，因此淮河流域致洪暴雨天气系统众多，且组合十分复杂，其中，山东、江苏两省气象灾害灾种多，发生频繁，极端天气事件时有发生，造成较重的经济损失，威胁着人民群众生命财产安全，气象灾害还会诱发其他衍生灾害，影响区域社会经济可持续发展，因此在淮河下游入海口附近地区研究其海陆相互影响规律，对此地区有特殊意义。

2 淮河入海口的历史变迁情况

淮河是中国七大河之一，发源于河南省南阳市桐柏县，干流流经湖北、河南、安徽、江苏、山东等省。淮河干流可以分为上游、中游、下游三部分，洪河口以上为上游，长 360km，地面落差 178m，流域面积 3.06 万 km²；洪河口以下至洪泽湖出口中渡为中游，长 490km，地面落差 16m，中渡以上流域面积 15.8 万 km²；中渡以下至三江营为下游入江水道，长 150km，地面落差约 6m，三江营以上流域面积为 16.46 万 km²。总落差 200m。

12 世纪以前，淮河是一条尾闾通畅的大河，在淮安以下今盐城市的响水县云梯关独流入海。那时河槽宽深，水资源丰富，排水顺畅。但 1194 年，黄河在河南省原阳县决口夺淮，滔滔黄河水侵夺了淮河下游的出路，大量的泥沙淤积使淮河失去了自身的出海通道。如今，淮河有 3 个入海通道，分别是三江营入江水道、苏北灌溉总渠和淮河入海水道。

三江营入江水道自三河闸起，经金沟改道至高邮湖、邵伯湖，再由运盐河、金湾、太平、凤凰、新河汇入芒稻河、廖家沟达夹江，至三江营入江，长江与淮河的入江口地理交汇点，位于扬州市，全长 158km。

苏北灌溉总渠西起洪泽湖，东至扁担港口，横贯淮安、盐城两市，渠道全长 168km。该项工程由江苏省治淮工程指挥部组织施工，工程于 1951 年 10 月开工，1952 年 5 月完成，同时，在总渠北堤外平行开挖排水渠一条，用于排除总渠北部地区的内涝。

淮河入海水道西起江苏省洪泽湖二河闸，东至滨海县扁担港注入黄海，与苏北灌溉总渠平行，居其北侧。工程全长 163.5km，贯穿江苏省淮安、盐城两市的清浦、楚州、阜宁、滨海、射阳 5 县（区），并分别在楚州区境内与京杭大运河、在滨海县境内与通榆河立体交叉。入海水道于 1999 年开始建设，2003 年 6 月 28 日通过通水阶段验收。时隔 800 年，黄河夺淮以来缺失数百年的淮河入海通道终于得以恢复，淮河河道及入海口历史的变化形成了它广大扇形河网地域，养育了众多民众。

3 淮河入海河口滩涂资源丰富，有利于本地区社会经济发展

淮河流域海岸线北起山东省日照市白马河入海口，南至江苏省南通市如泰运河口，全长约 935.3km，约有大小入海河道 100 余条[1]。淮河入海河口滩涂面积广阔，自然植被茂盛，10 多条大河经滩涂入海，近海水质肥沃，是各类

植物生长和各种动物栖息、索饵、繁殖、生长的良好场所。现已查明近海浮游、固着性植物 160 多种；陆生资源植物分为纤维、药用、香料、油脂和饲料五大类，计 500 多种，隶属 100 多种，400 多属。比较名贵的有何首乌、留兰香、罗布麻、香茅等。近海和潮间带鱼虾蟹贝等动物 550 多种，其中不乏名贵品种，潮间带软体动物储量达 4 万多 t，主要经济种类有四角蛤蜊、青蛤、泥螺、西施舌、竹蛏等。另外，还有梅童鱼、带鱼、大黄鱼、四鳃鲈鱼、梭子蟹、哈氏仿对虾、日本对虾，经济价值极高的鳗鱼苗产量居全国之首，年均捕捞量 7t，最高年份达 15t。陆生脊椎动物 357 种，国际公认的濒危种类有丹顶鹤、黑嘴鸥、白嘴鸥、白鹳、白枕鹤等。滩涂光热水条件优越独特，地理位置位于北亚热带向暖温带过渡的湿润季风气候区，受海洋性气候影响比较明显，气候温和，光热充裕，无霜期长，雨热同季。年平均温度 14℃，年日照 2300h，年降雨 1000mm 左右，无霜期 220d，属多宜性气候，利于土壤脱盐改良，也为动植物的生长发育、越冬度夏、优质高产提供了条件。沿海滩涂除有巨量的海水资源、极宜发展海盐、海水养殖和海洋生物化工外，淡水资源也很丰富，境内分属淮河水系和沂沭水系，河网密布，年均降水 65 亿 m^3，地表径流和过境水资源总量能够满足开发需求。

近年来淮河流域入海河口滩涂资源开发规模逐渐扩大，虽对沿海地区产生了良好的社会效益和经济效益，但无序的开发可能会对河道行洪排涝、挡潮蓄淡、河口周边生态环境等造成了不利影响。

淮河有 9 个重要的入海河道的河口。分别是：新沭河临洪河口、新沂河灌河口、淮河入海水道扁担口属流域性入海河道河口；埒子口、射阳河口、新洋港口、斗龙港口、川东港口属区域骨干入海河道河口；梁垛河口为独流入海河口。淮河流域 9 个重要入海河口滩涂资源总面积为 75.57 万 hm^2，其中 0m 以上、0～2m、2～5m 的滩涂面积分别为 42.29 万 hm^2、12.67 万 hm^2、20.61 万 hm^2[2]。

淮河流域沿海滩涂可分为沙质、基岩及淤泥质 3 类；按海岸的冲淤特性又可分为淤涨型、侵蚀型和稳定型 3 类。射阳河口以北大体属侵蚀类，以南属淤涨类。侵蚀岸段护岸后以下蚀为主，海岸后退的速度逐渐减缓；淤长岸段自然淤积强度减弱，但在生物、围垦工程作用下，潮上带持续稳定淤积，潮间带有陆化趋势[3]。另外，强对流天气大风、冰雹、龙卷风时有发生，影响滩涂资源利用。

4 淮河入海河口滩涂的功能与意义

淮河入海河口滩涂是天然水库，具有强大的水文调节和水循环功能。滩涂是生态环境的优化器，滩涂有助于调节区域小气候，优化自然环境，对减少风沙干旱等自然灾害十分有利。滩涂还可以通过水生植物的作用，以及化学、生物过程，吸收、固定、转化土壤和水中营养物质含量，降解有毒和污染物质，净化水体，消减环境污染。科学研究证明，滩涂湿地与森林一样，具有强大的固碳功能，在控制大气温室气体浓度增加方面具有不可估量的作用[3]。

此外，滩涂具有强大的生态功能和社会经济功能，是人类社会赖以生存的生命支持系统。滩涂以其特有的功能，参与和影响着生物地球化学循环和生物地球物理过程，在维护生态平衡中发挥着特殊的作用。滩涂还具有丰富的提供物产功能，是社会经济可持续发展的重要物质基础。淮河入海口滩涂自然环境独特，风光秀丽，也不乏人文景观，是人们旅游、度假、疗养的理想佳地，发展旅游业可创造直接的经济效益，合理开发有利于生态环境的保护。

5 淮河入海河口滩涂的利用现状及开发中所存在的问题

淮河流域 9 个重要入海河口海岸滩涂水利区划总面积 54.93 万 hm²，共划定 108 个分区。其中，保护区 30 个，共 8.1 万 hm²；保留区 27 个，共 11.39 万 hm²；控制利用区 34 个，共 21.81 万 hm²；开发利用区 17 个，共 13.63 万 hm²。随着开发应用如今面临的主要问题有以下几方面。

（1）围垦项目对河道行洪的影响主要表现在河口挡潮闸下港道淤积延长，特别是淤涨型海岸，对闸下港道的淤积作用尤为明显，港道加长又加重了淤积，致使洪水外排出路不畅，影响河道行通洪。

（2）沿海滩涂开发破坏了原有的生态系统，降低了滩涂湿地生态系统的稳定性，使依赖于滩涂生态生存的动植物种类和数量减少[4]。

（3）现代农业及水产养殖为主的河口（灌河口、射阳河口及梁垛河口）滩涂围垦区，一般仍以粗放型经营为主，其农业面源污染及养殖废水会污染沿海土壤和近海水环境。

（4）河口滩涂管理界限不明确，管理协调性不够，基础资料缺乏和管理手段落后[5]。

（5）河口滩涂区域海陆影响更为明显，水汽更为充足，故极端天气更易发生，但极端天气的预警系统尚不完善，严重影响着人民生命财产安全。

（6）缺乏对本地区海陆相互影响规律的系统总结研究。

（7）缺少对本区域海陆风规律的了解及风能（太阳能）的利用研究。

6　淮河入海河口滩涂可持续性利用及保护对策

淮河入海河口滩涂资源合理开发具有良好的社会效益和经济效益，但无序开发会影响入海河道防洪排涝及沿海地区生态环境。探索保护方法，遏制滩涂资源萎缩趋势，维护滩涂资源在生态循环中的正常功能作用，实现社会经济又好又快的可持续发展具有重要的意义。为此，提出以下对策建议。

6.1　加大科技投入，实施科技兴海

在国家海洋局提出的深入实施科技兴海战略方针下，加强滩涂形成及变化规律、盐田改良、海水增养殖、生态农业建设、盐生经济作物的开发以及生态环保等方面的科学研究，切实加强病虫害防治和生态经济模式的研究，加强海陆相互影响的监测系统建立并建立完善的极端天气应急预警系统。为合理利用保护盐城滩涂资源提供科学指导和理论根据，实现盐城滩涂资源的可持续利用，推动盐城海洋产业快速发展。

6.2　因地制宜、分区控制、合理规划、有效利用

依据滩涂不同地区对社会发展的主导功能，以该区的自然属性（客观条件）和社会属性（需求）相结合作为原则，通过综合科学的论证，分区进行管理、开发利用。

6.3　加强宣传、强化生态意识

通过宣传深化保护第一的意识，使群众形成合理利用的意识并付之于行动。严格控制工业废水和各种污染物的排放标准，加强滩涂资源保护，树立法律观念。

6.4　出台法规，依法管理

根据规划，结合实际管理情况，制定淮河流域重要河口海岸滩涂开发治理与保护管理条例，明确沿海涉水管理界限、河口管理部门的分工与权限、河口水利滩涂功能区划定和分区管理办法，以及环境保护等内容。

参　考　文　献

[1]　任美锷．江苏海岸带和海涂资源综合调查［M］．北京：海洋出版社，1986.

[2] 徐峰. 淮河流域重要入海河口滩涂开发治理管理对策 [J]. 人民长江，2014，44
(21)：15-18.

[3] 陆永军，河口海岸滩涂开发治理与管理研究进展 [J]. 水利水运工程学报，2011
(4)：1-8.

[4] 刘波，成长春. 基于滩涂资源生态保护的江苏沿海港口群开发模式研究——以盐城
港口群开发为例 [J]. 国土与自然资源研究，2011 (6)：33-35.

[5] 徐峰. 淮河流域重要入海河口滩涂开发治理管理对策 [J]. 人民长江，2014，44
(21)：15-18.

从淮河两次大洪水特征对比汲取经验做好决策服务

张建忠 孙 瑾 杨 琨 张永恒 李泽椿

（中国气象局决策气象服务中心 北京 100081）

摘要：本文针对 2003 年、2007 年两次淮河流域性洪水中的雨情、水情、汛情、灾情以及决策服务工作情况进行对比分析。主要结论为：①2007 年的雨情、水情、汛情均比 2003 年严重；②与 2003 年相比，2007 年大洪水特征有着明显变化，气象和水文监测预警服务能力的提高、防洪工程的改善是取得防汛抗洪胜利的基础；③2007 年防汛抗洪工作中，由于党中央、国务院的高度重视以及水利、气象等部门准备充分，做出了科学决策，效益显著。

为做好淮河流域的旱涝变化研究和防汛抗旱工作，建议：①加强并完善监测预报预警服务系统建设；②加强信息共享及综合管理平台建设；③加大科技投入，加强旱涝特征变化研究；④提高防洪应对综合管理能力。

关键词：淮河暴雨；防汛抗旱；决策服务

引言

淮河流域面积为 27 万 km^2。淮河流域西部、西南部及东北部为山区、丘陵区，山丘区面积约占总面积的 1/3，其余为广阔的平原。流域包括湖北、河南、安徽、山东、江苏 5 省 40 个地（市）181 个县（市）。淮河流域人口密度每平方千米约 615 人，居我国七大江河流域之首。流域粮食产量占全国的 1/6，提供的商品粮约占全国的 1/4，是我国重要的农产品基地之一。

淮河流域是旱涝发生极为频繁的地区，尤其是黄河"夺泗入淮"改变了淮河泗水流域水系，导致其出现重大环境变迁，产生"有雨则涝，无雨则旱"的局面[1]。据统计，1470—2010 年，淮河流域共交替发生极端洪涝 63 次、极端干旱 46 次，极端洪涝和干旱的发生频次基本相当，平均 5 年发生 1 次极端旱涝[2]。极端旱涝造成的灾害影响范围广、持续时间长，灾害损失大，尤其是大洪水对人民生命财产安全构成了严重威胁。对淮河流域洪涝时空分布特征的分析可以看出[3]，淮河流域 6 月、7 月发生洪涝的概率比 8 月大，6 月在 1988 年后发生重涝、大涝频率明显增加，7月需注意旱涝急转，淮河流域洪涝类型主要为流域一致型，洪涝中心在润河集至蚌埠区间，西南山区汛期发生洪涝的可能性比西北平原大，西南部洪涝中心位于大别山的腹地横排头附近。

新中国成立后，1950年、1954年、1957年、1975年、1991年、2003年和2007年等年份发生较大洪涝灾害。在防汛抗洪的过程中，各级政府依靠科技做出正确决策是其中的关键。2007年，淮河流域发生了1954年以来第二位的流域性大洪水，但与往年相比，此次洪灾"洪水大、险情少、灾情小"，其主要原因为各级政府自上而下都较好地贯彻了"以人为本、科学防控"的新理念，依托治淮工程，科学调度，实现了淮河防汛从"大水大灾"到"小水小灾"的根本性转变[4-5]。

与2003年相比，2007年大洪水的受灾人员和直接经济损失明显减少。一些研究对两次洪水的暴雨大气环流特征以及灾害特征进行了分析研究[6-10]。本文针对这两次大洪水的降雨、洪水特征变化以及决策服务效益等情况进行了分析，对做好防御淮河流域的大洪水中的决策气象服务、提高防汛抗洪效益等做了思考并提出了建议。

1　降雨情况分析

1.1　概述

2003年6—7月，淮河流域出现了6次暴雨过程，分别是6月21—22日、6月26—27日、6月29日至7月7日、7月8—10日、7月11—16日、7月19—21日。最强的降雨时段发生在6月29日至7月3日，河南省东部、安徽省北部、江苏省北部出现大范围的持续性暴雨和大暴雨，其中安徽省太和县7月3日单日的降水量达到249.3mm。

2007年6—7月，淮河流域同样共发生6次大范围降雨过程，其中6月29日至7月9日、7月13—14日、7月18—20日、7月22—25日出现4次持续强降雨过程，是形成淮河洪水的主要降雨。6月29日至7月9日的降雨过程是2007年淮河大洪水期间持续时间最长、降水量最大的降水时段[11]。该次降水主要集中在湖北省东北部、河南省东南部、安徽省中北部和江苏省中北部，雨带位置与淮河流域相重合，安徽省沿淮地区、江苏省沿淮西部降水量达450～500mm。7月4日，河南省东部、安徽省北部普降暴雨—大暴雨，有18个站降水量超过100mm，7个站降水量大于150mm，而且全部集中在淮河中上游地区；7月8日，淮河地区出现了日降水量最强的一次降雨，沿淮地区共有 26 个站出现大暴雨，12 个站降水量超过 150mm，其中安徽省颍上县和凤台县降水量分别达 221.5mm 和 219.4mm。

1.2 第一次分洪前，2007 年淮河干流降水强于 2003 年

2003 年第一次分洪（7 月 3 日 1 时）前，淮河流域的降水主要分布在沙颍河、涡河等子流域，上中游的部分地区累计降水量达到了 300mm [图 1（a）]。与 2003 年相比，2007 年第一次分洪（7 月 10 日 12 时 28 分）前，降雨最大的区别是雨轴与淮河干流走向一致，300mm 降雨主要集中在淮河水系，400mm 以上的降雨主要集中在干流附近地区 [图 1（b）]。

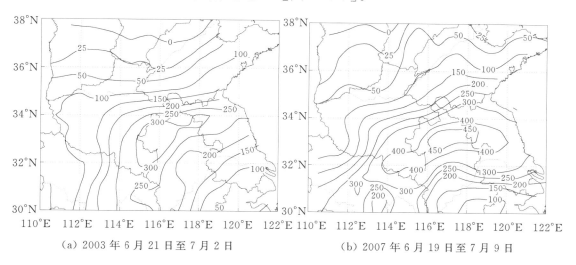

(a) 2003 年 6 月 21 日至 7 月 2 日　　　　　(b) 2007 年 6 月 19 日至 7 月 9 日

图 1　两次淮河大水第一次分洪前累计降水量

1.3 第一次分洪前，2007 年主要子流域降水量比 2003 年明显偏多

利用淮河流域上游、中游、涡河、沙颍河、大别山库区等子流域的 78 个站点信息进行分析，2007 年上述子流域的降水量均大于 2003 年。其中，淮河上游降水量多 36.7%，大别山库区的降水量多 32.7%。2007 年第一次分洪前，淮河中上游地区累计降水量达到了 208.8m³，比 2003 年第一次分洪前相同地区的累计降水量多了 61.9m³（表 1）。

表 1　2003 年与 2007 年两次淮河大水第一次分洪前主要子流域降水量

时　　间	全流域总计 /m³	沙颍河 /m³	淮河上游 /m³	淮河中游 /m³	大别山库区 /m³	涡河 /m³
2003 年 6 月 21 日至 7 月 2 日	554.1	73.6	79.3	67.6	25.4	38.0
2007 年 6 月 19 日至 7 月 9 日	790.3	81.9	108.4	100.4	33.7	38.7

1.4 第一次分洪前，2007 年强降雨范围大于 2003 年

2007 年淮河大水期间的 100mm、200mm、300mm 等不同量级的范围以及流域平均降水量都大于 2003 年（表 2），特别是 300mm 以上降雨面积比 2003 年范围要大 2 倍，接近淮河流域面积的 50%。

表 2　　2003 年与 2007 年两次淮河大水第一次分洪前降雨范围对比

时　间	100mm 以上（含）面积/万 km²	200mm 以上（含）面积/万 km²	300mm 以上（含）面积/万 km²	流域平均降水量/mm
2003 年 6 月 21 日至 7 月 2 日	23.50	14.50	4.23	203.80
2007 年 6 月 19 日至 7 月 9 日	25.40	19.30	13.20	287.90

需要关注的是两次大水分洪前，流域的平均降水量都达到了 200mm，这与国家防汛抗旱总指挥部的经验基本一致，即面雨量达到 200mm 以上将可能引发洪水。

1.5 2003 年，上游地区前期降水偏多

2003 年 6 月 1—20 日，淮河流域降水量普遍有 20～40mm，其中上游的部分地区有 50～80mm，局地超过 100mm；与常年同期相比，上游的部分地区降水偏多 2～4 成，中下游大部地区降水偏少 3～7 成。

2007 年 6 月 1—18 日，淮河流域的大部地区降水不足 20mm；与常年同期相比，上游地区偏少 5～8 成，中下游大部地区偏少 8 成以上。

通过对比分析，我们可以知道，前期降水，特别是上游降水偏多是 2003 年的洪水超保证水位日期（7 月 2 日 13 时）比 2007 年（7 月 10 日 10 时）早的主要原因之一。

2 洪水超警、行蓄洪和险情分析

2003 年淮河中游干流出现 3 次洪水过程。6 月 29 日 23 时，王家坝水文站（安徽省阜南县）水位起涨，起涨水位为 25.51m，相应流量为 1170m³/s；30 日 16 时，水位超过警戒水位（26.50m）。7 月 2 日 13 时，王家坝水文站水位超过保证水位（29.00m）。2003 年洪水期间，王家坝的最高水位为 29.41m；淮河干流水位全线超过警戒水位，王家坝至蚌埠河段水位超警 1.38～3.35m，超警时间达 25～33d；王家坝至鲁台子河段水位超过保证水位 0.30～0.55m，部分河段水位超过历史最高水位 0.25～0.51m。2003 年的洪水是全流域性的，

安徽省先后共使用了王家坝、唐垛湖、上、下六坊堤及石姚段、荆山湖和洛河洼等 9 处行蓄洪区（3 个蓄洪区和 6 个行洪区）进行分洪。上述 9 个行蓄洪区 3 次洪水共调蓄洪量约 $28 \times 10^8 \mathrm{m}^3$，其中第一次调蓄洪量为 $11.64 \times 10^8 \mathrm{m}^3$。

2007 年淮河上游出现 4 次明显的洪水过程，以第二次洪水最大。从 7 月 3 日王家坝水文站首次超警，至 8 月 2 日临淮关水文站退出警戒水位，超警时间长达 30d，超警幅度为 0.26~4.65m。王家坝水文站 7 月 11 日 4 时出现最高水位 29.59m，超过保证水位 0.29m，相应流量为 8030m³/s，为有实测资料以来第二高水位。水利部门分析，如果不分洪，王家坝水位将达 29.8m 左右。本次分洪共启用了老王坡、蒙洼、南润段、邱家湖、姜唐湖、上六坊堤、下六坊堤、石姚段、洛河洼和荆山湖等 10 处行蓄洪区，滞蓄洪水约 $15 \times 10^8 \mathrm{m}^3$。

2007 年大洪水期间，淮河干支流没有出现重大险情，共出现险情 862 处，仅为 2003 年（2147 处）的 40%。其中，淮河干流堤防出现险情 75 处，均为一般险情，仅为 2003 年（275 处）的 28%。由于抢险及时、措施得当，险情均得到有效控制。

3 洪水特征变化

2003 年后，国家投入大量资金用于王家坝闸的重新加固和周围圈堤的除险加固，兴建加固庄台 129 座，建保庄圩 4 座，大大提升了这一地区的防洪能力。2007 年，王家坝的警戒水位也从 26.50m 提高到了 27.50m，保证水位从 2003 年的 29.00m 提高到了 29.30m，标志着防洪能力的提升。根据国家防汛抗旱总指挥部资料[12-13]可知，2003 年淮河大水后加快实施的治淮 19 项工程（截至 2007 年大洪水有 9 项完工），在 2007 年防汛抗洪中发挥了不可替代的重要作用。

3.1 王家坝水位达到 28.00m 时流量明显增加

水位的高低受诸多因子的制约。一般情况下，水位与降水量呈正相关，但同时它还受到地表旱涝程度、水库蓄水能力、起涨水位、河坝宽度等因素的影响。根据钱敏等[14]的监测分析，2007 年王家坝的过水控制断面比 2003 年有所减小，但同水位情况下，流量却在加大。我们通过数据对比分析发现，王家坝水位在 27.00~28.00m（含）之间时，在同级水位情况下，2007 年比 2003 年流量的增加量为 50~100m³/s；水位在 28.00~29.40m 之间时，流量增量会明显增加，增加量可以达到 300~650m³/s。

3.2 干流洪水传播时间在缩短

通过跟踪暴雨中心的分析，我们发现在各子流域中，大别山库区的暴雨中心形成的高水位到达淮河干流的时间为24～36h，其他子流域出现的高水位到达淮河干流的平均时间为36～48h。这与郑国等[15]的研究结论——洪峰的到来一般滞后于暴雨中心2d左右基本一致。

钱敏等[14]对1991年、1996年、1998年、2000年、2002年、2003年和2007年淮河干流洪水传播时间采用平均统计方法分析得出：与治理前比较，淮河流域河段的洪水传播时间缩短了6～22h，其中王家坝至润河集传播时间为20～30h；润河集至鲁台子传播时间为20～30h；鲁台子至淮南传播时间为12～24h；淮南至蚌埠（吴家渡）传播时间为12～24h。

3.3 王家坝水位上涨速度加快

2007年王家坝的水位上涨速度要快于2003年。根据监测数据分析，2007年6月30日8时（20.52m）至7月3日20时（27.51m），水位上涨了接近7m，截至7月10日超过保证水位（29.30m），只有10d时间。这与淮河干流在6月29日至7月9日出现的强降雨过程密不可分。2003年，王家坝水位从20.30m（6月21日）达到29.00m（7月3日）保证水位的时间用了12d。

3.4 中游顶托作用明显

2007年洪水期间，临淮岗、入海水道、茨淮新河和怀洪新河等重点防洪工程的运用有利于减轻主河道水位上涨的压力。但是，中游润河集水文站水位明显偏高，一度超过历史最高水位，并持续超过警戒水位29d，对上游王家坝水位产生明显的顶托作用，最大抬高水位约0.2m。

4 决策服务效益分析

4.1 准确的预报是做好决策气象服务工作的前提

2003年6月18日，在全国天气会商中，安徽省气象台提出了可能出现类似于1991年大水的意见。6月28日，中央气象台发布预报："……预计，29日到7月1日，黄淮大部、江淮、汉水流域下游等地将有大到暴雨，河南、安徽、江苏3省的局部地区有大暴雨，过程降雨量一般有30～80mm，部分地区有90～180mm……"正如所做预报，6月30日至7月3日，淮河流域出现了主汛期最强的一次降水过程，河南省东部、安徽省北部、江苏省北部出现大范围的持续性暴雨和大暴雨，8d总降雨量沿淮地区一般有150～300mm，部分地区超过了300mm，安徽省太和县7月3日单日的降水量达到249.3mm。这次降水直接导致了王家坝的第一次分洪。同样，2007年，6月19日，中国气象局决策服务产品《重大气象信息专报》第100期中明确提出"江淮流域将进入多雨时段注意预防区域性洪涝"，后期降水情况表明，本次预报结论十分准确。

4.2 针对性强的精细化预报服务工作是有效开展决策气象服务的关键

两次大洪水期间，气象部门预报服务工作的针对性、精细化水平不断提高。针对2003年的淮河流域大洪水，中央气象台共发布灾害性天气暴雨警报20期，制作相关决策气象服务材料47期，其中向国务院报送《重大气象信息专报》4期，中国气象局领导参加国务院会议使用的汇报材料3份。2007年淮河大水期间，中国气象局向国务院上报《重大气象信息专报》3期，其中6月30日至7月7日，中国气象局领导陪同国务院领导在抗洪一线指挥期间，直接提供有关材料近90份。2003年7月2日，中央气象台和安徽省气象台专门进行专题天气会商，及时向党中央、国务院和国家防汛抗旱总指挥部汇报降雨趋势，为7月3日的王家坝分洪和行洪区群众的安全撤离提供了重要的决策依据。同时，精细化程度高的预报在决策工作中价值逐步体现。2007年7月上旬，中央气象台专门预报王家坝上游，也就是河南省东南部的降水量，精细化的服务为7月10日的王家坝分洪提供了重要的决策服务依据。

4.3 制定并采取有效应对措施是提高防汛抗洪效益的重要环节

党中央、国务院领导的高度重视是防汛抗洪工作取得减灾效益的根本。落实党中央、国务院领导的指示则需要详尽、有效的工作方案。把应对管理落到实处、落到细节上才能争取更大的效益。在预报服务工作准确到位的情况下，制定并采取有效的工作方案是非常必要的。2007年汛前，国务院批复了《淮河防御洪水方案》、淮委编制完成了《淮委防汛抗旱应急预案》，明确了内部应急工作机制，保证了应急处置工作高效有序进行。对两次大洪水灾情进行对比，2003年死亡29人，2007年淮河大水中无一人死亡；2003年转移了206.98万人，2007年只转移了80.87万人，只有2003年的39%；2007年受灾面积2.58万km²，比2003年减少了33%；倒塌房屋11.76万间，比2003年（74万间）减少了84%；经济损失155亿元，比2003年（364.3亿元）减少了57%。

5 防汛抗旱工作的思考与建议

5.1 加强并完善监测预报预警服务系统建设

监测预警是防汛抗洪的重要前提。目前，卫星、雷达、雨情和水情观测站形成了立体的监测体系。为做好淮河流域气象预报服务工作，气象部门部署有6部雷达，自动雨量站达到2000多个。水利部门人工和自动站累计也达到1000多个，同时还建有遥感信息查询站近500个。将这些监测体系综合应用才能更准确地分析出雨水情变化，才能为预报预警提供数据支撑，从而进一步为科学决策提供真实可靠的分析。因此，建立一个完善的监测预报预警系统是防洪减灾工作的重要组成部分。应该进一步将地理信息系统、遥感系统等信息融入监测预警服务系统应用中，将立体化的监测体系发挥出更好的效益。

5.2 加强信息共享及综合管理平台建设

随着防灾减灾的精细化需求，不仅监测信息越来越完善，各类相关信息也越来越海量化。2007年洪水期间，气象部门发布淮河流域重要天气及降雨预测400期，水文部门共收发各种水情信息165万份，发布淮河干流水情预测预报150期近2000站次。防灾减灾工作涉及的水利、气象等部门的信息量越来越大。当然，防灾减灾工作还需要包括农业、交通、卫生、食品和能源供应等多部门信息。在平台建设方面，气象部门已经建立了"淮河干流暴雨洪涝及灾害监测预警评估系统""大别山区山洪灾害短时预警系统"等多个监测系统。水利部门建立了"水情查询系统""洪水预报系统""淮河中上游洪水调度系统"等防汛指挥系统。

科学应用大量的信息、协调管理各类监测分析评估系统非常需要一个信息共享的机制。该系统应该将有关部门的相关数据进行规范化、标准化处理，在此基础上，建立信息共享数据库以及管理指挥平台，从而能够让监测、调度等资源进行整合，支撑协调防灾减灾工作，收获更好的服务效益。

5.3 加大科技投入，加强旱涝特征变化研究

淮河流域是我国南北气候过渡带，自然地理及水文气象特征相差较大，旱涝灾害频繁发生，降水量年际变化较大，可相差3～4倍，降水量的时空分配也极不均匀。新中国成立后，不仅多次发生大洪水，旱灾亦频繁发生，大旱出现的频次为4年出现一次。主要有12个大旱年份：1959年、1961年、1962

年、1966 年、1976 年、1978 年、1986 年、1988 年、1991 年、1992 年、1994 年、1997 年、2000 年、2001 年、2009 年。研究淮河流域的旱涝特征不仅有利于防洪工作，也有利于水资源管理工作，对于农业生产也是非常重要的。同时，淮河流域的旱涝特征变化对于我国东部地区的整体旱涝特征也有着较好的指示意义。

5.4 提高防洪应对综合管理能力

为提高应对能力，水利部门制定了《淮河防御洪水方案》，气象部门也制定了《淮河流域气象信息汇集与共享实施方案》和《淮河流域气象服务实施细则》等方案。但是这与防灾减灾的综合应对管理水平还有着较大的差异。随着各种条件的变化，应在实践中不断查找应对管理水平的不足，不断完善修订细节，并进行相应的模拟演练，为应对大型灾害做好准备。以水库为例，目前，淮河流域已建成大中小型水库 5700 多座，总库容约 300 亿 m³，其中大型水库 38 座，总库容 200.4 亿 m³，中型水库 184 座，总库容约为 60.27 亿 m³；小型水库 5500 余座，总库容约为 37.7 亿 m³。库容超过 20 亿 m³ 的为响洪甸水库和梅山水库，其余库容均较小。在防御大洪水期间，加强管理、合理利用好这些中小型水库做好拦泄洪工作对于整个流域的防洪是非常重要的。洪水过后，如何修缮并提高水库的防蓄洪能力则需要不断总结改进。同时，在小型洪水期间，应加强验证管理方案和机制的不足进而修订相应管理工作。

参 考 文 献

［1］ 蒋慕东，章新芬．黄河"夺泗入淮"对苏北的影响［J］．淮阴师范学院学报，2006，28（6）：226-230.

［2］ 吴永祥，等．淮河流域极端旱涝特征分析［J］．水利水运工程学报，2011，4：149-153.

［3］ 王新龙，等．淮河流域洪涝时空分布规律［J］．水电能源科学，2013，31（3）：45-49.

［4］ 郭献文，陈先发，杨玉华．从"大水大灾"到"大水小灾"——2007 年安徽淮河防洪减灾经验与启示［J］．中国应急管理，2007，8：25-27.

［5］ 纪冰．2007 年淮河大洪水及其思考［J］．江淮水利科技，2007，4：3-5.

［6］ 桂海林，周兵，金荣花．2007 年淮河流域暴雨期间大气环流特征分析［J］．气象，2010，36（8）：8-18.

［7］ 胡雯，张晓红，周昆，等．淮河流域一次致洪大暴雨的中尺度特征分析［J］．自然灾害学报，2009，18（2）：62-72.

［8］ 谢五三，王胜．近 40a 淮河流域暴雨特征分析［J］．暴雨灾害，2010，29（4）：

377－380.

[9] 李峰，林建，何立富．西风带系统的异常活动对 2003 年淮河暴雨的作用机制研究 [J]．应用气象学报，2006，17（3）：303－309.

[10] 周述学，黄春生，张晓红，等．淮河流域 2007 年雨季环流、影响系统及天气特征 分析 [J]．气象科学，2008，28（S1）：56－63.

[11] 王维国，章建成，李想．2007 年淮河流域大洪水的雨情、水情分析 [J]．气象， 2008，34（7）：68－74.

[12] 国家防汛抗旱总指挥部．2003 年淮河防汛抗洪总结 [R].

[13] 国家防汛抗旱总指挥部．2007 年淮河防汛抗洪总结 [R].

[14] 钱敏，钱名开，罗泽旺，等．淮河干流中游行洪能力变化分析 [C]．2010 淮河研 究会第五届学术研讨会论文集，2010.

[15] 郑国，薛建军，范广洲，等．淮河上游暴雨事件评估模型 [J]．应用气象学报， 2011，22（6）：753－759.

淮河上游（河南省）粮食核心区气象灾害分析及保障建议

顾万龙[1]　姬兴杰[1]　王冠岚[2]

（1. 河南省气候中心　郑州　450003；2. 国家气象中心　北京　100081）

摘要： 本文介绍了河南省粮食核心区产生的背景及其基本情况，利用统计数据分析了影响河南省粮食生产的主要气象灾害，对影响粮食生产的主要气象灾害（干旱、暴雨洪涝、晚霜冻、连阴雨、冰雹、干热风等）的风险进行了分析，提出了减轻粮食生产气象灾害影响的对策建议。

关键词： 淮河上游；粮食；气象灾害；对策

1　河南省粮食核心区背景和基本情况

河南省处于我国中东部的中纬度内陆地区，地跨淮河、长江、黄河、海河四大流域，总面积 16.7 万 km²，其中淮河流域占全省面积的 53%。因位于北亚热带季风气候和暖温带季风气候的过渡区，气候复杂多样，气象灾害类型多、危害较重。全省各地年平均气温为 12.0～15.5℃，年平均降水量为 500～1300mm，年内气温和降水的季节性变化趋势一致，具有雨热同期特点，适宜多种农作物生长，主要种植农作物为冬小麦和夏玉米，其种植制度以轮作一年两熟为主。

1.1　河南省为国家粮食核心区

2008 年《国家粮食安全中长期规划纲要（2008—2020 年）》将我国的粮食生产区域分为核心区、非核心区、后备区、其他地区。其中，核心区分为东北区、黄淮海区、长江流域，包括 13 个粮食主产省（自治区）的 680 个县（市、区、场），河南省位于黄淮海粮食生产核心区内[1-5]。2011 年《国务院关于支持河南省加快建设中原经济区的指导意见》对河南省定位之一是"国家重要粮食生产和现代农业基地"，要求"建成全国重要的高产稳产商品粮生产基地，到 2020 年粮食生产能力稳定达到 1300 亿斤"。

1.2 河南省粮食生产的地位与贡献

1949 年以来，河南省粮食单产和总产逐年增加（图 1），1983 年，河南省粮食总产突破 500 亿斤（1 斤＝0.5kg），开始成为粮食调出省。2012 年，连续 7 年超过千亿斤，目前河南省用全国 6％的耕地，生产出全国 10％以上的粮食，25％的小麦，外运粮占全省粮食产量的 1/3。河南省粮食生产不仅满足了近 1 亿人口的生活和生产需要，每年调出商品原粮和粮食制成品 300 多亿斤。粮食加工业居全国首位，被誉为"国人厨房"。

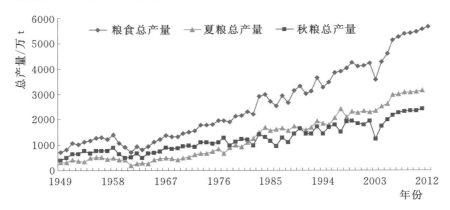

图 1 1949—2011 年河南省粮食总产量的年际变化[6]

1.3 河南省粮食核心区的任务和措施

《全国新增 1000 亿斤粮食生产能力规划（2009—2020）》要求黄淮海区新增粮食 329 亿斤（占全国新增产能的 32.9％），其中分配给河南省 155 亿斤的任务。《河南粮食生产核心区建设规划（2008）》提出，到 2010 年、2015 年和 2020 年分别实现 1100 亿斤、1200 亿斤、1300 亿斤的目标。

2 影响河南省粮食生产的主要气象灾害

影响河南省粮食生产的主要气象灾害为干旱、暴雨洪涝、风雹、晚霜冻、连阴雨、干热风等，其中干旱和暴雨洪涝是最主要的两种气象灾害，但是，随着抗灾能力增强，气象灾害造成的农作物成灾面积减小，特别突出的是干旱成灾面积减小（图 2）。

气象灾害是河南省粮食产量不稳定的最主要原因（图 2）。例如，1978 年，严重干旱导致秋粮减产；1982 年，夏季严重洪涝导致秋粮减产；1985 年，春涝导致夏粮减产，夏季干旱导致秋粮减产；1986 年，严重夏旱（6—7 月降水

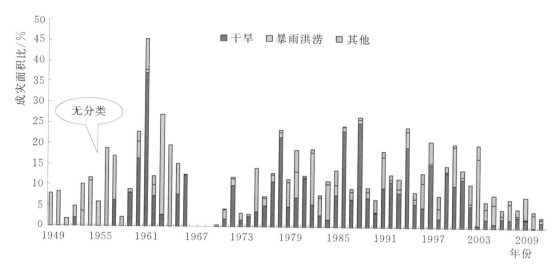

图 2　1949—2011 年河南省农业成灾面积变化[6]

量为 1949 年以来最少值）导致秋粮减产；1988 年，四季都发生严重干旱，导致夏粮和秋粮均减产；1991 年，因 1990 年秋季干旱影响小麦播种，导致夏粮减产，6—9 月干旱导致秋粮减产；1994 年，春季严重干旱导致夏粮减产，严重伏旱导致秋粮减产；2000 年，2—5 月出现严重干旱导致夏粮单产减产，夏季洪涝导致秋粮减产；2003 年，夏季严重洪涝、秋季连阴雨和涝灾，导致秋粮大幅度减产；2009 年，夏季严重风雹灾害导致秋粮减产。

3　影响粮食生产主要气象灾害风险分析

3.1　干旱

采用《气象干旱等级》（GB/T 20481—2006）中推荐使用的综合气象干旱指数，统计分析了河南省中旱以上干旱日数的时空分布特征。图 3（a）显示，1961—2010 年河南省中旱以上干旱日数以年际间波动为主，2002 年以来，干旱日数均低于多年平均值（1981—2010 年）58.8d；2001 年干旱日数最多（128d），1964 年最少（3d），其次为 2003 年（4d）；统计各地年平均中旱以上干旱日数分布 ［图 3（b）］，河南省干旱日数呈现自北向南递减的分布趋势，淮河流域年平均中旱以上干旱日数一般在 40～60d，淮河以南南部在 40d 以下，可以看出，豫北的干旱风险较大，豫南风险较小，这与刘荣花等[7] 研究结论一致。

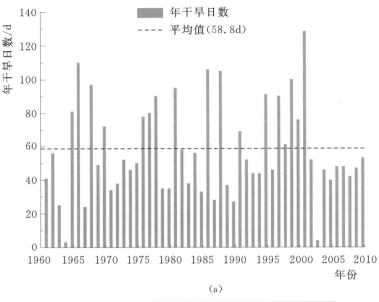

(a)

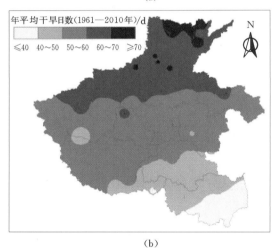

(b)

图 3　河南省干旱（中旱以上）日数时空分布图

3.2　暴雨洪涝

以 24h 雨量不小于 50mm 为暴雨标准，统计分析了河南省暴雨日数的时空分布特征。图 4（a）显示，1961—2010 年河南省暴雨日数以年际间波动为主，近 10 年以来，除 2001 年、2002 年和 2006 年均低于多年平均值（1981—2010 年）2.2d 外，其余年份均偏多；2000 年暴雨日数最多，为 4.3d，1966年和 1997 年最少，为 0.9d。图 4（b）显示，河南省年平均暴雨日数自东南向西北递减，东南的信阳年平均暴雨日数在 3d 以上，豫西的三门峡地区则少于1d。考虑孕灾环境敏感性、致灾因子危险性、承灾体易损性、防灾减灾能力等因子，采用定量评估模型的方法，分析发现，河南省暴雨洪涝灾害的高风险区，主要在淮河流域（图5）。

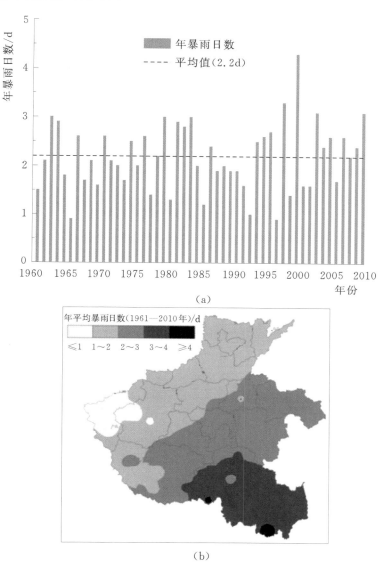

（a）

（b）

图4　河南省暴雨日数时空分布图

3.3　晚霜冻

1981—2010 年冬小麦拔节期内平均最低气温呈升高趋势、全省平均低温日数（＜0℃）呈减少趋势（图6），2000 年以后，晚霜冻发生偏少。从空间分布（图7）看，豫北、豫中东部及豫西地区低温日数（＜0℃）较多，特别是豫北北部和豫西局部多年平均在 2d 以上。

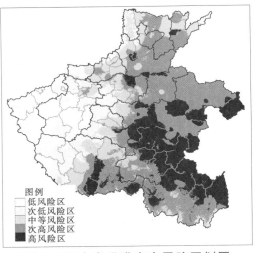

图 5 河南省洪涝灾害风险区划图

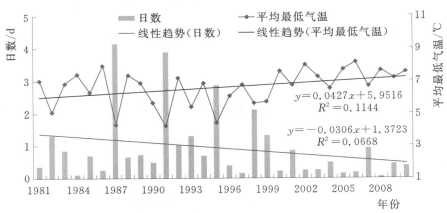

图 6 河南省冬小麦拔节期（农业气象观测）低温日数历年变化（1981—2010 年）

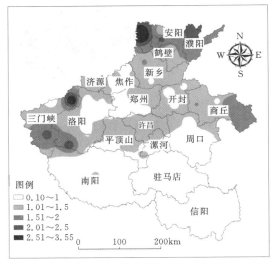

图 7 1971—2010 年河南省冬小麦拔节后（3 月 20 日至 4 月 24 日）
低温日数的空间分布图（单位：d）

利用冬小麦拔节后的日最低气温以及出现该气温时的日期距拔节期的日数构建冬小麦晚霜冻害指标[8]，基于此，考虑冬小麦种植面积比例，建立晚霜冻害评价指数[9]。河南省冬小麦轻霜冻日数高值区主要分布在河南省北部、东部和西部丘陵山区，中霜冻和重霜冻日数高值区以分布在西部丘陵山区为主，霜冻日数最大值分别为 67d、48d 和 120d（图略）；轻霜冻风险较高的区域主要分布在河南省除郑州地区以外的驻马店和南阳盆地以北地区，中霜冻主要分布在东部和西部丘陵山区，重霜冻（图略）主要分布在河南省西部丘陵地区，风险指数最大值分别为 28％、18％ 和 17％（图 8）。

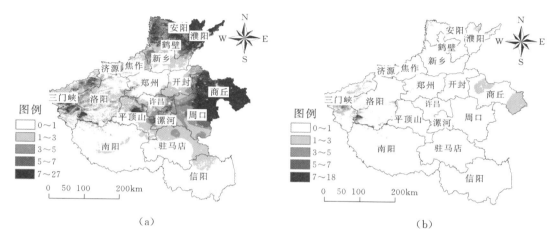

图 8　河南省冬小麦轻、中霜冻害风险评价指数的空间分布图（％）

3.4　连阴雨

把连续 5d 以上有降水（日降水量不小于 0.1mm）且降水量不小于 50mm 的降水过程作为一次连阴雨过程，其中允许有 1d 无降水（或有微量降水）但日照时数须不大于 2h。考虑主要对粮食生产影响，本文主要分析春季（3—5 月）连阴雨（影响夏粮）和夏秋（7—9 月）连阴雨（影响秋粮）情况。分析 1961—2012 年河南省春季和 7—9 月连阴雨日数的年际变化发现，春季和 7—9 月连阴雨日数的最大值分别出现在 1964 年（12.3d）和 2003 年（23.9d），最小值出现在 1980 年、1984 年、2000 年、2001 年、2007 年、2011 年（0d）和 2012 年（1.5d），近 10 年均以偏少为主（图 9）。7—9 月连阴雨明显多于春季连阴雨。

定义连阴雨指数为一定时段连阴雨日数与无降水日数的比值，而连阴雨指数与农作物面积密度之积作为连阴雨对农作物影响风险评价指数：

$$Index = LPS$$

式中：$Index$ 为连阴雨影响风险评价指数；L 为连阴雨指数；PS 为农作物面

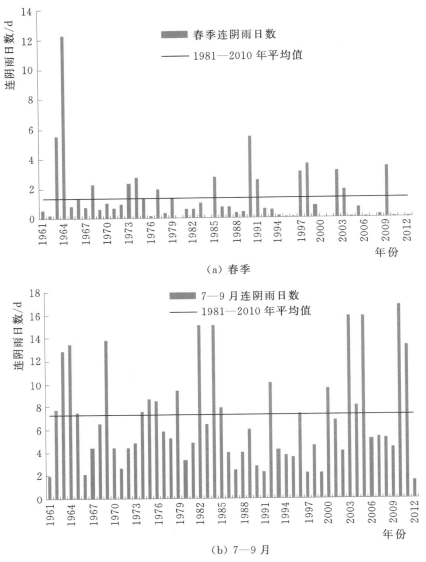

图 9 1961—2012 年河南省春季和 7—9 月连阴雨日数的年际变化

积密度（一定区域内粮食播种面积与土地面积之比）。

分析春季和 7—9 月连阴雨指数的空间分布（图 10）发现，春季连阴雨指数较大区主要在豫南信阳地区，其余大部分地区较小；7—9 月连阴雨指数高值区主要分别在豫西局部、豫南西部和南部。

考虑春季（3—5 月）连阴雨主要影响小麦，（7—9 月）连阴雨主要影响秋粮，分别分析连阴雨对小麦和秋粮作物影响风险，结果显示，豫南地区特别是淮河以南冬小麦连阴雨灾害风险等级较高，南阳盆地、豫东、豫中局部多为中—中高风险区，其余地区风险等级相对较低［图 11（a）］；秋粮作物的连阴雨灾害风险等级在商丘局部、南阳局部、驻马店、信阳地区较高，特别是在信阳

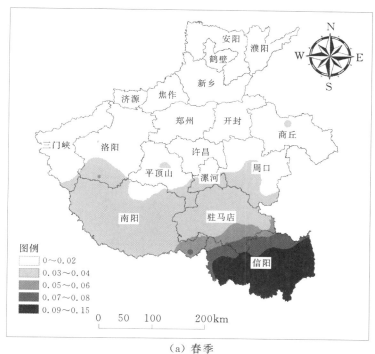

（a）春季

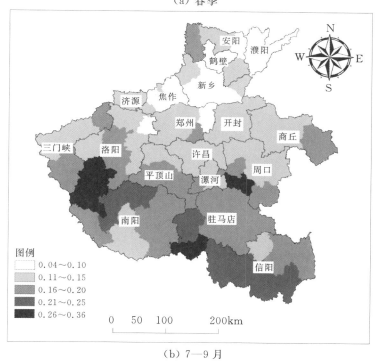

（b）7—9 月

图 10　河南省春季和 7—9 月连阴雨指数的空间分布图

地区，其余大部分地区风险多在中等以下［图 11（b）］。整体上，秋粮生产的
连阴雨风险高于夏粮生产的连阴雨风险。

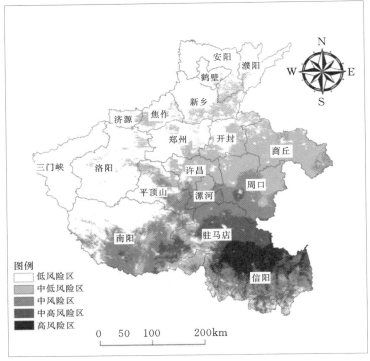

（a）冬小麦

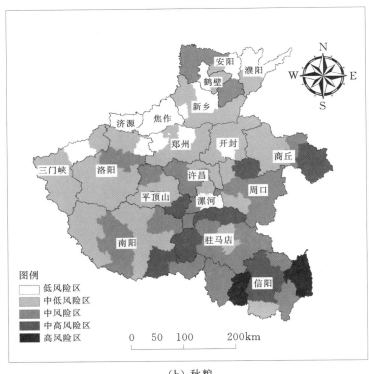

（b）秋粮

图 11　河南省冬小麦和秋粮作物连阴雨灾害风险区划图

3.5 冰雹

冰雹是在强烈发展的积雨云中出现的固态降水，具有局地性强的特点，气象台站的冰雹观测不能很好代表实际冰雹的发生情况。根据研究，冰雹发生与地形因素关系密切，尤其与海拔密切相关（表 1），基于此，采用多元逐步回归分析建立的冰雹日数统计模型（表 2）。海拔 90m 以上站点的冰雹日数与海拔关系更为密切，因此对海拔 90m 以上地区按照统计模型和 DEM 数据进行冰雹日数的空间插值，之后将插值结果转换到县域尺度上，最后将归一化后的冰雹日数与农作物种植面积密度相乘，得到农作物冰雹风险指数，采用自然断点法对灾害等级进行了分级。图 12（a）显示，河南省年均冰雹日数较多的区域主要分布在豫西和豫北地区；图 12（b）显示，河南省农作物冰雹灾害风险在豫北、豫西和豫西南地区相对较高，其余地区相对较低。

表 1   Khaildays 与地理因素间的相关性分析（$n=111$）

地形因素	经度	纬度	海拔	坡度	坡向	地形切割深度
单相关系数	-0.423[①]	0.446[①]	0.544[①]	不显著	不显著	不显著
偏相关系数	不显著	0.483[②]	0.381[②]	不显著	不显著	不显著

① 在 $P<0.01$ 概率水平下显著。
② 在 $P<0.001$ 概率水平下显著。

表 2   统计模型及显著性检验

常数与影响因子	回归系数[②]	标准回归系数	P	样本数	显著性
C_0[①]	-0.82（±0.23）		0.001		$R^2=0.467$
海拔/km	0.443（±0.060）	0.519	<0.001	111	$r=0.684$
纬度/(°)	0.040（±0.007）	0.415	<0.001		$P<0.001$

① 方程的常数项。
② 括号内数值为标准误。

3.6 干热风

利用冬小麦干热风的国家气象行业标准，计算了河南省 110 个气象站 1971—2010 年历年冬小麦生长后期（5 月 21 日至 6 月 5 日）的轻、重干热风日数。分析其年际变化（图 13）发现，轻、重干热风的变化以年际间的波动为

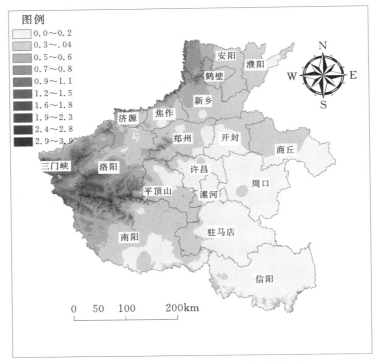

（a）年均冰雹日数的空间分布（单位：d）

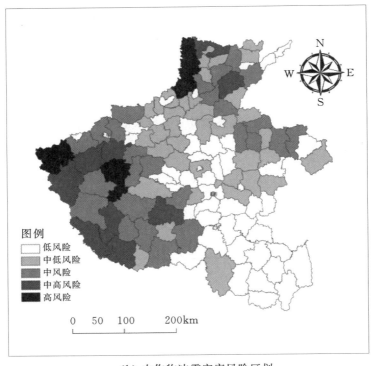

（b）农作物冰雹灾害风险区划

图 12　河南省年均冰雹日数的空间分布及农作物冰雹灾害风险区划图

主，20世纪90年代以来重干热风变多。空间分布上（图14），轻干热风日数以驻马店—南阳—洛阳一线以北、以东大部分地区较多，而淮南、南阳和豫西山区相对较少；重干热风日数豫西北和豫中平顶山等地相对较多，这与成林等[10]研究结论较为一致。分析干热风对冬小麦影响风险，结果显示［图15（a）］，河南省淮河以南和豫西山区风险等级较低，豫北局部、豫西北局部、商丘大部、周口大部、驻马店大部、漯河大部、平顶山大部、许昌大部风险等级多为中高—高风险区；冬小麦重干热风的风险区域的分布与轻干热风类似［图15（b）］。

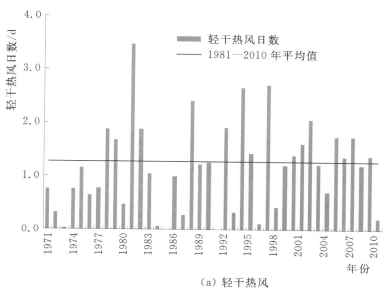

（a）轻干热风

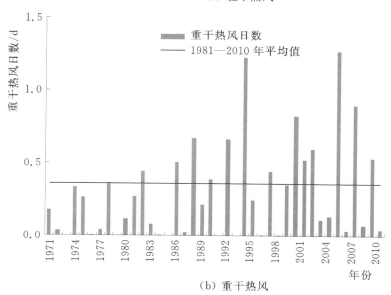

（b）重干热风

图13　1971—2010年河南省轻干热风和
重干热风日数的年际变化

（a）轻干热风

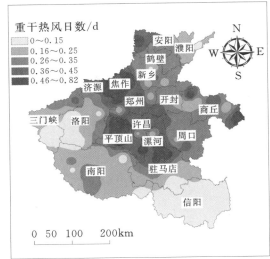

（b）重干热风

图 14　河南省轻干热风与重干热风年均日数的分布图

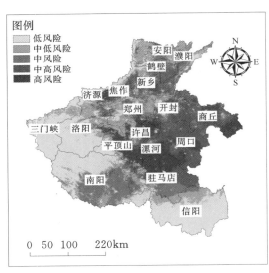

（a）轻干热风

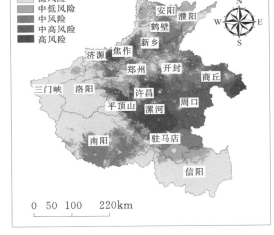

（b）重干热风

图 15　河南省冬小麦轻干热风与重干热风风险区划图

3.7　需要关注的农业气象灾害风险的新特点

在气候变化背景下，农业气象灾害发生规律出现变化，有些灾害频次减少，但一旦发生，强度可能较大，灾害影响会增大。如霜冻的频次减少，但由于越冬作物生长期提前，当春季出现寒潮天气时，出现强晚霜冻的风险增大。21 世纪以来，高温天气又开始增多，应重视热害（春季干热风、夏季连续高温）对农作物的不利影响。气候变暖背景下，极端天气（强对流）增多，对粮食生产的不利影响增大，如 2009 年就是因为夏季多次大范围强对流天气过程造成河南省秋粮平均单产减产。虽然大风日数减少，但高密度、高营养种植方式，使作物抗倒伏能力降低，大风影响粮食生产的风险并未减小。按照年代际气候变化规律，我国夏季多雨带北进到华北和东北，淮河流域从 21 世纪中期进入少雨阶段，夏季出现干旱的概率增加。由于大气环境变化，日照时数持续减少、光照强度减弱，一定程度上对粮食品质产生不利影响。

4 减轻粮食生产气象灾害影响的对策建议

4.1 大力加强农田水利基础设施建设，增强农业抵御气象灾害能力

影响河南省粮食生产稳定的最主要气象灾害仍然是旱涝灾害。尤其是气候变暖背景下极端旱涝的风险增大，完善的水利设施是应对旱涝最有效的手段。目前，河南省粮食生产仍面临水资源短缺且利用效率不高，水利工程体系建设不够完善，农田水利基础设施老化，抗御水旱灾害能力较低，旱涝保收田比例偏低等问题。水利在保障粮食生产安全上，具有基础性、公益性和战略性重要地位，国家和河南省各级政府应加大对农业水利设施的投入。

4.2 把气象为农服务纳入为农村公共服务体系中规划和建设

2012 年和 2013 年中央 1 号文件都提到"农业气象服务体系"和"农村气象灾害防御体系"的建设问题。地方政府要把气象为农服务纳入为农村公共服务体系中一起规划、一同建设、一起考核，加快建设和不断完善气象为农服务"两个体系"。各级财政要加大投入，气象部门要在政府的支持下，规划、组织和实施好"农业气象服务体系"和"农村气象灾害防御体系"建设，充分发挥"两个体系"在保障粮食生产、惠农、富农中的作用。

4.3 尽早建设中部区域人工影响天气中心和飞机人工增雨作业基地

人工影响天气有科学依据，我国人工增雨和防雹工作也取得明显效益。最近经国务院批准，中国气象局在东北粮食核心区正式设立了东北区域人工影响天气中心，并建设了飞机人工增雨作业基地。黄淮海粮食核心区水资源不足，干旱是影响粮食生产最主要灾害。应尽早建设已列入规划的中部区域人工增加作业（商丘）基地建设（增雨作业区域包括豫、鲁、皖、苏、鄂 5 省），条件成熟时组建中部区域全国人工影响天气中心。

4.4 科学应对气候变化和气象灾害

加强气候变化研究，根据气候变化，分析未来光、温、水资源配置和农业气象灾害的新格局，科学调整种植制度，改进作物品种布局；根据农业气象灾害变化特点，培育和选用抗旱、抗涝、抗高温和低温等抗逆品种，预防可能加重的农业病虫害。加强干热风、晚霜冻农业气象灾害的预报和科学防御技术研究，减轻干热风、晚霜冻对小麦产量的影响。

4.5 气象部门应着力提高农业气象灾害和农用天气的预报预警能力

面向农村防灾减灾和减轻农业气象灾害的需要，以提高精细化的气象灾害预报能力为重点，着力发展精细化预报技术，开展精细化到乡镇、村预报，提高中长期天气和气候趋势预测能力；发展针对农业生产的农用天气预报业务，开展直通式农业气象服务；加强部门合作，发展农业生物灾害气象预报技术，提高农业病虫害发生发展气象等级预报服务能力。

4.6 积极推进农业气象灾害保险

针对主要农业气象灾害和主要粮食作物，加快推进农业气象灾害保险，尽早完成中原农业保险公司的组建，增强河南省粮食生产抗风险能力。

4.7 其他

促进农业适度规模种植，加快发展农业机械化，以提高应对气象灾害和极端天气气候事件的能力和效率；提高粮食生产的比较效益，保护农民种粮积极性，使农民愿意在减轻气象灾害方面投入。

参 考 文 献

［1］ 国家粮食安全中长期规划纲要（2008—2020）［R］.
［2］ 全国新增 1000 亿斤粮食生产能力规划（2009—2020）［R］.
［3］ 国务院关于支持河南省加快建设中原经济区的指导意见［R］.
［4］ 河南粮食生产核心区建设规划（2008—2020）［R］.
［5］ 中原经济区建设纲要（试行）［R］.
［6］ 农业部种植业管理司 . 中国种植业信息网农作物数据库［EB/OL］. http：// www. zzys. gov. cn/nongqing. aspx.
［7］ 刘荣花，王友贺，朱自玺，等 . 河南省冬小麦气候干旱风险评估［J］. 干旱地区农业研究，2007，25（6）：1 - 4.

［8］ 陈怀亮，邓伟，张雪芬，等．河南小麦生产农业气象灾害风险分析及区划［J］．自然灾害学报，2006，15（1）：135－143．

［9］ 顾万龙，姬兴杰，朱业玉．河南省冬小麦晚霜冻害风险区划［J］．灾害学，2012，27（3）：39－44．

［10］ 成林，张志红，常军．近47年来河南省冬小麦干热风灾害的变化分析［J］．中国农业气象，2011，32（3）：456－460．

河南省环境气象要素的时空变化及其影响因素的分析

张　方　　顾万龙　　姬兴杰　　朱业玉
（河南省气候中心　郑州　450003）

摘要： 本文主要采用统计分析方法，分析了雾霾天气和大气稳定度等表征河南省环境状况气象指标的时空变化特征，并对这些要素可能的影响因素进行了探讨。对应的基础数据分别为河南省 106 个气象站（1961—2010 年）的雾霾地面观测资料和 16 个代表气象站（1971—2009 年）逐日 4 时次气象资料。通过观测记录获得雾霾数据，运用修正的 Pasquill 稳定度分类方法基于逐日 4 时次气象数据计算获得大气稳定度。结果表明：①近 50 年来，无论年尺度还是季节尺度，豫西地区均为雾的少发区，其余地区相对较多；全省、省辖市和郑州市均表现出先增加后减少的时间变化特征，近 10 年减少明显；季节之间，秋冬为大雾日的多发季节；全省和省辖市雾日均与风速呈显著负相关，相对湿度呈显著正相关。②近 50 年，无论年尺度还是季节尺度，霾天气均表现出在豫西南和东南地区较少，豫北地区较多；季节之间，冬季为霾天气的多发季节；随年份增加，全省年霾天气日数无明显的线性变化趋势，不同季节表现出春季减少、夏秋季增加、冬季呈现先增加而后减少的变化特征；省辖市年均霾天气日数随年份增加显著增加，四季霾日亦均呈明显增加，并以秋季霾天气日数增速最快；省辖市霾日与风速和降水日数呈显著负相关，并且和经济发展水平有很大的相关性。③近 40 年，河南省各地稳定度出现的频率以中性类为主；不稳定类和稳定类均呈明显上升，中性类显著下降；中性类各月变化幅度较小，稳定类和不稳定类有较明显的季节变化特征，分别呈现上、下抛物线型；大气稳定度有明显的日变化特征，夜间大气多属于稳定类；不同地形下的稳定度类型一般都以中性类和稳定类为主，并且在不同地形下稳定度类型又略有差异。

关键词： 环境气象要素；时空特征；河南省

　　大雾是比较常见的灾害性天气之一，具有出现概率高、发生范围广、危害程度大的特点，不仅严重破坏了空气质量，同时对机场、高速公路等场所造成的影响和经济损失也是无法估量的。近年来，随着我国经济的快速发展，化石燃料的消耗迅猛增加，汽车尾气、燃煤、废弃物燃烧直接排放的 SO_2 和 NO_x 等大气污染物，通过光化学反应产生的二次气溶胶污染物日增，城市群区域和大城市的气溶胶污染日趋严重，使得霾现象日趋严重，已经成为一种新的气象与环境灾害性现象[1]，霾也由此成为社会关注的热点。霾天气不仅会使大气能见度降低，加大交通事故的发生频率，而且减少太阳辐射，危害人体健康[2-3]。因此，霾的出现具有重要的空气质量指示意义。研究发现影响霾日数显著增加的原因大致分为两类：一是人类活动导致的大气污染物排放量的增加，为霾的形成提供物质条件[4-5]；二是天气气候条件的变化，即霾形成的外界自然条件的变化。稳定度是影响大气扩散能力的重要因子，也是大气边界层研究和核电选址的一个极其重要的参数[6]。在许多污染扩散模式中作为单一参数来定义大气湍流状态或描述大气扩散能力，稳定度类别划分正确与否直接影响各类烟羽扩散模式计算结果，因此研究它的变化特征是一项很重要的工作[7]。

本文试图利用雾霾天气日数观测资料，阐明河南省不同时间和空间尺度雾霾的时空变化特征及其影响因素；利用河南省代表气象站气象资料，定量评估河南省大气稳定度的分布特征。通过对以上环境气象要素指标的分析，以期为河南省环境的综合治理提供科学依据，这对于河南省经济可持续发展具有重要意义。

1 研究资料与方法

1.1 研究资料

研究所用资料来源于河南省气候中心，包括：①地面观测记录的大雾和霾日数，时间序列为1961—2010年，共105个气象站点，其空间分布如图1所示；②按照2时有风速观测选择气象站，本文共选用河南省16个气象台站，资料为1971—2009年逐日4时次（2时、8时、14时、20时）的观测资料，用于大气稳定度计算[8]。

1.2 研究方法

在分析河南省或省辖市各指标的总体变化趋势时，把不同站点相同年份的各指标进行简单算术平均，得到河南省或省辖市在这一年的平均值，然后进行时间变化趋势的回归分析。在分析省辖市雾霾日数的变化趋势时，由于所在省辖市洛阳、鹤壁和平顶山市区无观测站，因此所用资料为其余15个有效站点。

大气稳定度等级采用环境影响评价技术导则推荐的帕斯奎尔（Pasquill）

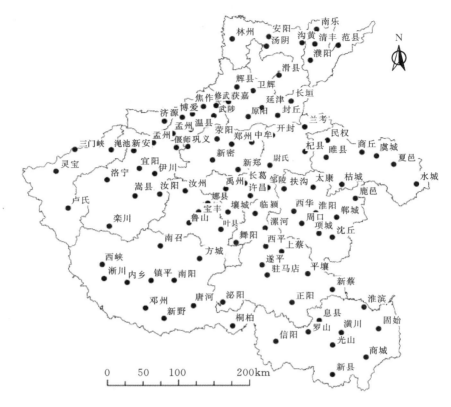

图1　河南省雾霾观测站点的空间分布图

稳定度分级法，Pasquill稳定度等级代表着不同"扩散速率"的等级，能方便和确切地反映出某地大致的大气扩散状况[9]。稳定度分为强不稳定、不稳定、弱不稳定、中性、较稳定和稳定6级。它们分别由A、B、C、D、E和F表示，而A-B，B-C和C-D表示介于两种稳定度之间。为了简化表述，这里将6级稳定度级别归类为3类：A～C级为不稳定类，C～D级和D级为中性类，E～F级为稳定类，本文按照这3个类别进行分析阐述，并以海拔低于50m的2站代表平原地区，海拔在50～250m之间的10个站代表丘陵地区，海拔大于250m的4个站代表山区，分析了地形因素对大气稳定度的影响；由于洛阳、鹤壁、平顶山、济源、漯河、濮阳、焦作和周口等地缺少相关资料，因此分析省辖市大气稳定度平均变化趋势选用了其余10个省辖市的站点。

各指标的区域分布特征分析主要基于ArcGIS和Suffer的空间分析功能进行，趋势变化分析主要采用数理统计分析方法。

2 结果与分析

2.1 大雾日数的时空特征

2.1.1 空间分布

分析河南省年均大雾日数的空间分布（图 2）发现，近 50 年，河南省年均大雾日数为 19.1d，高值区集中在南阳、漯河和开封等地区，其中新野、南阳、临颍、尉氏和睢县 5 个站点雾日数超过 30d；超过 20d 的有 51 个站，平均雾日达到 24.4d，主要分布在除豫西以外的大部分地区；地处豫西的三门峡、洛阳西部和南阳西北部为河南省大雾日低值区域。分析河南省四季大雾日数的空间特征发现（图略），春季大雾天气日数平均为 3.5d，夏季为 2.7d，秋季为 6.0d，冬季为 6.9d，均表现出豫西地区为大雾日的低值区，其余地区雾日相对较

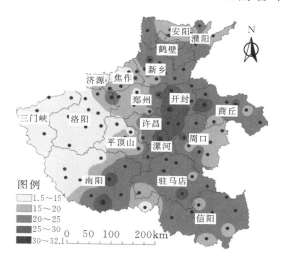

图 2　河南省年均大雾日数的空间分布图
（单位：d）

多。从上述分析可以看出，无论是年尺度还是季节尺度，河南省大雾日数均表现出豫西高海拔地区相对较少、其余地区相对较多的特征。

2.1.2 时间变化

1. 全省大雾日的时间变化

由图 3 可知，近 50 年，河南省年雾日呈现先增加，后减少的趋势，1961—1990 年雾日增加迅速，最高值为 30.9d，出现在 1989 年，之后呈逐年减少。1961—2010 年河南省四季大雾日变化趋势均呈现先增加后减少的特征（图略），多在 20 世纪 80 年代末或 90 年代中期以前达到最大值，与年尺度变化特征相似；秋冬为雾日多发季节，20 世纪 70 年代以前秋季高于冬季，70 年代以后冬季较高；春夏较少，春季多于夏季。年均雾日的增加主要是由于冬季雾日的增多造成的。

2. 年代间差异

由图 3 可以看出，近 50 年，河南省年大雾日数的年代际变化明显，以 20 世纪 90 年代最多，80 年代次之，其次为 70 年代和 21 世纪前 10 年，60 年代

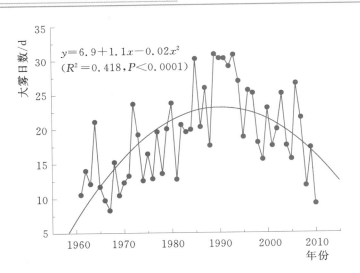

图3 1961—2010 年河南省大雾日数的变化

最少。因此，本文比较分析了 20 世纪 90 年代和最近 10 年大雾日数相比于 60 年代增减日数（图4），结果表明，相比于 60 年代，全省 90 年代大雾日数多呈增加，豫东地区增加最多，高达 44.7d；全省 21 世纪前 10 年大雾日数以增加为主，最高达 32.8d。在 20 世纪 80 年代和 21 世纪前 10 年，大雾日数减少的站点以零星分布为主，而在 21 世纪前 10 年，周口中部和信阳南部地区呈现区域性减少。相比于 20 世纪 60 年代，全省 90 年代和 21 世纪前 10 年四季大雾日数以增加为主（图略）。在 20 世纪 90 年代，春季减少的区域主要位于信阳北部和南阳的部分地区，夏季主要位于驻马店南部和信阳北部地区，秋季主要分布在南阳中部和信阳东北部。在 21 世纪前 10 年，春季减少的区域主要位

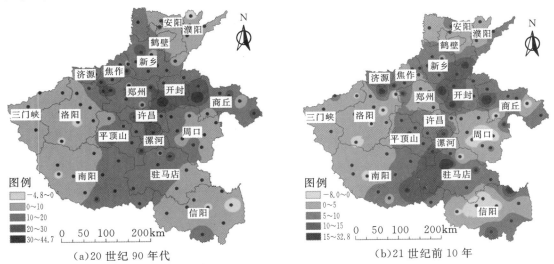

图4 河南省 20 世纪 90 年代和 21 世纪前 10 年相比于 60 年代大雾日数分布图（单位：d）

于豫西的三门峡、洛阳和南阳以及郑州、周口、信阳等地区，夏季主要位于洛阳、信阳、周口和豫北的濮阳、安阳和鹤壁等地区，秋季主要位于南阳北部、周口大部和信阳北部。在冬季2个时段分别仅有3个和1个站点减少，并且主要分布在豫西地区。

3. 省辖市及郑州市大雾日的时间变化

分析1961—2010年河南省辖市及郑州市年平均雾日数的变化（图略）发现，近50年雾日呈现先增加，后减少趋势，20世纪90年代以前雾日增加迅速，之后减少，最低值出现在2010年。在省辖市及郑州市，四季大雾日数的变化趋势与年大雾日数的变化特征相似（图略），季节之间，冬季最多，夏季最少，春夏季为大雾的少发季节，秋冬为大雾的多发发季节。

2.1.3 气候要素对大雾天气的影响

从表1可以看出，从全省来看，年大雾日数呈明显增加，其线性趋势为1.7d/10a，与此相对应，风速呈明显下降，其降低速率为－0.30（m/s)/10a，相对湿度的线性变化趋势不明显。分析近50年雾日与相关气象要素的相关性（表1）发现，全省年大雾日数与风速呈极显著负相关，与相对湿度呈极显著正相关，风速的显著下降和相对湿度的不显著变化是全省雾日明显增加的主要气候原因，这主要是因为2～6m/s的平均风速最有利于雾的形成，过大或过小的风速则不利于雾形成或容易导致雾的消散[10]。进一步分析省辖市年大雾日数日数的主要气候影响因素（表1）发现，全省与省辖市的影响因素较为一致。

表1　　　　河南省大雾日数与风速和相对湿度的主要统计参数

区域	气象要素	气候趋势系数	气候倾向率	与大雾日数的相关系数
全省	大雾日数	0.38②	1.70d/10a	1
	风速	－0.94②	－0.30(m/s)/10a	－0.55②
	相对湿度	0.12	0.22%/10a	0.67②
直辖市	大雾日数	0.29①	1.29d/10a	1
	风速	－0.86②	－0.22(m/s)/10a	－0.40②
	相对湿度	－0.08	－0.16%/10a	0.71②

① 通过 $P<0.05$ 的显著性检验。

② 通过 $P<0.01$ 的显著性检验。

2.2 霾日数的时空特征

2.2.1 空间分布

由图5可以看出，近50年，河南省年均霾日数的高值区集中在焦作、济

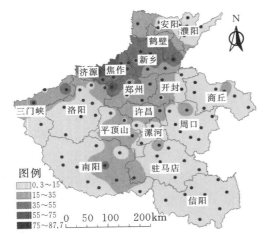

图5　河南省年均霾日数的
空间分布图（单位：d）

源、新乡等地区，其中的5个站点霾日数达到75.0～87.7d；年均霾日数小于15d的地区分布范围比较广，有65个站点，占61.9%。总体来看，豫西南、豫东和豫南地区霾日数较少，豫西北地区较多。从河南省四季霾日的空间分布图来看（图略），春季霾天气日数高值区主要位于新乡、焦作和济源地区，夏季高值区位于焦作、济源、新乡和鹤壁地区，秋季高值区位于焦作和济源地区，冬季高值区位于新乡、焦作、郑州和济源地区；其余地区为低值区。总体来看，四季霾天气均表现出在豫西南和东南地区较少，豫西北地区较多，与年均霾天气日数的空间分布具有一致性。季节之间，冬季霾日最多，夏季最少，可能是因为夏季降雨冲刷和风速较大，导致空气污染物稀释和扩散能力强，浓度降低，不利于霾的发生；另一原因是夏季对流旺盛，使近地层污染物稀释，霾较少[11]。

2.2.2　时间变化

1. 时间变化的空间分布

从河南省各站年霾日时间变化的空间分布（图6）看，焦作、济源和郑州地区霾日显著增加，部分位于平顶山、南阳和安阳地区的站点增加显著，气候倾向率为正的站点有42个，占40%；减少的站点有63个，占60%，其中濮阳、开封、南阳和三门峡某些站点显著减少，驻马店、洛阳和周口一些站点极显著减少。整体来看，豫北显著增加，东南和西南减少。从河南省四季霾天气日数气候倾向率的空间分布图来看（图略），在春季，全省以减少为主，仅在平顶山、南阳、郑州和安阳等4个站点呈显著增加。在夏季，全省有51个站点霾日气候倾向率为

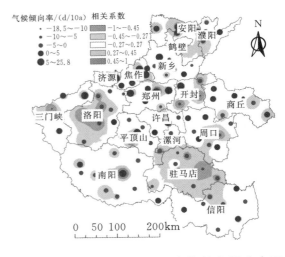

图6　河南省年均霾日时间变化的空间分布图

正，占 49%，在焦作、济源和郑州等地区霾日增加显著。在秋季，全省有 65 个站点霾日气候倾向率为正，占 62%，主要集中在焦作、济源、郑州、商丘、周口、平顶山和南阳等地区。在冬季，全省有 48 个站点霾日气候倾向率为正，占 46%，主要集中在郑州、平顶山和南阳等地区。

2. 全省霾日的时间变化

由图 7 可知，近 50 年，河南省年霾天气日数随时间的线性变化趋势并不明显，但具有一定阶段性变化特点，年霾日在 1961—1980 年增加迅速，1980 年左右达到最高值（35.2d），之后在年际间呈波动式变化。

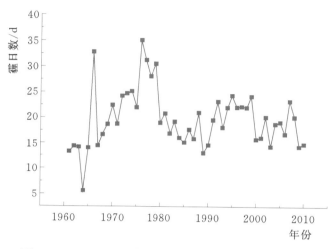

图 7　1961—2010 年河南省年均霾日的时间变化

由图 8 可以看出，春季、夏季和秋季霾日数的线性变化趋势明显，其气候倾向率分别为 −1.1d/10a、0.3d/10a 和 0.8d/10a；在冬季呈现先增加后减少

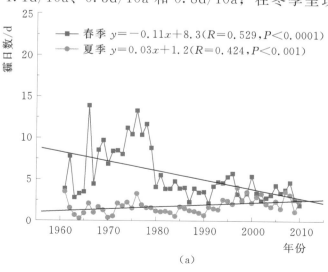

（a）

图 8（一）　1961—2010 年河南省四季霾日时间变化

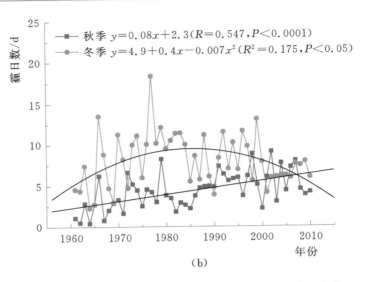

(b)

图 8（二） 1961—2010 年河南省四季霾日时间变化

的趋势，20 世纪 80 年代中期以前增加，以后减少，无明显的线性变化趋势。全省年霾日无明显变化可能是由于冬季霾日无明显改变，春季的减少在一定程度上抵消了夏秋两季的增加，最终表现为全省年均霾日无明显变化。

3. 省辖市及郑州市霾日的时间变化

由图 9 可以看出，1961—2010 年省辖市年均霾日呈现明显增加，其线性倾向率为 6.8d/10a。春夏秋冬四季霾日亦均呈现显著增加趋势，线性增加速率分别为 0.9d/10a、1.3d/10a、2.6d/10a 和 2.1d/10a，季节之间，以秋季增加速率最大（图 10）。郑州市霾日在年尺度和季节尺度的变化趋势与其他省辖市基本一致（图略）。

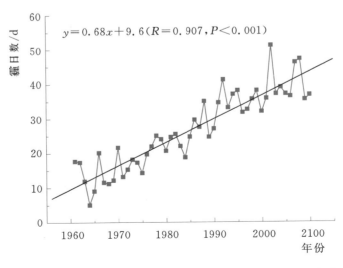

图 9 1961—2010 年河南省省辖市年平均霾日时间变化

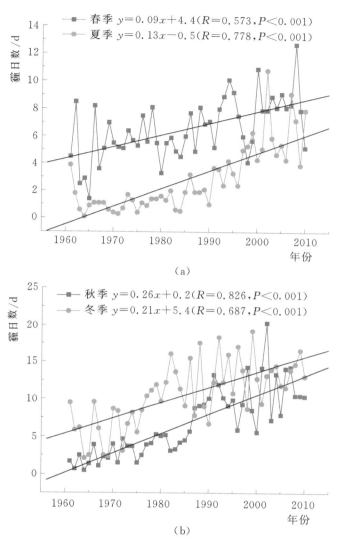

图 10　1961—2010 年河南省省辖市霾日四季时间变化

2.2.3　气候要素对霾天气的影响

由上述分析可知，由于全省霾日线性变化趋势不明显，省辖市霾日呈显著增加，因此本文主要针对省辖市霾日增加的现象，分析其主要影响因素（表2）。与省辖市霾日数显著增加相对应，风速呈明显下降，其降低速率为 -0.30 $(m/s)/10a$；降水日数呈明显减少，其减少速率为 $-4.41d/10a$。魏文秀等[12] 认为，一天中大气的垂直运动状况和风速的大小取决于当天的天气形势，而其多年的平均状况则消除了每天天气形势的影响，代表着当地的气候特征，因此我们对平均状况进行分析，由于大气垂直运动目前不是常规观测项目，没有统计资料，因此可只统计平均风速与霾日数的关系。分析近 50 年省辖市霾日与相关气象要素的相关性（表 2）发现，霾日数与风速和降水日数均呈显著负相关，风速的降低和降水日数的减少有利于霾的形成，这是因为风速减小使污染物的扩散和输送能力减弱、降水日数减少不利于空气污染稀释浓度降低[1,12]。

表 2　　　　　　　省辖市霾日数与风速和降水日数的主要统计参数

气象要素	气候趋势系数	气候倾向率	与霾日数的相关系数
霾日数	0.91①	6.80d/10a	1
风速	−0.86①	−0.22(m/s)/10a	−0.76①
降水日数	0.52①	−4.41d/10a	−0.58①

① 通过 $P<0.01$ 的显著性检验。

　　霾的发生不仅与气象要素相关，还和人类的活动有很大的相关性[4-5,13]。城市化的加速发展和污染物大量排放是导致霾日数迅速上升的重要原因[14-15]。由图 11 可以看出，1988—2010 年，河南省省辖市的 GDP 迅速增加。同时段内煤炭消耗也呈增加趋势，污染物排放量的增加为霾形成提高了物质基础，省辖市霾日的增加和其 GDP 增加同步，可以看出经济发展水平与霾的发生有很大相关性。

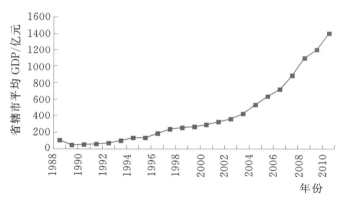

图 11　河南省省辖市 GDP 逐年变化

2.3　大气稳定度的时空特征及地形影响

2.3.1　大气稳定度的空间分布

　　分析不稳定、中性和稳定不同等级大气稳定度出现的频率（图 12）发现，不稳定类和稳定类的空间分布表现出豫西北和豫北地区较高，其余地区相对较低；中性类的空间分布表现出豫西北和豫北地区较低，其余地区相对较高。

2.3.2　大气稳定度的时间变化

　　1. 大气稳定度的年变化

　　由图 13 可知，1971—2009 年全省 3 类稳定度频率的年际变化幅度较小，

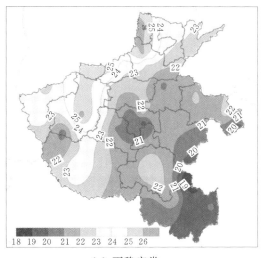

（a）不稳定类

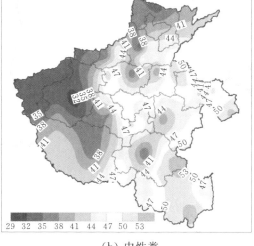

（b）中性类

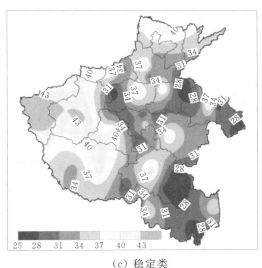

（c）稳定类

图 12　河南省大气稳定度的空间分布图

稳定类和不稳定类变化的位相大致相同，而中性类与前两者相反。稳定类和不稳定类均呈明显上升，且稳定类的上升趋势更明显，而中性类有明显下降的趋势。在省辖市和郑州市稳定度频率的年际变化与全省一致（图略）。

中性类稳定度通常反映两类大气状况，一类是大风，一类是阴天或雾天[16]。朱业玉等[8]对 1971—2009 年逐年 3m/s 以上的风速和雾日（含轻雾和大雾）出现频率进行统计，发现 3m/s 以上风速频率呈显著下降趋势，而雾日呈现显著增加趋势。这说明，由于风速逐年减小，雾日逐年增多，水汽和空气中的污染物不易扩散，使近地层气溶胶浓度增大，空气透明度下降。可见，风速变小、雾天增加是中性类稳定度频率趋于下降的主要原因。

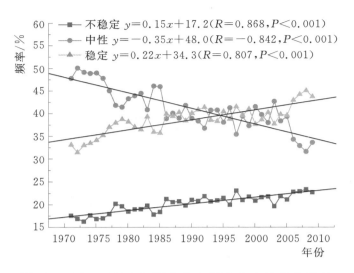

图 13　1971—2009 年河南省大气稳定度的变化趋势

2. 大气稳定度的年内变化

近 40 年 3 类大气稳定度频率的月际变化如图 14 所示。由图 14 可知，中性类各月变化幅度较小。稳定类和不稳定类有较明显的季节变化特征，分别呈现上、下抛物线型。稳定类在秋冬季的频率较高，11 月出现极大值（可达46.8%），在夏季的频率较低，7 月出现极小值（达 32.5%）；不稳定类相反，在秋冬季的频率较低，1 月出现极小值（达 9.63%），夏季最高，6 月出现极大值（可达 28.3%）。冬季气温低、日照较弱，此时逆温现象出现比率较大，湍流较弱且不易发展，故该季稳定类出现的频率有所增加；而夏季气温高、日照强，大气易产生垂直运动，大气对流发展旺盛，不稳定类增加。从冬季到夏

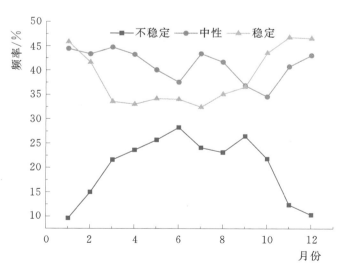

图 14　1—12 月河南省大气稳定度的变化

季期间，随着太阳高度角的增大，大气层结从稳定型为主逐渐向不稳定型为主过渡。

2.3.3 不同地区的分布特征

由图 15 可见，3 种不同地形下的大气稳定度类型一般都以中性类和稳定类为主，而不同地形下大气稳定度类型又略有差异。3 种不同地形下，不稳定类等级的大气稳定度在 18.9％～21.2％之间，以山区出现频率最多，平原最少；中性类在 39.7％～43.6％之间，以平原区出现频率最多，山区最少；稳定类在 37.5％～39.1％之间，以山区出现频率最多，丘陵和平原略少。河南省多年的大气稳定度以中性类和稳定类为主，不稳定类出现频率最少。不同地形下大气稳定度类型出现频率也略有差异，在山区，不稳定类和稳定类出现的频率略高于平原和丘陵，而中性类出现频率以平原区最多。

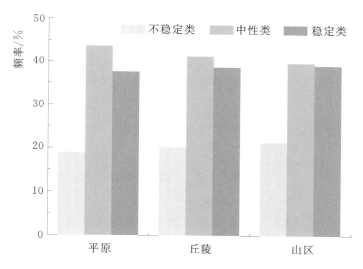

图 15   地形因素对大气稳定度的影响

3   结论

3.1   大雾

近 50 年来，无论年尺度还是季节尺度，豫西地区均为雾的少发区，其他地区相对较多；不同区域尺度下均表现出先增加后减少的时间变化特征，近 10 年明显减少；季节之间，秋冬为大雾日的多发季节；风速和相对湿度的变化与雾日密切相关。

3.2 霾

近 50 年，无论年尺度还是季节尺度，霾天气均表现出在豫西南和东南地区较少，豫北地区较多；季节之间，冬季为霾天气的多发季节；全省年霾天气日数随年份增加无明显的变化趋势，不同季节表现出春季减少、夏秋季增加、冬季呈现先增加而后减少的变化特征；省辖市年霾天气日数随年份增加显著增加，春夏秋冬四季霾日亦均呈明显增加，季节之间以秋季霾天气日数增速最快；风速下降和降水日数减少是导致省辖市霾日增加的主要气象要素，另外，省辖市霾日天气与当地经济发展水平的关系密切。

3.3 大气稳定度

河南大气稳定度类型出现的频率以中性类为主。不稳定类和稳定类的空间分布表现出豫西北和豫北地区较高，其余地区相对较低；中性类的空间分布特征与之相反。各类大气稳定度中，中性类的年变化有显著的下降，稳定类和不稳定类显著上升。中性类各月变化幅度较小，稳定类和不稳定类的季节变化特征较明显，稳定类在秋冬季的频率较高，在夏季的频率较低；不稳定类相反，在秋冬季的频率较低，夏季最高。在山区，不稳定类和稳定类出现的频率略高于平原和丘陵，而中性类出现频率以平原区最大。

参 考 文 献

［1］ 范新强，孙照渤.1953—2008 年厦门地区的灰霾天气特征［J］.大气科学学报，2009，32（5）：604－609.

［2］ Barclay J，Hillis G，Ayres J. Air pollution and the heart：cardiovascular effects and mechanisms［J］. Toxicol Rev，2005，24：115.

［3］ 杨敏娟，潘小川.北京市大气污染与居民心脑血管疾病死亡的时间序列分析［J］.环境与健康杂志，2008，25（4）：294－297.

［4］ Adams K M，Davis L I，Japar S M. Real－time in situ measurements of atmospheric optical absorption in the visible via photoacoustic spectroscopy－IV，visibility degradation and aerosol optical properties in Los Angeles［J］. Atmos Environ，1990，24A：605－610.

［5］ 吴兑，毕雪岩，邓雪娇，等.珠江三角洲大气灰霾导致能见度下降问题研究［J］.气象学报，2006，64（4）：510－518.

［6］ 孟庆珍，冯艺.成都大气边界层厚度的计算和分析［J］.成都气象学院学报，1996，11（1－2）：73－81.

［7］ 桑建国，温市耕.大气扩散的数值计算［M］.北京：气象出版社，1992：

118 – 131.

［8］ 朱业玉，潘攀，张方. 河南大气稳定度的分布特征［J］. 气象与环境科学，2011，34（1）：19 – 22.

［9］ 孙娜. 镇江市大气稳定度及抬升高度计算方法的研究［D］. 镇江：江苏大学，2007：12 – 22.

［10］ 朱乾根，林锦瑞，寿绍文. 天气学原理与方法［M］. 北京：气象出版社，1992：410 – 414.

［11］ 戴佩玲，刘和平，朱玉周，等. 郑州市霾天气的气候特征分析［J］. 气象与环境科学，2009，31（1）：16 – 18.

［12］ 魏文秀，张欣，田国强. 河北霾分布与地形和风速相关分析［J］. 自然灾害学报，2010，19（1）：49 – 52.

［13］ 张蓬勃，姜爱军，孙佳丽，等. 江苏秋季霾的年代际变化特征及其影响因素分析［J］. 气候变化研究进展，2012，8（3）：205 – 212.

［14］ 廖玉芳，吴贤云，潘志祥，等. 1961—2006年湖南省霾现象的变化特征［J］. 气候变化研究进展，2007，3（5）：260 – 265.

［15］ 宋娟，程婷，谢志清，等. 江苏省快速城市化进程对霾日时空变化的影响［J］. 气象科学，2012，32（3）：275 – 281.

［16］ 沈鹰. 混合层高度的变化规律及其对地面浓度分布的影响［J］. 云南气象，1993，（1）：48 – 52.

气候变化对河南省冬小麦的影响

成　林[1,2]　李树岩[1,2]　刘荣花[1,2]

(1. 中国气象局/河南省农业气象保障与应用技术重点开放实验室　郑州　450003；

2. 河南省气象科学研究所　郑州　450003)

摘要：本文利用河南省 1961—2008 年的逐日历史气象资料和 1981—2008 年的冬小麦观测资料，系统分析了全球变暖背景下河南省冬小麦生长季内的光、温、水等气候资源的变化情况，并从冬小麦发育期、种植制度、主要农业气象灾害变化角度分析了气候变化对冬小麦的影响，结果表明：河南省气候变化导致冬小麦生长季内光能资源减少、热量资源增加，其中日照时数平均每 10 年减少 40h，气温每 10 年增高 0.3℃；冬小麦全生育期缩短，各生育期间隔变化存在差异；冬小麦品种布局及干旱、霜冻、干热风灾害均发生了不同程度的变化。

关键词：气候变化；冬小麦；河南省；发育期；品种布局

受全球气候变化的影响，近 50 年我国的气候发生了显著变化，极端天气/气候事件与灾害的频率和强度明显增大。气候变化将对农业生产带来显著影响，早已成为不争的事实[1-4]。河南省是我国最重要的冬小麦生产基地之一。小麦生产是河南省的一大优势[5]，全省常年种植面积在 490 万 hm² 以上，占全国小麦种植面积的 20% 以上，总产量占全国小麦总产量的 25% 以上。因此，河南省小麦安全生产对全省，乃至全国粮食生产和经济发展有很大影响。

从全球尺度到中国陆地生态系统，再到农业生产系统，国内外学者将气候变化问题的认识逐步向小尺度缩进，使应对气候变化的问题具体化、深入化[6-7]。因此，开展区域尺度上的气候变化对农业影响研究，有利于应对气候变化工作的具体实施。本文系统分析了气候变化对河南省小麦生产的影响，从气候资源要素、小麦生长发育进程改变、农业气象灾害格局变化等角度，深入识别气候变化对河南省冬小麦产生影响的事实，有利于进一步认清气候变化对农业影响的趋势，可为农业生产趋利避害，挖掘气候变化对农业生产的有利方面，及早开展应对气候变化措施提供科学依据。

1 数据与方法

本文所用河南省 118 个气象台站 1961—2008 年逐日气象要素（包括逐日平均温度、降水量、日照时数等）、1981—2008 年全省 30 个农业气象观测站冬小麦观测资料，源于河南省气象局。

统计方法：利用河南省 118 个台站 1961—2008 年逐日气象要素，分别统计冬小麦生长季内（10 月至次年 5 月）不同农业气候资源的特征及其变化趋势；根据农业气象观测资料，以及统计资料记载的冬小麦种植制度、生育期等数据，通过对气候资料和上述数据的综合集成分析，研究全球变暖对冬小麦生长影响的区域特征。

利用线性拟合趋势线分析各种要素变化特征，所得线性回归方程的斜率即为气候倾向率；对于年际变化趋势不显著的气候要素采用 30 年滑动平均法，即统计 1961—1990 年，1962—1991 年，1963—1992 年，…，1979—2008 年各年间气候要素的平均值，再分析其变化趋势。

分析气候变化对冬小麦主要农业气象灾害影响时，采用气象行业标准规定的干旱和干热风灾害等级指标，对冬小麦灾害进行筛选分析，具体指标见表 1 和表 2。

表 1　　　　　　　　　　　　冬 小 麦 干 旱 指 标

干旱类型	减产率 Y_d/%	全生育期降水负距平 P_a/%
轻旱	$Y_d < 10$	$P_a < 15$
中旱	$10 \leqslant Y_d < 20$	$15 \leqslant P_a < 35$
重旱	$20 \leqslant Y_d < 30$	$35 \leqslant P_a < 55$
极端干旱	$Y_d \geqslant 30$	$P_a \geqslant 55$

表 2　　　　　　黄淮海冬麦区高温低湿型干热风等级指标

等级	日最高气温/℃	14 时相对湿度/%	14 时风速/(m/s)	时段
轻干热风	$\geqslant 32$	$\leqslant 30$	$\geqslant 3$	扬花灌浆期
重干热风	$\geqslant 35$	$\leqslant 25$	$\geqslant 3$	

2 结果与分析

2.1 冬小麦生长季内的农业气候资源变化

2.1.1 光能资源变化特征

利用太阳总辐射的日照类估算模型计算了河南省 30 个农气站的太阳辐射

日值（地表总辐射），从而得到小麦全生育期太阳辐射总量的变化。全省冬小麦生育期内太阳辐射的年际变化，如图 1（a）所示。太阳辐射的年间波动较大，最大值出现在 1968 年的 3309MJ/m²，最小值出现在 1990 年的 2702MJ/m²，近 50 年太阳总辐射呈较显著的下降趋势，线性倾向率为 −45.8（MJ/m²）/10a，以 30 年为一个阶段，统计小麦全生育期太阳总辐射的 30 年滑动平均 [图 1（b）]，可知太阳总辐射在持续减少，尤其是 20 世纪 70 年代后减少趋势更为显著。受气候变化影响，辐射资源持续减少对小麦生长较为不利。

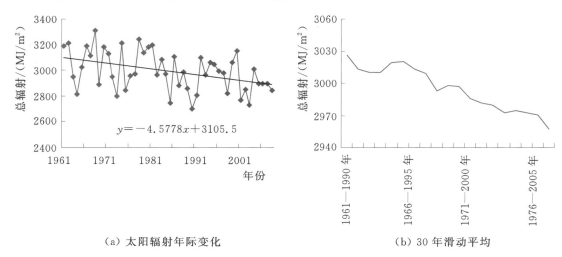

（a）太阳辐射年际变化　　　　　（b）30 年滑动平均

图 1　太阳辐射年际变化及 30 年滑动平均变化曲线

冬小麦生长季内的日照时数变化同太阳总辐射的年际变化趋势相似（图 2），全生育期日照时数呈显著的下降趋势，最高值出现在 1968 年的 1483h，最低值出现在 2003 年的 1043h，平均每 10 年减少 39.8h。

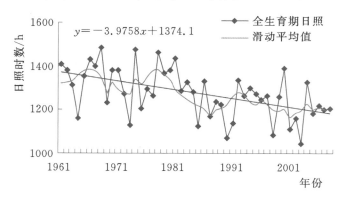

图 2　冬小麦全生育期日照时数年际变化

2.1.2　温度及热量资源变化特征

受年平均气温升高的影响，河南省冬小麦生长季内温度均在增加，升温幅度最大的是以郑州市为中心的豫中、豫西北地区以及豫西南和淮南的局部地区，豫西西部和南阳盆地局部温度增幅相对较小。

4—6月是冬小麦产量与品质形成的关键时期，此期的气温日较差主要影响小麦的品质。全省大部分地区4—6月气温日较差的线性变率在0～－0.03℃/a之间，但豫北大部、郑州、周口及豫东局部等地气温日较差减少速率较快，在－0.03～－0.06℃/a之间；而豫西山区和淮南的个别地区气温日较差有增大趋势。

积温年际变化：只有在一定的热量累积条件下，冬小麦才能完成一个生育进程，进入下一个生育期，积温是表征热量累积情况的参数。冬小麦全生育期需要大于0℃的活动积温1800～2200℃。全省除西部山区大于0℃积温小于2000℃外，其他地区在2000～2650℃之间，可以满足冬小麦生长发育的需求。以稳定通过0℃终、初日作为小麦进入和结束越冬的起始日期，统计越冬前、后的积温年际变化情况［图3（a）、（b）］可知，越冬前、后大于0℃积温均呈显著的增长趋势，其中越冬前积温增幅为11.4（℃·d）/10a，越冬后积温增幅为43.5（℃·d）/10a。越冬期负积温也呈显著的减少趋势，由20世纪60年代的平均－91.1（℃·d）/10a，减少到90年代后的－47.8（℃·d）/10a。由于越冬前后积温增加，使得小麦全生育期大于0℃积温也逐步增长，最小值为

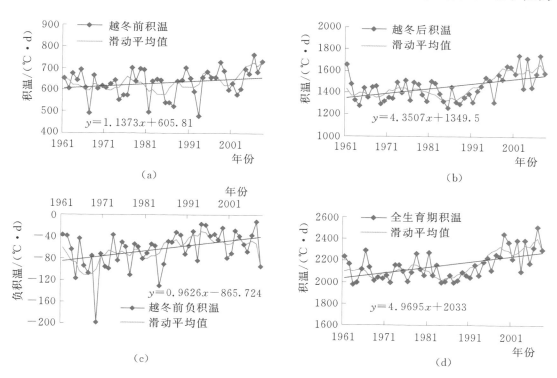

图3 冬小麦越冬前后各阶段及全生育期积温年际变化

1963 年的 1983℃ · d，最大值为 2007 年的 2511℃ · d，年际变化曲线线性倾向率为 49.7（℃ · d）/10a，尤其在 1984 年以后增幅更为迅速，这与气候变化的总体趋势是一致的。冬小麦生育期负积温的逐渐减少，越冬期持续日数不断缩短，说明冬季越来越暖，对冬小麦的安全越冬比较有利。在各地小麦品种熟性相对稳定的条件下，热量条件的逐步改善将缩短小麦生育期，这与余卫东等[8]（2007）的研究结果一致。小麦提前成熟收获，在一定程度上也避免了与下茬作物的争时、争地。另外，热量条件的增加是由于逐日气温的普遍升高，其结果也增加了由高温引起的气象灾害的风险，如小麦青枯和干热风等[9-12]。

界限温度年际变化：冬小麦生育期较长，从当年 10 月上中旬到来年 5 月下旬，中间还要经历一个越冬停长期，完成每个生育期也都需要气温达到一定界限指标，例如，气温稳定通过 17℃ 终日为冬小麦播种的界限温度，统计发现，稳定通过 17℃ 终日呈不太显著的推后趋势，表明受气候变化影响，冬小麦播种日期向后略有延迟，平均每 10 年延迟约 0.7d。气温稳定通过 0℃ 终日为冬小麦停止生长进入越冬期的界限温度，年际变化曲线也呈不太显著的推后趋势，即冬小麦进入越冬期的时间向后略有延迟，平均每 10 年延迟约 0.7d（图 4）。气温稳定通过 0℃ 初日为冬小麦返青，开始生长的界限温度，年际变

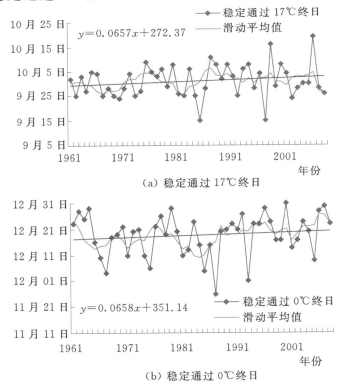

（a）稳定通过 17℃ 终日

（b）稳定通过 0℃ 终日

图 4　稳定通过 17℃ 终日及 0℃ 终日年际变化

化曲线呈显著的下降趋势，冬小麦返青日期显著提前，平均每 10 年提前约 3.4d。

2.1.3 降水资源变化特征

小麦全生育期降水分布不均，年际波动较大，全省多年平均为 248mm，其中 1998 年降水最多，为 432mm，1981 年降水最少，仅为 124mm，两年相差 308mm，变异系数为 26%，且各地降水量分布不均，南多北少，差异明显。统计小麦全生育期降水距平年际变化（图 5），可知降水年际间波动大，特别在 20 世纪 80 年代以后，降水变化幅度加大，大旱大涝年份增加。1973 年以前正负距平交替发生，1973—1984 年基本以负距平为主，1985—1991 年又基本为正距平，1992 年至今，除 1998 年降水量异常偏多外，其他年份又以负距平为主，线性回归拟合趋势线呈不太显著的下降趋势，平均每 10 年下降约 3.3mm。

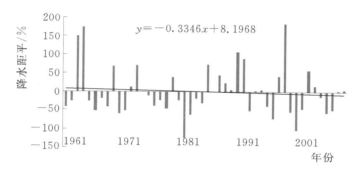

图 5　全生育期降水距平年际变化

2.2　气候变化对河南省冬小麦影响识别

2.2.1　对冬小麦生育期的影响

河南省冬小麦平均播种日期为 10 月 15 日，越冬开始期的平均日期为 12 月 22 日。生长发育总天数呈减少的趋势，平均每 10 年减少 2.4d。南部减少趋势最大，平均每 10 年减少 4.9d，北部和东部不明显，减少趋势为每 10 年减少 1～2d。

各个生育阶段天数变化又有区别。播种到越冬的生育期持续天数全省平均每 10 年增加 1.7d，其中分蘖到越冬的延长趋势比较明显，即小麦冬前分蘖的时间增加，冬前分蘖数会相应增多。越冬期天数整体呈缩短趋势，但局地变化差异较大，豫南地区越冬期明显缩短，有的年份甚至无越冬[13]，而开封一带及南阳盆地的南部地区有延长的趋势，因封丘至尉氏一带、南阳至确山一带总日照时数增加明显，而全省其他大部日照呈缩短的趋势，斜率为 −2.29/10a。

有研究表明：1月日照时数的增加将使生育期延迟，而日照时数的减少将使生育期提前。冬小麦返青前不同发育阶段持续天数变化如图6所示。

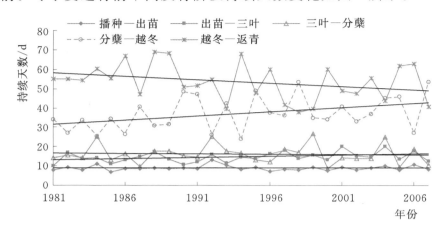

图6　冬小麦返青前不同发育阶段持续天数变化

返青后各发育期均表现出不同程度的提前趋势（表3），其中以拔节和抽穗期提前趋势最为显著，平均线性趋势为每10年提前5.1d。从空间上来看，南部返青后各发育期平均提前3～6d，发育期提前趋势值明显大于其他地区；发育期变化的东西差异不明显。小麦开花期到乳熟期持续天数平均每10年增加2～4d，这有利于小麦后期灌浆和提高产量。

表3　　　　　　　　　河南省冬小麦主要发育期变化趋势　　　　　　　　单位：d/a

地区	拔节期	抽穗期	开花期	乳熟期	成熟期	全生育期	开花-乳熟
东部	−0.42	−0.46	−0.36	0.08	−0.12	−0.16	0.43
北部	−0.48	−0.62	−0.36	0.00	−0.22	−0.08	0.35
西部	−0.38	−0.36	−0.31	−0.11	−0.28	−0.24	0.20
南部	−0.62	−0.61	−0.54	−0.23	−0.41	−0.49	0.31
全省	−0.47	−0.51	−0.39	−0.06	−0.25	−0.24	0.33

2.2.2　冬小麦品种布局变化

一般河南省1月平均气温0℃等温线以北麦区以弱冬性品种为主，0℃等温线以南的麦区是弱春性和弱冬性品种的混杂区。以不同年代0℃等温线判断气候变暖对河南省小麦种植布局的变化。受全省增温的影响，1991—2008年与基础条件（1961—1990年）相比，0℃等温线约向北扩展了1个纬度，向西扩展了0.8个经度，弱春性品种的可种植范围延伸至豫东大部、豫北的新乡及豫西的东部（图7）。

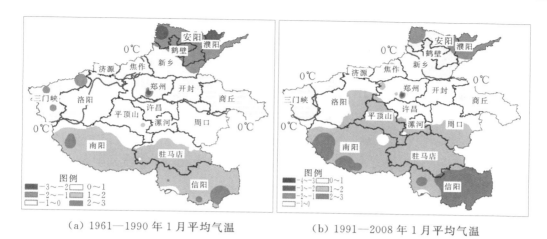

(a) 1961—1990 年 1 月平均气温 (b) 1991—2008 年 1 月平均气温

图 7　河南省 1 月平均气温变化（单位：℃）

2.3　气候变化对河南省冬小麦主要农业气象灾害的影响

2.3.1　对干旱的影响

冬小麦干旱指标用降水负距平百分率表征，根据表 1 中的指标统计不同年代、不同等级干旱发生台站数占总台站数的比例见表 4。

表 4　　　　　各年代不同等级干旱发生台站数占总台站数的比例　　　　　　%

干旱等级	60 年代	70 年代	80 年代	90 年代	2000—2007 年	平均
重旱	9.58	7.84	4.83	9.57	10.24	8.41
中旱	33.81	33.97	30.00	33.28	39.22	34.06
轻旱	49.71	57.50	55.95	50.09	65.41	55.73

各等级干旱发生范围的峰值与谷值并不同时出现，20 世纪 60 年代为重旱的第一个普遍发生期，70 年代为轻旱和中旱的普遍发生期，80 年代中旱和重旱发生范围缩小，90 年代轻旱的发生比例进入谷值期，2000 年以后，各种等级干旱进入于一个新的普遍发生期。

2.3.2　对干热风灾害的影响

近 47 年来发生轻干热风的台站数占总台站数的比例达到 63.7%，重干热风的台站数占总台站数的比例达到 30.2%，干热风发生范围的线性变化趋势不显著（$P > 0.05$），但三次多项式拟合曲线（轻干热风为 $y = 0.003x^3 - 0.1831x^2 + 2.2437x + 67.171$，$R = 0.3336$；重干热风为 $y = 0.0016x^3 - 0.0752x^2 - 0.0411x + 44.854$，$R = 0.3496$）所反应的变化趋势显著（$P < 0.05$）具体表现为各等级干热风发生范围先递减，从 20 世纪 90 年代末期开

始增加，尤其是 2000 年以后增加较明显。

全省轻干热风平均发生天数为 1.9d/a，最多时达 6.1d/a（1965 年）；重干热风平均天数为 0.5d/a，最多达 3.2d/a（1968 年）。轻干热风天数的线性变化趋势极显著（$P<0.01$），重干热风天数线性变化趋势不明显，但从三次多项式拟合曲线看（轻干热风为 $y=0.00006x^3-0.002x^2-0.078x+3.6453$，$R=0.5346$，$P<0.001$；重干热风为 $y=0.00005x^3-0.0024x^2+0.0077x+0.9191$，$R=0.4004$，$P<0.01$），20 世纪 90 年代以前轻干热风日数递减速率较快，之后无论是重干热风还是轻干热风，发生天数的年际变化均呈缓慢增加的趋势 [图 8（b）]。由图 8 还可以看出，20 世纪 90 年代以前干热风灾害发生的台站数和天数年际间波动较大，而近 10 余年来年际间差异有缩小的趋势。

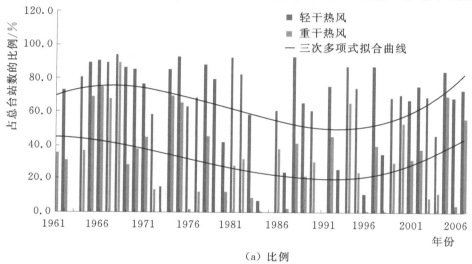

（a）比例

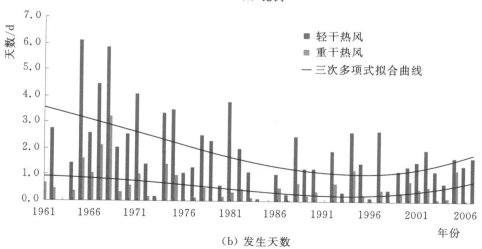

（b）发生天数

图 8　不同等级干热风发生台站数占总台站数的比例及发生天数变化

3 结论与讨论

（1）冬小麦生长季内太阳辐射、日照时数等光能资源减少，对冬小麦生长较为不利；在平均气温升高的背景下，冬小麦生长季内大于 0℃ 的活动积温增加，有利于冬小麦干物质的积累，且负积温的逐渐减少，对冬小麦的安全越冬比较有利；冬小麦品质形成关键期大部日较差减小；降水波动性增大，时空分布向不均匀化发展，可能加剧旱涝灾害的发生概率。

（2）受气候变化影响，全省冬小麦生育期呈不同程度的缩短，平均每 10 年减少 2.4d。南部减少趋势最大，平均每 10 年减少 4.9d，北部和东部不明显，减少趋势为每 10 年减少 1~2d。整体表现为越冬前分蘖时间延长，返青后各发育期均表现出不同程度的提前趋势，开花期到乳熟期持续天数平均每 10 年增加 2~4d，这有利于小麦后期灌浆和提高产量。同时，冬小麦品种布局及干旱、干热风灾害格局也发生了相应变化。

（3）受气候变暖影响，0℃ 等温线明显北移，弱春性品种可种植面积扩大。但一方面气候变暖导致小麦发育进程加快，拔节期提前；另一方面春季冷空气活动仍很频繁，小麦受冻害和晚霜冻的风险仍然较大，建议豫北和豫东地区不易盲目扩种春性、弱春性品种，应多保留偏冬性品种。冬前积温的增加，可通过适当调整播种期、减小播种密度，改善群体结构等方法避免小麦冬前旺长。另外，气候变化背景下，干旱、干热风等灾害对农业生产的制约在不断增加[14-15]，应加强对农业气象灾害的监测预警与实时评估工作。

参 考 文 献

［1］ 丁一汇，任国玉，石广玉，等．气候变化国家评估报告（I）：中国气候变化的历史和未来趋势［J］．气候变化研究进展，2006，2（1）：3-8.

［2］ 秦大河，陈振林，罗勇，等．气候变化科学的最新认知［J］．气候变化研究进展，2007，3（2）：63-73.

［3］ 李茂松，李森，李育慧．中国近 50 年旱灾灾情分析［J］．中国农业气象，2003，24（1）：7-10.

［4］ 王春乙，郑昌玲．农业气象灾害影响评估和防御技术研究进展［J］．气象研究与应用，2007，28（1）：1-5.

［5］ 方文松，陈怀亮，刘荣花，等．河南雨养农业区土壤水分与气候变化的关系［J］．中国农业气象，2007，28（3）：250-253.

［6］ 尹云鹤，吴绍洪，陈刚．1961—2006 年我国气候变化趋势与突变的区域差异［J］．

自然资源学报，2009，24（12）：2147－2157.

［7］ 谭方颖，王建林，宋迎波，等．华北平原近45年农业气候资源变化特征分析［J］. 中国农业气象，2009，30（1）：19－24.

［8］ 余卫东，赵国强，陈怀亮．气候变化对河南省主要农作物生育期的影响［J］. 中国农业气象，2007，28（1）：9－12.

［9］ 王建英，韩相斌，王超，等．豫东北主要农作物对气候变暖的响应［J］. 气象与环境科学，2009，32（1）：43－46.

［10］ 江敏，金之庆，高亮之，等．全球气候变化对中国冬小麦生产的阶段性影响［J］. 江苏农业学报，1998，14（2）：90－95.

［11］ 金之庆，方娟，葛道阔，等．全球气候变化影响我国冬小麦生产之前瞻［J］. 作物学报，1994，20（2）：186－197.

［12］ 居辉，熊伟，许吟隆，等．气候变化对我国小麦产量的影响［J］. 作物学报，2005，31（10）：1340－1343.

［13］ 李彤宵，赵国强，李有．河南省气候变化及其对冬小麦越冬期的影响［J］. 中国农业气象，2009，30（2）：143－146.

［14］ 廖建雄，王根轩．干旱、CO_2和温度升高对春小麦光合、蒸发蒸腾及水分利用效率的影响［J］. 应用生态学报，2002，13（5）：547－550.

［15］ 千怀遂，焦士兴，赵峰．河南省冬小麦气候适宜性变化研究［J］. 生态学杂志，2005，24（5）：503－507.

气候变化对河南省烟草生产影响初步分析

姬兴杰 顾万龙

（河南省气候中心 郑州 450003）

摘要： 本文利用 1961—2010 年河南省烤烟主产区 6 个代表气象站的气象资料，分析了河南省烤烟主产区与烤烟种植密切相关的气候指标的变化和对烤烟生长危害较大的高温、大风、冰雹等主要气象灾害的时间变化特征。结果表明：河南省烤烟主产区光、温、水等气候资源虽然发生了一定的变化，但是仍旧在烤烟适宜生长的指标范围内，气候变化没有对烤烟生产产生明显不利影响，降水增加有利烟草生长；气候要素的变化对烤烟品质形成的影响利弊并存，以利为主；对烟草生产影响大的 3 种主要灾害性天气的趋势分析发现，高温日数和大风日数呈显著减少趋势，冰雹日数的变化趋势不甚明显，但在近 10 多年呈减少趋势，主要灾害性天气的减少更有利于优质烤烟生产。

关键词： 气象；烟草；河南省

烟草是中国重要的经济作物[1]。烟叶是卷烟工业的基础，其质量优劣对卷烟品质的作用举足轻重。气候条件是决定烟叶特色风格和品质优劣的关键生态因素之一[2]。光照、温度、降雨量等气象因子直接影响烤烟的生长发育以及烤烟不同物质积累和化学成分变化[3]。根据香型特征，中国烟叶可划分为浓香型、清香型和中间香型（图 1）。其中，浓香型烟叶是中式卷烟的核心原料，也是国际优质烟叶的主体，在高档卷烟生产中具有不可替代的调香作用。河南省处于中国中东部内陆地区，位于黄河中下游，华北大平原的南端，地处北亚热带到暖温带过渡地带，地表形态复杂，境内有山地、丘陵、平原、盆地等多种地貌类型，气候特征为亚热带向暖温带过渡的大陆性季风气候，中西部地区适合烤烟种植，许昌、三门峡、洛阳、驻马店、南阳和平顶山等 6 个市为河南省烤烟主产地区。烤烟为河南省的主要经济作物，统计资料显示，2010 年河南省烤烟种植面积达 12.2 万 hm²，总产量为 28.7 万 t，占全国烤烟总产量的 11%[4]。从目前的科技水平看，烟草生产在很长一段的时期内仍无法摆脱对气候条件的依赖，有些灾害性天气（如大风、冰雹等）可给烟叶生产造成严重损失。因此，分析气候变化与主要气象灾害对该区域烤烟生产的可能影响，趋利避害，充分利用气候资源，对保证河南省烟草的可持续发展具有重要意义。

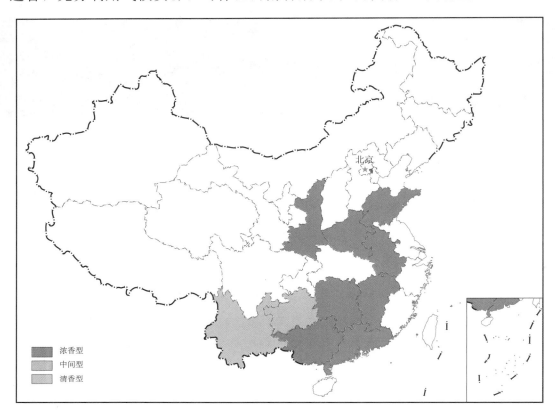

图 1　中国烟草香型的空间分布图

1　研究资料与方法

1.1　研究资料

　　研究所用资料来源于河南省气候中心，包括研究区域内 6 个代表气象站的烤烟大田生长期（5—8 月）的气温、降水量、日照等资料和灾害性天气（不小于 35℃ 高温日数、不小于 10m/s 的大风日数和冰雹日数）资料。烤烟主产区和代表气象站点分布图如图 2 所示。

1.2　研究方法

　　气候要素的趋势变化利用一元线性回归方程 $y = a + bt$（t 为年份，a 为回归常数，b 为随时间的变化量），并进行显著性检验，概率水平为 $P < 0.05$ 和 $P < 0.01$，分别表示达到显著水平和极显著水平。在分析主烟区各气候资源要

图 2   河南省烟草主产地市（灰白色区域）
及代表气象站点（•）的空间分布图

素、冰雹和高温气象灾害的时间变化趋势时，用的是全部 6 个站点的平均值，时间序列为 1961—2010 年。而鉴于站点资料的完整性，在分析河南省烤烟生长季最大风速不小于 10m/s 日数的时间变化趋势时，选取了除灵宝站外的 5 个站点进行平均，时间序列为 1986—2010 年；在分析极大风速不小于 10m/s 日数时，选取了驻马店、宝丰和许昌 3 个站点进行平均，时间序列为 1992—2010 年。

2   结果与分析

2.1   河南烤烟生长发育的基本气象条件

烤烟是喜温作物，在整个生长过程中要求较高的温度，从烤烟的品质出发，烟草植株对气温条件的要求是前期较低，后期较高，这样有利于烟叶积累较多的同化物质。烟草可生长的气温范围为 8～38℃，高于 35℃时，生长虽不会完全停止，但生长受到抑制；大田生长期最适宜平均气温为 25～28℃[5]。河南省各烟区无霜期以大于 150d 为适宜，最少不能少于 120d；生育期不小于 10℃活动积温以大于 2800℃·d 为适宜，最少不能少于 2600℃·d；生育期日均温不小于 20℃持续日数以大于 85d 为适宜，最少不能少于 70d[5-6]。

烟草大田生长期间降雨量的多少与分布情况，直接影响到烟叶的产量和品质。如果雨量分布均匀，温度和其他条件又比较合适，烟叶生长良好，叶片组织疏松，氮化物含量较低，叶脉较细，调制后色泽金黄、橘黄。烤烟的需水量较大，在充足的雨量条件下，形成的烟叶组织疏松，叶脉较细，这些特征对品质的提高是有利的。河南省烤烟生产区大田期降水量以 500～600mm 适当分布为好。最低不能少于 300mm，最高不能大于 800mm[5-6]。

烟草是喜光植物，其质量的好坏与光照强度和日照时数关系密切。光照对烟草生长的影响不仅在于强度和波长，还在于光照时间的长短。充足而不强烈的光照是产生优质烟叶的必要条件，光照过强会导致叶片厚而粗糙，油分不足，过强的持续光照会导致烟草背面表皮细胞枯死，影响烟叶质量，每天光照时间以 8～10h 为宜，尤其是在成熟期。河南省烟草大田生长期日照时数以在 600～800h 为适宜，最高不能大于 1000h，最低不能少于 500h[5-6]。

2.2　气候变化对烤烟品质的影响

烟草是一种叶用经济作物，也是嗜好类作物，烟草的产量与品质具有同等的重要性。在一定产量条件下，产量和品质可以平衡发展，同时提高。但是当产量超过一定限度，则品质呈几何级数下降，与产量呈明显的负相关。统计资料显示[4]，河南省烤烟产量在一般认为的烤烟适宜产量范围 150～175kg/亩的范围内，因此人们关注最多的是烤烟的品质。

利用 1961—2010 年河南省代表气象站烟草大田生长期气象资料分析发现（表1），烟草大田生长季平均气温在 24.0～25.1℃ 之间，不小于 10℃ 活动积温在 2945.8～3080.1℃·d 之间，不小于 20℃ 日数在 105～109d 之间，降水量在 331.2～587.4mm 之间，日照时数在 740.6～818.4h 之间，这比较能够满足主产烟区烟草对大田生长期气候资源的要求。

表1　　　　　1961—2010 年河南省主烟区代表站烤烟大田生长季

(5—8月) 气象指标和变化

指标	站点	镇平站	驻马店站	灵宝站	宝丰站	许昌站	洛宁站
平均气温	趋势/(℃/10a)	−0.18①	0.04	−0.15	−0.10	−0.15①	−0.21②
	平均值/℃	25.0	25.1	24.4	24.9	25.0	24.0
不小于 10℃ 活动积温	趋势/[(℃·d)/10a]	−22.7①	3.9	−17.2	−12.8	−18.0①	−26.2②
	平均值/(℃·d)	3069.8	3080.1	2995.8	3065.1	3079.0	2945.8
不小于 20℃ 日数	趋势/(d/10a)	−0.27	0.75	−0.03	−0.15	−0.43	−0.27
	平均值/d	109	109	105	108	109	106

续表

指标	站点	镇平站	驻马店站	灵宝站	宝丰站	许昌站	洛宁站
降水量 /mm	趋势	26.9	27.5	11.3	23.6	26.1	−1.1
	平均值	450.8	587.4	334.4	452.9	461.6	331.2
日照时数 /h	趋势	−54.2[②]	−63.4[②]	−37.1[②]	−75.5[②]	−58.3[②]	−51.9[②]
	平均值	740.6	768.0	884.7	784.6	804.4	818.4

① 在 $P<0.05$ 概率水平下显著。

② 在 $P<0.01$ 概率水平下显著。

分析 1961—2010 年主产烟区各气候资源指标的年际变化特征和长期变化趋势（图3）发现：生长季平均气温有弱的降低趋势，但 20 世纪 90 年代中期以后有所回升，平均气温基本都在 24～26℃之间，最近 10 年平均气温为 24.8℃，适宜烟草生长；不小于 10℃ 活动积温也是弱的减少趋势，但仍然都在 2800℃·d 以上的适宜范围；不小于 20℃ 日数没有明显变化趋势，而且每年都在 85d 以上，在非常适宜范围内；生长季内降水量有不显著增加趋势，有利于改善降水不足问题；但降水的年际变化大，有些站是在某些年份降水少于 300mm，亦有某些年份超过 800mm；日照时数减少的趋势比较明显，但仍然在 600～800h 的适宜范围内，但有些站在某些年份出现低于 500h 的日照时数，这对于烤烟生产是不利的。

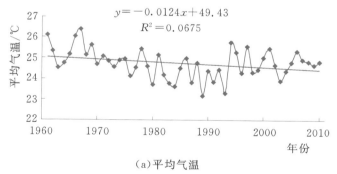

(a)平均气温

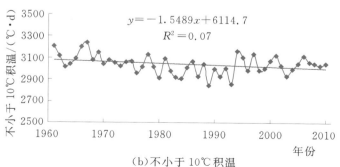

(b)不小于10℃积温

图3（一） 1961—2010 年河南省主烟区大田生长期
气候资源的变化趋势（6 个站点平均）

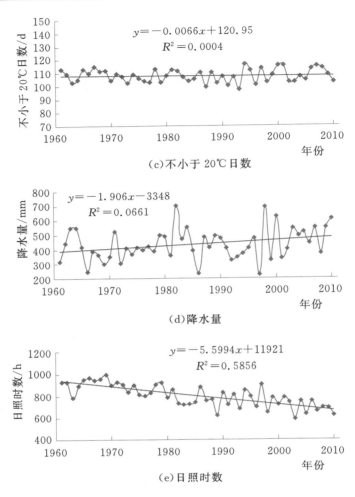

图 3（二）　1961—2010 年河南省主烟区大田生长期
气候资源的变化趋势（6 个站点平均）

烟碱、总氮、还原糖、钾含量和钾氯比等指标作为烤烟化学成分协调性的评价指标，可用于评价烟叶品质好坏，根据《中国烟草种植区划》[1]，这些指标都有一个最适的范围。

有关研究认为，还原糖含量的最适范围在 18.0%～22.0% 之间，总氮含量在 2.0%～2.5% 之间；优质烤烟要求钾含量不小于 2.5% 和钾氯比不小于 8.0，钾是提高烟叶燃烧性、改善烟叶吸食品质的重要因素，而氯则降低烟叶的持火性，因此烟叶钾含量越高，氯含量越低，燃烧性越好。

汪孝国等[7]研究认为：三门峡地区 1996—2006 年烤烟还原糖和总氮多年平均值分别为 21.57% 和 1.72%，因此三门峡烟叶还原糖含量进一步提高，对于优质烤烟品质形成将会不利；而总氮含量提高对烤烟品质提高有利；三门峡地区烟叶化学可用性与 8 月均温呈显著负相关；烤烟还原糖含量与 6 月均温呈显著正相关，而与 8 月日照时数呈显著负相关；总氮含量与 7 月日照时数呈显著负相关；钾含量与 8 月日照时数呈显著负相关；氯含量与 6 月降水呈显著负相关。李亚男等[8]研究认为：平顶山烟区 8 月昼夜温差的减小，7 月降雨量的增多有利于烟叶中总糖和还原糖含量的提高，而不利于烟碱和总氮含量的提高；8 月昼夜温差的增大、日照时数的减少，有利于钾氯比的提高。

基于以上研究结论和过去 50 年相关气候指标的变化情况（图 4 和图 5），可以看出：三门峡烟区 8 月平均气温显著下降，使得烟叶化学可用性提高，烤

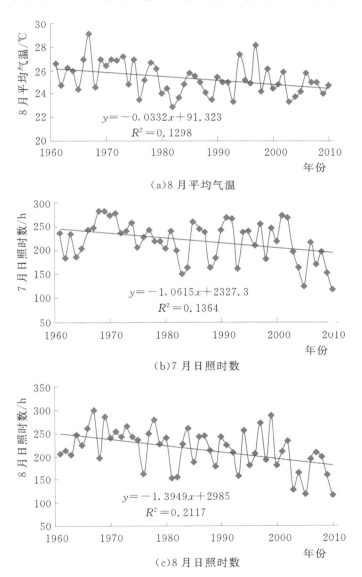

(a) 8 月平均气温

(b) 7 月日照时数

(c) 8 月日照时数

图 4　1961—2010 年灵宝站平均气温（8 月）和日照时数
（7 月和 8 月）的变化趋势

烟品质提高；三门峡烟区 7 月和 8 月日照时数呈明显下降，烤烟还原糖含量增加，对品质提高不利，而总氮含量提高和钾含量增加对品质提高有利；平顶山烟区 8 月日照时数显著减少，钾氯比提高，对烤烟品质提高有利。

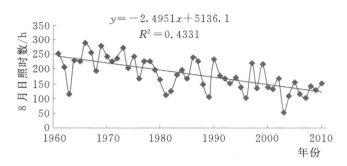

图 5   1961—2010 年宝丰站 8 月日照时数的变化趋势

从上述分析可以看出，气候条件的变化对烟叶品质影响以利为主，也有不利方面。当然，烟叶质量构成比较复杂，气象因素影响烟叶质量的机理更为复杂，因此气候变化对其影响尚需更多研究支持。

2.3   气象灾害对河南烟草生产的影响

2.3.1   高温

在烟草生长期间，当大田温度高于 35℃ 时，生长虽不完全停止，但将受到抑制，同时在高温条件下烟碱含量会不成比例地增高，影响品质。烟叶成熟期温度过高，即便是短期的高温，也会破坏叶绿素，影响光合作用，使呼吸作用反常增强，消耗过多的光合产物，从而使新陈代谢失调，影响烟株的生长、成熟和烟叶的品质。分析 1961—2010 年河南省主烟区烤烟生长季高温日数的时间变化趋势（图 6）发现，近 50 年来，主烟区高温日数呈显著减少趋势，其减少速度为 2.1d/10a。

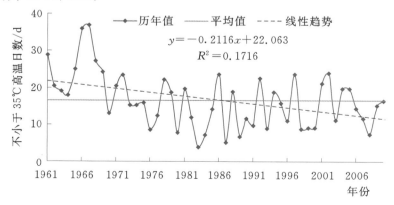

图 6   1961—2010 年河南省烤烟生长季不小于 35℃ 高温日数的时间变化

2.3.2 大风

栽培烟草的目的是要得到完整无损的叶片。由于烟草植株高大，叶片大而柔嫩，5级以上大风对烟草危害很大，尤其是接近成熟的烟叶，受了风灾，叶片互相摩擦，发生伤斑，其产量和品质就会受到严重影响，初呈现浓绿色后又转为红褐色，直到最后干枯脱落。一般植株上部叶片受害较为严重，受害的叶片，一般称之为"风摩"。有些地区，在生长期间的干热风，风力虽然不大，但空气干燥，影响烟叶生长。烟草在大田生长后期株高叶茂，容易遭受风害。叶片成熟期遇到10m/s的风速，就能造成危害，轻则擦破叶片，降低品质；重则烟株倒伏或叶片折断。分析河南省主烟区烤烟生长季最大风速和极大风速不小于10m/s日数的时间变化趋势发现（图7和图8），在主烟区不小于10m/s最大风速日数和极大风速日数均呈显著减少趋势，减少速度分别为1.9d/10a和9.8d/10a。

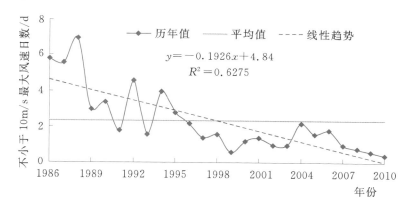

图7　1986—2010年河南省烤烟生长季不小于10m/s最大风速日的时间变化
（镇平、驻马店、宝丰、许昌和洛宁5个站点平均）

2.3.3 冰雹

冰雹是常见的局部性灾害天气，降雹的同时往往伴有5～10级大风，产生的破坏力较大，造成的灾情最重。冰雹对烟叶的危害性很大，一经发生，使烟叶出现大量残伤破损，降低等级。严重时，叶片严重脱落，只能留权烟，以减少损失。如2005年8月3日17时30分至19时30分，在邓州、内乡遭遇了百年不遇的10级龙卷风和冰雹袭击，时逢成熟采收期，1400hm² 烟地几近绝收（易伟霞等，2009）。另外，一些降雹过程还伴有局部的洪涝灾害，雹灾过后还常有干旱天气出现，给烤烟的生长发育带来严重影响，严重时造成绝收。分析1961—2010年河南省主烟区烤烟生长季冰雹日数的时间变化趋势发现（图9），近50年来，主烟区冰雹日数无明显的变化趋势，近10多年来，呈减

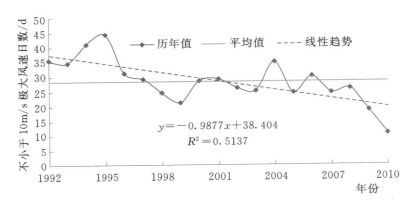

图 8 1992—2010 年河南省烤烟生长季不小于 10m/s 极大风速日的时间变化
（驻马店、宝丰和许昌 3 个站点平均）

少趋势。

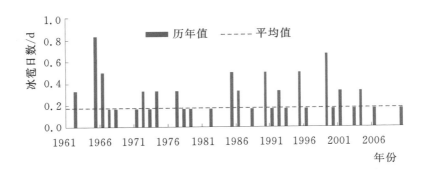

图 9 1961—2010 年河南省烤烟生长季冰雹日数的时间变化

3 小结

河南省主烟区烤烟生长季节气候条件优良，有利于烟叶的生长和品质形成。对照烟草生长季的适宜气候指标，气候变化对烟草生产总体没有明显不利影响，降水增加有利；气候要素的变化必然会对烤烟品质的形成造成影响，这种影响利弊并存，以利为主；在河南省主烟区烤烟大田生长期高温和大风日数呈明显的减少趋势，而冰雹日数的变化趋势不明显，但在近 10 多年呈减少趋势，使得烟草生产的气象灾害损失减少。

参 考 文 献

[1] 王彦亭，谢剑平，李志宏．中国烟草种植区划［M］．北京：科学出版社，2010.

［2］ 易建华，彭新辉，邓小华，等．气候和土壤及其互作对湖南烤烟还原糖、烟碱和总氮含量的影响［J］．生态学报，2010，30（16）：4467－4475.

［3］ 左天觉．烟草的生产、生理和生物化学［M］．上海：上海远东出版社，1993.

［4］ 农业部种植业管理司．中国种植业信息网农作物数据库［EB/OL］．2012－03－20. http：//www.zzys.gov.cn/nongqing.aspx.

［5］ 刘国顺．烟草栽培学［M］．北京：中国农业出版社，2003.

［6］ 陈海生，刘国顺，刘大双，等．GIS 支持下的河南省烟草生态适宜性综合评价［J］．中国农业科学，2009，42（7）：2425－2433.

［7］ 汪孝国，王小东，范建立，等．豫西烟区气候因子与烤烟化学品质关系研究［J］．西南农业学报，2008，21（4）：989－992.

［8］ 李亚男，闫鼎，宋瑞芳，等．平顶山烟区气候因素分析及对烟叶化学成分的影响［J］．浙江农业科学，2011，（1）：160－164.

［9］ 易伟霞，温洛，王珏，等．南阳盆地烟叶生长气象灾害分析及防灾减灾系统［J］．气象与环境科学，2009，32（增刊）：242－244.

安徽省气象灾害风险评估
与区划及防御措施

田　红　卢燕宇　谢五三　王　胜

（安徽省气候中心　合肥　230031）

摘要：安徽省地处南北气候过渡带，暴雨洪涝、干旱、雷暴、大风、冰雹等气象灾害及其引发的次生灾害整体上呈现出"灾害种类多、影响范围广、发生频率高、受灾程度重"的特点。气象灾害风险区划是气象灾害防御规划的依据，是构建防灾减灾体系的基础。本文从致灾因子、孕灾环境、承灾体、抗灾能力等4个方面，运用安徽省气象资料、社会经济统计资料、地理信息资料等，采用加权综合法建立灾害风险评价因子指标体系和综合风险评估模型，在GIS平台上开展气象灾害风险评估和区划，结果表明：安徽省淮河流域暴雨洪涝、干旱、高温热害、低温冷冻害和冰雹等气象灾害风险均较高，气象灾害综合区划也是高风险区。因此，需要制定有针对性的防御规划，提高气象灾害监测、预警预报能力，及时发布预警信息，减轻灾害影响。

关键词：气象灾害；风险区划；防御对策；安徽省

1　引言

随着经济社会的发展，自然灾害造成的损失越来越明显，已经成为影响经济发展、社会安定和国家安全的重要因素。在全球变暖大背景下，极端天气气候事件的发生频率持上升趋势，其中暴雨洪涝灾害尤为显著，给国民经济特别是农业生产及生态环境等带来很多不利影响。用风险的理念来认识和管理灾害[1]，才能在最大程度减轻灾害影响的同时，谋求社会经济的持续发展。自然灾害风险管理的一个重要方面就是灾害风险区划[2]。合理的区划对风险区土地的合理投资与利用、自然灾害的预防与治理、减灾规划与措施的制定以及灾害保险制度的制定等具有重要意义。目前国内外有不少人致力于气象灾害风险区划方面的研究[3-5]，并取得很多建设性的成果，另外，GIS技术的广泛运用，使得风险区划技术得到进一步的提高[6-11]。本文采用致灾因子危险性、孕灾环境敏感性、承灾体易损性、抗灾能力4个评价指标，建立各评价因子和灾害风险评估模型，开展气象灾害风险评估与区划，为安徽省防灾减灾及气象灾害防御规划提供科学依据。

2　技术方法与资料

2.1　技术思路与方法

　　基于自然灾害风险形成理论，气象灾害风险是由危险性（致灾因子）、敏感性（孕灾环境）、易损性（承灾体）和抗灾能力 4 个部分共同形成的[12]（图1）。危险性表示引起气象灾害的致灾因子强度及概率特征，是灾害产生的先决条件；在气候条件相同的情况下，某个孕灾环境的地理地貌条件与暴雨配合，在很大程度上能加剧或减弱致灾因子及次生灾害；易损性表示承灾体整个社会经济系统（包括人口、耕地、GDP 等）易于遭受灾害威胁和损失的性质和状态；抗灾能力指承灾体抵御灾害的能力。

　　技术流程如下。

　　（1）收集整理气象、地理、社会经济、灾情等相关资料，建立气象灾害风险数据库。

　　（2）建立各因子指标体系和评估模型，分别开展致灾因子危险性、孕灾环境敏感性、承灾体易损性以及抗灾能力评估。

　　（3）建立灾害风险综合评估模型，开展灾害风险综合评估。

　　（4）借助 GIS 平台绘出各因子及综合风险区划图。

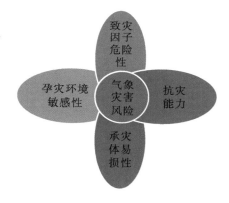

图 1　气象灾害风险的形成和组成要素

　　（5）利用灾情资料对区划结果进行验证。

　　为了消除各指标的量纲差异，对每一个指标值进行归一化处理；各评价因子指数（致灾因子危险度、孕灾环境敏感度、承灾体易损度和抗灾能力指数）的计算则采用加权综合评价法；最后根据自然灾害风险形成原理及评价指标体系，利用加权综合评价法，建立气象灾害风险指数模型，计算公式为

$$MDRI = (VE^{we})(VH^{wh})(VS^{ws})(VR^{wr})$$

式中：$MDRI$ 为气象灾害风险指数，用于表示气象灾害风险程度，其值越大，则灾害风险程度越大；VE、VH、VS、VR 为加权综合法计算得到的气象灾害危险性、敏感性、易损性和抗灾能力各因子指数；we、wh、ws、wr 为各评价因子的权重，权重的大小依据各因子对气象灾害的影响程度大小，根据专家意见，结合当地实际情况讨论确定。

最后，根据灾害风险指数分布，将安徽省主要气象灾害风险区划按5级分区划分，即高风险区、次高风险区、中等风险区、次低风险区和低风险区。

本文在指标及其权重确定方面应用的评估方法包括专家打分法（Delphi）、主成分分析方法以及加权综合法等。

2.2 气象灾害风险区划关键技术

1. 致灾因子评估方法

致灾因子危险性的分析关键在于极端气候事件的识别和评估。对于极端气候事件的识别，首先根据灾害的致灾机理来定义并提取灾害性天气过程，然后采用某一气象要素或几个要素的组合来表征极端气候事件的强度。在进行危险性分析时需要同时考虑极端气候事件的强度和频次，综合分析二者对致灾因子危险性的作用。因此，气象灾害致灾因子危险性定量评估的关键技术主要包括主要极端气候事件的识别和定量评估、指标等级的划分以及致灾因子危险性的综合分析。

2. 孕灾环境评估方法

孕灾环境一般包括地理、水文等环境。对于小范围局部地区来说，其气象灾害风险空间分布特征主要是受下垫面环境的影响，如地形地貌、河流网络、地表覆盖、土壤等环境要素。本文针对不同灾害发生发展的特点，并结合相关分析等统计方法，确定下列要素来作为气象灾害孕灾环境的评价因子（表1）。

表1　　　　　　　　　　　气象灾害的孕灾环境因子

气象灾害类型	孕 灾 环 境 因 子
暴雨洪涝	高程、河网密度、河流缓冲区
干旱	高程、河网密度、河流缓冲区
台风	高程、河网密度、河流缓冲区
高温	高程、土地利用类型、河网密度、河流缓冲区
低温	高程、土地利用类型
风雹	高程

对不同的孕灾环境评价因子，需要结合空间分析技术来进行量化，主要包括邻域分析、聚类分析、缓冲区分析和密度分析等方法，分析数据以DEM、水系分布、土地利用类型等资料为基础（表2）。

表 2	孕灾环境因子的空间分析方法	
孕灾环境因子	空间分析方法	数　据　基　础
高程	聚类分析	1：50000 安徽省 DEM
地形起伏	邻域分析	1：50000 安徽省 DEM
土地利用类型	聚类分析	10″×10″安徽省土地覆盖类型数据
河流缓冲区	缓冲区分析	1：50000 安徽省河网水系
河网密度	密度分析	1：50000 安徽省河网水系
孕灾环境因子	空间分析方法	数据基础

3. 承灾体与抗灾能力评估方法

本文针对不同的灾害类型及其受体的特点，分别选用不同的承灾体和抗灾能力指标，这些指标均采用 2006—2008 年的分县统计值，所有值都采用地/人均值的概念（表 3）。在评估承灾体易损性和抗灾能力之前，首先需要将上述这些指标进行空间化处理。采用了字段关联（Join）的方式将统计资料与 GIS数据相融合，关联字段为县名。

表 3	气象灾害的承灾体及抗灾能力因子
灾害类型	承灾体/抗灾能力因子
暴雨洪涝	人口、GDP、耕地比例/人均 GDP、旱涝保收面积
干旱	人口、GDP、耕地比例/人均 GDP、有效灌溉面积、旱涝保收面积
台风	人口、GDP、夏种作物面积/人均 GDP、旱涝保收面积、水土流失治理面积、堤防保护人口
高温	人口、夏种作物播种面积/医疗卫生、人均能源、社会发展水平
低温	小麦、油菜、水稻播种面积/人均 GDP
风雹	人口、GDP、耕地面积（去掉棉花面积）、棉花面积、果园面积、农业塑料薄膜用量/人均 GDP、人工消雹作业炮点分布及其里程范围

4. 综合风险评估方法

灾害风险是致灾因子危险性、孕灾环境敏感性、承灾体易损性和防灾减灾能力 4 个因子综合作用的结果。不同因子层还需要进行叠加运算才能得到综合风险结果，在进行运算前首先保证各因子层具有统一的投影坐标和栅格框架，以保证运算时各层间能够逐点对应。不同因子层的叠加计算在 ArcGIS 空间分析模块的栅格计算器（Raster Calculator）实现。

2.3　数据资料

气象数据：安徽省 79 个台站 1961—2009 年逐日降水量、平均气温、最低气温、最高气温、相对湿度、极大风速及冰雹直径等资料，来自安徽省气象档案馆。

地理信息数据：国家气象信息中心下发的安徽省 1：50000 GIS 地图中提取的地形高程、河网数据、行政区划、土壤电导率等。土地覆盖类型数据来自欧洲空间局全球土地覆盖项目（ESA/ESA Globcover Project)，本文利用安徽省行政边界提取出该省范围内土地覆盖数据，数据精度为 10″经纬度。

社会统计资料：安徽省各市县的国土面积、耕地面积、农作物播种面积（小麦、水稻、油菜及棉花等）、人口、GDP、旱涝保收面积、水土流失治理面积、有效灌溉面积、城镇化率、农田水利设施等社会经济资料，取自 2006—2009 年安徽省统计年鉴[13-16]。

灾情资料：来自安徽省民政厅救灾办 1984—2009 年气象灾情数据、气象灾害普查数据库中的灾情记录，以及气象灾害大典、地方志和相关历史文献等。

3 气象灾害风险评估与区划结果

3.1 分灾种气象灾害风险区划

暴雨洪涝灾害：高风险区位于沿淮和沿江部分地区，其中沿淮西部风险最高；次高风险区位于淮北南部和沿江部分地区；低风险区位于江南大部和大别山区。然而，不可忽视的是，皖南山区和大别山区虽因地形作用不易发生涝灾，但暴雨极易引发山洪。

干旱灾害：高风险区位于淮北北部及西部、定凤嘉一带以及大别山区和皖南山区边缘；次高风险区位于淮北南部、江淮之间东北部及江淮分水岭一带；低风险区位于沿江东部、江南东南部及中西部地区。

高温灾害：高风险区位于淮北西北部、江南的石台和青阳一带以及六安地区，还包括一些城市区域；次高风险区位于淮北南部和东部以及江南北部地区；低风险区位于皖南和大别山区。

低温冷冻害：高风险区位于皖北平原及大别山区；次高风险区位于沿淮及江淮之间东北部；低风险区集中在合肥市以南大型水体及城市的地区。

台风灾害：高风险区位于大别山区东部和南部、江淮之间西南部及东部局部、沿江丘陵一线；低风险区位于淮北西北部、江南南部局部。

冰雹灾害：高风险区位于淮北东部的泗县、灵璧、宿州等地区；次高风险区位于沿淮淮北东部的明光、固镇、萧县等地以及淮北西部的阜阳地区；低风险区在皖南山区休宁、祁门等地，以及江淮之间的淮南地区和巢湖部分地区。

3.2 气象灾害综合风险区划

结合安徽省气象灾害实际发生情况，对暴雨洪涝、干旱、低温、高温、台风及冰雹灾害区划结果进行综合，得到全省气象灾害综合风险区划，表明：沿淮淮北为气象灾害综合高风险区；大别山区、江淮之间中部及沿江江南为相对低风险区，其他地区属于中等风险区（图2）。由于安徽省淮河流域单灾种及综合风险均处于高风险区，需要制定有针对性的防御规划。此外，大别山区和皖南山区是山洪地质灾害的高发区，虽然这些地区农作物播种面积少，人口相对稀疏，但山洪灾害常常造成人员伤亡。因此，安徽省两大山区是暴雨山洪灾害高风险区，需要制定有针对性的防御规划。

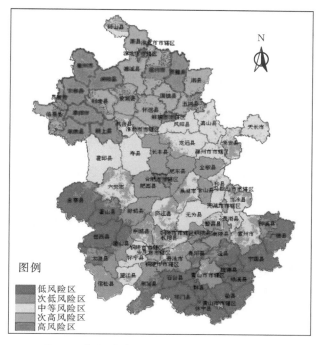

图2 安徽省气象灾害综合风险区划图

4 应对气象灾害高风险区防御措施

从气象灾害风险评估与区划结果来看，安徽省淮河流域干旱、暴雨洪涝、高温热害、低温冷冻害以及冰雹等灾害均处于高风险区；气象灾害综合风险评估与区划表明，安徽省淮河流域也处于高风险区。为此，淮河流域应采取相关防御措施，规避气象灾害风险，趋利避害，达到优化资源配置目的。

（1）暴雨洪涝灾害防御。做好暴雨的预报警报工作，根据暴雨预报及时做好暴雨来临前的各项防御措施；在洪涝高风险区，应提高水利设施的防御标准与经济社会发展相适应，对防洪工程开展综合治理，修筑堤防，整治河道，合理采取蓄、泄、滞、分等工程措施；加强防洪应急避险，降低暴雨洪涝灾害发生的风险性；加强农田排涝管理，做好大田作物和设施农业田间管理，加强农田排涝设施建设和维护，遇洪涝灾害及时做好排涝。

（2）干旱防御。加强干旱监测预报，实现旱灾的监测预警服务；适时开展人工增雨作业，合理开发利用空中云水资源，减少干旱损失，改善生态环境；推广应用先进的喷灌、滴灌等节水灌溉技术，提高水资源利用率；切实加强农田水利建设，提高旱灾应对能力；旱灾高风险区应加大绿化力度，减少农田水分蒸发。

（3）高温热浪防御。加强高温热浪预报预警，及时向群众发布高温报告以及防御对策；做好高温热浪防御，各相关部门应做好供电、供水、防暑医药用品和清凉饮料供应准备，并改善工作环境及休息条件。在高温风险度较高的区域，房屋住宅等建筑设计应当充分考虑防暑设施，注意房屋通风。加强城市绿化建设，削弱热岛效应，减轻城市高温危害。

（4）低温冷冻害防御。加强低温冷冻害预报预警，及时发布预警信息；做好农作物低温冷冻害预防工作，选育优良良种，提高农作物抵御低温冰冻能力。加强电网低温冰冻防御，对电线覆冰高风险区，优化网络结构，提高建设标准，从源头上减少冰冻造成的损失。

（5）冰雹防御。开展冰雹等强对流天气预报技术研究，提高预报准确率；探索人工防雹技术，采用催化剂防雹法和火箭发射法，遏制雹胚成长，减轻冰雹危害。

参 考 文 献

［1］ 魏一鸣，金菊良，等．洪水灾害风险管理理论［M］．北京：科学出版社，2002．
［2］ 万庆等．洪水灾害系统分析与评估［M］．北京：科学出版社，1999．
［3］ 王博，崔春光，彭涛，等．暴雨灾害风险评估与区划的研究现状与进展［J］．暴雨灾害，2007，26（3）：281－286．
［4］ 李吉顺，冯强，王昂生．我国暴雨洪涝灾害的危险性评估［M］．北京：气象出版社，1996．
［5］ 刘敏，杨宏青，向玉春．湖北省雨涝灾害的风险评估与区划［J］．长江流域资源与环境，2002，11（5）：476－481．
［6］ 周成虎，万庆，黄诗峰．基于GIS的洪水灾害风险区划研究［J］．地理科学，

2000，55（1）：15-24．

［7］　陈华丽，陈刚，丁国平．基于 GIS 的区域洪水灾害风险评价［J］．人民长江，2003，34（6）：49-51．

［8］　何报寅，张海林，张穗，等．基于 GIS 的湖北省洪水灾害危险性评价［J］．自然灾害学报，2002，11（4）：84-89．

［9］　马晓群，王效瑞，张爱民，等．基于 GIS 的市（县）级旱涝风险区划［J］．安徽地质，2002，12（3）：171-175．

［10］　唐川，朱静．基于 GIS 的山洪灾害风险区划［J］．地理学报，2005，60（1）：87-94．

［11］　管珉，陈兴旺．江西省山洪灾害风险区划初步研究［J］．暴雨灾害，2007，26（4）：339-343．

［12］　张会，张继权，韩俊山．基于 GIS 技术的洪涝灾害风险评估与区划研究［J］．自然灾害学报，2005，14（6）：141-146．

［13］　安徽省统计局．2006 年安徽省统计年鉴［M］．北京：中国统计出版社，2006：19-30．

［14］　安徽省统计局．2007 年安徽省统计年鉴［M］．北京：中国统计出版社，2007：19-30．

［15］　安徽省统计局．2008 年安徽省统计年鉴［M］．北京：中国统计出版社，2008：19-30．

［16］　安徽省统计局．2009 年安徽省统计年鉴［M］．北京：中国统计出版社，2009：19-30．

安徽省中小城镇气象灾害现状及防御思考

田 红 王 胜

（安徽省气候中心 合肥 230031）

摘要：近年来安徽省城镇化率不断提高，中小城镇数量及其人口比例已超过全省的80％，但气象灾害损失占90％～95％，尤其是突发性强、人员伤亡重、社会影响大的气象灾害往往出现在中小城镇及其辐射的农村地区。究其原因，主要是由于许多中小城镇建设规划粗糙导致布局不合理、建设资金匮乏导致基础设施难以配套、城市功能不完善导致抗灾能力差、气象监测预警能力不足、群众普遍缺乏防灾意识和知识等。本文在探讨安徽省中小城镇的气象灾害现状、影响以及成因的基础上，提出了中小城镇防御气象灾害的建议。

关键词：中小城镇；气象灾害；风险防御；安徽省

1 引言

在全球气候变化的大背景下，近年来安徽省极端天气事件发生频繁，且呈多灾并发、点多面广的特点，并有多项局部地区灾害强度超过历史纪录。气候变暖使得地表气温升高，水面蒸发加大、水循环速率加快，可能增加大暴雨和极端降水事件以及局部洪涝出现的频率；另外，水分耗损增加，加上气温升高，干旱也可能愈加频繁。气象灾害已经成为制约人类生存环境和社会经济发展的重要因素，因而一直是气象学界关注的焦点之一[1-2]。

我国中小城市数量众多，幅员辽阔，聚集了庞大的人口、资源、产业、环境等发展要素，已成为中国经济社会发展的重要支撑。城市人口密集和经济发达的特性决定了城市气象灾害的特殊性，即对灾害损失的严重性和放大性。目前安徽省中小城镇发展迅速，但配套的公共基础设施建设跟不上，抵御气象灾害能力较低。据统计，安徽省中小城市的比例占全省90％，人口占80％，而气象灾害的损失占90％～95％。

相比其他研究领域，城市气象灾害还有很多工作要做，探索城市气象灾害的演变过程，寻找其与城市环境脆弱性的内在联系，对于城市气象灾害的学科建设、城市气象灾害防灾减灾政策制定、城市气象灾害科普宣传等都具有重要意义[3-4]。

2 安徽省城镇化现状

"城镇化"一词出现晚于"城市化"，是中国学者创造的一个新词汇。城镇化可理解为：农村人口不断向城镇转移，第二、第三产业不断向城镇聚集，从而使城镇数量增加，城镇化规模不断扩大。城镇化是一项系统的、综合性的、庞大的、艰巨的推动社会不断进步的宏伟工程，城镇化进程的快慢、水平的高低，是一个国家一个地区发展水平的象征。

目前，安徽省已步入工业化城镇化互促共进的新时期。2012年年底安徽省城镇化率达到 46.5%，而 1990 年仅为 17.9%，年均提高 1.2 百分点，是新中国成立以来城镇化发展最快的时期（图 1）。城镇化水平与全国平均差距由 2005 年年底的 7.49 个百分点缩小到 2012 年的 5.8 个百分点[5]。

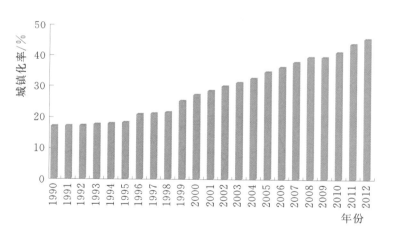

图 1　1990—2012 年安徽省城镇化率历年变化

（资料来源于《安徽省统计年鉴》）

按照 2010 年《中小城市绿皮书》"中小城市指市区常住人口为 100 万以下"这个标准，合肥、芜湖、阜阳、宿州、亳州、淮南、淮北、六安等 8 市为大城市，其他市县为中小城市（图 2）。由此来看，安徽省中小城镇多以中小乡镇为主，集约化水平不高，城镇功能不完善。

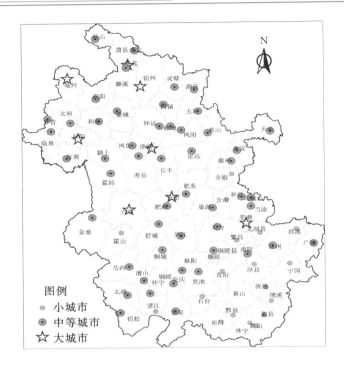

图 2　安徽省城市规模分类

(资料来源于《2012 年安徽省统计年鉴》)

3　中小城镇气象灾害

3.1　中小城镇气象灾害概况

对于中小城镇及其辐射的农村地区而言，暴雨诱发的中小河流洪水、山洪及地质灾害、风雹、雷击等常常出现，这些都是突发性强、人员伤亡重、社会影响大的气象灾害。此外，干旱、洪涝、低温、霜冻等灾害对粮食、经济作物、林业、渔业生产及生态环境造成严重影响，对新农村建设和国家粮食安全造成严重威胁（表 1）。

表 1　　　　　　　　　　安徽省中小城镇气象灾害损失

灾害类别	受灾人口		因灾死亡		直接经济损失	
	万人	比例/%	人	比例/%	亿元	比例/%
干旱	1226.2	83.0	0		24.1	87.3
暴雨洪涝	700.8	94.4	5	93.8	47.3	94.9
风雹	176.9	88.2	12	94.6	6.9	88.8
台风	77.0	96.8	1	100.0	11.9	98.0
低温冻害与雪灾	167.8	99.7	0	100.0	6.3	95.0
合计	2348.7	88.1	18	94.6	96.5	92.8

3.2 典型个例

1. 山洪及其引发的地质灾害

由强降水引发的山洪、滑坡、泥石流等地质灾害常常造成中小城镇人员伤亡，也暴露出中小河流防洪能力低、中小型水库病险率高等问题。从发生频次看，安徽省地质灾害主要出现在淮河以南，以皖南山区发生频次最多，其次为大别山区（图3）。

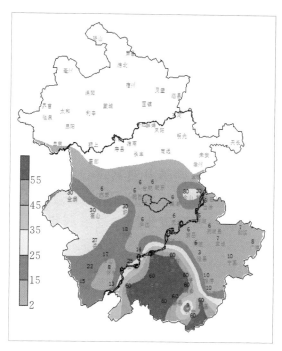

图3　安徽省地质灾害发生频次（单位：频次）

例如，2005年9月，台风"泰利"给大别山区带来特大暴雨，造成岳西、金寨、霍山等地山体滑坡、山洪暴发和严重内涝，因灾死亡81人，失踪9人，农作物受灾面积 $0.47 \times 10^6 \mathrm{hm}^2$，倒塌房屋7.7万间，损坏房屋16.47万间，直接经济损失56.33亿元。

2012年8月，台风"海葵"给沿江江南、皖南山区和大别山区带来严重洪涝灾害。淮河以南10市62个县（市、区）不同程度受灾，受灾人口314.8万人，因灾累计死亡3人，紧急转移安置23万人，农作物受灾面积 $0.22 \times 10^6 \mathrm{hm}^2$，倒塌房屋6666间，严重损坏房屋15026间，一般损坏房屋17032间，直接经济损失38.7亿元。

2. 龙卷风、风雹

2007年7月3日，天长市秦栏镇和仁和集镇出现F1级（风速33～50m/

s）罕见龙卷风，因灾死亡 7 人，受伤 98 人，倒塌房屋 593 间，直接经济损失 2899 万元。

2008 年 6 月 20 日，灵璧县灵城镇徐杨村、刘兆村、西关、南姚、虹川等社区遭龙卷风袭击，瞬间风力达 12 级以上。受灾 2 万余人，死亡 1 人，受伤住院 45 人；倒塌民房 653 间，损毁房屋 965 间，紧急转移安置 952 人，直接经济损失 1852 万元，其中农业损失 300 万元、工矿企业损失 130 万元、基础设施损失 151 万元、公益设施损失 85 万元、家庭财产损失 1186 万元。

2009 年 6 月，安徽省先后出现 3 次强对流过程，大部地区出现大风、冰雹和雷暴天气。其中，6 月 5 日最强，有 43 个县（市、区）、228 个乡镇出现 8 级以上的大风，最大淮南潘集区域站 35.9m/s，打破全省气象台站的历史纪录。大风影响范围之广、风力之大为有观测记录以来所罕见。全省受灾人口 482 万人，因灾死亡 25 人，失踪 3 人，受伤 215 人，直接经济损失 10.77 亿元。

3. 雷击

安徽省中小城镇及农村地区群众由于雷电防范意识不强，防雷措施不到位，屡屡发生伤亡事故。例如，2008 年 6 月 20 日，安庆市宜秀区五横乡一村民雷雨时打着带有金属杆的雨伞在田间劳作遭雷击死亡；宿松县佐坝乡一女养殖户在养殖大棚边喂鸭遭雷击死亡。2008 年 6 月 30 日，六安市裕安区罗集乡两村民在树下聊天遭雷击死亡。2011 年 7 月 23 日，天柱山景区 3 名游客突遭雷击死亡。2012 年 7 月 3 日，五河县浍南镇、淮上区曹老集镇共计 4 个村民在田间插秧遭雷击死亡。2012 年 8 月 18 日，明光市张八岭镇街道 2 名工人在道路施工时突遭雷击，经送医院抢救无效死亡。

4 灾害成因分析

4.1 气象灾害发生机理

基于自然灾害风险形成理论，气象灾害风险是由危险性（致灾因子）、敏感性（孕灾环境）、易损性（承灾体）和抗灾能力 4 个部分共同形成的（图 4）。

危险性表示引起灾害的致灾因子强度及概率特征，是灾害产生的先决条件。灾害性天气往往就是致灾因子。图 5 给出了各种灾害性天气在全省的分布特征，可以看出，它们在各地出现的频率是不相同的，与大城市或小乡镇没有关系。

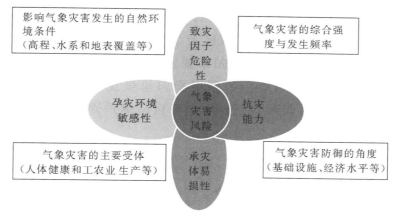

图 4　气象灾害风险的形成示意图

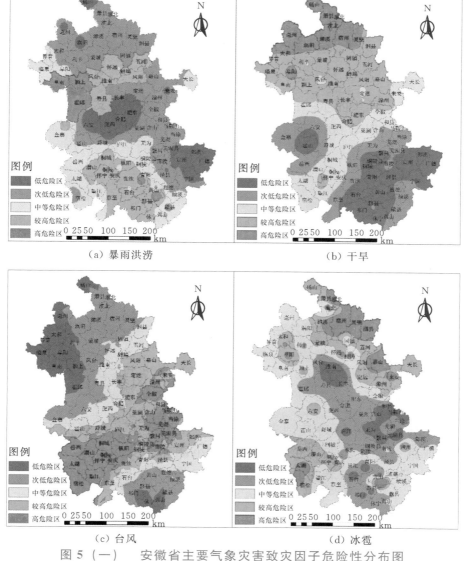

（a）暴雨洪涝　　　　　　　　　　（b）干旱

（c）台风　　　　　　　　　　　（d）冰雹

图 5（一）　安徽省主要气象灾害致灾因子危险性分布图

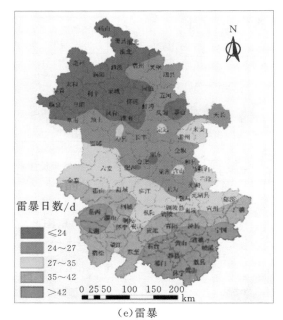

（e）雷暴

图 5（二） 安徽省主要气象灾害致灾因子危险性分布图

在气候条件相同的情况下，某地孕灾环境的地理地貌条件与致灾因子配合，在很大程度上能加剧或减弱气象灾害及次生灾害。易损性表示承灾体（包括人口、农业、经济等）易于遭受灾害威胁和损失的程度。以暴雨洪涝为例，孕灾环境主要考虑地形、水系等因子的综合影响，其高低值分布（图 6）也与城市或农村没有关系。承灾体主要综合考虑人口、经济和农业等 3 个方面，相对而言，大城市或人口密度最高的地区易损性较高（图 6）。

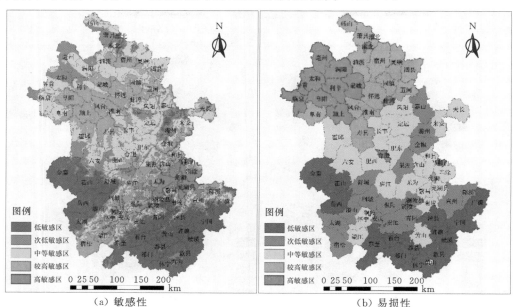

（a）敏感性　　　　　　　　　　　　　　　　（b）易损性

图 6　暴雨洪涝敏感性和易损性分布图

前面 3 个因子与城市或农村的关系都不是很明显，但是在抗灾能力方面，与大城市相比，中小城镇及农村是气象灾害防御的薄弱地区。

拿安徽省来说，它是一个经济基础薄弱、农村人口占绝大比重的农业大省。现代城镇体系已初步形成，县城和小城镇呈现出快速扩张势头。截至 2012 年，全省共有设区城市 16 个，县级市 6 个，镇 918 个，总人口 4800 万人。

4.2 快速城镇化放大了气象灾害影响

4.2.1 城镇化变成了"造城"运动

盲目扩大城市规模，大量向城郊农村要地盖房、建开发区。在政绩工程、形象工程的驱使下，不断出"大手笔""大战略"，形成了一个个盲目冒进，造成了资源的极大浪费。其实，城镇化不是大城市化，而是把中小城市和小城镇（特别是中心镇、县城）作为吸纳农民的主战场，更多地鼓励和支持"就地城镇化"。

新型城镇化口号提出之初，政界、学界曾有关于城镇化是以大城市还是以小城镇为主的争论。现在争论的结果已经出来了，新型城镇化建设将以重点镇和县城为重要载体加以稳步推进。这一推进路径最为明确的信号是习近平总书记 2013 年 7 月在湖北省调研时的有关讲话。习近平强调，全面建成小康社会，难点在农村。我们既要有工业化、信息化、城镇化，也要有农业现代化和新农村建设，两个方面要同步发展。更为明确的信号是 7 月底的党外人士座谈会。习近平总书记主持座谈会并强调，要积极稳妥推进城镇化，合理调节各类城市人口规模，提高中小城市对人口的吸引能力，始终节约用地，保护生态环境；要积极保障和改善民生，保障基本公共服务，鼓励每个人努力工作、勤劳致富。

4.2.2 部分城镇建设规划粗糙，布局不合理

部分中小城镇规划和建设未经过充分论证，特别是在气象、地质环境等条件不适宜城镇化的地区进行城市建设，这给城市安全埋下重大隐患。还有的城镇规划滞后、易变，缺乏避免和防范气象灾害的统筹和长远考虑。

4.2.3 小城镇建设资金匮乏，基础设施难以配套

过去安徽省城镇化建设一直依靠财政投入，但安徽省经济属"吃饭型"财政，用于城市建设的资金有限。绝大多数城镇政府除了确保党政机关运转所需经费之外，根本没有用于搞城镇公共设施建设的财力，加上缺乏有效的投融资机制，不少地方小城镇建设资金严重匮乏，基础设施如排水管网不配套或质量

不过关，抽排能力低，易发内涝和洪水。有的中小城镇防洪标准不高，甚至不设防。例如，安徽省现有建制镇中仍有少数村落不通自来水、有线电视、宽带，近一半的村落未实现垃圾集中清理。

4.2.4　城市功能不完善，抗灾能力差

典型调查表明，小城镇镇区人口万人以下，市政、经济、社会功能难以实现。现在安徽省很多所谓的城镇，实际上只是城镇党政机关办公的所在地、简单的商品交换集散地。城镇规模过小，市政管理机构缺乏，导致城市管理不善，如很多中小城镇河道连年淤积，排水断面缩小；河道被任意倾倒垃圾、擅自填埋，堵塞严重，导致城区排水不畅，或水位抬高，严重影响管网出流。

4.2.5　中小城镇气象监测预警及信息发布能力不足

目前安徽省建成新一代天气雷达 7 个，能够覆盖省内大部分地区，但大别山区尚为盲区。全省建有自动气象站 2044 个，高空站 2 个，无法覆盖到每一个偏远地区，致使气象监测和预警难度增大。中小城镇及农村气象灾害监测站点仍然偏少，特殊灾种的监测能力低，在探测范围、精度、时空分辨率等方面尚不能满足中小城镇气象防灾减灾的需要；预警信息的针对性、及时性不够，定时定点定量的中小城镇及农村气象灾害的精细化预报预警能力亟待提高；此外，中小城镇及农村气象灾害预警信息接收和发布还存在不少盲区和死角，覆盖面不广，气象信息进村入户"最后一公里"问题仍未根本解决。

4.2.6　中小城镇及农村人群普遍缺乏防灾意识和知识

随着城镇规模的不断扩大，安徽省每年都有不少农民转变为失地失业、严重缺乏收入来源的"无产阶级"。在当前城镇社会保障制度不健全及保障水平极低的情况下，这些失地农民既享受不到国家的惠农政策，又很难享受到对城镇居民的社会保障政策，有相当一部分人失地后形成了新时期的特困群体，种粮无耕地，就业无岗位，创业无资金，生活无着落，在一些地方不断引发失地农民集体上访事件，给社会稳定带来了极大隐患。这种情况使政府和农民个体都无暇顾及防灾减灾的问题。

5　中小城镇防御气象灾害建议

5.1　在城镇发展总体规划中充分考虑气象因素

城镇规模与布局规划，除了符合当地水土资源、环境容量、地质构造等自然承载条件外，还要充分考虑气候适宜性和风险性。将气象灾害风险评估与管

理纳入到中小城镇规划发展和建设政策框架之中。通过对历年气象数据的收集和分析，总结规律和经验，对风险进行预防、预测、监测、检测、评估；同时，根据气象灾害风险等级进行分类规划和布局，将防灾减灾端口前移，提高中小城镇规划建设的安全性、可靠性、舒适性和经济效益，努力做到趋利避害。

5.2　创新投融资机制，加强城镇安全设施建设

逐步改变当前仅仅依靠政府投资的小城镇建设投资机制，建立和完善政府投资、民间资金和外资三轮驱动的多元化投融资机制。帮助城镇政府，特别是贫困地区城镇政府走出小城镇建设启动资金严重缺乏的困境，减轻城镇政府财政支出压力，把基础设施建设逐步引向市场[6]。

结合本地中小城镇经济社会发展实际和未来发展需求，完善中小城镇基础设施，提高中小城镇抵御气象灾害风险能力。例如，加强水利防洪设施等基础设施建设，加强城市排水系统改造、整治河道；扩大城市绿化面积，促进土壤对雨水的吸收。同时，根据各中小城镇的特点，在安全、方便的地方建设灾害避难场所。

5.3　加强部门合作，健全气象灾害综合防御机制

中小城镇要依据当地气象灾害特点及其风险区划，针对各类气象灾害组织编制防御方案，明确气象灾害政府行政管理体制、各部门的防御职责和联动机制、气象灾害防御重点和防御措施等事项，完善气象灾害防御组织领导体系和应急救援组织体系。

制定并实施气象灾害防御方案，加强组织领导，完善工作机制，完善防灾法规和标准，开展气象灾害防御科学普及，形成政府领导、部门联动、社会参与、功能齐全、科学高效、覆盖城乡的气象灾害综合防御体系。国土资源、水务、交通、气象、环境等部门开展合作，合理配置各种防灾减灾资源，做到研究和业务实施上的数据和资源共享，建立细致科学的应急预案并且快速有效地执行。

5.4　完善农民的社会保障制度，保障农民利益

将商业保险引入社会保障体系，让城乡居民享受到同等待遇。对进入城镇创业的农民，在其创业之初给予一定的税收优惠。此外，应切实改变现行征地制度对农民补偿标准严重偏低的现状，合理提高征地补偿标准，绝不能以侵害农民利益为代价来降低小城镇建设成本。

5.5 加强气象基础建设，提高综合气象监测预警能力

按照科学规划、合理布局的要求，继续加快安徽省气象雷达建设，努力实现对全省的全面有效覆盖。加快气象观测站建设，加大布点密度，提高精细化水平。建立健全雷电、土壤湿度、酸雨、大气成分等专业观测站网，形成技术先进、功能完善、布局合理、运行稳定的综合气象观测系统，加强气象预测预报系统建设，提高气象综合监测预警能力和水平。

5.6 加强气象灾害防御科普宣传教育工作

将气象灾害防御知识纳入国民教育体系，纳入文化、科技、卫生"三下乡"活动，加强对城乡群众特别是农民、中小学生等防灾减灾知识和防灾技能的宣传教育。在各级科普馆中设立气象科普室，扩展气象科普基地，广泛开展全社会气象灾害防御知识的宣传。定期组织气象灾害防御演练，提高全社会气象灾害防御意识和避险防灾能力。

参 考 文 献

[1] 陈正洪，杨桂芳. 城市气象灾害及其影响相关问题研究进展 [J]. 气象与减灾研究，2012，35（3）：1-7.

[2] 王炜，权循刚，魏华. 从气象灾害防御到气象灾害风险管理的管理方法转变 [J]. 气象与环境学报，2011，27（1）：7-13.

[3] 罗丹. 湖南省气象灾害城市预警管理体系研究 [D]. 长沙：国防科学技术大学，2009：11：20.

[4] 高春凤. 中小城镇环境规划一般规范与问题分析 [J]. 辽宁城乡环境科技，2003，23（2）：3-6.

[5] 安徽省统计局. 2012年安徽省统计年鉴 [M]. 北京：中国统计出版社，2012：1-200.

[6] 汤长胜，王旗红. 安徽中小企业融资方式有效性研究 [J]. 佳木斯教育学院学报，2011，109（11）：236-237.

淮河流域气候变化影响评估及应对建议

田　红[1]　王　胜[1]　高　超[2]　马晓群[3]　王艳君[4]

（1. 安徽省气候中心　合肥　230031；2. 安徽师范大学　安徽芜湖　241000；

3. 安徽省气象科学研究所　合肥　230031；4. 南京信息工程大学　南京　210044）

摘要：全球气候变化是人类迄今面临的重大环境问题，通过直接和间接的方式影响自然生态环境和社会经济系统。本文利用淮河流域气象观测资料，分析淮河流域气候变化事实，开展气候变化对农业、水资源、自然生态系统、能源等领域的影响评估，在此基础上提出应对气候变化建议。

关键词：气候变化；影响评估；应对；淮河流域

引言

科学研究表明，当前全球气候正经历一次以变暖为主要特征的显著变化[1-2]。政府间气候变化专门委员会（IPCC）第四次评估报告（AR4）指出，最近 100 年全球平均地表气温升高了 0.74℃，预计到 21 世纪末全球平均气温将升高 1.1～6.4℃。由气候变暖引起的一系列气候和环境问题日益突出，将对农业、水资源、自然生态系统、人类健康和社会经济等产生重大影响[3-5]，甚至给人类社会带来灾难性后果，已经成为全球可持续发展面临的最严峻挑战之一[6-9]。因此，人类社会应积极应对气候变化并采取措施减缓气候变化带来的负面效应。

淮河流域位于我国东部，介于长江和黄河两大流域之间，属南北气候、高低纬度和海陆相 3 种过渡带的重叠地区，天气气候复杂多变，形成"无降水旱，有降水涝，强降水洪"的典型区域旱涝特征。在气候变化过程中淮河流域所面临的挑战十分严峻，如水资源的时空分布规律发生变化，旱涝事件有增多加剧的趋势，农业、自然生态系统以及其他对气候变化敏感的行业和领域也受到不同程度的影响。

1 资料与方法

本文选用淮河流域170个气象台站1961—2012年逐日气象观测资料（包括最高气温、最低气温、降水量、日照时数等），资料由流域四省（河南省、安徽省、江苏省和山东省）气象局提供，气象站点分布均匀，满足研究需要；气象灾情资料来源于气象灾害大典、统计年鉴以及淮河流域各省民政部门统计资料[10-13]。

在分析淮河流域气候变化事实部分，运用相关分析、趋势分析以及突变检验等方法揭示气候要素序列时空演变特征[14-16]。

2 淮河流域气候变化的观测事实

2.1 气温变化

淮河流域年平均气温14.7℃。近52年流域年平均气温呈现明显上升趋势，升温率为0.19℃/10a，其中20世纪90年代以来升温更为显著（图1）。空间上东部升温率高于西部，季节分配上除夏季变化不显著外，冬季升温率最高，春秋次之；年均最高气温变化趋势不明显；年均最低气温气候倾向率达到0.33℃/10a，且冬季较春秋升温显著。

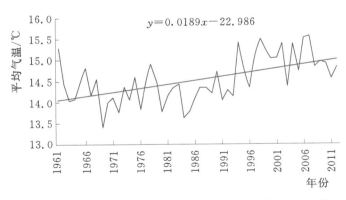

图1 1961—2012年淮河流域年平均气温变化曲线

2.2 降水变化

淮河流域年平均降水量850mm。近52年流域年降水量无明显变化趋势，但年际波动较大，进入21世纪前10年降水量呈上升趋势（图2）。降水量呈现明显季节性变化，但每个季节内降水量没有显著变化趋势。

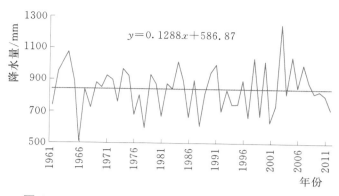

$$y = 0.1288x + 586.87$$

图 2 1961—2012 年淮河流域年降水量变化曲线

年降水日数 91d，年降水日数线性减少趋势显著，减少趋势为 2.2d/10a。雨日减少而降水量增加，说明进入 21 世纪之后降水强度总体是增加的。

2.3 日照时数变化

淮河流域年日照时数平均值为 2081h，其中春、夏日照时间较长，秋、冬较短。近 52 年来淮河流域年日照时数为下降趋势，减少趋势为 −93.0h/10a（图 3）。夏季日照时数减少幅度最大，秋、冬次之，春季最小。在空间分布上，流域西北部日照时数减少程度大于东南部。

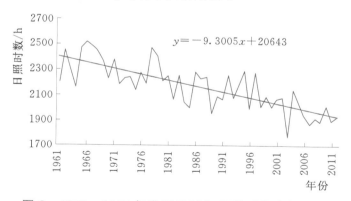

$$y = -9.3005x + 20643$$

图 3 1961—2012 年淮河流域年日照时数变化曲线

3 淮河流域旱涝变化特征

3.1 旱涝灾害历史演变

淮河流域旱涝灾害时空分布不均，且组合复杂，常常是年内交替出现，流域面上共存。在 2000 多年的历史里，共发生流域性的水旱灾害 336 次，平均 6.7 年一次，水灾平均 10 年一次。1194 年黄河南决夺淮后，水灾更加频繁。

16—19 世纪是淮河流域旱涝灾害最为频繁的时期（图 4）。

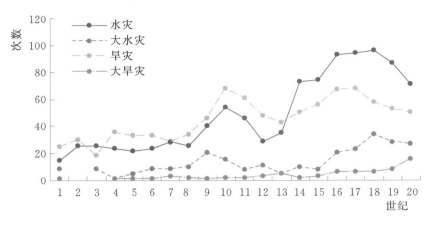

图 4 公元 1—19 世纪淮河流域旱涝次数变化

3.2 现代旱涝灾害

淮河流域尽管降水趋势不明显，但年际分配不均匀，旱涝灾害常交替发生，流域面上共存，特别是进入 21 世纪以来旱涝灾害趋于频繁。2003 年、2005 年、2007 年淮河流域先后发生大洪水，2001 年、2004 年、2008—2009 年、2010—2011 年发生秋冬春三季连旱。从旱涝发生频率来看，流域干旱年发生频率高于湿润年发生频率，中等旱年发生频率最高；从旱涝格局来看，北旱南涝更加突出。

淮河流域旱涝灾害的另一个特点是春末夏初易出现旱涝急转。受自然条件、历史原因和承灾体的脆弱性等多方面的影响，洪涝灾情呈显著的地域性差异，淮河干流的洪灾和绝大部分涝灾主要发生在上中游，位于淮河干流中游的安徽省损失最为严重。

3.3 与长江流域、黄河流域降水比较

淮河流域地处我国南北气候过渡带，与长江流域、黄河流域相比，淮河流域降水变率最大，表明过渡带气候的不稳定性，容易出现旱涝（表 1）。旱年差不多为 2.5 年一遇，涝年则将近 3 年一遇。进入 21 世纪以来，淮河流域夏季频繁出现洪涝，成为越来越严重的气候脆弱区。

表 1 淮河流域、长江流域、黄河流域降水及其变率的比较

全年/汛期	淮河流域	长江流域	黄河流域
平均降水量/mm	905/492	1355/511	441/257
降水相对变率/%	16/22	11/20	13/17

4　已观测到的气候变化对淮河流域的影响及适应性措施

4.1　已观测到的气候变化对淮河流域的影响

1. 对农业的影响

已观测到的农业气候资源变化有：热量资源显著增加，尤其是冬温增加显著，各界限温度和无霜期总体呈增加趋势（图5）；水分资源变化存在地区差异，降水量、土壤湿度变化均呈北减南增趋势，最大可能蒸散微弱减少，农作物生长发育存在全生育期或季节性水分亏缺，水分资源变化趋势导致北旱南涝更加突出；光照资源减少显著。

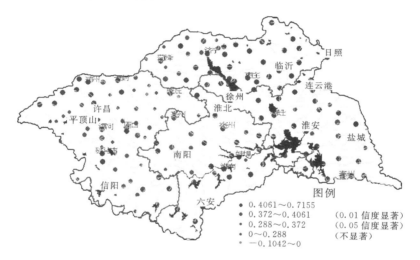

图例

- 0.4061～0.7155
- 0.372～0.4061　　（0.01信度显著）
- 0.288～0.372　　（0.05信度显著）
- 0～0.288　　（不显著）
- −0.1042～0

图5　淮河流域稳定通过10℃积温趋势系数分布图

已观测到的气候变化对农业的影响有：冬季冻害减轻，农作物生长季延长，复种指数提高，水稻、玉米中晚熟品种面积增加，有利于提高作物产量和品质，设施农业和经济果蔬发展；但是气象灾害和病虫害趋重发生，作物发育期缩短，粮食产量和气候生产潜力年际变异率大，稳产性降低，作物品质受影响较大。

2. 对水资源的影响

1950—2007年，淮河干流蚌埠站径流量有下降趋势（图6）；同时，出现极端流量的频率有所增加，汛期发生洪涝以及枯水期发生干旱的频率可能加大，极端水文事件发生的频次和强度增加，如2003年淮河大水等。

气候变暖背景下，引起水资源在时空上重新分配和水资源总量的改变。淮河流域中西部地区及部分东部地区为洪水灾害危险性等级高值区，干旱和洪涝

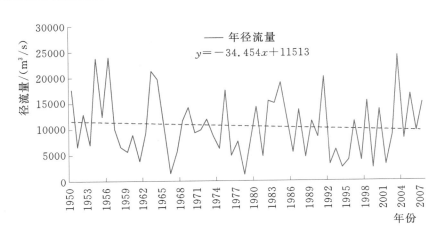

图6 淮河干流蚌埠站年径流量

引发水资源安全问题。自1980年以来，淮河干流及涡河、沙颍河、洪汝河等主要支流，沂沭河等骨干河道均出现多次断流，洪泽湖和南四湖经常运行在死水位以下，并且由于水污染十分严重，流域生态危机越来越突出。气候变暖及"南涝北旱"的降水分布格局，导致淮河是我国水资源系统最脆弱的地区之一。

3. 对自然生态系统的影响

气候变化影响淮河流域的森林生态系统结构和物种组成；热带雨林将侵入到目前的亚热带或温带地区，温带森林面积将减少；森林生产力增加；春季物候提前，果实期提前，落叶期推迟，绿叶期延长。淮河流域湿地生态脆弱性方面，自然灾害频发，湿地水资源紧缺，河道断流、湖泊干涸，湿地水体污染，湿地生态系统面临退化，均导致湿地生态脆弱性加大。气候变化影响淮河流域湿地水文情势，湖泊水域面积减少，湿地萎缩；破坏湿地生物多样性；使湿地由 CO_2 的"汇"变成"源"。

4. 对其他领域的影响

气候变化对淮河流域的能源、人体健康、旅游业和淮河防洪与排涝管理项目等均产生了一定程度的影响：气候变暖导致冬季采暖能耗下降，但夏季制冷能耗增加程度更大，因此综合来看，气候变化加剧了能源需求的紧张局面（图7）。极端气候事件增多危害人类健康，但旅游气候舒适度日数增多趋势明显。

4.2 应对气候变化的适应性措施

农业：加强区域生态环境建设和淮河沿岸的水土保持；改土治水，加强淮河流域农业基础设施建设和农田基本建设；调整农业结构和种植制度，发展多种经营，农、牧、渔业并举；选育适应性强的抗逆农作物品种，发展生物技术

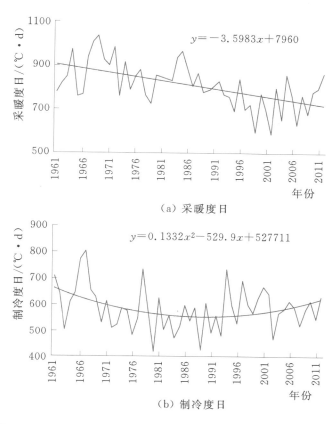

图 7 1961—2012 年淮河流域采暖度日和制冷度日的变化

等新技术，不断提高淮河流域农业对气候变化的适应性。

水资源：提高防洪标准，坚持"蓄泄兼筹"；提高防洪排涝能力，增强淮河流域对旱涝灾害的适应能力；建立政府主导、部门联动的灾害防御体系；大力推行节水技术，尤其是农业节水，构建节水型社会；加强水资源综合管理，实现从控制洪水向综合利用水资源转变。

自然生态系统：加强森林生态系统和湿地生态系统保护工程的建设，保护生物多样性；扩大植树造林、保护湿地、增加碳汇，减缓气候变化和气候灾害的速度与幅度；加大气候变化下流域森林火灾与病虫害的防治。

能源和人体健康：加强城市、农村村庄布点合理规划；养成节约用水用电生活习惯；建立健全影响公众健康的疾病监测和预警系统。

5 淮河流域未来气候变化可能影响及对策建议

利用全球气候系统模式的模拟结果，在不同排放情景下，2001—2050 年淮河流域年平均气温都将不同程度上升，夏季将可能出现更多的热浪天气，而极端气候冷害事件呈减少趋势。全流域降水以增加趋势为主，其中春季和夏季降水增加较为明显。未来极端强降水事件整体呈减少和减缓的趋势，尤其是流域的西部和东部地区，但中部地区稍有增加。

5.1 未来气候变化的可能影响

对农业的可能影响：未来气候变化对淮河流域农业的负面影响将会增多，农业生产结构和布局发生变动，农作物适宜种植区域北移，复种指数进一步提高，在气温升高降水增加条件下气候生产潜力北增南降；作物水分亏缺程度将加重，水分亏缺范围将扩大，病虫害发生更为严重；农业成本和投资需求将大幅增加。如不采取任何适应措施，淮河流域种植业生产能力将下降。

对水资源的可能影响：不同排放情景下气候模拟未来 2011—2040 年，淮河流域气候将趋于暖湿，夏季降水量到 2050 年可能增加 5%；但年径流量将可能以减少趋势为主，月径流量减少将主要发生在 1 月和 7—12 月。在此情况下即使淮河流域重点平原治理工程按设计运行，农田渍涝面积较未考虑气候变化影响会增大，工程除涝效益相对减小。这对淮河地区水资源的可持续发展以及东线调水工程水资源统一调配和管理提出了较大的挑战。

对能源的可能影响：淮河流域煤炭资源丰富，是我国重要的能源生产基地，能源问题必将成为淮河流域未来经济增长的严重约束之一。按照目前的经济增长模式和能源需求，未来气候变暖将导致淮河流域能源消耗继续上升，而能耗的增加也势必导致温室气体排放量的增多，从而加剧未来气候变暖的趋势。

5.2 未来应对气候变化对策建议

淮河流域经济发展正处于中部加速崛起的关键时期，在未来应对气候变化方面，应坚持减缓与适应并重的原则。

1. 减缓温室气体排放

淮河流域经济基础较薄弱，人民生活水平较低，发展经济、消降贫困、提高人民生活水平仍是当前及今后相当长时期内的首要任务。化石能源消费量以及随之产生的温室气体排放量将不可避免地继续增加；淮河流域煤炭资源丰富，而清洁能源资源不足，高耗能产业比重大，导致淮河流域已成为我国温室气体排放浓度较高的地区。

未来温室气体减排方面，通过加快转变经济发展方式，大力发展低碳经济，坚持走低消耗、低排放、高效益、高产出的新型工业化道路。加快煤炭产业升级，发展洁净煤技术，控制煤炭消费增长，合理调整和优化能源结构；引进国外资金与技术，发展清洁发展机制；加快发展生态农业，综合利用农业废弃物；继续实施植树造林、天然林保护与恢复、保护湿地等重点工程建设，提高碳汇能力；加强减缓气候变化保障措施，有步骤地实施温室气体减排技术研发与推广普及。

2. 增强适应气候变化能力

未来适应气候变化能力方面，通过加强淮河流域农业基础设施建设，发展高效节水农业；调整农业结构和种植制度，选育优良品种，增强适应气候变化能力；建设生态和湿地资源重点保护工程，建立重要生态功能区，以及重大林业灾害应急体系；加大中小流域综合治理，特别是完善治淮 19 项骨干工程，改善流域防洪能力和水生态环境，实现水资源科学管理；加强气候变化和极端气候事件监测、预测、响应能力以及灾害应急能力建设，提高抗灾预警能力，最大限度地减少极端天气气候事件及其衍生灾害造成的社会影响和经济损失。

6 小结

最近 50 年，淮河流域年平均气温明显升高，其中冬季增暖显著。年降水量无明显变化趋势，但年际波动较大，21 世纪前 10 年降水量呈上升趋势；年降水日数显著减少。日照时数在不断减少，尤其是夏季减少幅度最大。

淮河流域旱涝灾害时空分布不均，且组合复杂，常常是年内交替出现，流域面上共存，特别是进入 21 世纪以来旱涝灾害趋于频繁；从旱涝格局来看，北旱南涝更加突出。

气候变暖改善了热量条件，复种指数提高，作物冻害概率减少；但气候变暖导致春季霜冻危害和作物病虫害加剧。旱涝灾害频次增多，农业生产的气候不稳定性增加。气候变化对农业的影响总体上是弊大于利。气候变化改变了淮河流域水资源状况，淮河干流径流量有下降趋势，同时出现极端流量的频率有所增加。气候变暖及"南涝北旱"的降水分布格局，导致淮河水资源系统更加脆弱。气候变化影响淮河流域的森林生态系统结构和物种组成；春季物候提前，绿叶期延长。湿地生态脆弱性方面，湖泊水域面积减少，湿地萎缩；破坏湿地生物多样性。气候变暖导致冬季采暖度日减少，但近年来夏季制冷度日明显增多，综合而言，加剧了生活能源需求矛盾。

在应对气候变化方面，淮河流域加强农业基础设施建设，推进农业现代化建设；调整农业结构和种植制度，开展农业科技创新工程，增强适应气候变化能力；建设生态湿地资源重点保护工程，重要生态功能区，以及重大林业灾害应急体系；加大中小流域综合治理，特别是完善治淮 19 项骨干工程，改善流域防洪能力和水生态环境，实现水资源科学管理；加强气候变化和极端气候事件监测预测以及灾害应急能力建设，提高抗灾预警能力，最大限度地减少极端天气气候事件及其衍生灾害造成的社会影响和经济损失。通过在水资源、农业、生态、能源等领域采取的一系列适应和减缓措施，取得了明显成效。

未来淮河流域气候变暖趋势将可能持续，夏季热浪天气更多而冬季极端低温呈减少趋势。全流域降水均呈显著增加趋势，其中春季和夏季降水增加显著。未来仍然要坚持适应和减缓并重的原则，在政策、技术等方面继续跟进。

参 考 文 献

［1］ IPCC. Climate Change 2007：The Physical Science Basis. Contribution of Working Group I to the Fourth Assessment Report of the Intergovernmental Panel on Climate Change ［M］. Cambridge, UK：Cambridge University Press, 2007：1－996.

［2］ Cai Rongshuo, Chen Jilong, Tan Hongjian. Variations of the sea surface temperature in the offshore area of China and their relationship with the East Asian monsoon under the global warming ［J］. Climatic and Environmental Research, 2011, 16 (1)：94－104.

［3］ 康燕霞，陆桂华，吴志勇，等. 淮河流域参考作物蒸散发的变化及对气候的响应 ［J］. 水电能源科学，2009，27 (6)：12－14.

［4］ 丁一汇. 人类活动与全球气候变化及其对水资源的影响 ［J］. 中国水利，2008 (02)：20－27.

［5］ Smit B, Wandel J. Adaptation, adaptive capacity and vulnerability ［J］. Global Environmental Change, 2006, 16 (3)：282－292.

［6］ Houghton J T, Ding Y H, Griggs D G, et al. Climate Change：The Science Basis. Contribution of Working Group I to the Third Assessment Report of the Intergovernmental Panel on Climate Change ［M］. Cambridge, UK：Cambridge University Press, 2001.

［7］ Easterling D R, Meehl G A, Parmesan C, et al. . Climate extremes：observations, modeling, and impacts ［J］. Science, 2000, 289 (5487)：2068－2074.

［8］ National Assessment Synthesis Team (NAST). Climate Change Impacts on the United States：Potential Consequences of Climate Variability and Change. US Global Change Research Program, Washington D C ［M］. New York, USA：Cam－bridge University Press, 2000：154.

［9］ Doherty R M, Hulme M, Jones C G. A gridded reconstruction of land and ocean precipitation for the extended tropics from 1974—1994 ［J］. Int J Climatol, 1999, 19：119－142.

[10] 河南省统计局.2012年河南省统计年鉴［M］.北京：中国统计出版社，2012.

[11] 安徽省统计局.2012年安徽省统计年鉴［M］.北京：中国统计出版社，2012.

[12] 江苏省统计局.2012年江苏省统计年鉴［M］.北京：中国统计出版社，2012.

[13] 山东省统计局.2012年山东省统计年鉴［M］.北京：中国统计出版社，2012.

[14] 魏凤英.现代气候统计诊断与预测技术（第2版）［M］.北京：气象出版社，2007：36－143.

[15] Horel J D. A rotated principal component analysis of the interannual variability of the northern hemisphere 500mb height field ［J］. Monthly Weather Review，1981，109（10）：2080－2092.

[16] 洪宝，吴蕾.气候变率诊断和预测方法［M］.北京：气象出版社，2005：15－44.

江苏省淮河流域的城市气候特征

陈　兵　王　瑞　孙佳丽

摘要： 本文利用江苏省徐州市、盐城市、淮安市气象实测资料，采用对比分析、气候倾向分析等方法，研究了 3 市气温、湿度、风和霾日的时空变化规律。研究表明：城市"热岛效应""干岛效应"显著，"热岛效应"夜间最为明显；城市升温加快，城市风速明显变小、静风频率增加，霾日明显增多。

关键词： 城市；气候；热岛效应；干岛效应

1　引言

江苏省经济发达，人口密度大，随着城镇化进程的加快，城市建筑物增多、能源消耗量增大，给城市的气候条件带来明显变化[1-3]。一方面，城市发展导致城市下垫面状况发生改变，影响了城市边界层结构和地表长波辐射状况；另一方面，城市人口密集、工业集中，人为热排放直接影响城市的热力状况。由于人类活动和城市下垫面性质的变化，产生了明显的城市气候特征[4-8]。城市气候与城市发展互为关联，城市可持续发展的目标是人与自然环境的协调发展，作为城市自然环境的一个方面，城市气候亦需要城市发展与之协调。因此，正确认识城市气候特征，是城市可持续发展的先决条件。本文选取徐州、盐城、淮安 3 市的气温、湿度、风和霾日资料，分析其城市气候特征。

2　城市"热岛效应"显著

城市中心地区近地面温度一般明显高于郊区及周边乡村这一现象被称为城市热岛效应[9-10]，城市热岛效应是人类活动对气候系统产生的最显著的城市气候效应。

2.1 城、郊温差明显

作为江苏省淮河流域的典型城市，淮安、盐城、徐州 3 市近 3 年的市区平均温度明显高于近郊（图 1～图 3）。淮安市市区与西郊的平均温差达 0.51℃，盐城市市区平均气温比西郊和西北郊分别高 0.52℃、0.68℃，徐州市市区则比北郊高 0.80℃，呈现出明显的城市"热岛效应"。

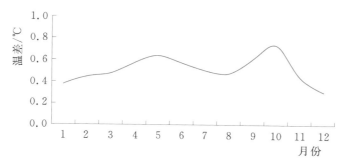

图 1　淮安市市区与西郊平均气温差异

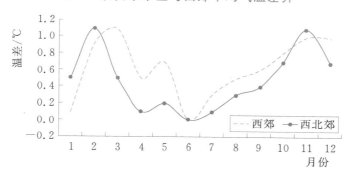

图 2　盐城市市区与近郊平均气温差异

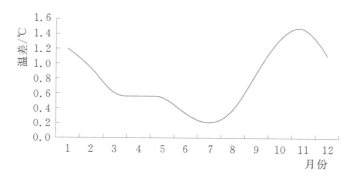

图 3　徐州市市区与近郊的平均温度差异

从季节来看，春、秋季城、郊温差较大，夏季较小。淮安市市区与西郊 10 月平均温差高达 0.7℃，盐城市市区与西郊 3 月平均温差高达 1.1℃，而徐州市市区与北郊 11 月平均温差最高，达 1.4℃。由此可见，由于城市发展导致城市边界层和热力状况的改变非常明显。

从城、郊温差的日变化（图4）可以看出，城区的"热岛效应"主要出现在夜间，中午至午后不明显，甚至城区温度低于郊区。从傍晚开始逐渐加强，夜间达到峰值，早晨快速下降。这与国内外其他城市的"热岛效应"日变化较为一致。

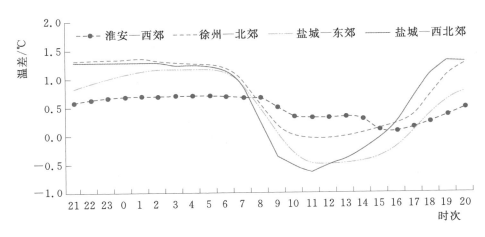

图4　各市市区与近郊温差的日变化

淮河流域各城市城、郊温差与城市发展的关系非常密切。图5给出了淮安气象站（市区）与楚州气象站（郊县）的平均温差年际变化。随着20世纪80年代城市发展的加快，淮安市市区与郊县的温差逐渐增大。2001年，淮安气象站搬迁至近郊的开发区，淮安气象站与楚州气象站的平均温差变小；之后随着开发区的开发，两者的温差又逐渐增大。盐城市市区与郊县的年平均温差也出现了相同的年际变化特征（图6）。由此可见，城、郊温差与城市化进程有着较为直接的联系。

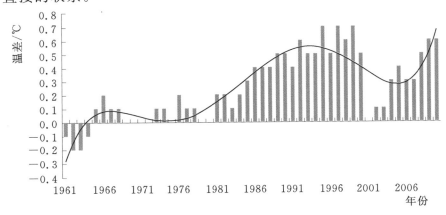

图5　淮安站与郊县（楚州站）温差的年际变化

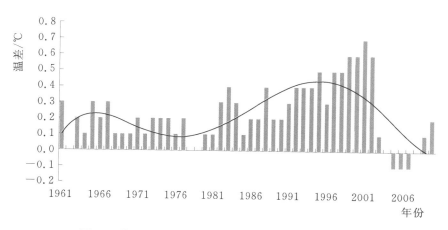

图 6 盐城站与郊县（大丰站）温差的年际变化

2.2 城市气温上升变快

从气温上升的速度来看，城市明显快于郊区。江苏省近 50 年的气温上升明显，苏南、沿江城市带上升最为明显，尤其是苏州、无锡、常州等城市化进程最快的地区（图 7）。对江苏省淮河流域而言，徐州、盐城、连云港等城市附近气温上升较快，分别达到 0.38℃/10a、0.34℃/10a、0.43℃/10a，而盱眙、涟水、响水、灌云、灌南等城市化进程较慢的地区气温上升相对较慢。

图 7 江苏省年平均气温的变化趋势（单位：℃/a）

3 城市的"干岛效应"较为明显

城市边界层结构和热力状况的改变，同样影响到城市的湿度条件[9,11-13]。城市的市区湿度明显小于附近的郊县，其中淮安、盐城、徐州 3 市市区的年相对湿度分别比相邻的郊县（楚州、大丰、邳州）小 3％、2％和 4％。随着城市的快速发展，市区与郊县的湿度差明显增大，其中淮安市市区 2000 年的年平均相对湿度比楚州小 7％，盐城市市区 1999—2002 年平均相对湿度比大丰低 5％（图 8、图 9）。

从年平均相对湿度的变化趋势来看，全省湿度均呈下降趋势（图 10）。苏南、沿江城市带所在区域的湿度呈明显下降趋势，常州、无锡部分地区的下降速率甚至达－3％/10a。近几年来，淮安市市区的相对湿度呈明显的下降趋势，尤其是 2004 年以后，2010 年年平均相对湿度更是达到了近 50 年的最低值，仅为 65％。淮河流域的沿海地区相对湿度下降趋势不明显，尤其是连云港地区，不足－1％/10a，这可能与海洋的调节作用有关。

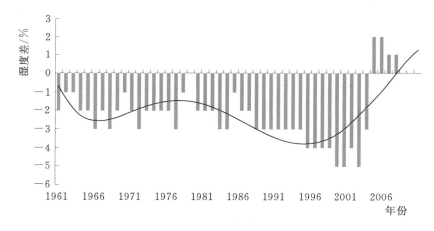

图 8　盐城站与郊县（大丰站）相对湿度差的年际变化

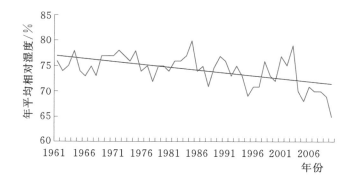

图 9　淮安市相对湿度的年际变化

图 10　江苏省年平均相对湿度的变化趋势分布图（单位：%/a）

4　城市风速变小，静风增多

随着城市的快速发展，建筑物越来越多，也越来越高，城市下垫面粗糙度的增加，使得城区的风速普遍减小。改革开放以来，随着城市的发展，淮安市市区风速明显小于郊县（图 11）。在城市发展较快的 1996—2000 年，淮安站与楚州的平均风速差达 0.8m/s，1998 年更是高达 1.0m/s。2001 年淮安气象站迁至近郊的开发区后，气象站风速明显增加。

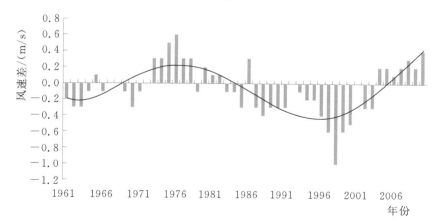

图 11　淮安站与郊县（楚州站）的平均风速差异

与淮安市情况相似，盐城市市区风速亦明显低于郊县（图 12）。1976—

2002 年，盐城气象站年平均风速比郊县（大丰）小 0.8m/s，2003 年盐城站迁出市区后，气象站记录到的风速明显增大。

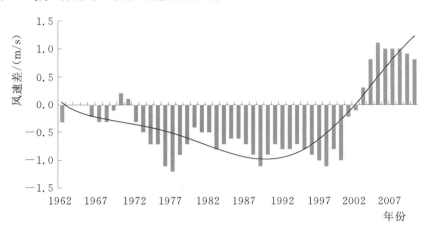

图 12　盐城站与郊县（大丰站）的平均风速差异

城市发展给低层风场带来的另一个变化是市区静风（风速不大于 0.2m/s）频率明显增加。与风速的变化较为相似，自改革开放以后，淮安气象站静风频率明显增高，2001 年迁站以后，淮安气象站的静风频率显著下降（图 13）。

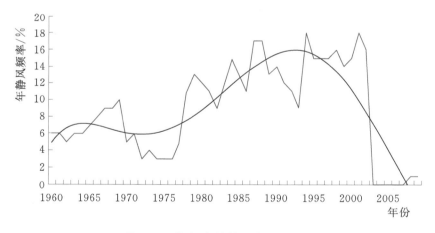

图 13　淮安站的静风频率变化

由此可见，城市化进程带来的建筑群增多、增密、增高导致城市的地面风速明显减小，低层风场结构也将随之发生变化。城市风速减小、静风频率增大对城市的污染物扩散稀释非常不利，给城市的大气环境带来较大的影响。

5　城市霾日数明显增多

城市人口密集、工业发达、交通运输频繁，城市化进程造成城市污染排放增加、城市降尘量增多，使得城市霾日数明显增多，城市的空气越来越"混浊"[9,12,14-17]。从淮安、徐州两市的市区与郊县霾日数差异（图 14 和图 15）可以看出，20 世纪 80 年代以来，随着城市的发展，市区霾日数明显高于附近的郊县。其中，徐州市市区更是呈现逐年增多趋势，尤其是最近的 2007—2009年增多更为明显。而淮安气象站自 2001 年迁站以后，观测到的霾日数变少。

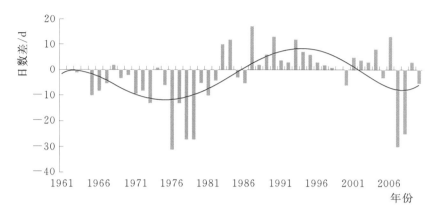

图 14　淮安站与郊县（楚州站）的霾日数差异

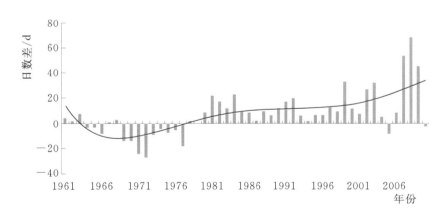

图 15　徐州站与郊县（邳州站）的霾日数差异

总体而言，江苏省近 50 年霾日数呈明显增多趋势（图 16），苏南城市带和连云港、盐城、徐州等地增多较为明显，苏北的宿迁、淮安和盐城南部等地区增多不明显。作为省会的南京市，随着城市的高速发展，霾日数增加最为迅速，增加速率高达 3d/a 以上，2009 年霾日数高达 211d，占全年总日数的 57.8%。

随着城市的发展，淮河流域各城市的霾日数也逐渐增多（图 17）。其中，连云港、盐城和徐州 3 市霾日数增长速率分别达到 11.72d/a、4.99d/a 和8.92d/a。近 10 年来，3 市霾日数增加更为明显，其中徐州市 2008 年的霾日

图 16　江苏省霾日数变化趋势分布图（单位：d/a）

数高达 87d，全年有 23％的天数都出现了霾。

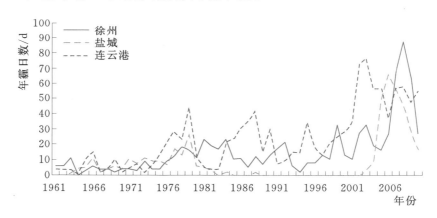

图 17　徐州、盐城、连云港 3 市的霾日数年际变化

6　对策建议

6.1　加强城市气候的监测和评估

随着城市的高速发展，城市气温明显上升、风速逐渐变小，空气变"混浊"、变干，给城市的生态和生活环境带来很大的影响。必须加强城市气候条件的监测和评估工作，加强城市气象灾害的研究，为城市规划、布局和建设提

供科学依据，为降低城市发展带来的环境影响、促进可持续发展服务。

6.2 科学规划城市的发展布局

城市气候形成与城市工业、建筑群布局、道路分布和居民活动密切相关。为了降低城市建设带来的影响，必须加强城市的统筹发展规划，进行工业、建筑物、道路等科学、合理布局，提高城市绿地覆盖率，以减缓和降低城市建设给环境带来的影响。

6.3 提高城市防灾减灾能力

随着城镇化进程的加快，城市建设对环境的影响将越来越明显，城市灾害必将出现一些新变化、新特点。应加强城市灾害的研究，研发城市灾害监测、预警防御技术，发挥科技创新的支撑作用，提高城市灾害的防灾减灾能力。

参 考 文 献

［1］ 何剑锋，庄大. 长江三角洲地区城镇时空动态格局及其环境效应［J］. 地理研究，2006，25（3）：388-3961.

［2］ 刘晶淼，周秀骥，余锦华，等. 长江三角洲地区水和热通量的时空变化特征及影响因子［J］. 气象学报，2002，60（2）：139-1451.

［3］ 崔林丽，史军，杨引明，等. 长江三角洲气温变化特征及城市化影响［J］. 地理研究，2008，27（4）：775-786.

［4］ 徐家良，柯晓新，周伟东. 长江三角洲城市地区近50年气候变化及其影响［J］. 大气科学研究与应用，2005，28：8-16.

［5］ 刘春玲，许有鹏，张强. 长江三角洲地区气候变化趋势及突变分析［J］. 曲阜师范大学学报（自然科学版），2005，31（1）：109-1141.

［6］ 李维亮，刘洪利，周秀骥，等. 长江三角洲城市热岛与太湖对局地环流影响的分析研究［J］. 中国科学（D辑），2003，33（2）：97-1041.

［7］ 谢志清，杜银，曾燕，等. 长江三角洲城市带扩展对区域温度变化的影响［J］. 地理学报，2007，62（7）：717-7271.

［8］ 郑祚芳，郑艳，李青春. 近30年来城市化进程对北京区域气温的影响［J］. 中国生态农业学报，2007，15（4）：26-29.

［9］ 周淑贞. 上海城市气候中的"五岛"效应［J］. 中国科学，1988，11：1226-1234.

［10］ 林学椿，于淑秋. 北京地区气温的年代际变化和热岛效应［J］. 地球物理学报，2005，48（1）：39-45.

［11］ 张富国，姚华栋，张华林，等. 北京城区的"雨岛""湿岛"与"干岛"特征分析［J］. 气象，1987，17（2）：44-46.

［12］ 史军，梁萍，万齐林，等．城市气候效应研究进展［J］．热带气象学报，2011，27
　　　 （6）：942－951.

［13］ 周淑贞，王行恒．上海大气环境中的城市干岛和湿岛效应［J］．华东师范大学学报
　　　 （自然科学版），1996，（4）：68－80.

［14］ 宋宇，唐孝炎，方晨，等．北京市能见度下降与颗粒物污染的关系［J］．环境科学
　　　 学报，2003，23（4）：468－471.

［15］ 束炯，李莉，张玮．大气污染对城市能见度影响研究的理论与实践［J］．上海环境
　　　 科学，2003，22（11）：785－789.

［16］ 范引琪，李二杰，范增禄．河北省1960—2002年城市大气能见度的变化趋势［J］．
　　　 大气科学，2005，29（4）：526－535.

［17］ 刘红年，蒋维楣，孙鉴泞，等．南京城市边界层微气象特征观测与分析［J］．南京
　　　 大学学报（自然科学版），2008，44（1）：99－106.

江苏省龙卷风特征和灾害分析

许遐祯 陈 兵

（江苏省气候中心 南京 210009）

摘要：本文利用江苏省 1956—2005 年龙卷风资料，采用富士达分级方法，对龙卷风强度进行了分级，研究了江苏省历史不同等级龙卷风的时空分布特征。研究表明：近 50 年来，江苏省年均发生龙卷风 21.4 次，南通地区最多；龙卷风主要发生在夏季的午后和上半夜；F1 级以上的较强龙卷风主要发生在南通沿海和盐城南部沿海地区，内陆的山地、丘陵地区相对较少。

关键词：龙卷风；灾害；富士达分级

1 引言

龙卷风作为小范围的强烈旋风，中心气压低，破坏力巨大。其破坏力主要来自 3 个方面[1-3]：强烈的旋风、快速的气压下降和带来的飞射物。

已有研究表明：龙卷风是从积雨云或发展很旺盛的浓积云底盘旋下垂的一个漏斗状云体，形如象鼻，有时稍伸即隐或悬挂空中，有时触及地面或水面。龙卷风的直径从几米到几百米，甚至 1km 以上，其生命史短，移动路径多样[6-8]。

统计表明，江苏省是龙卷风多发地区，其危害很大，历史上不乏影响严重的龙卷风事件。为了探明江苏省龙卷风发生的危害性，本文利用江苏省历史龙卷风资料（来自气象局和民政部门），分析其时空分布规律；根据龙卷风灾害发生特征，采用富士达分级方法，分析不同等级龙卷风事件的分布，从而分析不同地区龙卷风灾害的危险性，为防灾减灾、工程建设提供依据。

2 江苏省龙卷风的空间分布

1956—2005 年，江苏省共发生龙卷风 1070 次，年均 21.4 次。从发生的地域分布来看，有着非常明显的空间差异性。其中，发生龙卷风记录最多的地

级市为南通，50 年间共有 300 次记录，最多的县（县级市）为如东，有 62 次
记录，平均每年发生 1.24 次；记录最少的地级市为宿迁，为 29 次，最少的县
（县级市）为江浦和扬中，仅有 2 次记录。

从图 1 可以看出，江苏省龙卷风发生的频数总体分布是沿海多，内陆少，
而沿海分布为南多北少，东南部多，中西部少。江苏省 13 个地级市中，南通
市是江苏省龙卷风发生频数的最高值区，苏州市为次高值区，两个城市都位于
江苏东南部，发生频数属于中等的有无锡、常州、泰州、淮安、扬州、盐城和
徐州等市，发生频率较低的为南京、镇江、宿迁和连云港等市。

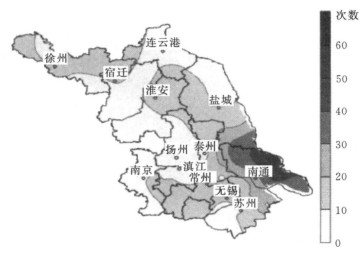

图 1　1956—2005 年江苏省龙卷风发生的频数分布图

3　季节和日分布

江苏省夏季为龙卷风的高发期，发生在夏季的龙卷风占总次数的 76.5%，
这与龙卷风发生的必要条件相吻合，夏季空气湿润且不稳定。发生在春季的龙
卷风占总次数的 14.3%，发生在秋季的龙卷风占总次数的 9%，发生在冬季的
龙卷风只占总次数的 0.2%。

江苏省 7 月的龙卷风活动最强，占年龙卷风总数的 39.3%，其次为 6 月
和 8 月，分别为 18.8% 和 18.4%；最少的为 2 月，50 年的龙卷风记录中未有
发生在 2 月的龙卷风，其次为 12 月和 1 月，各仅有 1 次记录（表 1）。

表 1　　　　　　　　　　　　　　江苏省龙卷风的月份分布

月份	1	2	3	4	5	6	7	8	9	10	11	12
次数	1	0	15	53	85	201	421	197	80	11	5	1
百分比	0.1%	0%	1.4%	5%	7.9%	18.8%	39.3%	18.4%	7.5%	1%	0.5%	0.1%

在江苏省 50 年来 1070 次龙卷风记录中，发生在一日内的有 799 次，约占总数的 75％。其中，有 64％的龙卷风发生在午后的 13—18 时，其次为上半夜（表 2）。

表 2　　　　　　　　　　　　江苏省龙卷风的日分布

时段	凌晨（1—6 时）	上午（7—12 时）	下午（13—18 时）	晚上（19—24 时）
次数	70	82	515	132
百分比	9％	10％	64％	17％

由此可见，江苏龙卷风发生的时间与龙卷风发生地的天气背景条件密切相关。从时间分布来看，其主要发生在夏季高温、高湿的午后。这与已有研究较为一致。

4　年代际变化

从龙卷风事件发生的年代际分布来看，存在一定的差异。20 世纪 80 年代最多，达 305 次；其次为 90 年代，有 275 次；而 2000 年以后的龙卷风事件则有 103 次（图 2）。

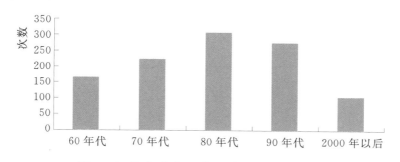

图 2　江苏省龙卷风事件的年代际分布图

5　不同等级的龙卷风分布

已有的研究表明，龙卷风的强度可以按照其极端风速大小进行等级划分。然而，由于龙卷风发生范围小、持续时间短、破坏力大，很难得到其最大风速的观测数据。因此，龙卷风事件可根据其破坏路径长度、宽度以及破坏情况进行强度等级划分，常见的等级划分方法为富士达分级方法[9-10]（表 3）。

表 3   龙卷风富士达分级方法

等级	风速/(m/s)	伴生的破坏
F0	<33	轻度破坏：对烟囱和电视天线有一些破坏；树的细枝被刮断；浅根树被刮倒
F1	33~49	中等破坏：剥掉屋顶表层；刮坏窗户；轻型车拖活动住房（或野外工作室）被推动或推翻；一些树被连根拔起或被折断；行驶的汽车被推离道路（32.6m/s 是飓风的起始风速）
F2	50~69	相当大的破坏：掀掉框架结构房屋的屋顶，留下坚固的直立墙壁；农村不牢固的建筑物被毁坏；车拖活动住房（或野外工作室）被毁坏；大树被折断或被连根拔起；火车车厢被吹翻；产生轻型飞射物；小汽车被吹离公路
F3	70~92	严重破坏：框架结构房屋的屋顶和一些墙被掀掉；一些农村建筑物被完全毁坏；火车被吹翻；钢结构的飞机库和仓库型的建筑物被扯破；小汽车被吹离地面；森林中大部分树被连根拔起、折断或被夷平
F4	93~116	毁灭性破坏：整个框架结构的房屋毁坏，留下一堆碎片；钢结构被严重破坏；树木被吹起后产生小的撕裂，碎片飞扬；汽车和火车被抛出一些距离或滚动相当的距离；产生大的飞射物
F5	117~140	难以置信的破坏：整个框架结构的房屋从地基上被抛起；钢筋混凝土结构被严重破坏；产生大小相当于汽车的飞射物；会发生难以置信的现象
F6~F12	141 至声速（330m/s）	不可思议的破坏：万一发生最大风速超过 F6 的龙卷风，其破坏的程度和形式是不可思议的。许多飞射物，如冰柜、水加热器、贮罐和汽车，会对构筑物产生严重的次生破坏

按照富士达分级方法，F0 属于较弱的龙卷风，造成的破坏相对较轻，引起的灾情最弱，是最常见的龙卷风。F1 是较强龙卷风，F2、F3 则属于强龙卷风，它们视存在时间长短和影响面积大小的不同，可造成不同程度的破坏，一般造成的破坏都较严重甚至很严重，能造成大面积的灾情。可见，反映一个地区常年来遭受龙卷风是否频繁，F0 的贡献最大；而要反映一个地区遭受龙卷风引起的灾害是否严重，关键要看 F1 以上级别龙卷风的频繁程度。

50 年来，江苏省共有 1070 次龙卷风记录，其中 F0 发生 752 次，F1 发生 261 次，F2 发生 49 次，F3 发生 8 次。江苏省 F0 级别的龙卷风发生最多，占总次数的 70.3％，F2 以上发生次数只占总次数的 5.3％。

统计表明，无论是 F0 级龙卷风，还是 F1、F2、F3 级龙卷风，都以南通沿海地区和盐城南部沿海地区为多，内陆地区相对较少。从 F0 级龙卷风的发生频次来看，多发地主要分布在南通沿海、盐城南部沿海和苏州、无锡以及常州部分地区，而盱眙丘陵山地、洪泽湖以及东海丘陵山地发生较少。从危害较大的 F1、F2、F3 级龙卷风发生频次来看，仍然以南通沿海、盐城南部沿海地区为多，而宁镇山地、盱眙丘陵山地、洪泽湖以及连云港丘陵地区发生较少，这与下垫面地形起伏不利于强龙卷风的生成有密切的关系。

6 典型灾害事件分析

在龙卷风的历史记录中，有破坏路径长度和路径宽度记录的并不多，仅占总数的 20.7%。其中，大部分龙卷风的破坏路径长度在 1～30km 之间，路径宽度在 5～500m 之间，表 4 列出了部分龙卷风的破坏路径长度和宽度。典型龙卷风灾害个例见表 5。

表 4　　　　　　　部分有记录的龙卷风路径长度和宽度

序号	发生地点	发生时间	路径宽度/m	路径长度/km
1	盐城	1984 年 8 月 31 日	200～500	20
2	大丰	1983 年 7 月 1 日	100	6
3	大丰	1989 年 9 月 16 日	100～250	15
4	大丰	1990 年 6 月 20 日	100	5
5	建湖	1990 年 9 月 10 日	150	4
6	阜宁	1968 年 7 月 15 日	100	3
7	阜宁	1985 年 5 月 12 日	100	1.5
8	兴化	2000 年 7 月 13 日	500	30
9	金湖	1980 年 6 月 24 日	50	5
10	金湖	1981 年 6 月 30 日	5	2
11	泗阳	1979 年 6 月 8 日	30～50	7.5
12	宿迁	1975 年 8 月 2 日	30～50	2.5

表 5　　　　　　　　　　典型龙卷风灾害个例

序号	发生地点	发生时间	破 坏 记 录
1	盐城	1984 年 8 月 31 日	超过 200kg 的脱粒机从房前被刮到房后五六丈远的河里，家具也被刮得无影无踪。几百斤重的变压器从河东被刮到河西（河宽约 10m 左右）
2	大丰	1996 年 7 月 15 日	新砌的两层砖混楼房上面一层基本被刮掉，屋上桁条、楼板被掀到 30m 外，1 万多斤大麦被风刮到 30m 以外的农田里
3	兴化	1985 年 5 月 12 日	1t 多重的三角铁塔连水泥基础被拔出抛到围墙之外，直径 50～60cm 的大树被连根拔起，钢筋混凝土砌成的钢梁连根被推翻

续表

序号	发生地点	发生时间	破 坏 记 录
4	兴化	2000 年 7 月 13 日	一排排大树被齐刷刷地拦腰折断，钢筋混凝土桥梁被摧毁，农船翻沉，数吨重的输变电铁塔被狂风掀翻，正在路上行驶的中巴车也被掀翻到河中。一条水泥农船（重 1000kg 以上）从一条河被刮到另一条河。有人被卷走，刮到河里。2 层楼房楼顶（钢筋混凝土整浇顶）被整块刮下。洗衣机被刮到屋后的河里。2 层楼房的屋顶（尖顶）被掀掉，刮走 50～60m。竹山村 5000kg 重的水泥船从河里被刮到了岸上。鱼塘里的鱼被刮起带往他处
5	涟水	1985 年 5 月 12 日	沿线瓦被掀，1.5 尺粗的杨树被连根拔起；三楼平台上架设的三角电视铁塔（重约 500kg）被狂风掀翻抛到地面，"窗外的水被吸上天，石棉瓦在天上打转"
6	灌南	1973 年 7 月 16 日	一些树被连根拔起，瓦被刮跑，桁条（木质，15kg 左右）被刮走 10m 以外，稻草满天飞，龙卷风把水卷起，一头散养的猪（重约 50kg）从河南被刮到了河北（河宽约 14m）。一根桁条（木质，5kg 以上）被刮飞一里地，插到水塘里
7	灌云	1987 年 8 月 7 日	两棵 70～100cm 的大树被连根拔起，并移动了 7～8m 远，一口 150kg 重的大铁锅被刮出 5m 远，一口熬薄荷油的大铁锅［圆柱形，直径 1.8～2.0m，高度 1.5m 以上（有一人高），重量大约 200kg］被刮到河对岸（河宽 15m）。一根 3m 多长的水泥桁条被刮到 5m 宽的小河对面。一棵大树连根拔起（大约需要几人才能搬动）从河沟的北岸被刮到河南岸（河宽 10m 左右）

在 1070 例龙卷风事件中，有 8 例达到了 F3 级。其中，破坏力最强、影响最为严重的当属 2000 年 7 月 13 日发生于高邮、兴化的龙卷风。该龙卷风在宝应县广洋湖、鲁垛等 4 个乡镇形成并逐渐加强向南运动，约 15 时 30 分，龙卷风进一步加强后进入高邮市甘垛、三垛两个乡镇，随后向东横扫兴化市竹泓、临城、安丰等 13 个乡镇，16 时许，一路从兴化市大邹、安丰镇出境北上向盐都、射阳、阜宁县方向而去，另一路从兴化市竹泓镇出境向南沿东台至海安县方向而去，风势逐渐减弱。该龙卷风生命史较长、路径也长、范围广。最严重的破坏路径长约 30km，有跳跃式前进的特点。高邮因灾倒塌房屋 5009 间，损坏房屋 2907 间，死亡 12 人，失踪 1 人，受伤 1404 人，其中重伤 144 人。兴化因灾倒塌房屋 4543 间，损坏房屋 3790 间，死亡 11 人，失踪 1 人，500 多人受伤，其中危重病人 30 人，沉船 37 条，损坏桥梁、涵闸 5 座。高邮、兴化 2000 年 7 月 13 日龙卷风破坏图如图 3 所示。

（a）竹山小学铝合金窗被整体扯落

（b）楼顶水箱被刮下

（c）砖昆楼房二楼被削平

（d）竹山大桥倒塌

图 3　高邮、兴化 2000 年 7 月 13 日龙卷风破坏图

7　小结和讨论

（1）江苏省属于龙卷风多发地区，年均发生龙卷风 21.4 次。其中，南通沿海、盐城南部沿海地区最多，内陆丘陵山地地区较少。龙卷风主要发生在夏季高温、高湿的午后和上半夜。

（2）1956—2005 年，江苏省共发生 F0 级龙卷风 752 个，F1 级 261 个，F2 级 49 个，F3 级 8 个。F1 级以上龙卷风主要发生在南通沿海、盐城南部沿海地区，宁镇、盱眙、连云港丘陵山地和洪泽湖地区少见，这与下垫面的影响密切相关。

（3）江苏省历史发生的龙卷风事件中，破坏路径长度大部分在 1～30km，路径宽度在 5～500m。在这些龙卷风事件中，不乏破坏力巨大、损失严重的龙卷风。

（4）应加强龙卷风事件的灾害风险评估，在重大工程建设、规划等工作中，尽量避开龙卷风高发和强龙卷风多发地区，同时做好防护措施。

参 考 文 献

［1］ Fujita T T. Analytical meso - meteorology: A review. Severe Local Storms ［J］. Metero Monogr，1963，27：77 - 125.

［2］ Fujita T T. Proposed characterization of tornadoes and hurricanes by area and intensity ［C］. SMRP Research Paper 91，University of Chicago，Chicago，IL，1971，42 pp. ［Available from Wind Engineering Research Center，Box 41023，Lubbock，TX79409. ］

［3］ Fujita T T. Anticyclonic tornadoes ［J］. Weatherwise，1977，30 （2）：51 - 64.

［4］ Lemon L R，Doswell C A. Severe thunderstorm evolution and mesocyclone structure as related to tornado genesis ［J］. Monthly Weather Review，1979，107 （9）：1184 - 1197.

［5］ Wakimoto R M. The Garden City，Kansas，storm during VORTEX 95. Part Ⅰ: Overview of the storm's life cycle and mesocyclogenesis ［J］. Mon Wea Rev，1998，126：372 - 392.

［6］ Fujita T T. Tornadoes and downburst in the context of general planetary scales ［J］. Mon Wea Rev，1981，38：1511 - 1538.

［7］ Markowski P M，J M Strata，E N Rasmussen. Direct surface thermodynamic observations supercells ［J］. Mon Wea Rev，2002，130：1692 - 1721.

［8］ Rasmussen E N. Verification of origins of rotation in tornadoes experiment VORTEX ［J］. Bull Amer Meteor Soc，1994，75：995 - 1006.

［9］ 国家核安全局. 核电安全导则汇编 ［S］. 北京：中国法制出版社，1998.

［10］ 陈家宜，等. 龙卷风风灾的调查与评估 ［J］. 自然灾害学报，1999，8 （4）：111 - 117.

山东省淮河流域主要气象灾害影响与防御措施

邱　粲　刘焕彬　顾伟宗

（山东省气候中心　济南　250031）

摘要：1983—2011年山东省境内淮河流域主要气象灾害有暴雨洪涝、干旱、大风、冰雹。暴雨洪涝灾害发生417次，造成250人死亡，直接经济损失218.45亿元；干旱灾害发生227次，未造成人员死亡，直接经济损失48.36亿元；大风灾害发生337次，造成87人死亡，直接经济损失90.26亿元；冰雹灾害发生247次，造成39人死亡，直接经济损失88.07亿元。应对气象灾害对策措施：建立和完善气象防灾减灾指挥系统，提高气象综合监测水平以及预测预警能力，建立健全气象预警信息发布机制，加强气象灾害影响风险评估以及各种灾害防御工程措施的建设。

关键词：气象灾害；影响；措施

1　主要气象灾害影响分析

对山东省境内淮河流域暴雨洪涝、干旱、大风、冰雹4种气象灾害的历史气象灾情普查数据（1983—2011年）进行整理统计，结果表明近29年来，此4种气象灾害对流域内社会、农业、畜牧业及其他行业的影响较为显著。其中，从社会直接经济损失来看，暴雨洪涝灾害造成的损失总值达到218.45亿元，占4种气象灾害造成的全部直接经济损失的49%；大风灾害、冰雹灾害造成的直接经济损失值各占20%；干旱灾害影响相对较弱，占总比重的11%。同时，暴雨洪涝灾害造成的死亡人数也是4种气象灾害中最多的，在统计时段内达到250人，比例高达67%；其次是大风灾害造成87死亡，冰雹灾害造成39人死亡，分别占到23%和10%。从4种气象灾害对农业的影响来看，干旱灾害造成的农作物受灾面积最大，为$6.5 \times 10^6 \mathrm{hm}^2$，占46%；其后依次为暴雨洪涝灾害、大风灾害和冰雹灾害，比例分别为34%、11%和9%。

1.1　暴雨洪涝对各行业的影响

山东省淮河流域内暴雨洪涝灾害1983—2011年来共计发生417次，年平均发生频次为 14 次。近 10 年较之过去有上升趋势，1983—2000 年年平均发生频次为 11 次，2001～2011 年该数字上升为 20 次，发生次数最多的年份为 2005 年，全年共计 42 次。

在社会影响方面，暴雨洪涝灾害造成的直接经济损失累计达到 218.45 亿元，年平均 7.53 亿元。造成的直接经济损失变化趋势与灾害发生频次趋势基本一致，但直接经济损失最大值出现在 1993 年，该年发生暴雨洪涝灾害共计 24 次，造成直接经济损失 36.49 亿元。

在农业影响方面，暴雨洪涝灾害造成的农作物受灾面积累计达到 $4.8 \times 10^6 \, \mathrm{hm^2}$，年平均 $1.7 \times 10^5 \, \mathrm{hm^2}$。农作物受灾面积最大年份为发生暴雨洪涝灾害频次最多的 2005 年，农作物受灾面积达 $5.2 \times 10^5 \, \mathrm{hm^2}$。

此外暴雨洪涝灾害对其他行业的影响也极为显著，在畜牧业方面，累计造成死亡大牲畜约 18.4 万头，死亡家禽约 224.4 万只；在水利行业方面，造成水毁塘坝 2825 处；林木损失约 1623 万棵；渔业影响面积 $2.4 \times 10^6 \, \mathrm{hm^2}$；公路损坏长度 5800km 以上；电力倒杆约 1.8 万根，电力断线长度约 664.5km；损毁桥梁涵洞等公共设施 6947 处。

1.2　干旱对各行业的影响

山东省淮河流域内干旱灾害 1983—2011 年来共计发生 227 次，年平均发生频次为 8 次。发生次数最多的年份为 2002 年和 2006 年，分别发生 44 次和 29 次。

在社会影响方面，干旱灾害造成的直接经济损失累计达到 48.36 亿元，年平均 1.67 亿元。造成的直接经济损失变化趋势与灾害发生频次趋势基本一致，直接经济损失最大值出现在 2002 年，达 15.04 亿元。尚未有数据显示调查区域内干旱灾害造成人口死亡，但因灾导致的饮水困难人口累计达到 719.19 万人。

在农业影响方面，干旱灾害造成的农作物受灾面积累计达到 $6.5 \times 10^6 \, \mathrm{hm^2}$，年平均 $2.2 \times 10^5 \, \mathrm{hm^2}$。农作物受灾面积最大年份为发生干旱灾害频次最多的 2002 年，农作物受灾面积达 $1.1 \times 10^6 \, \mathrm{hm^2}$，成灾面积达 $8.2 \times 10^5 \, \mathrm{hm^2}$；但农作物成灾面积最大的是 1989 年，该年发生干旱灾害 9 次，农作物受灾面积 $9.1 \times 10^6 \, \mathrm{hm^2}$。

此外在干旱灾害对其他行业的影响方面，29 年来累计造成饮水困难牲畜约 72.6 万头，林业受灾面积 $1.5 \times 10^5 \, \mathrm{hm^2}$。

1.3　大风对各行业的影响

山东省淮河流域内大风灾害 1983—2011 年来共计发生 337 次，年平均发生频次为 12 次。近 10 年较之过去有明显上升趋势，1983—2000 年年平均发生频次为 9 次，2001—2011 年该数字上升为 16 次，发生次数最多的年份为 2010 年，31 次，其次是 2001 年，26 次。

在社会影响方面，大风灾害造成的直接经济损失累计达到 90.26 亿元，年平均 3.11 亿元。直接经济损失最大值出现在 2006 年，该年发生大风灾害共计 17 次，造成直接经济损失 16.03 亿元；其次是发生 26 次大风灾害的 2001 年，造成直接经济损失 11.43 亿元。

在农业影响方面，大风灾害造成的农作物受灾面积累计达到 $1.6 \times 10^6 hm^2$，年平均 $5.4 \times 10^4 hm^2$。农作物受灾面积最大年份为发生大风灾害 11 次的 1997 年，农作物受灾面积达 $1.2 \times 10^5 hm^2$，该年的农作物成灾面积、绝收面积也为历年最大，分别为 $8.1 \times 10^4 hm^2$ 和 $6.5 \times 10^4 hm^2$。大风造成的农业经济损失在 15.02 亿元以上，2010 年由大风灾害导致的农业经济损失达 3.56 亿元，为历年最大值。

此外在大风灾害对其他行业的影响方面，累计造成死亡大牲畜约 9337 头，死亡家禽约 31.13 万只；林木损失约 1162 万棵；电力倒杆约 2.9 万根，电力断线长度 738.8km。

1.4　冰雹对各行业的影响

山东省淮河流域内冰雹灾害 1983—2011 年来共计发生 247 次，年平均发生频次为 9 次。近 10 年较之过去呈现上升趋势，1983—2000 年年平均发生频次为 7 次，2001—2011 年该数字上升为 10 次，发生次数最多的年份为 2003 年，共计 18 次。

在社会影响方面，冰雹灾害造成的直接经济损失累计达到 88.07 亿元，年平均 3.04 亿元。直接经济损失最大值出现在 2005 年，该年发生冰雹灾害共计 9 次，造成直接经济损失 47.05 亿元，远高于年平均值；其次是发生 13 次冰雹灾害的 1998 年，造成直接经济损失 6.10 亿元。

在农业影响方面，冰雹灾害造成的农作物受灾面积累计达到 $1.2 \times 10^6 hm^2$，年平均 $4.2 \times 10^4 hm^2$。冰雹造成的农作物受灾面积最大年份为 2005 年，农作物受灾面积达 $1.7 \times 10^5 hm^2$，该年的农作物成灾面积、绝收面积也为历年最大，分别为 $1.2 \times 10^5 hm^2$ 和 $3.7 \times 10^4 hm^2$。冰雹造成的农业经济损失累计达到 124.28 亿元以上，2006 年由冰雹灾害导致的农业经济损失达 42.3 亿元，为历年最大值。

此外在冰雹灾害对其他行业的影响方面，累计造成死亡家禽约 12.7 万只；林木损失约 502.4 万棵，林业受灾面积 $1.3 \times 10^4 hm^2$。

2 山东省淮河流域洪涝灾情典型纪实

山东省淮河流域位于我国雨水丰沛的南方与干旱少雨的北方之间的过渡地带，气候变化复杂，流域内河流多为扇形网状水系结构，洪水集水迅速，加上黄河侵淮、夺淮的历史，更使洪涝灾害频繁。新中国成立以来，山东省淮河流域发生的较大的洪水主要有1957年流域特大洪水、1963年洪水、1964年洪水、1993年湖西洪水。

2.1 1957年流域特大洪水

1957年7月6—26日连续7场暴雨，笼罩了整个流域，日雨量一般都在500～800mm之间，形成该流域新中国成立以来最大的洪水。沂沭河连续出现6～7次洪峰，沂河临沂站7月19日最大洪峰流量达15400m³/s，为新中国成立以来的最大值。南四湖地区7月10—23日，7d连续普降大到暴雨，全区平均降雨量654mm，汛情形势十分严峻。泗河曾出现5次洪峰，7月10日洪峰流量达2665m³/s，下游邓庄粟河崖一带决口两处，流入缓征地。复又于7月19日曲阜书院站洪峰流量达3386m³/s，7月24日书院站出现最大流量4200m³/s，泗河的泗沂三角地带分滞上游洪水，在分洪的同时，泗河白家店溃决漫溢，造成两下店停车2h。为确保津浦铁路的安全，两次将马桥分洪口破堤放水，致使兖州全境水深尺余，洪水漫流而下造成邹、滕各县遭受严重洪灾。7月17日湖西中小河流漫溢溃决，坡水片流而下，金乡、加祥、微山、济宁纵横百余千米一片汪洋，到处可以行舟。7月25日南阳湖出现水位36.48m，8月3日微山湖出现最高水位36.28m，湖堤普遍漫决、滨湖地区全部被淹。全区受淹土地6×10⁵hm²，作物成灾5.19×10⁵hm²，被水围村庄4945个，倒房112万间，死亡人口421人，伤1619人，死亡大牲畜4882头、家畜7000只，受灾群众312万人。

2.2 1963年洪水

汛期南四湖区平均降雨量629mm，7—8月间降雨日数达40多天，阴雨连绵，地下水位升高，平原地区积水，沟满壕平，内涝成灾。局部发生暴雨大暴雨。微山县韩庄镇8月30日12—14时，两小时降雨量106mm。湖西地区，万福河、梁济运河、赵王河、洙水河的水位均超过防洪保证水位，有20多条河道入湖段，受湖水顶托倒漾决口72处，漫溢22处。金乡县境内北大溜决口淹没土地9×10³hm²，有70多个村庄被水包围，平地水深1～3m，受灾人口

6.5 万人。汛期全区成灾面积 $3.30 \times 10^5 hm^2$，其中受灾面积 $3.2 \times 10^5 hm^2$，倒塌房屋 4.8 万间，死亡人口 92 人。

2.3 1964 年洪水

1964 年汛期，南四湖地区先涝后旱，旱后又涝。汛期全区平均降雨量 819mm，超常年同期，有 11 个县（市、区）降雨量在 $650 \sim 900mm$，最大汶上县 1123mm。汛期最大 30d 降雨量 434mm。由于暴雨集中，水量超出工程现状防洪能力，造成大面积洪灾 $3.2 \times 10^5 hm^2$，成灾面积 $2.6 \times 10^5 hm^2$，被水包围村庄 2075 个，进水村庄 811 个，倒塌房屋 293817 间，死亡人口 96 人，伤 478 人，死亡牲畜 137 头。8 月 28 日至 9 月 4 日大暴雨，汶上、加祥、兖州、济宁北部地区一片汪洋，平地行舟，有的村庄水深 1.0m 多，房屋几乎全部倒塌。加祥县邱翁岔决口 10 余处，坡水河水汇集而下，仲山公社 $5.8 \times 10^5 hm^2$ 耕地淹没 $5.7 \times 10^5 hm^2$，水深 1.0m 以上。汶上县刘楼公社 $2.7 \times 10^5 hm^2$ 耕地全部淹没，水深处高粱刚刚露穗。兖州北部杨家河、洸府河、草河，水连一片，兖州至汶上公路水深 $0.5 \sim 1.0m$，20 多天受阻不能通车，湖西地区赵王河、洙水河，洪水超过防洪保证水位，堤防漫溢决口 26 处，洪水漫滩持续 1 个多月。

2.4 1993 年湖西洪水

1993 年，汛期共计降雨日 30d，平均降雨 564mm。尤其湖西万北地区降了特大暴雨，加祥县平均降雨 304mm，最大点雨量仲山乡降雨 399mm。洙赵新河梁山闸 90min 降雨量 92.8mm，24h 连续降雨 198mm，三日降雨量 269mm，接近 100 年一遇。菏泽地区也降了大暴雨，洙赵新河水位猛涨，13 日，梁山闸水文站水位达 37.84m（超过警戒水位 0.84m），流量 440m³/s，是洙赵新河开挖以来的次大洪峰。同时，洙水河、蔡河、邱公岔、薛公岔河相继出现险情，洙赵新河的 20 座涵洞相继出险倒灌，巨野县客水由邱公岔漫流灌入加祥县的仲山乡，洪涝夹击，大片农田被淹没，村庄被洪水浸泡，出现了一场毁灭性的灾害。

3 气象灾害非工程防御措施

3.1 建立和完善气象防灾减灾指挥系统

为了有效避免和减轻气象灾害损失，首先要建立突发公共事件预警信息发布平台，以"政府组织，整体规划，科技支撑，注重实效"的理念为指导，做好与国家项目的衔接及地方配套资金的落实，积极推进突发事件预警信息发布平台和各市、县突发事件预警信息发布平台建设，完善突发气象灾害预警信息发布机制，形成国家、省、市、县四级相互衔接、规范统一的气象灾害预警信息发布体系。

其次要进一步完善气象灾害应急预案，建立多途径气象灾害应急处置机制。加强部门联动，强化气象灾害紧急避难、应急救援、应急监测等处置措施，逐步构建气象灾害"数字预案"，基本形成横向到边、纵向到底的气象灾害应急预案体系。开展应急演练，促进单位之间的协调配合和职责落实。加强应急预案的动态管理，适时对预案进行修订和更新。建立由各级政府组织协调、各部门分工负责的气象灾害应急响应机制。组织有关部门建立和明确各灾种的应对措施和处置程序，加强气象灾害防御协作联动和信息共享，努力提高气象灾害的处置能力。组建气象灾害应急保障服务专业队伍和专家队伍。建立和完善气象灾害防御社会动员机制，充分发挥非政府组织和公民在气象灾害应急救助中的作用。加快建立财政支持的灾害风险保险体系，充分发挥金融保险行业在气象灾害救助和恢复重建工作中的作用。

第三要进一步加强气象灾害防御法制管理，加快气象探测环境和设施保护、气候资源开发利用、气候可行性论证等方面的地方气象立法进程。加强气象灾害预警信息发布与传播、气象探测环境保护、雷电灾害防御、人工影响天气、气候资源开发利用等方面的依法管理，制定和完善气象防灾减灾标准、规范和流程，建立健全以气象灾害综合监测、预报预警、影响评估、应急响应、防灾减灾公共服务为重点的标准体系。推动工程建设避免危害气象探测环境、气候可行性论证等事项纳入基本建设项目联办联审程序。

3.2　进一步提高气象灾害综合监测水平

加快推进卫星遥感监测系统、新一代天气雷达、风廓线雷达、自动气象观测站建设，建成气象灾害立体观测网，实现对重点区域气象灾害的全天候、高时空分辨率、高精度连续监测。加强山区、中小河流域及山洪泥石流灾害多发区等区域气象观测站建设；加强交通干线、大型化工园区、重要输电线路沿线、重要水利工程、重点经济开发区、主要工矿区的气象灾害监测设施建设；强化粮食主产区、重点林区、生态保护重点区的旱情监测，加密布设土壤水分、墒情和地下水监测设施。加强移动应急观测系统建设。加强山洪灾害、地质灾害、森林火灾、城市积涝等次生灾害的专业监测网络建设。

3.3 提高气象灾害预测预警能力

提高气象灾害预测预警能力，建立高分辨率数值天气预报业务系统。进一步加强城市、农村、河流、水库、山洪沟等重点区域气象灾害预警预报，提高中小尺度灾害性天气的预报精度，提高预报精细化水平。完善农业干旱、霜冻、低温冷害、连阴天、干热风等重大农业气象灾害的指标，加强重大农业气象灾害的预测预警能力。

3.4 建立健全气象预警信息发布机制

加强气象灾害预警信息发布，完善预警信息发布机制和手段，建立健全气象预警信息直通式发布机制和全网发布机制。充分发挥广播、电视、报纸、网络等社会媒体的作用，及时、准确播发或刊载气象灾害预警信息。重点加强农村偏远地区预警信息接收终端建设，因地制宜利用手机短信、"农村大喇叭"、信息服务站、电子显示屏等多种方式及时将灾害预警信息传递到千家万户。加强基层预警信息服务体系建设，重点健全基层社区预警信息传递机制，形成县—乡—村—户直通的气象灾害预警信息传播渠道。加强气象灾害防御教育与培训，充分发挥乡镇、社区、企业在气象防灾减灾能力建设方面的基础作用。加强气象灾害应急准备工作认证和气象灾害敏感单位安全认证，促进基层气象灾害应急准备规范化和社会化。积极开展减灾示范社区的创建活动，强化基层社区、乡镇的气象灾害防御能力建设。面向社区、村社开展气象灾害防御技能的远程培训、集中培训以及应急演练，切实增强城乡基层居民气象防灾减灾意识和避灾自救技能。建立训练有素的信息员队伍，按照防御方案和应急预案，正确防御气象灾害。

3.5 加强气象灾害影响风险评估

建立气候可行性论证制度，加强气象灾害影响风险评估、气候变化影响评估和适应研究。各级政府及有关部门要按照职责分工，开展气象灾害普查、风险评估和隐患排查工作。开展各类重大建设项目与局地气候的相互影响研究，建立工程项目气候可行性论证标准，推行气候可行性论证制度。开展气候变化事实及演变规律的监测分析和研究，开展气候变化对极端气象灾害事件，以及对经济、社会、能源、水资源、粮食安全、生态环境等的影响评估研究，开展适应和减缓气候变化的应对研究，为经济社会发展、生态建设等方面的重大决策提供技术支撑。

3.6 加强工程建设

进一步加强防汛抗旱减灾工程、城市防洪防涝工程、人工影响天气工程、雷电灾害防御工程、农业抗灾增收工程、信息网络系统工程、灾害应急保障工程、灾害应急避险工程等防灾减灾工程措施的建设。

参 考 文 献

[1] 沈吉，张祖陆，杨丽原，等. 南四湖——环境与资源研究 ［M］. 北京：地震出版社，2008.
[2] 何晨. 试论我国气象灾害防御的应急管理 ［J］. 内蒙古气象，2011 (6).
[3] 李新梅. 做好气象灾害防御工作的设想与建议 ［J］. 安徽农学通报（上半月刊），2012 (1).
[4] 房世波，阳晶晶，周广胜. 30年来我国农业气象灾害变化趋势和分布特征 ［J］. 自然灾害学报，2011 (5).
[5] 胡磊. 气象灾害对农业生产的影响及对策探讨 ［J］. 吉林农业，2011 (8).
[6] 许小峰. 强化气象灾害监测预警提升应急防灾避险能力——解读《关于加强气象灾害监测预警及信息发布工作的意见》［J］. 中国应急管理，2011 (8).
[7] 白玉洁，段海花，侯学源. 我国主要气象灾害对农业生产的影响及应对策略 ［J］. 安徽农业科学，2011 (16).
[8] 刘彤，闫天池. 我国的主要气象灾害及其经济损失 ［J］. 自然灾害学报，2011 (2).
[9] 韩颖，岳贤平，崔维军. 气象灾害应急管理能力评价 ［J］. 气象科技，2011 (2).

淮河流域南四湖湿地气候变化特征与适应对策

刘焕彬　陈艳春　顾伟宗

（山东省气候中心　济南　250031）

摘要： 南四湖湿地受水陆下垫面条件的影响，年平均气温湖内比周围陆地偏高，气温的日较差和年较差偏小，其分布规律在距离湖泊 10km 范围内据湖岸越远，年较差越大。湖面湿度大于沿湖陆地，湖面蒸发量低于沿湖陆地。受气候变化的影响，近50 年来南四湖湿地降水量呈现明显的减少趋势，旱情频繁出现，入湖径流量严重衰退，导致南四湖的入湖水量大幅减少，湖泊水域面积相应缩小，湿地面积萎缩，湖泊沼泽化加重。随着南水北调东线工程的实施，南四湖水位处于相对较高的稳定状态。

针对南四湖湿地生态系统具有多样性、稀有性和脆弱性的特点，气候变化与湿地的关系必须引起足够的重视，需要加强相关基础研究工作，加强气候变化对水文水资源的影响研究，加强南四湖湿地碳循环过程以及气候变化背景下碳动态等基础研究；在水资源管理中，考虑加强由传统水资源管理（旱灾和洪水管理）向适应气候变化的适应性管理和风险管理研究，采取积极主动的措施应对气候变化。

关键词： 南四湖；气候变化；对策

南四湖是我国十大淡水湖泊之一，湖泊最大面积达 1266km²，平均水深 1.5m 左右，按照目前国际上比较惯用的一般地表积水深度小于 2m 的指标，整个湖泊为一典型的湖泊湿地，已被列为国家级湿地保护区。

1　南四湖湿地气候变化观测事实

1.1　太阳辐射与温度

太阳辐射是形成区域气候热量资源的主要因素之一。影响南四湖太阳辐射分布的因子很多，但起主导作用的是地理纬度、天空状况和下垫面性质。日照百分率一般在 53%～59% 之间，其中湖东略高于湖西，南部高于北部，全年以 6 月最高，一般日照百分率在 58%～64% 之间，7 月最低，在 56% 以下。南四湖区域的日照时数为 2630.4h，日照时数的年内分布以 5 月、6 月最多，处于 250~270h 之间，以 2 月时数较少，为 150~174h。年太阳总辐射量平均为 $4.914 \times 10^8 J/m^2$，但季节差异很大，夏季达（$1.507 \sim 1.633$）$\times 10^8 J/m^2$，冬季仅有 $7.534 \times 10^6 J/m^2$。太阳辐射的分布以 5 月、6 月最多，12 月最少（沈吉等，2008）。

南四湖湖区的温度状况，具有大型湖泊基本类似的共同特点，除了取决于太阳辐射能的输入影响外，还受到水、陆下垫面条件的差异性制约。因此，其分布并不完全反映随纬度增高而递减的规律。同时，从实际年平均气温来看，还显示出一个以湖面为中心的"暖区"现象，且日较差和年较差均小于沿湖陆地。因水体具有较大的热容量，升温慢，降温也慢，故湖内年平均气温比周围陆地偏高，气温的日较差和年较差偏小。湖内年平均气温为 14.2℃，沿湖陆地为 13.7℃，湖内比沿湖陆地偏高 0.5℃，说明湖泊水域的热效应具有使该地区温度南移一个纬度的同等效力。气温的年较差，湖内为 26.5℃，沿湖陆地为 28.2℃，其分布规律在距离湖泊 10km 范围内据湖岸越远，年较差越大。年较差的这种分布规律比较明显地反映了湖、陆气候的差异。

1.2　降水与蒸发

大气降水是南四湖水资源的主要来源，降水的多少首先取决于不同天气系统的影响，其次是受地形、下垫面的影响，降水季节变化明显，夏季随着太平洋高压暖流向北扩展，降水显著增多；秋后由于蒙古冷高压增强南下，降水则显著减少。因此，年内降水具有夏季降水集中，陆地降水大于湖面，并呈自南向北递减的特点。流域降水量影响湖水位的高低，来水多少直接影响湖泊水资源量及渔业和副业生产。南四湖流域年降水量各地平均在 750mm 左右。湖内年平均降水量为 700mm，沿湖陆地年平均降水量为 760mm 左右。总的分布特点是南部多于北部，沿湖陆地多于湖内。据资料：夏镇 1971 年降水最多达 1392.9mm，而 1983 年仅 515.0mm，二者相差 1.7 倍；又据二级坝闸上站的实际观测资料，二级坝多年平均年降水量为 684mm，年降水日数为 7dd，降水最多的是 1971 年，为 1049.6mm，最少的是 1982 年，为 447.3mm（沈吉等，2008）。

1951—2002 年南四湖降水量年际变化如图 1 所示，由此可见，近 50 年来南四湖地区降水量呈现明显的减少趋势，其气候倾向率为 -42.54mm/10a（牛玉生，2006）。这与马晓波、黄荣辉（2009）等对华北地区降水呈减少趋势的研究结果相一致。在 52 年降水资料中，有 28 年出现负距平，比正距平多 4 年，50 年代、60 年代、70 年代、80 年代、90 年代出现次数分别是 4 次、2 次、4 次、9 次、7 次，负距平出现的年份增加较快，而且降水量距平较大，

2002 年甚至出现了近 50 年最小降水量，使得南四湖整个湖泊干涸。

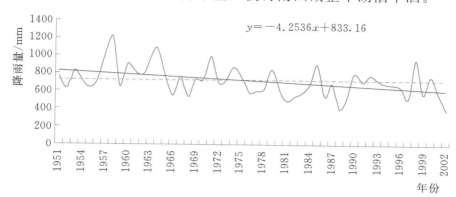

$$y = -4.2536x + 833.16$$

图 1　1952—2002 年南四湖湿地降水量变化

另外，降水的年内变化也很大（表 1）。夏季降水多而集中，一般为 377～470mm，占年总降水量的 59％～63％；冬季降水量最少，在 27～44mm 之间，占全年降水量的 4％～5％。降水量的这种季节性分布反映了季风气候的特色。夏季本区受海洋暖湿气团影响，并与不时北来的冷空气交绥而造成丰富降水。但冬季常常在单一的干冷大陆性气团控制下，降水稀少。湖区秋雨多余春雨，秋季降水量在 116～157mm 之间，占全年降水量的 17％～20％，春季降水量在 92～139mm 之间，占全年降水量的 13％～18％。湖区内降水多集中在 6—9 月，这 4 个月的多年平均降水量为 486.6mm，占多年平均总降水量的 71％，月最大降水量为 176.2mm（7 月），占年降水量的 25.8％，沿湖陆地上的降水一般高于湖面，多年平均降水量为 743.3mm。

表 1　　　　　　　　　南四湖多年各月平均降水、蒸发量

	降水与蒸发	1 月	2 月	3 月	4 月	5 月	6 月	7 月	8 月	9 月	10 月	11 月	12 月	全年
降水	二级坝湖面降水量/mm	9.2	14.0	24.3	53.1	33.3	85.4	176.2	144.2	80.8	35.2	16.6	11.7	684.0
	占年降水量的百分数/%	1.3	2.0	3.6	7.8	4.9	12.5	25.8	21.1	11.8	5.1	2.4	1.7	100
	陆地降水量/mm	12.5	15.5	25.3	55.7	34.9	80.7	215.4	148.1	85.3	44.7	13.4	11.8	743.3
	占年降水量的百分数/%	1.6	2.1	3.4	7.5	4.7	10.9	29.0	19.9	11.5	6.0	1.8	1.6	100
蒸发	二级坝湖面蒸发量/mm	16.1	24.5	54.8	76.6	98.8	102.9	85.0	86.7	65.2	47.4	29.2	16.4	704.5
	占年蒸发量的百分数/%	2.3	3.5	7.8	10.9	14.0	14.6	12.1	12.3	9.3	6.7	4.1	2.4	100
	陆地蒸发量/mm	30.7	44.4	87.4	116.6	146.0	179.6	121.9	109.0	86.2	75.0	47.4	30.0	1074.2
	占年蒸发量的百分数/%	2.9	4.1	8.1	10.9	13.6	16.7	11.4	10.1	8.0	7.0	4.4	2.8	100

注　蒸发量是据气象站所测资料，经折算统计而成，数据按折算系数 0.6 折算（沈吉等，2008）。

降水量的多少直接影响了南四湖水安全的形势，降水量与湖泊水位、水量有密切关系，并由此直接影响湖水污染物浓度、生物生存分布等水环境、水生

态问题，是水安全的一个重要方面。由以上分析可知，南四湖近50多年来降水量呈明显的减少趋势，并且降水量的年际、年内变化较大，造成了南四湖湖泊容积萎缩、干涸频率增加，且旱涝灾害频繁。

近湖区微山、鱼台等县的蒸发量一般在1815mm左右，其分布多与湿度呈反相关，与气温呈正相关。湿度越大、气温越低，蒸发量越小。5—6月由于多西南干热风，风速较大，气温急剧上升，湿度最小，蒸发也最快，故6月蒸发量最大。冬季虽然湿度较低，但气温低，所以蒸发量最小，12月、1月均不到50mm，且蒸发量的湖陆差异明显（表1）。湖面多年平均年蒸发量为704.5mm，最大月蒸发量出现在6月，为102.9mm，占年蒸发量的14.6％；最小月出现在1月，为16.1mm，占年蒸发量的2.3％。湖面湿度大于沿湖陆地，并有充足水源可供蒸发，但因湖面大气在全年的大部分时间内处于稳定层状态，交换势弱，结果往往使湖面蒸发量低于沿湖陆地约370mm。

2　气候变化对南四湖湿地生态系统结构的影响

2.1　对湿地水文水资源的影响

近年来，气候变化问题已引起全世界的普遍关注，在受全球气候变化的影响下，近20多年来，灾害性天气频现。水文要素变化尤其明显，干旱的发生更加频繁，水资源短缺日益严重。旱涝的频繁出现，不仅影响水资源的丰歉，而且直接影响湖区渔业、副业和湖区周围工农业的发展。50年来有30多年出现不同程度的旱情和洪涝灾害（图2）。同时，湖泊自然条件下形成的浅碟形的结构，调度能力较低，加重了洪旱灾害。尤其是近20年来，旱情频繁出现，南四湖流域降水量明显减少，年际间分配不均，诸多入湖河流的径流量严重衰退，导致南四湖的入湖水量大幅减少，湖泊水域面积相应缩小，湿地面积萎

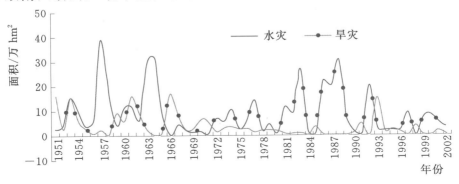

图2　1951—2002年南四湖区所受水灾、旱灾面积

缩，湖泊沼泽化加重（张天华等，2005）。水资源短缺严重影响区域的工农业发展和渔业生产。2003 年，南四湖区进入丰水期后，对南四湖湿地生态系统退化状况才得到控制。

在 1961—2003 年 43 年间，南四湖入湖径流量呈明显减少趋势（图 3），减少速率为 $0.93×10^8 \mathrm{m}^3/\mathrm{a}$。20 世纪 70 年代为径流量的丰期，进入 80 年代以来，入湖径流量明显减少，80 年代末期，南四湖出现连续干涸状态。南四湖年径流量的丰枯，有明显的持续性，特枯水年持续时间一般为 4 年，近 50 年来径流量特别稀少的年份为 1966—1969、1986—1989、1999—2002 年，后两个时期均出现了严重的湖泊干涸现象。

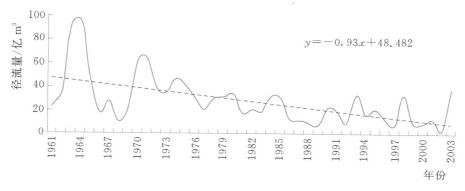

图 3　南四湖多年径流量变化曲线

南四湖水位的时空分布与湖泊水量平衡组成要素的时空变化（尤以降水形成的流域入湖径流的年内或年际分配具有决定性作用）有很大关系（梁春玲，2010）。南四湖上级湖最低水位出现在 5 月、6 月，最高水位多出现在 8 月、9 月。根据 1953—2007 年不间断南四湖水文观测资料，上级湖最高月平均水位多年平均为 34.82m，最低月平均水位多年平均为 33.38m。从图 4 可以看出，

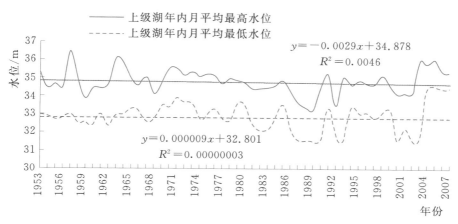

图 4　1953—2007 年上级湖年内月平均最低和年内月平均最高水位变化

最高月平均水位减少速率为 0.029m/10a，最低月平均水位略呈下降趋势，减少速率很小。伴随南水北调东线工程的实施，加强了南四湖水资源的科学管理和合理配置，南四湖水位处于相对较高的稳定状态。

2.2 对湿地生物组分结构的影响

南四湖湿地生态系统生物组分具有多样性、稀有性和脆弱性的特点。南四湖湿地生物资源丰富，种类繁多，是生物多样性的代表地区，形成复杂的食物网（梁春玲，2010）。同时，湿地植物、水生动物和微生物构成完整的营养循环。多样的生境类型，为珍贵水生生物和鸟类提供了良好的生存环境。南四湖湿地区有湖泊湿地、河流湿地、稻田湿地及湖滩、岛屿、丘陵等多种湿地类型及地貌形态。生境多样性孕育了物种多样性和生态系统多样性。选用物种相对丰富度作为指标评价南四湖湿地物种多样性，与山东省境内国家级黄河三角洲湿地自然保护区加以对比分析和评价，结果表明，南四湖的鸟类和两栖类的种类数分别占山东省总数的 51% 和 89%，说明南四湖在鸟类和两栖类动物的相对丰富度上占很大优势（赵魁义，1995）。

南四湖湿地生态系统生物组分具有稀有性特点。在南四湖湿地分布区，列入《国家重点保护野生动物名录》的物种中，脊椎动物有国家Ⅰ级保护动物 2 种；国家Ⅱ级保护动物 24 种；山东省重点保护动物 43 种。在国家林业局、农业部 1999 年 9 月公布的《国际贸易公约》中受保护的野生动物有 31 种；山东省重点保护鸟类 35 种。在《濒危野生动植物物种国际贸易公约》中受保护的鸟类有 31 种，植物 1 种；列入《中国与澳大利亚保护候鸟及其栖息环境协定》的 81 种候鸟有 25 种，占总数的 31%。另外，南四湖水生生物、底栖动物丰富，为鸟类生存提供丰富食饵，而且也是鸟类重要的迁徙、停歇、繁殖地，其本身就具有稀有性。

南四湖湿地生态系统生物组分还具有脆弱性特点。脆弱性是反映生境、群落和物种对环境改变的敏感程度。脆弱的生态系统极易遭受破坏，且难以恢复。脆弱的物种种群表现在长期活力弱、繁衍能力差，对环境变化的适应能力低，极易遭受濒危和灭绝威胁，因此脆弱的生态系统和生物种群具有较高的保护价值（许学工等，2001）。南四湖的形成过程与湿地形成的背景、环境条件已决定其脆弱性的一面，一经破坏将很难恢复。近年来，在湖岸围湖造田、挖池养鱼，沿湖工矿企业大量向湖内排放污水，导致湖水污染加重，造成生态和环境的破坏，影响湿地功能正常发挥。由于鸟类的栖息环境遭到破坏，越冬候鸟和生活在湿地的珍贵鸟类因水生动物减少和栖息地缩小，使水禽的生态平衡出现失调。湖区各类鸟兽的栖息地受人为干扰增强，最终致使该区的动物群落结构发生较大的变化。表现在鸟类的数量大大减少，部分甚至濒临灭绝或缺失。

南四湖生物量的这种变化，反映了人类的围垦、养殖等活动对湿地影响由湖泊外围向湖心弱化，对外围湿地的影响最大。2003 年成立自然保护区和南水北调东线工程的实施使得南四湖保护和治理力度加大，湿地生态环境开始好转，其恢复是从湿地核心区和较低级的生物生产力开始，说明对湿地影响最大的因素是人类活动，能量在南四湖湿地生态系统中从低级向高级传递。

2.3 对湿地碳循环的影响

目前关于湿地碳循环研究正在开展，发表文献较少，本文根据文献进行评估。湿地碳循环在陆地及全球碳循环中起着重要作用，而且与全球气候变化有着直接而紧密的联系，并表现出较高的敏感性（张文菊等，2007）。湿地生态系统是 CO_2 的"源"和"汇"。据估计，储藏在不同类型湿地内的碳约占地球陆地碳总量的 15%；湿地生态系统也是甲烷（CH_4）、氧化亚氮（N_2O）的"源"。湿地生态系统的结构、功能、分布等的变化必然会对区域，或更大范围的气候和气候系统造成一定的影响（孙彦坤等，2003）。湿地是陆地上巨大的有机碳储库。尽管全球湿地面积仅占陆地面积的 4%～6%，碳储量约为 300～600Gt（$1Gt＝10^9t$），占陆地生态系统碳储存总量的 12%～24%。如果这些碳全部释放到大气中，则大气 CO_2 的浓度将增加约 200ppm，全球平均气温将升高 0.8～2.5℃（刘子刚，2003）。

在既定的水文条件下，大气 CO_2 浓度升高和增温可能会使湿地生态系统的碳交换变得更为活跃；在 CO_2 浓度倍增和增温小于 2.5℃ 的气候变化情景下，系统净初级生产力（NPP）和积累的有机碳密度增加，系统仍为大气的 CO_2 "汇"，但气候变暖的进一步加剧并不利于湿地有机碳的积累，由于 CO_2 施肥效应和温度升高增加的系统 NPP 补偿不了因温度升高导致的沉积物呼吸速率加快而损失的碳，季节性积水沼泽生态系统积累的有机碳甚至出现明显的下降趋势（张文菊等，2007）。

湿地生态系统碳循环的一个重要部分是泥炭的喜氧和厌氧分解，其导致 CH_4 和 CO_2 释放进入大气中。据统计，湿地是大气 CH_4 主要的自然来源，天然湿地每年向大气中排放的 CH_4 占全球 CH_4 排放总量的 15%～30%。同时，湿地生态系统的碳收支受植被、气候条件及水文状况的支配。例如，温度增加可能产生的呼吸作用强度大大高于光合作用强度，且湿地环境有机物质难以分解，故导致泥炭的积累，此时，湿地成为碳汇；但当湿地水位持续下降而积水变干后，泥炭将不断被分解，产生大量的 CO_2 而进入大气中，此时湿地成为重要碳源；CH_4 释放量亦随着泥炭剖面温度的增加而增加，其净生产量对水位变化非常敏感，且排放率与植物类型具有广泛的相关性，积水洼地 CH_4 排放量是相邻地区的 $3\sim30$ 倍（宋长春，2004；伍光和，2000；周念清等，2009）。

CH_4 从湿地进入大气中的排放通量，可以用由 3 个复杂变量组成的简单方程来表述：

$$CH_4 \text{排放通量} = \text{排放率} \times \text{湿地面积} \times \text{排放时期}$$

气候变化以不同的方式影响上述 3 个变量，其影响包括直接和间接两个方面。气候的直接影响有降水条件（包括总降水量和降水时间）和温度，降水和温度是控制 CH_4 排放通量的主要环境因子。排放率对上述两个因子的变化非常敏感，湿地 CH_4 排放主要取决于受降水条件影响的土壤水分含量、积水条件及土壤温度。气候变化的间接影响是通过对其他变量的影响而导致对 CH_4 排放的影响，如蒸发作用影响湿地积水、土壤水分及径流条件，从而影响 CH_4 的排放；而蒸发是降水、温度、植物群落结构及植物动态的复杂函数。对湿地环境认识的深度和广度限制了对气候变化影响湿地 CH_4 排放的定量化研究和预测。气候变化决定湿地的存在、湿地的空间分布、湿地植物生长期及其他变量的变化，进而直接或间接影响湿地 CH_4 排放。温度变化是影响湿地植物生长期长度的决定性因素，温度变化将改变湿地植物生长季长度及生长季间的平均温度；降水和实际蒸发的季节性变化影响湿地水文条件，从而影响 CH_4 排放（宋长春，2004）。

南四湖湿地 1987 年、1997 年和 2008 年植被碳储量均值分别为 1.07TgC、1.08TgC 和 0.64TgC（于泉洲等，2012），1987—1997 年湿地植被碳储量平均年增加 0.001TgC，变化幅度不大；1997—2008 年年减少 0.04TgC，下降较明显。其中，自然植被碳储量减少，人工植被碳储量呈现先增加后减少的波动变化特征，分析认为这一变化特征产生的主要原因是南四湖地区多因子驱动的土地覆被变化活动。通过区域湿地植被的碳平衡动态分析认为，植被碳储量（碳库）的减少可能会导致整个湿地碳储量的入不敷出，使整个湿地碳汇能力下降甚至可能变为碳源。

3 南四湖湿地生态系统对气候变化的适应对策

全球气候变化已经成为一个不争的事实，而且这种变化是不可逆转的。湿地是相对比较脆弱的生态系统，其物种相对于陆地物种适应气候变化的能力更弱（徐明等，2009）。南四湖区域气候变化与湿地生态环境的演变过程及未来可能变化趋势是南四湖湿地生态系统可持续发展和南四湖生态环境建设必须面对的问题。因此，气候变化与湿地的关系必须引起足够的重视，有关气候变化的研究应该从单纯的科学研究逐渐向对政策产生影响的适应性管理研究过渡，为决策者采取有效的缓解措施提供依据。

目前有关湿地生态系统对气候变化的脆弱性与适应性研究主要还是国外的成果，国内三江平原湿地也有部分研究。但是作为国内较大的湖泊湿地生态系统，南四湖的相关研究还相对薄弱，尤其是缺少定量评估气候变化对湖泊湿地脆弱性、敏感性、适应性的方法、模型和指标体系，迫切需要加强相关基础研究工作。而这就要求我们加强对南四湖区域的温度、降水等气候变量以及生态环境指标进行动态监测和诊断分析，获得三维立体监测信息，建立南四湖湿地气候变化影响模型。

3.1 加强气候变化对水文水资源的影响研究，提高干旱、洪涝的预测预报水平

根据南四湖流域水资源未来变化趋势的预估，在不同排放情景下，可能会出现不同的演变趋势。高排放情景下，水资源量有减少趋势，应着重考虑特大旱灾防御对策，而在低排放情景下，水资源量呈一定的增加趋势，应着重考虑特大洪水防御对策。另外，在东亚季风的变异与变迁下，降水的年内分配和年际变化较大，且空间分布极不均匀，极端气候事件频率增加，导致南四湖面对洪水的脆弱性增加，洪水风险度提高。因此，要建立和完善危机预警系统，努力探讨极端天气气候事件发生发展的规律，及时捕捉极端事件出现的征兆，并加以分析、处理和预告。另外，如何辨识气候变化、各种下垫面变化以及水利工程等对径流变化的影响程度和贡献率，特别是对极值水文事件的影响也是需要我们重点关注的问题。

加强南四湖湿地碳循环过程以及气候变化背景下碳动态等基础研究，以科学评估湖泊湿地在减源增汇方面的贡献。保护和恢复湿地，加强湿地管理（如减少湿地排水等），增加湿地对碳素的储存和温室气体的吸收，是减缓气候变化的一个重要方面。

3.2 在制定发展规划时，要充分考虑到气候变化的影响

在水资源管理中，应考虑加强由传统水资源管理（旱灾和洪水管理）向适应气候变化的适应性管理和风险管理研究。气候变化对水资源工程和规划的影响成为气候变化影响评估项目中最为重要的一个方面，也是我国水资源规划、投资和管理面临的新挑战。但遗憾的是，在实际水资源规划和管理中，却较少

考虑气候变化的影响（夏军等，2008；苏布达等，2008）。因此，需要根据气候变化情况改进和完善现有工程和规划，考虑气候变化背景下与水资源有关的产业结构调整。

目前，南四湖湿地自然保护区和南四湖流域综合管理与区域规划中都较少考虑到气候变化的影响。在面临未来气候变化对淮河流域洪水和干旱产生严重影响的可能情况下，编制流域综合规划时应充分考虑气候变化的影响，应该尽快按照国家要求，将南四湖湿地生态系统和南四湖流域应对气候变化纳入到整个南四湖流域发展规划中。

3.3 应采取积极主动的应对措施

"气候变化意味着自然母亲正准备抛弃人类。如果我们想要生存下去，就必须停止对她的朝拜，转而用人类聪明的武器，主动出击"。具体对南四湖湿地生态系统来说，我们应该采取以下措施来主动和积极地应对气候变化。

（1）在整个南四湖流域内尤其是在南四湖上游，科学地兴建蓄水、引水和提水工程等水利工程，用以调节径流，加强人类对水资源的控制；在南四湖下游，应该增加河湖连通性，加强物质和环境要素的流动，增强湖泊蓄洪和自净能力。

（2）加快流域水土流失治理，防止水土流失，提高水源涵养能力；同时，加强水源涵养林和水土保持林建设，保护上游植被，提高森林覆盖率。

（3）对南四湖湖区农业生产来说，应该转变农田灌溉方式和农业结构，发展节水农业和避洪农业等，减缓气候变化影响产生的负面效应。

（4）加强生态系统对碳的储存式和替代式管理经营：主要指增加植被、土壤和耐久木材产品中储存的碳量，如增加天然林、人工林、草地、农林综合生态系统的面积和碳密度。

参 考 文 献

［1］ 梁春玲.南四湖湿地生态系统结构、功能与服务价值研究［D］.济南：山东师范大学，2010.

［2］ 沈吉，张祖陆，杨丽原，等.南四湖——环境与资源研究［M］.北京：地震出版社，2008.

［3］ 马晓波.华北地区水资源的气候特征［J］.高原气象.1999，18（4）：520－524.

［4］ 黄荣辉，许予红，周连童.我国夏季降水的年代际变化及华北干旱化趋势［J］.高原气象.1999.18（4）：465－476.

［5］ 牛玉生.南四湖水安全评价研究［D］.济南：山东师范大学，2006.

［6］ 肖胜生，杨洁，叶功富，等．鄱阳湖湿地对气候变化的脆弱性与适应性管理［J］．亚热带水土保持，2011，23（3）：36－40．

［7］ 徐明，马超德．长江流域气候变化脆弱性与适应性研究［M］．北京：中国水利水电出版社，2009．

［8］ 夏军，Thomas Tanner，任国玉，等．气候变化对中国水资源影响的适应性评估与管理框架［J］．气候变化研究进展，2008，4（4）：215－219．

［9］ 苏布达，姜彤，董文杰．长江流域极端强降水分布特征统计拟合［J］．气象科学，2008，28（6）：625－629．

［10］ 赵魁义．中国生物多样性研究与持续利用［J］．中国湿地研究，1995：48－51．

［11］ 许学工，林辉平，付在毅．黄河三角洲湿地区域生态风险评价［J］．北京大学学报（自然科学版），2001，37（1）：111－120．

［12］ 刘子刚．湿地生态系统碳储存和温室气体排放研究［J］．地理科学，2003，24（5）：634－639．

［13］ 宋长春．湿地生态系统甲烷排放研究进展［J］．生态环境，2004，13（1）：69－73．

［14］ 孙彦坤，肖同玉，刘春生．湿地碳循环研究在气候中的作用［J］．黑龙江科技信息，2003（1）：75．

［15］ 伍光和．自然地理学［M］．北京：高等教育出版社，2000．

［16］ 张文菊，童成立，吴金水，等．典型湿地生态系统碳循环模拟与预测［J］．环境科学，2007，28（9）：1906－1900．

［17］ 周念清，王燕，钱家忠．湿地碳循环及其对环境变化的响应分析［J］．上海环境科学，2009，28（3）：93－119．

［18］ 于泉洲，张祖陆，吕建树，等．1987—2008年南四湖湿地植被碳储量时空变化特征［J］．生态环境学报，2012，21（9）：1527－1532．

［19］ 张天华，陈利顶，普布丹巴，等．西藏拉萨拉鲁湿地生态系统服务功能价值估算［J］．生态学报，2005，25（12）：3176－3180．

淮河流域水资源脆弱性研究概述

盛日锋[1] 龚佃利[1] 顾伟宗[2]

(1. 山东省人民政府人工影响天气办公室 济南 250031;

2. 山东省气候中心 济南 250031)

摘要: 由于流域各地水资源、生态与环境条件差别很大,加之区域经济发展和水资源开发利用程度的差别,水资源可利用量具有明显的差异;同时水资源的过度开发严重破坏了生态环境,加重了流域水旱灾害。不同流域对未来各种气候变化模式的响应存在着明显的差异。目前淮河流域人口已接近其最大可承载人口规模;随着社会经济持续发展、人口增长、工业化和城市化进程加快,淮河流域水资源将成为社会经济发展的重要制约因素,在气候变化条件下脆弱性愈加显著。

关键词: 水资源;气候变化;脆弱性;应对

1 水资源脆弱性研究的概况

2008 年 IPCC《气候变化 2007 综合报告》[1]中,根据多数研究明确了气候变化脆弱性的定义,即脆弱性是指某个系统易受到气候变化的不利影响,包括气候变率和极端气候事件,但却无能力应对不利影响的程度。脆弱性随一个系统面临的气候变化和变异的特征、幅度和速率、敏感性及其适应能力而变化。随着理解和研究的深入,人们逐渐认识到水资源对气候变化的脆弱性是研究气候、经济和社会等多重胁迫对水资源的综合影响。脆弱性更关心的是可能受到侵害的结果而非原因,所以更重视适应对策和调整措施,更注重采取什么样的应对手段以减缓或消除气候变化引起的潜在危害[2]。脆弱性的高低反映的是系统对气候变化影响的应对程度,是个体或类别间的一个相对概念,而不是一个绝对的损害程度的度量单位[3]。有关脆弱环境中的水资源开发问题,国内外都开展了较多的工作,如联合国教科文组织的国际水文计划(IHP)的第五阶段(1996—2001 年),其主题是"脆弱环境中的水文水资源开发";国内"九五"国家重点科技攻关项目"脆弱生态区综合整治与可持续发展研究""西北地区水资源合理开发利用与生态环境保护研究"及国家"973"项目"气候变化对我国东部季风区陆地水循环与水资源安全的影响及适应对策"等都涉及了水资源脆弱性研究。

国内有关水资源脆弱性研究的进展来自 2002 年 9 月 16—20 日在北京举行的"变化环境下水资源脆弱性——关于黄河流域水与气候的对话"国际会议，该会议以国际地圈生物圈计划水文循环生物方面核心项目（IGBP – BAHC）组、国际水文科学协会（IAHS）、国际水资源协会（IWRA）、中国科学院（CAS）、水利部（MWR）、黄河水利委员会（YRCC）为主办单位；中国科学院水问题联合研究中心、中国地理学会水文专业委员会、IGBP 中国国家委员会 BAHC 工作组、全球水伙伴（GWP）中国技术咨询委员会、国际水文科学协会（IAHS）中国国家委员会、北京师范大学、武汉大学为组织单位。近 10 个国际组织和 10 余个国家的 100 余名专家、学者及管理人员参加了会议。会议收到了与水资源脆弱性有关的论文近 100 篇，涉及水资源研究的各个方面。其中，直接与水资源脆弱性有关的论文近 20 篇，涉及一般意义上的水资源脆弱性、地下水脆弱性以及气候变化情况下的水资源脆弱性等问题[4]。但是上述工作基本上没有涉及水资源的本质脆弱性，特别是缺少气候变化条件下水资源供需时间上不匹配及水资源时空分布不均一引起的水资源脆弱性的研究。同时，环境变化情况下水资源的脆弱性主要局限于气候变化的情况，很少考虑人类活动的影响，而且有关研究也仅仅处于概念与研究内容探讨阶段，实质性的研究工作尚未开展[4]。

水资源系统的脆弱性主要表现在一些主要的水文参数上，如年径流量、月径流量、日径流量和绝对径流总量等。水资源脆弱性评估是对水资源系统的综合评估，其主要内容涉及水资源的供给、需求、管理等方面。其中，关于评估气候变化对水资源供给能力影响的研究主要涉及以下两个方面。

（1）气候变化对径流量的影响。气候变化对水资源的影响评估实际上是一种比较评估，即在气候变化和气候不变两种假定前提下的比较评估。二者的不同在于气候变化条件下的影响评估是通过对未来气候变化的预测来估计其对水资源的影响[5]。未来气候变化极有可能对我国水资源宏观配置的体系，包括对南水北调重大调水工程产生显著的影响；增加我国水旱灾害发生的频率与强度，降低现有的防洪安全标准和水安全体系，加大水资源脆弱性，影响我国农业、经济社会发展和水生态安全[6]。由于未来气候变化不确定性的风险问题，如何在气候变化不确定性条件下分析和评估气候变化对水资源供需关系发生不利影响和水文极端事件风险的程度；如何趋利避害、加强适应性管理和风险对策，通过适应方式和适应能力的分析研究，尽可能地降低气候变化带来的不利影响，最大化地利用气候变化所带来的机遇，促进变化环境下区域可持续发展，成为气候变化对水资源安全影响研究关键的科学问题[6]。

（2）受气候变化影响的径流量对水资源供给和管理的影响。由于水资源的需求与各项社会、经济活动密切相关，因此评估气候变化下水资源的需求性要基于区域人口增长、工农业生产和相关能源需求等基本评估方案之上。评估水资源管理的脆弱性常采用系统分析的方法综合分析气候变化对水资源供求平衡的影响及其潜在的调控对策[7]。

气候变化对水资源安全影响的研究核心是适应性对策研究，加强应对措施与管理。水资源脆弱性是水资源相对气候变化等影响因子的敏感性与抗压力性的组合。水资源脆弱性影响着水资源供需安全中由于水资源时空变异产生的可利用水量变化、水质、承载能力问题和水资源需求与生态需水保障问题等，以及干旱和洪水等极端事件。应对气候变化影响的适应性对策需要建立综合管理的决策机制和协调机制，流域防洪规划与水资源综合规划相结合，研究气候变化下干旱、洪涝对供水安全、水生态安全和极端气候事件对防洪安全的影响，脆弱性评估理论与方法以及气候变化影响下水资源适应性管理对策，针对影响及对策的研究来评估我国目前应对气候变化适应性措施的适应效果，分析实施适应性措施的成本收益与制约因素，探讨气候变化下水资源适应性管理的制度、模式及保障途径。为有效应对气候变化对水资源脆弱性影响，需对水资源的脆弱性进行评价，水资源脆弱性评价的目的在于根据评价结果发现区域水资源系统存在的问题和面临的威胁，提出相应的为实现缓解水资源压力的对策，特别是面对严峻的水资源情势时要采取对应的有效措施，如调水工程、重新进行在气候变化条件下水资源的科学规划、保证基本的生态需水、控制在最大可利用水资源量内、开展节水减少需水量、提高水资源利用率等。

2 淮河流域水资源脆弱性

淮河流域位于东经 $111°55'E \sim 121°20'E$，北纬 $30°55'N \sim 36°20'N$ 之间，流域面积约为 26.9 万 km^2，其中山区面积约占 $1/3$，平原洼地面积约占 $2/3$。流域内以废黄河为界，分为淮河和沂沭泗河两大水系，地跨河南、湖北、安徽、江苏、山东 5 省（由于湖北省的淮河流域面积仅为 $1400km^2$，通常说淮河流域地跨豫、皖、苏、鲁 4 省）40 个地级市。淮河流域人口密集，土地肥沃，资源丰富，交通便利，是我国重要的粮食生产基地、能源矿产基地和制造业基地，也是国家实施鼓励东部率先、促进中部崛起发展战略的重要区域，在我国经济社会发展全局中占有十分重要的地位。由于淮河流域独特的自然地理特征（流域空间大小、水系特征、气候、地形、地质构造、土壤植被），加上地处南北气候过渡带和不恰当人类活动带来的负效应，淮河流域水资源在气候变化条件下脆弱性愈加显著。

2.1 淮河流域水资源天然脆弱性

淮河流域地处南北气候过渡带，是温度和亚热带的结合部，这种过渡带是地球上典型的多灾地区。流域多年平均年降水量约为 888mm，其中淮河水系 910mm，沂沭泗水系 836mm，多年平均年降水量分布由南向北递减，流域北部降水量低于 700mm[8]。降水量年际变化幅度很大，存在着明显的丰、枯水年交替出现的现象，最大年降水量为最小年降水量的 3～4 倍。降水量的年内分配也极不均匀，受夏季季风影响，汛期（6—9 月）降水量占年降水量的 50%～80%，尤其是流域北部地区，全年的降雨量 70% 以上集中在汛期，汛期天然径流量占全年的 80%，特别是 7 月、8 月，甚至是集中在一两次特大暴雨洪水中。蒸发量地区分布呈自南往北递增的趋势，多年平均年水面蒸发量为 650～1250mm[9]。淮河流域多年平均年径流深 230mm，其中淮河水系 237mm，沂沭泗水系 215mm，多年平均年径流深 199mm，多年平均年径流深分布状况与多年平均年降水量相似[10]。在地质构造上，淮河干流正阳关以西处于中西部强烈沉降带上，易受北、西、南三面来水威胁，正阳关至洪泽湖淮河入湖口处于隆起带上，排水不畅，极易形成涝灾[11]。淮河干流上游河道陡峭，下游平缓，河水出山区后流速趋缓，易受阻。同时，流域水系发育不对称，北岸支流多是平原河道，且大多以黄河南堤为分水岭，支流长而坡降缓；南岸支流为山区河道，短且坡降陡。当干流两岸均有暴雨时，南岸支流河水首先到达干流，干流水位增高，造成地势低平的北岸众多支流出口处因洪水宣泄不畅而内涝。

2.2 人类活动下淮河流域水资源的脆弱性

水资源总量是指当地降水形成的地表水和地下水产水量，即地表径流量与降水入渗补给地下水量之和，为地表水资源量与地下水资源量之和扣除二者中的重复部分。淮河区域多年平均年水资源总量[9]911 亿 m³，其中淮河流域 794 亿 m³，山东半岛 117 亿 m³。淮河流域人口占全国的 33.7%，是各大流域中人口密度最大的流域之一，人均、亩均水资源占有量均很低，人均水资源占有量仅为全国人均占有量的 21.4%，世界人均占有量的 6.8%，亩均水资源占全国的 1/4，占世界的 1/8，属于严重缺水地区。由于人多水少，加上水资源时空分布不均，使淮河区域水资源供需矛盾十分突出。随着淮河流域社会经济持续发展、人口增长、工业化和城市化进程加快造成的城市用水需求刚性增长，加上资源禀赋的变化，水资源总需求在一定时期还会不断增加，淮河流域水资源缺口还将加大，水资源将成为淮河流域社会经济发展的一个重要制约因素。根据测算[12]，在考虑当地水资源挖潜、污水处理利用和节水的条件下，2030 年淮河流域供水保证率 50%、75%、95% 年份总供水量约为 650 亿 m^3、630 亿 m^3、510 亿 m^3，总需水量约为 730 亿 m^3、820 亿 m^3、840 亿 m^3（其中包括生态与环境用水 50 亿 m^3），总缺水量 80 亿～330 亿 m^3。在遇到连续干旱年份，淮河流域水资源的供需缺口将会更大，水资源的短缺已成为制约淮河流域社会经济发展的重要因素。

淮河流域水资源短缺主要由资源性缺水和污染性缺水两方面造成。受气候系统影响，流域水资源分布不均匀，南方相对来说水资源比较多，由于污染比较严重，水质很难满足要求，这就是水质性缺水。北方是水质和水量两个问题，既有水质性缺水，也有旱涝分配不均造成的水量性缺水。水资源生态环境恶化，水质性缺水范围扩大，过去部分缺水地区以发展高产水稻为指导思想，发展了大面积水田，农业种植结构缺少全面规划。同时，在缺水地区发展了大量的高耗水、高污染的大型工业，如淮北及南四湖缺水地区，目前工业发展仍以高污染、高耗水的基础工业为主，工业布局不够合理[13]。根据《中国水资源公报 2006》，淮河流域已长期受到污染，水环境恶化和水质污染迅速发展，已到极为严重的程度。河流已丧失自净能力。目前淮河水资源开发利用率已超过 50%，远远超过国际上公认的内陆河合理开发利用程度 40% 的上限[14]，且 4000 多座闸坝水库的调度基本不考虑生态用水的需要，成为淮河水质不能得到彻底改善的重要原因之一。由于水资源的过度开发造成河湖干涸，甚至淮河中游在 1999 年也出现了历史上罕见的断流现象。同时，地下水严重超采也导致一系列的生态环境问题。这些严重破坏了生态环境，加重了水旱灾害。

流域各地水资源、生态与环境条件差别很大，加之区域经济发展和水资源开发利用程度的差别，水资源可利用量具有明显的差异。根据 1980—2000 年淮河流域同期平均水资源总量以及供水量分析，淮河流域水资源开发利用率为 49%（其中淮河水系 47%，沂沭泗水系 51%），其中地表水开发利用率为 51%（其中淮河水系 44%，沂沭泗水系 75%），浅层地下水开采率为 48%（其中淮河水系 47%，沂沭泗水系 51%）。从水资源利用量消耗程度看，1980—2000 年淮河流域水资源消耗率为 34%（其中淮河水系 30%，沂沭泗水系 50%）[15]。就多年平均而言，淮河流域多年平均地表水资源利用程度不高，但各水系、不同年型差异显著。淮河流域中等干旱以上枯水年份地表水资源利用率基本在 80% 以上，已严重挤占河道、湖泊生态、环境用水。

3 淮河流域水资源脆弱性研究

国家"973"项目"气候变化对我国东部季风区陆地水循环与水资源安全的影响及适应对策"第六课题初步提出了水资源脆弱性理论与方法。该课题重点从水资源供需安全的角度,开展基于水资源系统可恢复性评价的水资源脆弱性评价指标和方法。通过建立一个水资源系统压力来评价模型分析水资源系统的脆弱性,该指数评价模型包含 3 个评价指标:①水资源开发利用率(use-to-availability,r);②百万立方米水负载人口数(water crowding,P/Q);③人均用水量(per capita water use,W_D/P)。

$$V(t) = \frac{1}{\exp(-rk)\exp\left(-\frac{P}{Q}\frac{W_D}{P}\right)}$$

基于建立的流域水资源脆弱性评价指标和阈值,对淮河流域水资源系统的脆弱程度进行了评价,淮河流域介于中等和很脆弱之间。该课题还基于水资源脆弱性评价指标和阈值研究,开展了水资源承载力研究,提出了水资源承载力计算模型:

$$P = 0.7Q/(M/I + CU)$$

式中:P 为人口数;M/I 为用于城市社会经济(工业、服务业等)和生活用水;CU 为农业灌溉消耗性用水;Q 为水资源量。

该模型的主要限制条件就是要求至少保留 30% 的未开发水资源用于维持自然生态-环境的可持续发展用水。一般国际上公认的水资源"富裕"的标准,即人类活动对水资源量和质量基本不造成危害的范围是 $M/I = 200$,即百万立方米水承载人口最多不能超过 3500 人,经过计算发现淮河流域百万立方米承载人口 2000 人。模型评价淮河流域可承载最大人口规模为 2.3 亿。目前淮河流域 1.67 亿人口已接近其最大可承载人口规模。

汪美华等[13]利用淮河流域长时间序列的气象水文资料,分析了淮河流域近 30 年来气候变化及其对水文水资源系统的影响,然后运用相关、回归等数理统计方法,建立有关气候-水文过程的数学模型,并用该模型预测在未来气候变化的各种可能模式下淮河三流域水文水资源系统的响应。研究结果表明,年径流深随着年降水量的增加而增加,随着年均气温的升高而减少,降水愈少,温度愈高,径流量则愈少,愈是丰水或枯水的年份,年径流深的响应愈明显,即增或减的绝对数值愈大;不同季节的径流深对气候变化都有响应,且存在明显的差异,这种差异体现了季风气候对径流的影响;不同流域对未来各种气候变化模式的响应存在着明显的差异，颍河流域和淮河上游年径流深对年降水和年均气温变化都比较敏感，颍河流域年径流深对年降水量最敏感，而沂河流域年径流深对降水的敏感程度远远大于其对气温的敏感程度；在温度不变的情况下，如果降水量增加 20%，颍河流域、淮河上游和沂河流域年径流深分别增加 47.5%、38.3%、66.0%；在降水不变的情况下，如果温度升高 3℃，颍河流域、淮河上游和沂河流域年径流深分别减少 53.9%、27.1% 和 5.2%。

有些学者[19-22]从自然地理特征、历史上黄河南泛夺淮影响、不恰当人类活动作用等三方面探讨了淮河流域水环境承载力脆弱性的成因，着重分析了不恰当人类活动对流域蓄泄洪水、提供有效水资源和水体自然净化三方面能力的影响。

4 建议

利用长期观测的气象和水文资料，开展气候变化环境下流域水资源的时空变异特征诊断分析，用历史的变化事实，揭示流域陆地水循环要素及水资源格局变化的主要控制因素及演化趋势，辨识气候自然变化、人为活动对流域水资源影响的贡献，为研究淮河水资源脆弱性与适应对策提供基础科学信息。未来气候变化的情景预估是研究气候变化对水循环水资源未来变化趋势的重要基础。利用 IPCC AR4 的多个气候动力学模式预估信息，通过降尺度方法，对未来淮河流域水文变量的出现概率进行预估，研究气候变化环境下淮河流域水资源的变化。研究不同气候变化情景下水资源脆弱性理论与方法，科学评估未来气候变化对淮河流域水资源脆弱性的影响、极端气候事件对流域承载力的影响以及气候变化对我国重大水利工程的影响。针对影响与后果，采取应对气候变化下流域水资源脆弱性适应对策与管理。

参 考 文 献

[1] 联合国政府间气候变化专门委员会（IPCC）．气候变化 2007 综合报告 [R]．2008．

[2] 刘文泉，王馥棠．黄土高原地区农业生产对气候变化的脆弱性分析 [J]．南京气象学院学报，2002，25（5）：620 - 624．

[3] 孙芳，杨修．农业气候变化脆弱性评估研究进展 [J]．中国农业气象，2005，26（3）：170 - 173．

[4] 沈珍瑶，杨志峰，曹瑜．环境脆弱性研究评述 [J]．地质科技情报，2003，22（3）：91 - 94．

[5] 唐国平，李秀彬，刘燕华．全球气候变化下水资源脆弱性及其评估方法 [J]．地球

科学进展, 2000, 15 (3): 313 - 317.

[6] 夏军. 国家重点基础研究发展计划项目 (2010CB428400): 气候变化对我国东部季风区陆地水循环与水资源安全的影响及适应对策 [R].

[7] 唐国平, 李秀彬, 刘燕华. 全球气候变化下水资源脆弱性及其评估方法 [J]. 地球科学进展, 2000, 15 (3): 313 - 317.

[8] 汪斌, 程绪水. 淮河流域的水资源保护与水污染防治 [J]. 水资源保护, 2001 (3): 1 - 3.

[9] 陈孝杨. 淮河流域安徽段水系沉积物中重金属的污染特征研究 [D]. 淮南: 安徽理工大学, 2007.

[10] 万隆. 淮河流域缺水形势及对策 [EB/OL]. http://www.chinawater.net.cn/Journal/CWR/200112/42.html.

[11] 顾洪, 沈宏, 吴贵勤. 淮河流域水资源配置格局的特点及实现途径 [C] //北京: 中国水利水电出版社, 2006.

[12] 徐邦斌. 淮河流域地下水开发利用现状、问题与对策 [J]. 治淮, 2009, 8: 42 - 43.

[13] 汪美华, 谢强, 王红亚. 未来气候变化对淮河流域径流深的影响 [J]. 地理科学研究, 2003, 22 (1): 1 - 10.

[14] 叶正伟. 基于生态脆弱性的淮河流域水土保持策略研究 [J]. 水土保持通报, 2007, 27 (3): 141 - 145.

[15] 袁国林. 治淮与水环境管理 [J]. 科技导报, 1993, 7: 60 - 62.

[16] 王小丹, 钟祥浩. 生态环境脆弱性概念的若干问题探讨 [J]. 山地学报, 2003, 21 (Z1): 21 - 25.

[17] 孙武. 人地关系与脆弱带的研究 [J]. 中国沙漠, 1995, 15 (4): 419 - 424.

[18] 沈珍瑶, 杨志峰, 曹瑜. 环境脆弱性研究评述 [J]. 地质科技情报, 2003, 22 (3).

[19] 周嘉慧, 黄晓霞. 生态脆弱性评价方法评述 [J]. 云南地理环境研究, 2008, 20 (1): 55 - 59.

[20] 邹君, 刘兰芳, 田亚平, 等. 地表水资源的脆弱性及其评价初探 [J]. 自然科学, 2007, 29 (1): 92 - 98.

[21] 李克让, 曹明奎, 於琍, 等. 中国自然生态系统对气候变化的脆弱性评估 [J]. 地理研究, 2005, 24 (5): 653 - 663.

[22] 于翠松. 环境脆弱性研究进展综述 [J]. 水电能源科学, 2007, 25 (4): 23 - 27.

山东省气象应急工作情况与建议

张志光[1]　于怀征[2]　郭卫华[3]　顾伟宗[4]

（1. 山东省气象局　济南　250031；2. 日照市气象局　山东日照　276800；

3. 济宁市气象局　山东济宁　272399；4. 山东省气候中心　济南　250031）

摘要： 在山东省政府实行的五个统一的应急管理体制下，积极贯彻落实应急预案体系建设指导性文件，着重突出气象公共服务职能；成立重大气象灾害预警防御应急领导小组，建设气象灾害基层应急队伍。逐步发展建设涵盖自然灾害类、安全生产类、公共卫生类、社会安全类和其他类别的较为完整的应急预案体系，将气象等应急管理工作纳入法制化轨道。深化部门应急联动，强化防灾减灾机制；促进气象业务发展，提高预案应急效能，强化基层服务延伸，带动社会力量参与；气象应急服务取得成效，人民群众对于气象部门的满意率稳步提升。

关键词： 气象灾害；预案；应急

1　引言

山东省政府实行"统一领导体制、统一办事机构、统一职责定位、统一应急标识、统一内部管理"（五个统一）的应急管理体制和山东省气象灾害防御工作联席会议制度，山东省政府应急办印发了《气象灾害预警服务厅（局）际联络员会议制度》，不断健全气象灾害预警防御和应急处置联动机制。

山东省政府积极推动气象等应急预案体系的法治建设，将气象等应急管理工作纳入法制化轨道。2005 年 7 月，山东省政府出台了与《中华人民共和国气象法》相配套的地方气象法规《山东省气象灾害防御条例》。2010 年 12 月，山东省政府办公厅修订并印发了《山东省气象灾害应急预案》，各市政府陆续修订、出台市级气象灾害应急预案和针对大雾、暴风雪、强降雪等专项气象灾害应急预案。2011 年，山东省政府颁布施行《山东省气象灾害预警信号发布与传播办法》，山东省政府办公厅连续发布了《关于加强气象灾害监测预警及信息发布工作的实施意见》《山东省气象事业发展"十二五"规划》和《关于建立山东省气象灾害防御工作联席会议制度的通知》等 3 个规范性文件。

山东省政府办公厅下发《关于加强全省基层应急队伍建设的意见》（鲁政办发〔2010〕38号），明确山东省气象局与民政等部门共同建设气象灾害基层应急队伍。"十一五"期间，全省建立了6.4万人的气象信息员队伍，突发气象灾害预警信息覆盖率达到85%，气象服务公众满意率达88%。

2 气象应急工作组织情况

2.1 山东省气象应急工作接受双重领导

山东省气象局实行中国气象局与山东省政府双重领导、以中国气象局领导为主的管理体制。山东省气象应急工作同样接受中国气象局和山东省政府双重领导。山东省气象局按照中国气象局和山东省政府及有关部门的应急标准、应急指令等启动应急响应并做好全省范围应急气象服务工作。

2.2 山东省政府应急工作组织概况

山东省政府在推进全省应急管理工作规范化建设中，理顺了各级政府应急管理体制，做到五个统一：一是统一领导体制。全省各级政府是本行政区域内突发事件应对工作的行政领导机关，设立由本级政府主要负责人、相关部门负责人、驻当地中国人民解放军和中国武装警察部队有关负责人组成的突发事件应急指挥机构，统一领导、协调本级政府各有关部门和下级政府开展突发事件应对工作。山东省突发事件应急管理委员会统一领导、协调全省重特大突发事件应对工作。二是统一办事机构。各级政府应急管理办公室是本级政府应急管理工作的办事机构。山东省政府应急管理办公室与山东省政府总值班室合署办公，履行山东省突发事件应急管理委员会办公室职责。各级各部门健全、规范应急管理办事机构，配足配强专职人员。三是统一职责定位。各级政府应急管理办公室履行值守应急、信息汇总、综合协调和服务监督职能，在协助领导搞好防范和应对处置方面发挥参谋助手作用，在应急管理体系建设方面发挥组织推动作用，在应急管理理论研究和教育培训方面发挥带头示范作用。四是统一应急标识。在全省范围内启用统一的应急管理标志，设计、启用应急工作人员、应急救援人员和应急专家工作证件，征集、规范应急宣传标语。市、县级政府应急管理办公室和省政府有关部门配备应急专用越野车辆，设计、喷涂应急专用车辆标识，明确应急人员、车辆的优先通行权限。五是统一内部管理。规范各级、各部门应急管理办公室（值班室）内部管理，规范值班人员文明用语、礼节礼貌和行为举止。完善考核机制，强化对应急管理全过程的考核监督，并将考核结果纳入各级、各部门年终综合考核。对在应急管理和抢险救援中作出突出贡献的单位和个人按规定给予表彰奖励。完善应急管理人员休息、休假制度，落实国家规定的特殊岗位补贴。

2.3 山东省政府有关部门气象应急组织概况

一是山东省人民政府防汛抗旱总指挥部。2011年4月，山东省政府决定在山东省人民政府防汛抗旱指挥部基础上，成立山东省人民政府防汛抗旱总指挥部（以下简称省防总），由省政府主要负责同志任总指挥。2012年5月，省防总对指挥部成员进行了调整，山东省气象局党组书记、局长史玉光任省防总副总指挥，副局长阎丽凤任省防总成员、副秘书长。省防总的这些举措充分体现了气象服务工作在防汛抗旱中的突出、重要地位，强化了山东省气象局与省防总其他成员单位间的协调联动。二是山东省气象灾害防御工作联席会议。分管副省长贾万志任总召集人，省政府办公厅副主任高洪波和山东省气象局局长史玉光任召集人，26家单位负责人为成员，联席会议办公室设在山东省气象局，史玉光兼任办公室主任。三是其他部门。山东省森林防火与林业有害生物防控指挥部、省减灾委、省反恐怖工作领导小组、省应急志愿者服务工作联系会议、省春运工作领导小组、省石油天然气生产储运突发事件应急办、省海上搜救中心等单位均有山东省气象局的分管局领导和有关处室负责人任成员、联络员，山东省气象局作为省核事故应急协调委员会成员单位，派出局办公室和应急与减灾处负责人任省核事故应急协调委员会联络员A、B角，局副总工程师任省政府应急办、省核事故应急协调委员会气象专家。

2.4 山东省气象部门应急工作组织概况

一是成立重大气象灾害预警防御应急领导小组。在中国气象局、山东省政府高度重视和严密组织下，山东省气象局按照"抓发展、促和谐、强管理"工作思路，组织全省各级气象部门高度重视应急工作建设，坚持"以人为本，统一领导、分级管理，防灾与抗灾并举、以防为主"原则，在全省各级气象部门成立以主要负责人任组长、分管负责人任副组长的重大气象灾害预警防御应急领导小组，下设应急领导小组办公室、应急队伍以及各直属单位、各市局应急机构，视情况成立专家组、派出现场工作组。应急领导小组办公室设立应急值班室和专兼结合的应急值班岗位，制定并严格执行应急值守制度、信息处理与报送制度和值班登记制度。二是每年调整全省各级气象部门汛期气象服务领导小组。为强化汛期气象服务工作组织领导，全省气象部门每年调整汛期气象服务领导小组，省局领导小组组长由山东省气象局局长担任，4位副局长为副组长，各内设机构和直属单位主要负责人为成员。领导小组办公室设在应急与减灾处，减灾处处长任主任，观测处、预报处处长任副主任。各市、县气象部门也成立汛期气象服务领导小组，组成人员、值班表、联系方式等向全省气象部门公布。三是成立临时应急气象服务指挥机构。在 2011 年应对鲁中森林扑火气象应急服务、应对"梅花"台风等过程中，山东省气象局局长史玉光深入森林扑火一线、驻守省防汛指挥部，带领有关内设机构、直属单位和市局负责人组成临时应急气象服务指挥机构，指导应急气象服务工作。

3 气象应急管理办法制定情况

3.1 推动法治政府建设，履行社会管理职责

山东省积极推动气象等应急预案体系的法治建设，将气象等应急管理工作纳入法制化轨道。2005 年 7 月，山东省出台了与《中华人民共和国气象法》相配套的地方气象法规《山东省气象灾害防御条例》。2006 年，山东省政府办公厅印发《山东省防汛抗旱应急预案》《山东省黄河防汛抗旱应急预案》《山东省突发地质灾害应急预案》《山东省处置重大森林火灾应急预案》，并于 2011年、2012 年修订。2010 年 12 月，山东省政府办公厅修订并印发了《山东省气象灾害应急预案》，各市政府陆续修订、出台市级气象灾害应急预案和针对大雾、暴风雪、强降雪等专项气象灾害应急预案。2011 年，姜大明省长签署第234 号和 243 号政府令，颁布施行《山东省海上搜寻救助办法》和《山东省气象灾害预警信号发布与传播办法》；山东省政府办公厅连续发布了《关于加强气象灾害监测预警及信息发布工作的实施意见》《山东省气象事业发展"十二五"规划》和《关于建立山东省气象灾害防御工作联席会议制度的通知》等 3个规范性文件；莱芜市和其他市 21 个县印发气象灾害防御规划。2012 年 5月，山东省政府办公厅印发《山东省防台风应急预案》，山东省人大常委会审议通过了《山东省突发事件应对条例（草案）》审议结果的报告，《山东省突发事件应对条例》于 2012 年 9 月 1 日起施行；2012 年 10 月，山东省政府办公厅印发《山东省海上溢油事件应急处置预案》。上述规范性文件均涉及气象应急工作内容，制定、审定过程中均充分听取、吸收了气象部门意见和建议。

3.2 贯彻落实上级要求，突出公共服务职能

山东省积极贯彻落实《气象灾害防御条例》《国家气象灾害应急预案》《气象灾害预警信号发布与传播办法》《中国气象局气象灾害应急预案》和《山东

省突发事件总体应急预案》等应急预案体系建设指导性文件，在制定山东省有关预案时着重突出气象公共服务职能。气象应急工作同样面向民生、面向生产、面向决策，应急预案体系中强调决策气象服务的主动性、有效性、及时性，并在山东省气象局决策气象服务周年方案中进一步细化要求；强调公众气象服务的覆盖率和时效性，在《山东省人民政府办公厅关于贯彻国办发〔2011〕33号文件加强气象灾害监测预警及信息发布工作的实施意见》中明确了突发灾害性天气预警信息提前发出时间、公众覆盖率等指标；强调专业气象服务的系统性和规范性，农业气象突出抓好两个体系建设，海洋、交通气象服务中突出灾害性天气预警发布手段、防御措施等。

3.3　逐步发展覆盖全面，建设部门应急预案体系

山东省气象局从1999年起开始建设应急预案体系，从最初的黄河防汛等自然灾害类应急预案逐步发展到涵盖自然灾害类、安全生产类、公共卫生类、社会安全类和其他类别的较为完整的应急预案体系。山东省政府印发的《山东省气象灾害应急预案》既是中国气象局气象灾害应急预案体系有机组成部分，也是山东省突发事件总体应急预案中6个自然灾害类专项应急预案之一。山东省气象局印发的重大突发事件、群体性上访和过激上访事件、突发事件人工影响天气作业、重大气象灾害预警防御、相关突发公共事件气象保障等应急预案被列入山东省政府部门应急预案目录，与其他预案一同构成山东省气象局应急预案体系。全省17个市和106个设立气象部门的县（市、区）中，已印发市级气象灾害专项预案22个、县级86个。

3.4　深化部门应急联动，强化防灾减灾机制

山东省政府应急办印发了《气象灾害预警服务厅（局）际联络员会议制度》，山东省气象局按照要求加强了与山东省政府应急办、民政、公安、交通、国土、地震、海洋渔业、安监、广电等25个部门的沟通与联系，不断健全气象灾害预警防御和应急处置联动机制；与民政、水利、国土等部门实时共享灾情、汛情、地质等气象次生、衍生灾害信息；与林业局、安监局、旅游局、卫生厅、交通厅港航局、国土资源厅、海事局（海上搜救中心）、煤炭局、民航、油田、农业厅植保站等单位签订合作协议或服务合同，从森林防火、防雷、旅游、高温中暑、航运、地质灾害、海上观测与救援、煤矿安全、飞行安全、海上采油安全、重大病虫害防治等方面开展了卓有成效的合作。会签全省黄河防汛、突发地质灾害、海上溢油应急处置、森林火灾、海上搜寻救助办法、突发事件应对条例等多部门、多类别应急预案，强化气象预警和部门联动。加强与

水利、财政和国土部门合作，开展山洪灾害防治非工程措施建设工作，增强中小河流治理和山洪地质灾害防治监测预警服务能力。青岛、东营市气象局分别与北海舰队司令部和海上搜救中心签署合作协议，共建海上救助应急机制。

3.5 促进气象业务发展，提高预案应急效能

一是促进应急业务常态化建设。投资 500 多万元建设省、市、县三级气象部门业务集成的"山东省灾害性天气监测预警平台"，在近年台风预警防御、森林扑火等应急工作中发挥了重要作用。二是推动气象现代化建设。2011 年，山东省发展和改革委员会批复立项建设济南气象防灾减灾预警中心、滨州黄河三角洲气象保障中心，并核定两个建设项目工程总投资 2.9 亿元。以海洋灾害性天气监测、预警建设为抓手，结合中国气象局《环渤海及其邻近海域海洋气象灾害监测预警系统》和山东省政府《烟—大航线自动气象观测站》等项目建设，显著提升了海洋气象服务能力。三是促进人影工作由单纯增雨作业向人工干预天气综合方向迈进。山东省人影作业由春、秋两季增雨作业逐步拓展到为第十一届全国运动会、上海世博会、亚洲沙滩运动会（海阳）等重大活动提供人工消（减）雨作业和秋、冬、春三季人工增雨（雪）作业，作业内容与时间跨度有了很大变化。

3.6 强化基层服务延伸，带动社会力量参与

山东省政府办公厅下发《关于加强全省基层应急队伍建设的意见》（鲁政办发〔2010〕38 号），明确山东省气象局与民政等部门共同建设气象灾害基层应急队伍。"十一五"期间，山东省建立了 6.4 万人的气象信息员队伍，突发气象灾害预警信息覆盖率达到 85%，气象服务公众满意率达 88%。2011 年，制定并印发《山东省气象局气象为农服务两个体系建设实施方案》，以乡村气象服务专项试点县牵头实施带动为农服务两个体系建设，推动当地政府出台加强农村气象灾害防御的专门文件，将气象为农服务工作纳入政府年度目标考核；新建 287 个气象信息服务站，增建及利用气象预警大喇叭 8054 个、气象信息电子显示屏 562 块；组织 19 个县开展了社区（村）气象灾害应急准备认证工作。

4 气象应急服务取得成效

山东省高度重视气象应急工作，通过组织集中学习、定期演练、实战检验等方法，使有关部门充分认识应急预案的重要性，明确各自在气象灾害应急处

置工作中职责、任务，熟悉气象灾害应急处置业务流程和要求，增强了执行能力。同时，利用"3·23"世界气象日、"5·12"防灾减灾日、科普知识进校园活动、气象科普下乡活动、气象灾害防御知识进社区活动，不断增强公众的气象应急防灾减灾意识和社会责任意识。

济宁市建立了高危行业信息直通系统。2008 年，济宁市安监局、气象局与 8 个部门联合下发了《关于进一步落实济宁市气象部门与高危行业信息直通工作的意见》等 5 个文件，100 多套气象信息直通系统安装到了济宁市各煤矿企业。每天直接向企业发布天气预报、短时临近天气预报、灾害性天气预警信号以及防御灾害知识和 138 个区域自动气象站实时资料，在煤矿的调度室、井口处、餐厅里都能见到滚动播发的天气预报，并在每年汛期发挥了重要作用。

日照市预警信息传递工作分工明确。各部门要按照职责分工和《日照市防汛应急预案》中确定的部门预警职责对口通知并督促做好防范应对措施落实工作。市防办要将重要天气形势、洪涝灾害信息、雨水情信息、风暴潮信息、水利工程重大险情信息和市防指的决策部署及时通过市防办信息平台或传真电报的形式发送至各区县防指、市防指各成员单位和市防指指挥、副指挥及区县防汛责任人。各区县防办和乡镇政府（街道办事处）要按照管辖权限，迅速将预警信息和工作要求传递到各有关方面。市城防办要及时将城市防汛预警信息和市防指、城防指的工作部署通过信息平台或传真电报形式发送至成员单位、有关责任人及市城防指指挥、副指挥，同时尽快通知城市居民区、商场、企业、文体活动娱乐场所等人口集中场所做好应对工作。市沿海防办要及时将海洋重要天气预警信息和市防指、沿海防指的工作部署发送至成员单位、有关区责任人及市沿海防指指挥、副指挥，同时尽快通知沿海养殖企业、出海捕鱼船只做好防台防浪工作。

2010 年以来，山东省先后组织全省洪涝灾害应急救助演练和地震应急救援演练，山东省气象局应急救援队受到通报表彰，2 个单位和 2 人被评为全省地震应急救援演练先进集体和先进个人。同期，山东省气象局组织全省气象部门应急演练 3 次，启动各级应急响应 8 次，时间跨度达 55d，累计 1093h 20min，较好地完成了 2010 年春季强对流、近岸海域绿潮、汛期鲁西北持续强降雨、寒潮大风降温、森林防火和 2011 年秋冬春三季连旱、核事故应急、森林扑火、枣庄和潍坊矿难抢险、"米雷"和"梅花"两次台风过程、秋季连阴雨等重大气象灾害、突发公共事件的应急气象保障服务工作，并获得中国气象局和山东省委、山东省政府的肯定与表彰，同时取得显著社会效益和经济效益。特别是在应对 2011 年秋冬春三季连旱过程后，山东省政府在向国务院报送报告中特别强调气象服务到位、人工增雨（雪）作业效果好，实现夏粮 9 连增气象部门功不可没；在应对 2011 年多起森林扑火应急工作中，国家森林防火指挥部、国家林业局联合致信中国气象局，感谢山东省气象局等为扑灭森林大火作出的重要贡献。山东省气象局被评为山东省政府 2010—2011 年度全省森林防火先进单位；在重大活动保障中，气象部门服务及时主动、效益显著，山东省气象局被评为第十一届全国运动会先进组织单位。

5　气象应急工作建议

气象应急工作开展过程中，遇到一些问题亟待解决：一是县级应急体系建设尚未全面开展，地方政府支持力度不足；二是预报准确率制约应急气象服务效能；三是气象防灾减灾科普工作亟待增强，目前对公众开展气象灾害防御的宣传工作投入较少，致使气象灾害高风险区内的公众和单位对防灾减灾的认识不足，缺乏基本的防灾避灾常识，公众灾害风险意识差。

下一步，围绕提高气象应急能力，山东省应开展以下工作。

一是推动山东省各级气象应急体系建设。按照"分类管理，分级负责"的原则，全省各级气象应急管理部门应分层次、按地区、有重点地组织有关单位，特别是县级完善气象应急预案编制工作，加强基层气象应急队伍建设。

二是加强预报核心能力建设，提升应急保障能力。按照中国气象局发展现代气象业务意见和现代天气业务发展指导意见，不断提高预报精细化水平和准确率，增强气象灾害应急保障能力。

三是加强气象防灾减灾知识宣传和科普的力度。围绕世界气象日、减灾日等主题宣传日，有效利用电视、广播、报纸、网站等媒体，大力宣传气象防灾减灾知识。争取将气象知识纳入政府科普宣传、学校教育、社区建设等之中，进一步提高社会气象防灾减灾意识和知识水平，提高群众避险自救能力。

山东省沙尘天气的时空分布及遥感监测

赵玉金　赵　红　李　峰

（山东省气候中心　济南　250031）

摘要：本文主要利用 1961—2005 年的气候资料，分析了山东省沙尘天气的年际变化、季节变化及地理分布特征。从年际变化来看，1972 年以后全省沙尘天气日数明显减少。从季节分布来看，主要发生在冬、春季。山东省沙尘天气的地理分布比较明显，西部多于东部。本文还介绍了气象卫星遥感监测沙尘暴天气的原理和方法。

关键词：沙尘；扬沙；监测；卫星遥感

1　引言

沙尘天气是一种气象灾害，发生沙尘暴天气时，往往伴随大风、降温、低能见度以及空气质量严重下降等现象。沙尘暴不仅对交通、工农业生产等造成不利影响，而且对人类的身体健康产生较大的危害，引起了人们的广泛关注和政府部门的高度重视。山东省发生沙尘暴天气的日数相对于我国西北、东北等地区来说相对偏少，但在山东省西北、西南和北部地区每年出现沙尘天气的概率还是比较大的。

在目前没有根除产生沙尘暴源地的情况下，分析沙尘天气的气候变化规律，及时准确地监测沙尘暴的发生、发展过程，对防灾、减灾和环境治理等具有非常重要的意义。对沙尘暴的监测主要有地面观测和卫星遥感监测等方法，卫星遥感监测方法具有简便易行、监测范围广、时效快、直观性强等特点。本文主要对沙尘天气的主要特征、山东省沙尘天气的时空分布及利用气象卫星遥感进行沙尘暴天气的监测方法和效果作简要介绍。

2　沙尘天气的主要特征和分类

沙尘是大风把地面的沙土等微小颗粒吹至空中而使大气能见度降低、空气浑浊的一种天气现象，沙尘天气按照其水平能见度和风速的不同可划分为浮尘、扬沙和沙尘暴。浮尘是由外地或本地产生沙尘暴、扬沙后，颗粒很小的沙尘等浮游在空中而形成的天气现象，它的能见度小于 10km，而其垂直能见度较差，通常无风或风力很小。扬沙和沙尘暴天气是因外地或本地附近的沙尘被风吹起，使得空气浑浊，甚至天昏地暗，扬沙天气的能见度为 1～10km，风速较大，而沙尘暴天气的能见度小于 1km，且风速很大。

3 山东省沙尘暴天气的分布特征

3.1 沙尘暴天气的地理分布特征

虽然山东省相对于我国的西北、东北、华北地区来说是发生沙尘暴天气日数较少的地区，但有许多年份仍有沙尘暴天气发生。山东省沙尘暴天气的地理特征非常明显，西部较多，东部较少。

从历年最多日数分析来看，鲁西南、鲁西北和鲁北出现较多，在 6d 以上，其中冠县高达 20d；半岛、鲁中山区和鲁东南地区大多在 2d 以下，其中半岛中部和鲁东南的日照市未出现过沙尘暴。

3.2 沙尘暴天气的时间分布特征

由于山东省沙尘暴天气主要发生在西部地区，我们选择了济南、德州、滨州、聊城、菏泽 5 个代表站的历史资料进行分析。

3.2.1 沙尘暴天气的年际变化

1957—2005 年上述 5 站平均沙尘暴日数如图 1 所示。从图 1 中可以看出，1972 年以前，沙尘暴日数比较多，平均为 2.9d，其中 1969 年最多，达到 5.8d；1973 年以后，沙尘暴天气明显减少，平均仅为 0.5d，有 8 年没有出现过沙尘暴，最多的 1993 年仅 1.4d。

3.2.2 沙尘暴天气的月分布特征

通过对历史资料的分析，山东省沙尘暴天气主要出现在冬、春季节，但 6 月出现沙尘暴天气的概率仍然较大，而且各月出现的日数有较大差异，图 2 是济南、德州等 5 站 1957—2005 年各月出现沙尘暴天气过程总次数的平均值，从图中可以看出，4 月出现次数最多，为 14.4 次，其次是 6 月和 5 月，分别为 11 次和 7.6 次。总体来看，3—6 月是山东省沙尘暴天气多发时间。

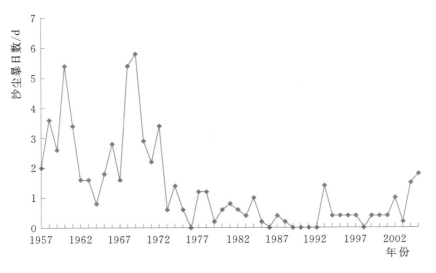

图 1 山东省历年沙尘暴天气日数

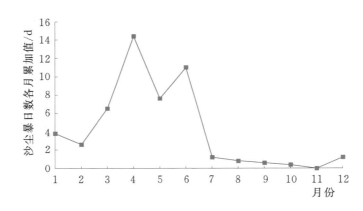

图 2 山东省 1957—2005 年各月出现年沙尘暴日数累加值

4 山东省扬沙天气的分布特征

4.1 扬沙天气的地理分布特征

山东省扬沙天气的地理分布特征与沙尘暴相似，也是西部多，东部少。全省扬沙天气平均日数以鲁西北的西北部最多，平均在 10d 以上，其中冠县高达 39d，半岛、鲁中山区和鲁南大部地区在 5d 以下，其中半岛北部年平均出现扬沙天气不到 1d。

各地历年出现扬沙最多日数分析可知，鲁西北的西北部出现最多，其中冠县最多为 77d，另外济南、滨州、临沂、青州等地也在 30d 以上；半岛的东北部最少，在 5d 以下。

4.2 扬沙天气的时间分布特征

4.2.1 扬沙天气的年际变化

图 3 是济南、德州等 5 站 1961—2005 年历年扬沙日数变化，从 1981 年以后，扬沙日数逐渐减少，1966 年、1968 年为历史最多年，超过 35d，但 1964 年只有 6.2d。从整个历史发展趋势来看，20 世纪 80 年代以后，明显好转，尤其是 1984 年以后，基本上不大于 10d。

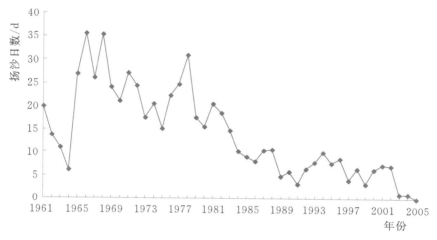

图 3　山东省历年扬沙天气日数变化

4.2.2 扬沙天气的季节变化

扬沙天气的季节变化十分明显，主要出现在冬、春季节，图 4 是济南、德州等 5 站平均各月出现扬沙日数的累加值，其中 3—5 月出现最多，在 88～130d 之间，其中 4 月最多，7—10 月很少出现，各月平均在 40d 以下。

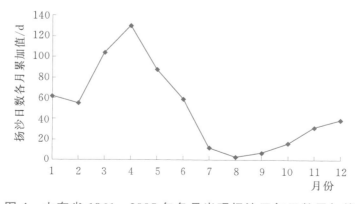

图 4　山东省 1961—2005 年各月出现扬沙天气日数累加值

5 沙尘天气的卫星遥感监测

5.1 气象卫星遥感监测沙尘暴的原理

根据有关研究，在沙尘暴天气过程中，大气中粒径大于 $11\mu m$ 的各种沙尘元素是小于 $0.65\mu m$ 的 $3\sim5$ 倍。因此，在遥感监测沙尘暴的研究中，应主要考虑空气中大粒子沙尘的光学特性及其辐射特性，目前正在使用的极轨气象业务卫星为我国发射的 FY－1C、D 和美国的 NOAA 系列卫星，FY－1C、D 卫星有 10 个通道，NOAA 卫星有 5 个通道，在晴空条件下，所有这些通道都能够遥感到地表对太阳辐射的反射及地表本身的发射辐射，而且受大气成分的影响非常小，但在大气中含有大量的大颗粒的沙尘时，卫星所接受的资料将会发生明显的变化。由于在沙尘天气过程中，大气中悬浮的沙尘粒子直径比空气分子大得多，但又比云粒子小，所以，沙尘粒子对太阳短波辐射的作用介于大气分子和云滴之间，因此卫星所接收到的沙尘区的太阳反射率的值也介于大气分子和云滴之间[1]。

国家卫星气象中心在这方面作了大量的研究发现，在可见光波段范围内，云区、沙尘区和晴空区的反射峰值差异明显，不同条件下的反射值也非常集中，另外，我们分析发现，利用热红外通道资料反演的辐射亮温值，在云区、沙尘区和晴空区也有显著的差异，这就为遥感监测沙尘区的分布提供了非常好的依据。

5.2 气象卫星遥感监测沙尘暴的方法

5.2.1 气象卫星遥感资料的处理

Fy－3、mod：s 和 NOAA 气象卫星资料，经过接收、预处理、投影等工作，形成卫星遥感数据集，但由于下垫面的反射率因太阳高度角的不同而不同，因此各像元的太阳高度角是不同的，另外，因不同卫星或同一颗卫星每天过境的时间都是变化的，这使得监测结果受影响，必须对可见光通道的数据进行太阳高度角订正。其订正公式为

$$r=R/\cos z$$

式中：R 为从灰度推算的反射率；r 为经太阳高度角订正后的反射率；z 为太阳天顶角。

5.2.2 沙尘天气的监测

极轨气象卫星探测仪器拥有可见光、近红外及热红外通道，利用这些通道

进行监测和识别沙尘区，通过分析，沙尘区对通道 1 的反射率一般在 22%～40%，地表的反射率小于 22%，而云的反射率大于 40%；通道 2 的反射率也有明显的差异，沙尘区一般在 15%～40%之间；通道 4 与通道 5 的亮温值有明显的差异，通道 5 的亮温值要高于通道 4 的亮温值，而在晴空地区或是云的地区，一般通道 5 的亮温值要不大于通道 4 的亮温值。利用这些判据可以比较准确地判断出沙尘暴分布区。

从遥感图像上可以明显地看出，在沙尘区，通道 1、通道 2 的反射率以及通道 5 和通道 4 的差值都与沙尘含量呈正比。图 5 是 2009 年 4 月 24 日 NOAA-18 监测的山东省沙尘天气图像。

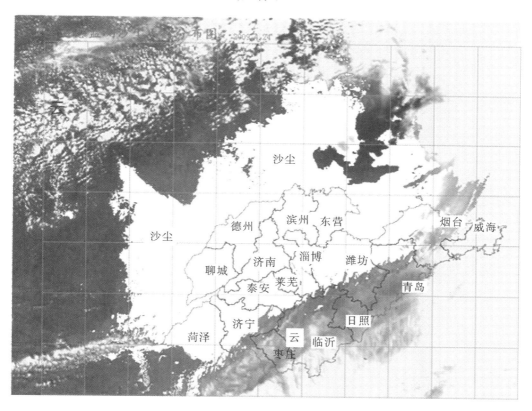

图 5　NOAA 监测沙尘暴图像（2009 年 4 月 24 日）

6　对策建议

加强法制建设，依法保护和恢复林地、草地植被，严禁毁林。大力植树造林，扩大绿化造林面积，建立防护林体系，减少水土流失，防止土地沙漠化进一步扩大，尽最大可能减少沙尘源地。

参 考 文 献

［1］ 董超华．气象卫星遥感反演和应用论文集［M］．北京：海洋出版社，2001．

［2］ 董超华，等．气象卫星业务产品释用手册［M］．北京：气象出版社，1999．

山东省淮河流域设施农业
低温冷害特征分析

李　楠　薛晓萍

（山东省气候中心　济南　250031）

摘要： 本文以日光温室黄瓜为例，通过其低温冷害指标研究结果，利用数学分析方法，得到低温冷害气象等级指标。利用 1983—2012 年冬季山东省自动气象站最低气温日资料，分析近 30 年来山东省淮河流域冬季平均最低气温时空变化，结合低温冷害气象等级指标，得到山东省内淮河流域低温冷害资源分析特征并给出影响范围。结合生产实际，分析防灾减灾对策建议。

关键词： 设施农业；低温冷害；淮河流域

1　引言

设施农业作为现代农业的重要生产方式之一，在我国呈现出强劲的发展态势，据统计，全国设施栽培面积从 1981 年的 10.8 万亩，发展到 2008 年的 4500 多万亩，27 年间增长了 440 多倍，居世界首位。虽然我国设施农业取得了长足的发展，但由于设施结构相对简陋，抗御自然灾害及抵御逆境的能力较弱，其生产对外界气象条件依赖性较大，而我国又是自然灾害多发国家，尤其是在气候变化背景下，各种极端气候事件发生频率增大、强度增强，一旦出现低温等恶劣天气，设施作物产量和品质即受到严重冲击，同时次生灾害对产量品质均有较大影响。山东省面积占全国总面积的 1/3 以上，蔬菜种类、品种数量亦居全国首位，各种高档菜、精细菜、特色菜花样繁多，其中茄果类蔬菜为主要设施蔬菜类型。本文以温室黄瓜为例分析山东省设施农业生产主要季节低温冷害气候特征。

2　日光温室内黄瓜低温冷害指标

根据文献查阅及试验对比观测，根据日光温室内最低气温，将黄瓜低温冷害等级指标划定为 4 个等级，即 4 级（重度冷害），≤5℃；3 级（中度冷害），

（5，10]℃；2 级（轻度冷害），(10，12]℃；1 级（无冷害），＞12℃。

3 室外最低气温等级指标

选取山东的莱芜、淄博、东营及天津等地 2007—2012 年冬季晴天（日照百分率 $P \geqslant 0.6$）日光温室内、外日最低气温观测资料进行统计分析，按已订正得到的温室内黄瓜低温冷害气温等级指标进行筛选，筛选出的室外最低气温，按 80％保证率进行汇总统计，取其 80％筛选结果的平均值作为低温冷害的室外气象指标，各地统计结果见表 1。

表 1   室外最低气温等级指标

灾 害 等 级	山东/℃			天津/℃	
	莱芜	淄博	东营	宝坻	小王庄
无	$t > 2$	$t > -2$	$t > -3$	$t > -3$	$t > -3$
轻	$-4 < t \leqslant 2$	$-5 < t \leqslant -2$	$-5 < t \leqslant -3$	$-6 < t \leqslant -3$	$-8 < t \leqslant -3$
中	$-7 < t \leqslant -4$	$-7 < t \leqslant -5$	$-7 < t \leqslant -5$	$-9 < t \leqslant -6$	$-11 < t \leqslant -8$
重	$t \leqslant -7$	$t \leqslant -7$	$t \leqslant -7$	$t \leqslant -9$	$t \leqslant -11$

综合各地统计结果，结合黄瓜生长观测状况调研，根据温室外最低气温，确定黄瓜室外低温冷害等级指标为 4 级（重度冷害）：$\leqslant -10$℃；3 级（中度冷害）：$(-10，-7]$℃；2 级（轻度冷害）：$(-7，-3]$℃；1 级（无冷害）：> -3℃。

4 1983—2012 年冬季最低气温时间变化

1983—2012 年山东省冬季各月（当年 12 月至次年 2 月）平均最低气温分别为 -15.2℃、-16.9℃、-14.1℃，均达到日光温室黄瓜低温重度冷害指

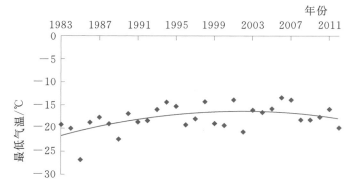

图 1   1983—2012 年山东省冬季平均最低气温逐年变化

标；冬季平均最低气温随时间推移呈现二次曲线变化趋势（图 1），且略有升高；冬季各月最低气温逐年呈现升高趋势（图 2）。由图 1、图 2 可以看出，近 30 年内，虽然逐年最低气温有升高趋势，但冬季最低气温仍然可达到日光温室黄瓜低温冷害重度指标界限温度，设施生产过程仍需对低温冷害加以防范。

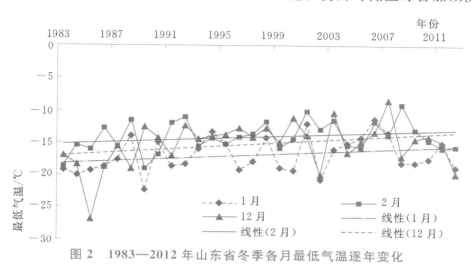

图 2　1983—2012 年山东省冬季各月最低气温逐年变化

5　1983—2012 年冬季最低气温空间变化

利用山东省自动气象观测站观测资料，对 1983—2012 年山东省冬季平均最低气温进行统计分析，结合日光温室黄瓜室外低温冷害气象等级指标得到，

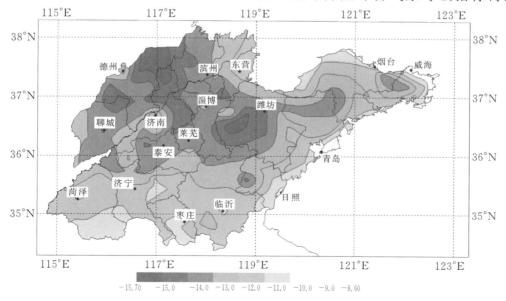

图 3　1983—2012 年山东省冬季 12 月至次年 2 月平均最低气温全省分布图（单位：℃）

401

除半岛沿海及鲁中局部地区在中度冷害级别外，其他各地均在重度冷害级别（图3）；1983—2012年冬季12月内全省平均最低气温，半岛北部及东部沿海为轻度冷害，鲁南及半岛内陆地区为中度冷害，其他地区为重度冷害（图4）；1983—2012年冬季1月内全省平均最低气温，鲁南大部及半岛沿海地区为中度冷害，其他地区为重度冷害（图5）；1983—2012年冬季2月内全省平均最低气温，鲁南局部及半岛东部沿海地区为轻度冷害，鲁南大部、半岛北部及南部、鲁西北东部及西南部、鲁中部分地区为中度冷害，其他地区为重度冷害（图6）。

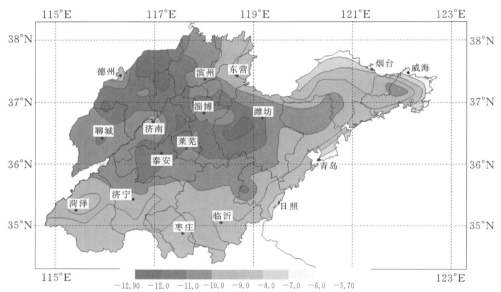

图4　1983—2012年山东省冬季12月平均最低气温全省分布图（单位：℃）

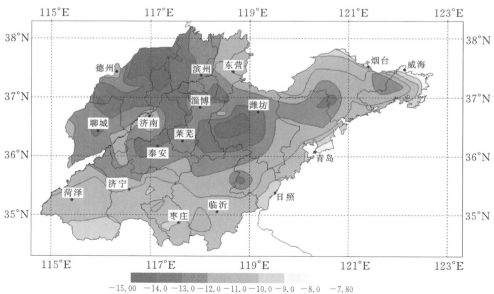

图5　1983—2012年山东省冬季1月平均最低气温全省分布图（单位：℃）

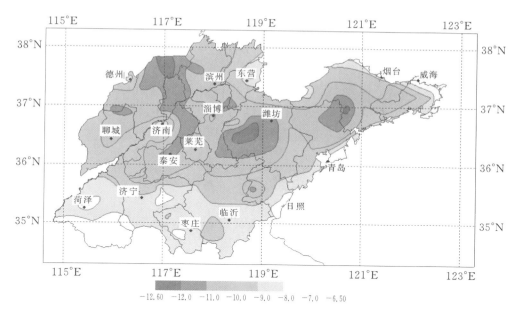

图 6　1983—2012 年山东省冬季 2 月平均最低气温全省分布图（单位：℃）

　　1983—2012 年冬季，山东省内淮河流域冬季日光温室黄瓜低温冷害气象等级为中度（图 3）。其中，1983—2012 年冬季 12 月低温冷害为轻度—中度；1 月低温冷害为中度—重度；2 月低温冷害为轻度—中度。

　　冬季为反季节蔬菜生产的重要季节，其间发生低温冷害可能性最大，从图 3～图 6 可以看出，山东省内淮河流域 1983—2012 年冬季，平均最低气温均有利于发生日光温室黄瓜低温冷害，且受害程度较大，因此冬季采取合理保温措施对于设施农业生产极为重要。

6　对策建议

　　设施生产过程中设施内空气温度和空气相对湿度是两个重要且相对矛盾、相互制约的小气候要素，需要合理调节。建议从以下几个方面开展科学研究，为采取合理措施提供技术指标。

6.1　深入研究致灾指标

　　进一步开展设施农业主栽蔬菜类型的低温冷害指标研究，为提出合理化建议提供技术支持。

6.2　开展小气候要素精细化预报

　　准确地了解未来温室内外最低气温的可能变化情况对合理开展防御措施具

有指导意义。

6.3 深入研究防御措施

采取不同保温防寒措施开展对比观测试验，科学分析观测资料，总结防御措施。特别是天气晴好时，要注意控制棚内湿度，棚内湿度大，易发病虫害；连阴雨天气，应尽可能蓄热；降雪天气要及早保温，下雪后及时清扫积雪。

参 考 文 献

[1] 庞金安，沈文云，马德华 . 黄瓜幼苗耐低温指标研究初报 [J]. 天津农业科学，1998，2 (4)：55－58.

[2] 张惠斌 . 低温与植物的抗寒性 [J]. 闽东农业科技，1990 (2)：1－5.

[3] 朱素琴 . 膜脂与植物抗寒性关系研究进展 [J]. 相潭师范学院学报（自然科学版），2002，24 (4)：50－55.

[4] 孙艳，周存田，王飞 . 低温胁迫对黄瓜耐冷性相关生理指标的影响 [J]. 陕西农业科学，1997 (2)：22－23.

[5] 魏瑞江 . 日光温室黄瓜低温寡照灾害预警技术研究 [D]. 兰州：兰州大学，2010.

[6] Klimov S V，Popov V N，Dubinina I M，et al. The decreased cold－resistance of chilling－sensitive plants is related to suppressed CO_2 assimilation in leaves and sugar accumulation in roots [J]. Russian Journal of Plant Physiology，2002，49：776－781.

[7] Albert H Markhart Ⅲ . Chilling injury：A review of possible causes [J]. HortScience，1986，21：1329－1333.

[8] 李德，张学贤，祁宦，等 . 宿州日光温室内部最高和最低气温的预报模型 [J]. 中国农业气象，2013，34 (2)：52－60.

[9] 王孝卿，李楠，薛晓萍 . 寿光日光温室小气候变化规律及模拟方法 [J]. 中国农学通报 . 2012，28 (10)：242－248.

山东省雨季特征及对策建议

高 理 王 娜 汤子东 滕华超

（山东省气候中心 济南 250031）

摘要： 山东省雨季是暴雨、台风等重大灾害性天气的多发季节，是全年降水量最集中的季节。据统计，1951—2001 年山东省测站 90% 的暴雨集中出现在雨季。山东省雨季开始、结束的日期有明显的年际振荡，雨季开始日期在 20 世纪 80 年代末至 90 年代振荡较为剧烈，近十几年较为平稳；结束日期波动较大，近十几年呈推后趋势。雨季长度年代际振荡明显，20 世纪 70 年代末以前雨季较短，70 年代末至 90 年代中期雨季长度较长，之后波动相对平缓，2002 年未出现雨季。山东省雨季降水量分布不均，呈东南—西北向递减状态，降水量多年变化趋势呈南北增多而中间减少的趋势，近 52 年以来，全省雨季降水量平均每 10 年增加 4.2mm，处于山东省南北两端的增雨区内，每 10 年增加雨量达 80mm 以上。

关键词： 山东省雨季；开始日期；结束日期；对策建议

1 山东省雨季时间

降水范围广、雨量大、持续时间长（7d 内有两次降水过程）是山东省雨季开始的降水特征。雨季开始、结束日期由山东省气象台根据环流形势的演变、雨量的时空分布和预报经验确定。一般，将 6 月 15 日至 7 月 15 日确定为雨季开始的时间范围，将 8 月 11 日至 9 月 20 日确定为雨季结束时间范围[1-2]。2002 年，山东大旱，以致未出现雨季，下文中图中均无 2002 年数据。

1.1 开始日期呈波动变化，近十几年较为稳定

由图 1 可见，山东省雨季开始的日期有明显的年际振荡，1961—2012 年雨季开始的常年值为 7 月 1 日，最早开始日期为 6 月 3 日（2003 年、2004 年），最晚日期为 7 月 19 日（1997 年），相差 47d。6 月 15 日之前和 7 月 15 日以后雨季开始的只有 3 年，故将 6 月 15 日至 7 月 15 日确定为雨季开始的时间范围。雨季开始在 6 月下旬至 7 月上旬的有 46 年（90.2%），因此将 6 月 20

日至 7 月 10 日确定为雨季开始的关键期；雨季开始在 6 月 26 日至 7 月 5 日的有 29 年（56.9%），为雨季开始的峰期；雨季开始在 6 月 21—25 日和 7 月 6—10 日的有 15 年（29.4%），为雨季开始的次峰期；雨季开始在 6 月上中旬和 7 月中下旬的仅有 7 年（13.7%），为雨季开始的低频期。

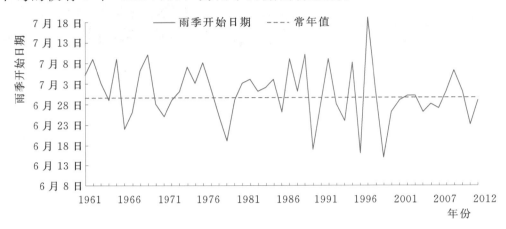

图 1　1961—2012 年山东省雨季开始日期的年际变化曲线

1.2　结束日期波动较大，近十几年呈推后趋势

由图 2 可见，山东省雨季结束日期有明显的年际振荡，1961—2012 年雨季结束的常年值为 9 月 2 日，最早结束日期为 8 月 2 日（1962 年、1997 年和 2001 年），最晚日期为 9 月 21 日（1979 年），相差 51d。综合考虑副热带高气压和降水等特征量，将 8 月 11 日至 9 月 20 日确定为雨季结束的时间范围。雨季结束在 8 月 20 日至 9 月 10 日的有 42 年（82.4%），为雨季结束的关键期；雨季结束在 8 月 26 日至 9 月 5 日的有 28 年（54.9%），为雨季结束的最集中时

图 2　1961—2012 年山东省雨季结束日期的年际变化曲线

间区间；雨季结束在 8 月上中旬和 9 月中下旬的共有 12 年，且时间分布相对离散，为雨季结束的低频期。

2 山东省雨季长度年代际振荡明显

由图 3 可见，1961—2012 年山东省雨季的长度有明显的年际振荡，且表现出较显著的年代际变化特征。雨季长度的常年值为 64.3d，长度最长达 95d（1979 年），最短为 33d（1997 年）。20 世纪 60—70 年代末雨季偏短（1961—1977 年平均为 60.8d）；70 年代末至 90 年代中期雨季偏长（1978—1994 年平均为 67.4d）；90 年代中期至今，雨季长度接近常年值（1995—2012 年平均为 64.5d）。整个研究时段内，20 世纪 70 年代末和 90 年代末年际波动最为剧烈，距平的振荡幅度达 30.7d（1979 年）和 −31.3d（1997 年），其他时间段的年际波动相对平缓。2002 年夏季，山东省降水出现了近 50 多年来历史同期的最少值，加上 6 月上旬、7 月上旬后期至中旬、7 月末至 8 月初先后出现 3 次持续时间较长的酷热天气，导致蒸发加大，农田失墒快，致使山东遭遇严重干旱，以致未出现雨季。

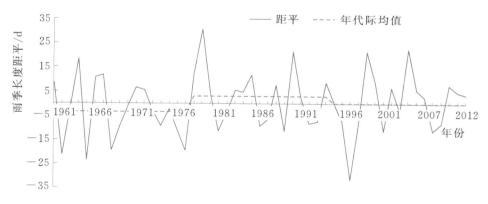

图 3　1961—2012 年山东省雨季天数的年际变化曲线

1997 年 6 月、7 月山东省发生了极为严重的夏旱，两个月降雨量全省平均仅 79mm，比常年同期（296mm）偏少 73％，其中青岛、威海、烟台分别偏少 85％、83％和 82％，属于重大干旱。1997 年 6 月开始的持续高温和严重夏旱给工农业生产和人民生活造成了严重损失。尤其是黄河从 5 月下旬又持续断流，直至 8 月初，在干旱的同时，黄河断流给沿黄地区抗旱带来极为严重的困难。至 7 月底全省受旱面积达 3445 万亩，其中重旱 1385 万亩，因旱不能适时播种的达 1100 万亩，至 8 月 4 日仍有 700 万亩没有播种，因旱枯死禾苗约 350 万亩。全省 6686 个村庄 464 万人受灾，部分城市和县城发生严重水荒，工厂企业被迫停产，生活限时限量供水，干旱造成直接经济损失 170 亿元，间接损失 100 亿元[3]。

2002 年夏季（6—8 月）山东省遭受了自 1951 年以来最严重的干旱。入夏以后，由于降水少，气温高，蒸发量大，加之抗旱用水量大，致使全省地表蓄水严重不足，截至 11 月 1 日，全省大中型水库蓄水量仅为 21.6 亿 m³，较常年同期偏少 10.2 亿 m³，南四湖蓄水量为 0.55 亿 m³，比常年同期偏少 14.1 亿 m³，加上小型水库、平原水库、东平湖、河道拦河闸坝等所有工程蓄水量，全省水利工程蓄水量也只有 34.5 亿 m³，较常年同期偏少 60%。到 8 月，全省约 2300 万人受灾，有 192 万人、90 万头大牲畜出现吃水困难。据 2002 年 9 月 9 日的墒情统计，山东省受旱面积为 371 万 hm²，其中重旱面积为 123 万 hm²，绝收面积 30 万 hm²。受旱地区主要集中在鲁中山区和鲁西北、鲁西南沿黄地区以及黄河故道区，其中南四湖的水产养殖业遭受重大损失，其生态环境遭受严重破坏，7 月 9 日京杭运河济宁段宣布断航，全省旱灾造成直接经济损失达 100 亿元以上[4]。

3 山东省雨季降水量分布不均，各地增减趋势共存

据杨成芳等统计分析，山东省的旱涝变化具有多时间尺度特征，其中 13 年左右的振荡周期表现最为明显[5]。全省降水量呈下降趋势，20 世纪 60 年代为丰水期，降水量为近 40 年来最多的，但自 20 世纪 60 年代中期降水量呈现下降趋势，到 70 年代初期降水量又开始增多，70 年代为多雨期，80 年代到 90 年代为干旱少雨期[6]。

由图 4 可见，山东省雨季降水量经历了"多-少-多"的演变趋势，近

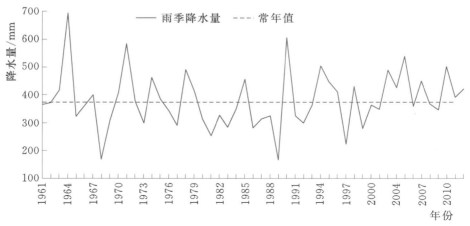

图 4 1961—2012 年山东省雨季降水量的年际变化曲线

10 年处于偏多的背景下。山东省雨季降水量分布不均，呈东南—西北向递减分布，鲁东南的临沂附近高达 500mm 以上，山东北部的渤海沿岸低于 150mm（图 5）。而降水量多年变化趋势呈南北增多而中间减少的趋势，1961—2012 年，全省雨季降水量倾向率为 4.2mm/10a，即平均每 10 年增加 4.2mm，在山东省南北两端的增雨区内，每 10 年增加雨量达 80mm 以上（图 6）。

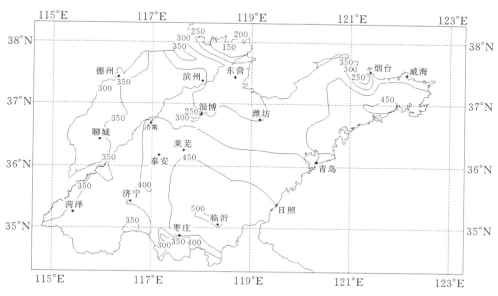

图 5　1961—2012 年山东省雨季降水量分布图（单位：mm）

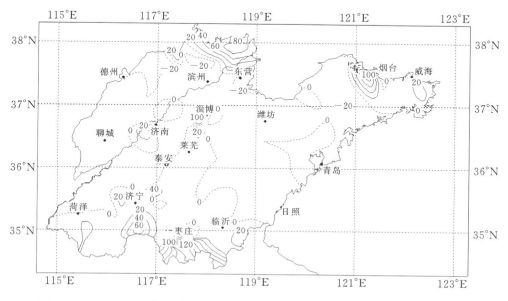

图 6　1961—2012 年山东省雨季降水量倾向率分布图（单位：mm/10a）

据奚秀芬[7]研究，山东省降水存在明显的阶段性，受多种因素影响，在多雨阶段中，也会出现严重少雨干旱年（1968 年），在少雨阶段中也会有明显雨涝年（1990 年）。2003 年降水量达 926.6mm（仅次于 1964 年），比大旱的 2002 年降水量增加了 513.2mm，旱涝交替明显，使降水量的年际变化达到近 50 多年来的最大值。1981—1983 年、1986—1989 年、1991—1992 年、1999—2002 年降水量连续偏少，其中 1999—2002 年持续 4 年降水偏少且 2002 降水量打破 50 多年来的历史最低纪录，2002 年出现了历史上罕见的夏秋连旱。

4　对策建议

雨季降水量集中，持续时间长，易出现洪涝灾害和湿热天气，为加强应对气候变化及适应自然环境的能力，提出以下建议。

（1）农业。雨季易降雨期长或雨量过大，地表水和地下水过剩，排水不良的洼地就会形成涝害。作物遭受涝灾后，要及时采取措施，加强田间管理，以减灾保产。要及时排除田间积水、整理田间植株，倒伏作物必须及时扶正、培直，以利进行光合作用，促进植株生长；及早中耕，破除板结，散墒通气，防止沤根；及时追肥，利于植株恢复生长和增加产量，以减轻涝灾损失；及时防治病虫害，控制蔓延；因涝灾绝收的田块，要抓住季节，及时改种，最大限度地弥补灾害损失，对改种有困难的地方，可在水排出后，抓紧耕耙、蓄水保墒，为秋冬种植打好基础。

（2）交通。做好强降雨条件下道路安全相关工作，及时消除道路、排水设施及沿线警示标志、标牌等存在的隐患；加强气象部门与交通部门的信息沟通与合作，提前做好各项应急准备工作；保障汛期公路、桥涵畅通，加强对通往大中型水库和河系道路的检查和养护；港航管理部门重点做好港航系统的防汛工作。

（3）安全生产。雨季是防汛的关键时期，加强台风、暴雨、大风、雷电以及山体滑坡、泥石流等地质灾害的气象监测预报预警、防范工作；促进城区排水防涝系统科学规划、建设到位、管养完善，积极适应现代城市化进程，积极应对极端自然灾害，保障群众生命财产安全；建立城区低洼地段防涝、河道防汛应急预案。认真做好汛期防洪、防雷电、防排水不畅、防霉、防潮等各项安全防范措施，及时消除各类安全隐患。

（4）人体健康。夏季雨水较多，空气湿热，除了防暑降温，还要防潮防湿。建议选择多吃一些健脾利尿的食物；开窗通风保持空气流通，如果外界湿气也很重，可以打开风扇、空调，保持空气的对流；认真做好汛期防霉、防潮等防范措施，及时消除各类安全隐患。

参 考 文 献

［1］ 黎清才，邹树峰，张少林，等．山东省雨季开始标准的研究［J］．山东气象，2003，23（1）：17－19.

［2］ 张少林，邹树峰，黎清才，等．山东省雨季结束标准研究［J］．山东气象，2004，24（1）：10－12.

［3］ 戴同霞．山东1997夏旱和抗旱对策措施［J］．水利规划，1998，1：31－35.

［4］ 顾润源，汤子东．2002年夏季山东干旱成因分析［J］．气象，2004，30（8）：22－26.

［5］ 杨成芳，薛德强，孙即霖．山东省近531年旱涝变化气候诊断分析［J］．山东气象，2003，23（4）：5－9.

［6］ 徐宗学，孟翠玲，赵芳芳．山东省近40a来的气温和降水变化趋势分析［J］．气象科学，2007，27（4）：387－393.

［7］ 奚秀芬．山东省近50多年气候变化主要趋势［C］//山东省2004年灾情趋势预测研讨会论文汇编．2004：28－33.